普通高等教育土建类规划教材

工程测量学

主　编　王　颖　周启朋
副主编　王慧颖　许珊珊
参　编　李秋实　孟　炜
主　审　王　斌

机械工业出版社

本书依据土木工程专业高级应用型人才的培养方案和培养目标编写，重点介绍基本理论、基本知识、基本技能。

第1~8章主要介绍测量学基础知识；第9~14章主要介绍土木工程专业各工程方向的应用测量技术；第15章主要介绍现代测绘技术GNSS的原理及应用。

本书可作为土木工程、道路与渡河工程、城市地下空间、工程管理专业教材，也可作为土木工程技术人员的参考书。

本书配有电子课件，免费提供给选用本书的授课教师，需要者请登录机械工业出版社教育服务网注册下载，网址：www. cmpedu. com。

图书在版编目（CIP）数据

工程测量学/王颖，周启朋主编．—北京：机械工业出版社，2014.3（2024.1重印）
普通高等教育土建类规划教材
ISBN 978-7-111-45701-5

Ⅰ.①工…　Ⅱ.①王…②周…　Ⅲ.①工程测量－高等学校－教材　Ⅳ.①TB22

中国版本图书馆CIP数据核字（2014）第023516号

机械工业出版社（北京市百万庄大街22号　邮政编码100037）
策划编辑：刘　涛　责任编辑：刘　涛　林　辉　马军平
版式设计：霍永明　责任校对：杜雨霏
封面设计：张　静　责任印制：常天培
北京机工印刷厂有限公司印刷
2024年1月第1版第5次印刷
184mm×260mm·17.75印张·434千字
标准书号：ISBN 978-7-111-45701-5
定价：49.00元

电话服务
客服电话：010-88361066
010-88379833
010-68326294

网络服务
机　工　官　网：www. cmpbook. com
机　工　官　博：weibo. com/cmp1952
金　书　网：www. golden-book. com
机工教育服务网：www. cmpedu. com

前 言

本书依据土木工程专业高级应用型人才的培养方案和目标而编写，重点介绍基本理论、基本知识、基本技能；着重论述新技术、新方法、新设备、新内容、新规范，以拓宽知识面、增强适应性。本书由浅入深、循序渐进地介绍测量学的系列知识，第1~8章主要介绍土木工程各专业方向通用的测量学基础知识；第9~14章主要介绍土木工程专业各工程方向的应用测量技术；第15章主要介绍现代测绘技术GNSS的原理及应用。

本书由王颖、周启朋任主编，王慧颖、许珊珊任副主编，李秋实、孟炜参编。第1、11、13章由王颖（黑龙江工程学院）编写，第2、8章由周启朋（黑龙江大学）编写，第3、9、12章由许珊珊（黑龙江科技大学）编写，第4、14章由李秋实（东北林业大学）编写，第10章由孟炜（哈尔滨铁道职业技术学院）编写，第5、6、7、15章由王慧颖（黑龙江工程学院）编写。

北京交通大学王斌副教授对本书进行了全面仔细的审核，并提出了许多宝贵的意见和建议，在此表示诚挚的感谢！书中不当之处，恳请读者批评指正。

编　者

目 录

第二篇　工程测量与应用

第一篇　测量基本理论与方法

第 1 章

绪　　论

本章重点

1. 测量学的基本任务、基本原则、基本工作。
2. 确定地面点位的方法。
3. 测量坐标系的特点。
4. 高程的基本概念。

1.1　测量学简介

测量学是研究整个地球及其表面上局部地区的形状和大小，确定地表物体的大小、形状和空间位置的一门应用科学。测量学将地表物体分为地物和地貌。地物是地面上天然形成或人工建造的物体，它包括湖泊、河流、海洋、房屋、道路、桥梁等。地貌是地表高低起伏的形态，它包括山地、丘陵和平原等。地物和地貌的总称为地形。

1.1.1　测量学的任务

普通测量学的任务是对地形的测定和测设。测定是使用测量仪器和工具，通过测量和计算，得到一系列测量数据，或在图纸上按照一定的比例尺和规定的符号缩绘成地形图、断面图等，供科学研究、经济建设和国防建设规划设计使用。测设是把图样上规划设计好的建筑物轴线和特征点的位置，在地面上标定出来，作为施工的依据。

根据研究对象和应用范围的不同，可将测量学分为以下六类：

（1）大地测量学　它是研究较大的区域甚至整个地球的形状和大小，建立国家大地控制网和研究地球重力场的理论、技术和方法（在计算与绘图中要考虑地球的曲率）。大地测量学又可分为几何大地测量学、卫星大地测量学及物理大地测量学。

（2）普通测量学　它的研究对象是小区域地球表面的形状和大小。在测量时，不考虑地球曲率的影响，直接用平面代替地球曲面。普通测量学可根据需要测绘各种比例尺的地形图，是测量学的基础。

（3）摄影测量学　它是利用摄影相片来研究地球表面的形状和大小的测绘科学。根据摄影手法的不同，可将其分为地面摄影测量学、水下摄影测量学和航空摄影测量学。

（4）工程测量学　它是研究工程建设中所进行的规划、设计、施工、管理各阶段的测量工作。根据研究对象的不同，可将其分为公路工程测量、建筑工程测量、矿山测量和水利工程测量。

（5）海洋测量学　它是以研究海洋和陆地水域为对象所进行的测量和海图测绘的理论和方法，属于海洋测绘学的范畴。

（6）制图学　它是研究将地球表面的点、线经过投影变换后绘制成满足各种不同要求的地图、海图，利用测量所得的成果资料编绘各种地图的理论和方法。

1.1.2　测量学的应用

在工程建设中，测量工作起着十分重要的作用，如果没有测量工作为工程建设提供图样和数据，并及时与之配合和指导，任何工程建设都将无法实施。测量学是从人类生产实践中发展起来的一门历史悠久的学科。随着社会的发展和科学技术的进步，测量学也分支了若干学科，分支学科之间既相对独立又存在着必然联系。测量学对国民经济建设、国防建设、科学研究等有着重要作用。在经济建设方面，如地质勘探、农田水利基本建设、城市规划、工业与民用建筑的建造、公路与铁路设计与施工、桥梁的架设等工程都离不开测量工作；在国防建设中，战略的部署、战役的指挥和各种国防工程建设等，都是以测量工作所获得的各种图面资料和测量数据为依据；另外，在地震预测，灾情监视和科学考察等方面也都离不开测量工作。

测量学贯穿着整个工程建设的始末，在工程建设各阶段都发挥着重要作用，分述如下：

（1）规划设计阶段　此阶段需要对设计的工程进行经济调查和技术调查，收集设计所需技术经济资料，应用地形图及实地勘测数据进行综合设计、建筑物单项设计，并提出工程的概预算等。在此阶段要先后完成方案研究、初测与初步设计、定测与施工设计等工作。

（2）施工建设阶段　在此阶段的测量工作是按照设计的要求，将图上设计好的建筑物、构筑物标定于地面，用以指导施工，其主要任务是保证各种建筑物能够按照设计位置正确修建。

1）施工前，设计单位应向施工单位进行设计交桩（与施工有关的初测资料和定测资料），并现场指认测量控制点。施工单位接收后，应立即对其进行复测，对复测合格的成果予以确认，不合格的成果，应仔细研究并会同设计人员共同解决。

2）施工中，进行施工放样。根据施工测量控制点并结合施工场地的地形情况，将图样上设计的线路和各种建筑物按设计要求标定于地面。施工放样是一项经常性的工作，贯穿于整个施工过程。

3）工程竣工后，要进行竣工测量，并编制竣工文件。竣工测量是对工程进行全面的测量，以检查其平面位置、高程位置及结构外形尺寸与设计相符的程度，其结果将成为竣工验收的依据。

（3）运营管理阶段　随着时间的推移，在各种因素的影响下，房屋、公路、桥梁、隧道等工程建筑（构）物可能会产生变形，如位移、沉陷和倾斜等。因此，在工程建筑物的运营期间，对其进行变形观测是十分必要的。

工程测量学是土木工程专业非常重要的专业基础课，其综合性极强，在学习过程中，要求学生做到：在掌握基本理论及其分析方法的基础上，具备熟练操作各种测量仪器的技能；

掌握大比例尺地形图测图原理和方法；对数字测图过程有所了解；在工程规划、设计、施工中能正确应用地形图和测量信息；熟悉处理测量数据和评定测量结果精度的方法。

1.2 地球的形状和大小

测量学研究的对象是地球表面。所以，我们首先应该对地球的形状和大小有所了解。地球自西向东自转，同时又围绕太阳公转。地球自转与公转运动的结合使其产生了地球上的昼夜交替和四季变化（地球自转和公转的速度是不均匀的）。同时，由于受到太阳、月球和附近行星的引力作用以及地球大气、海洋和地球内部物质等各种因素的影响，地球自转轴在空间和地球本体内的方向都要产生变化。地球自转产生的惯性离心力使得地球由两极向赤道逐渐膨胀，成为目前的略扁的旋转椭球体，极半径约比赤道半径短 21km，地球的平均半径为 6371km。地球自然表面不规则，有高山、丘陵、平原和海洋，其中最高的珠穆朗玛峰高出海水面达 8844.43m（2005 年国家测绘局公布），最低的马里亚纳海沟低于海水面达 10923m（2012 年我国“蛟龙号”测），但这样的高低起伏，相对于地球半径来说还是很小的。地球表面 71% 的面积是海洋，其余 29% 的面积是陆地，因此，人们把海水面所包围的地球形状看作地球的形状。

地球上任一点都受到地球自转引起的惯性离心力和地球引力的双重作用，这两个力的合力称为重力，重力的方向线称为铅垂线。铅垂线是测量工作的基准线。静止的水面称为水准面，水准面是受地球重力影响而形成的，是一个处处与重力方向垂直的连续曲面，并且是一个重力场的等位面。与水准面相切的平面称为水平面。水面可高可低，因此符合上述特点的水准面有无数多个，其中与平均海水面吻合并向陆地、岛屿内延伸而形成的闭合曲面，称为大地水准面，如图 1-1 所示。大地水准面是测量工作的基准面。由大地水准面所包围的地球形体，称为大地体。

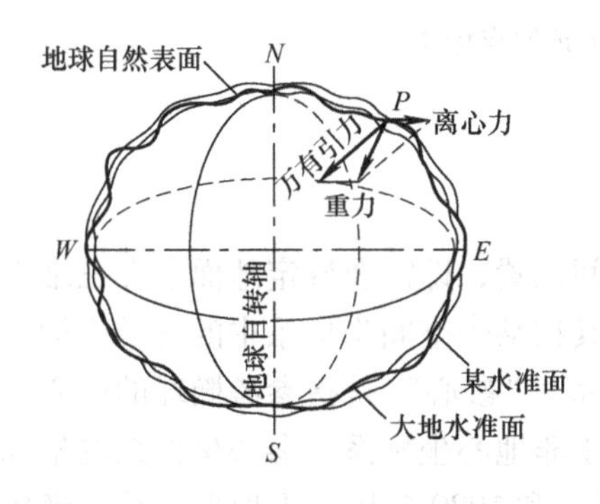

图 1-1 大地水准面

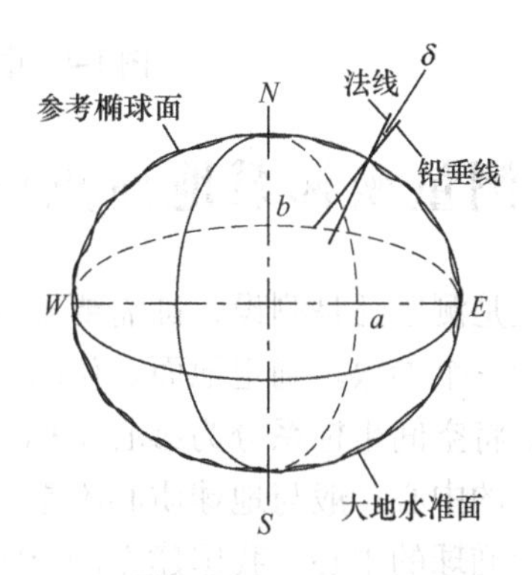

图 1-2 参考椭球体

用大地体表示地球形体是恰当的，但由于地球内部质量分布不均匀，引起铅垂线的方向产生不规则的变化，致使大地水准面成为一个表面稍有起伏的复杂曲面，对这个曲面上的测量数据进行处理非常困难。为了使用方便，通常用一个接近大地水准面，并可用数学式表示的几何形体（即参考椭球体）来代替地球的形状，作为测量计算的基准面。参考椭球体是一个围绕其短轴旋转而成的形体，故又被称为旋转椭球，如图 1-2 所示，参考椭球体由长半

径 a（或短半径 b）和扁率 f（$f=\frac{a-b}{a}$）所决定。我国目前采用的元素值为：长半径 $a=6378137$m，短半径 $b=6356752.298$m，扁率 $f=1/298.257$。

根据一定的条件，确定参考椭球体与大地水准面的相对位置所做的测量工作，称为参考椭球体的定位。参考椭球体的定位方法如图 1-3 所示，在适当地面上选定一点 P（P 点称为大地原点），令 P 点的铅垂线与椭球面上相应 P' 点的法线重合，并使该点的椭球面与大地水准面相切，在定位时应注意使本国范围内的椭球面与大地水准面尽量接近。

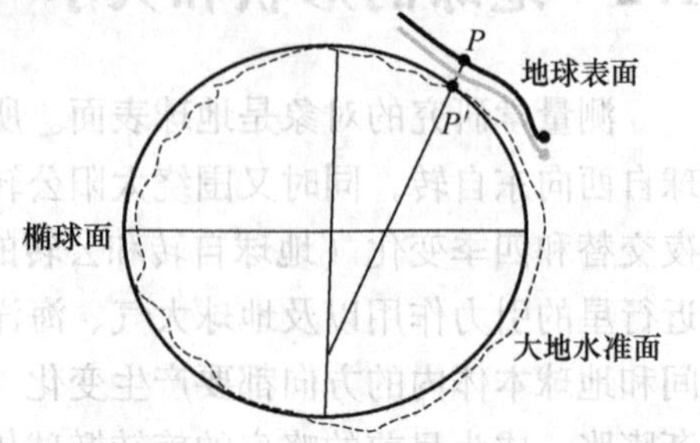

图 1-3　参考椭球体的定位

这里 P 点称为大地原点。我国的大地原点位于陕西省径阳县永乐镇石际寺村境内，南距西安市区约 36km，具体位置为北纬 34° 32′ 27.00″，东经 108°55′25.00″。中华人民共和国大地原点是我国大地坐标系的基准点。科研人员利用大地原点进行了精密天文测量和精密水准测量，获得了大地原点的平面起算数据，使其在我国经济建设、国防建设和社会发展等方面发挥着重要作用。中华人民共和国大地原点标志如图 1-4 所示。

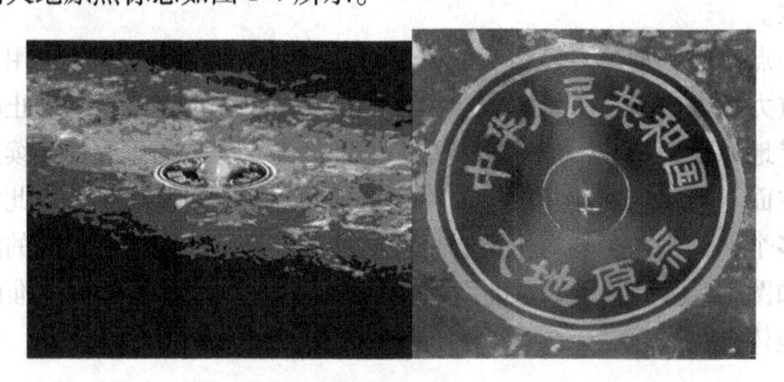

图 1-4　中华人民共和国大地原点标志

1.3　测量坐标系地面点位的确定

无论是测定还是测设，都需要确定地面点的空间位置，即需要确定地面点在三维空间坐标系中的三个参数。确定地面点位的实质就是确定其在某个空间坐标系中的三维坐标。工程测量中，将空间坐标系分为参心坐标系和地心坐标系。“参心”是指参考椭球的中心，由于参考椭球的中心一般与地球质心不重合，所以它属于非地心坐标系。参心坐标系的坐标原点设在参考椭球的中心。我国建立的 1954 年北京坐标系和 1980 年国家大地坐标系，都属于参心坐标系。地心坐标系的坐标原点设在地球的质心。我国的 2000 国家大地坐标系和 GPS 所采用的 WGS-84 坐标系都属于地心坐标系。为简化计算，工程测量通常采用参心坐标系。

1.3.1　确定球面点位的坐标系

1. 地理坐标系

在大区域内，通常采用由经度、纬度所组成的球面坐标系统表示地面点在球面上的位置，该系统称为地理坐标系，适用于在地球椭球面上确定点位。地理坐标根据采用的基准面、基准线及测量计算坐标方法的不同可分为天文地理坐标和大地地理坐标两种。

（1）天文地理坐标 它表示地面点在大地水准面上的位置，是通过天文测量直接测定的。天文地理坐标的参量是大地水准面和铅垂线，用天文经度 λ 和天文纬度 φ 表示。

如图 1-5 所示，地面点 P 所在的天文子午面与首子午面（英国格林尼治天文台所在的首子午面）所夹的二面角为经度 λ，取值范围是 0°～180°，从首子午面起，东经向东为正，西经向西为负。过该地面点 P 的铅垂线与赤道的夹角为纬度 φ，取值范围为 0°～90°，从赤道面算起，北纬向北为正，南纬向南为负。点 P 的天文地理坐标表示为（λ，φ），如图 1-5a 所示。

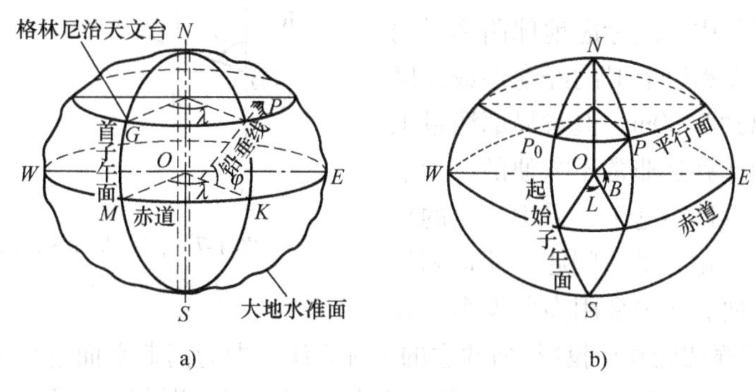

图 1-5 地理坐标系

（2）大地地理坐标 它是表示地面点在参考椭球体上的位置，根据大地测量所得的数据推算而得的，其依据是参考椭球面和法线，用大地经度 L 和大地纬度 B 表示。地面点 P 所在的子午面与起始子午面所夹的二面角为经度 L，过该地面点 P 的法线（与旋转椭球面相垂直的线）与赤道的夹角为纬度 B。点 P 的大地地理坐标为（L，B），如图 1-5b 所示。

大地原点的天文地理坐标与大地地理坐标相同。地面上其他点的大地坐标按大地原点坐标推算，由此建立的大地坐标系，称为“1980 西安坐标系”，简称“80 西安系”。另外，我国曾使用的“1954 北京坐标系”，简称“54 北京系”，是通过前苏联 1942 年普尔科沃坐标系联测，经过我国东北传算过来的坐标，其大地原点位于前苏联列宁格勒天文台中央。2000 国家大地坐标系，是我国当前最新的国家大地坐标系，英文名称为 China Geodetic Coordinate System 2000，英文缩写为 CGCS2000。2000 国家大地坐标系是全球地心坐标系在我国的具体体现，其原点为包括海洋和大气的整个地球的质量中心。z 轴指向 BIH1984.0 定义的协议极地方向（BIH 国际时间局），x 轴指向 BIH1984.0 定义的零子午面与协议赤道的交点，y 轴按右手坐标系确定。

2. 空间直角坐标系

以椭球体中心为原点，起始子午面与赤道面交线为 x 轴，赤道面上与 x 轴正交的方向为 y 轴，椭球体的旋转轴为 z 轴，指向符合右手法则见图 1-6。

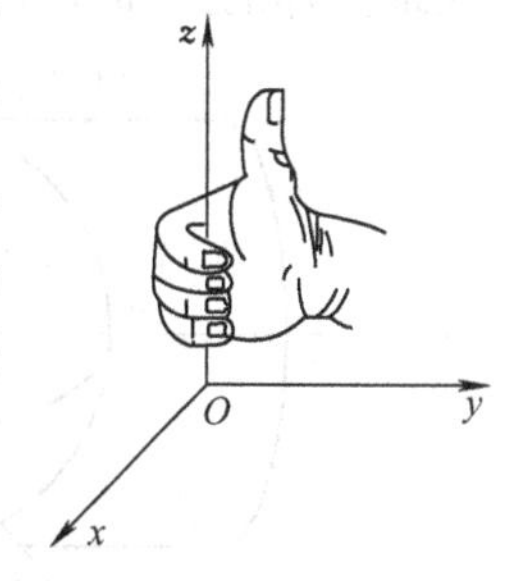

图 1-6 右手法则示意图

1.3.2 平面直角坐标系

1. 独立平面直角坐标系

独立平面直角坐标系适用于测区范围较小（面积小于100km^2），可将测区曲面当做平面看待。测量工作中采用的平面直角坐标规定：南北方向为纵轴 x，向北为正；以东西方向为横轴 y，向东方向为正。可以依据工作的方便性来假设原点坐标，原点一般选在测区的西南角，使测区内各点的坐标均为正值，象限按顺时针方向编号，测量学坐标与数学坐标的区别如图1-7所示。

2. 高斯平面直角坐标系

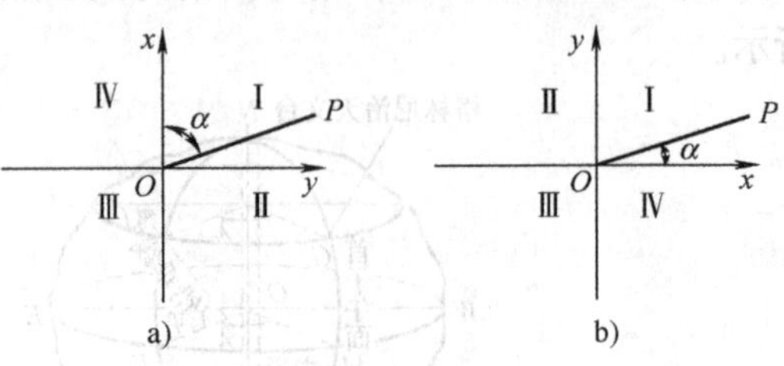

图1-7 测量学坐标与数学坐标
a）测量学坐标 b）数学坐标

在大地测量工作中，应考虑地球曲率对测量数据的影响，如在赤道上1″的经度差或纬度差对应的地面距离约为30m。但对局部测量工作来说地理坐标的计算是非常不方便的，为了方便工程的规划、设计与施工，采用一定的投影方法将曲面问题转化为平面问题，使得测量计算和绘图更加方便。我国采用高斯投影（高斯-克吕格投影，即横切椭圆柱投影）所建立的坐标系统，即为高斯平面直角坐标系。它是由德国数学家高斯在1820—1830年，为解决德国汉诺威地区大地测量投影问题而提出的，后来由德国学者克吕格自1912年起加以整理、改进的一种分带投影方法。高斯投影的实质是椭球面上微小区域的图形投影到平面上后仍然与原图形相似，即不改变原图形的形状。

（1）投影原理 如图1-8所示把地球看作一个椭球，设想把一个平面卷成一个横圆柱，把它套在椭球外面，使横圆柱的中心轴线通过椭球的中心，把椭球面上一根子午线与横圆柱相切，即这条子午线与横圆柱重合。以此子午线为中心将其左右一定带宽范围内的球面用正形投影（高斯投影）的方法投影至圆柱面上。

中央子午线和赤道面投影至横圆柱面上都是一条直线，且互相垂直，它们构成了平面直角坐标系统的纵横轴，即 x 轴和 y 轴，因此经过这种投影后，其坐标既是平面直角坐标，又与大地坐标的经纬度发生联系，对大范围的测量工作也就适用了。

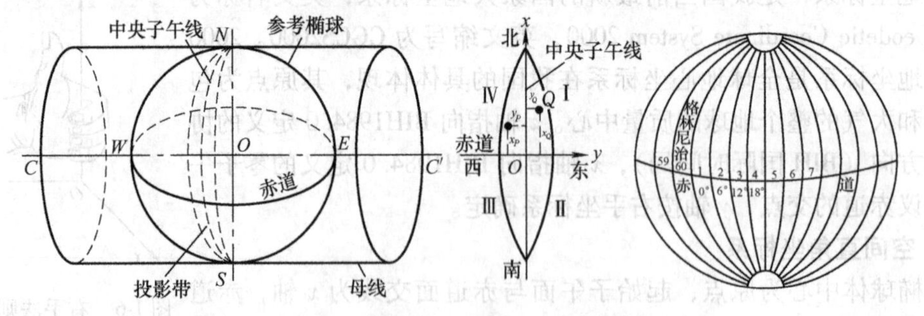

图1-8 高斯平面坐标系投影原理图

（2）高斯投影坐标分带方法 为限制高斯投影离中央子午线越远，长度变形越大的缺点，从经度0°开始，将地球按经线划分为带，称为投影带。投影是从首子午线开始的，国际上有6°带和3°带两种方法。

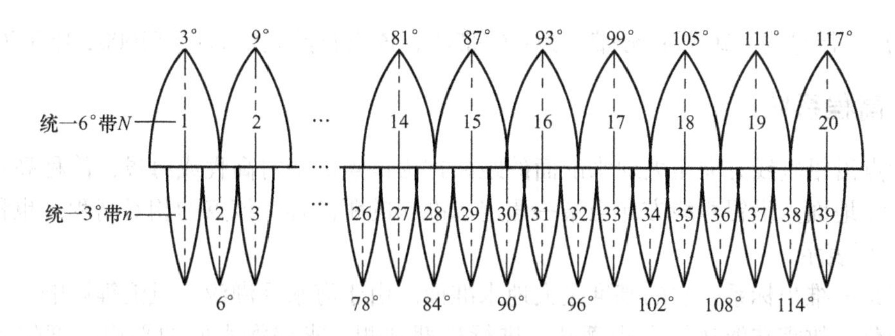

图1-9 6°带和3°带投影高斯平面坐标系关系图

1）6°带投影。从经度0°开始，将整个地球分成60个带，由首子午线起自西向东每隔经差6°为一带。如图1-9所示，带号从首子午线开始，用阿拉伯数字表示。第一个带的中央子午线经度为3°，任意带的中央子午线经度 L_0 与投影带号 N 的关系为

$$L_0 = 6N - 3 \tag{1-1}$$

反之，已知地面上任意一点的经度 L，要计算该点所在的6°带带号的公式为

$$N = \mathrm{INT}\left(\frac{L+3}{6} + 0.5\right) = \mathrm{INT}\left(\frac{L}{6} + 1\right) \tag{1-2}$$

式中 INT——取整函数。

【例1-1】 北京中心的经度为116°24′，求其所在高斯投影6°带的带号 N 及该带的中央子午线经度。

【解】

$$N = \mathrm{INT}\ (116°24'/6\ +\ 1)\ = 20\ 带$$

$$L_0 = 6° \times 20 - 3 = 117°$$

因此，北京中心位于20带，该带中央子午线的经度为117°。

2）3°带投影。从经度0°开始，将整个地球分成120个带，自东经1.5°子午线起自西向东每隔经差3°为一带。如图1-9所示，带号从首子午线开始，用阿拉伯数字表示。第一个带的中央子午线经度为3°，任意带的中央子午线经度 L_0' 与投影带号 n 的关系为

$$L_0' = 3n \tag{1-3}$$

反之，已知地面上任意一点的经度 L，要计算该点所在的3°带带号的公式为

$$n = \mathrm{INT}\left(\frac{L}{3} + 0.5\right) \tag{1-4}$$

3. 国家统一坐标

由于我国位于北半球，在高斯平面直角坐标系内，x 坐标均为正值，而 y 坐标有正有负。为避免 y 坐标出现负值时带来计算的繁琐，我国规定将 x 轴向西平移500km，即所有点的 y 坐标均加上500km，如图1-10所示。此外，为了便于区别某点位于哪个投影带内，要求在新的横坐标 Y 前标以2位数的带号。这种坐标称为国家统一坐标。

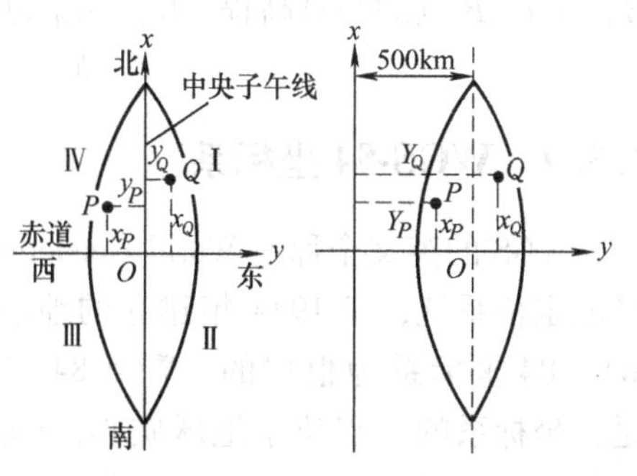

图1-10 国家统一坐标转换图

【例1-2】 某点国家投影坐标为（51000，20637680），则其所在的带号为多少？该点所在坐标系统为几度分带方法？在带号内的自然坐标为多少？

【解】 带号为：20 带；分带法为：6°带法；该点自然坐标为：（51000，137680）。

1.3.3 高程系统

地面点沿铅垂线方向至大地水准面的距离称为该点的绝对高程或海拔，简称高程，通常以 H 表示。地面点沿铅垂线方向至某一假定水准面的距离称为该点的相对高程，也称为假定高程，以 H' 表示。

高程是一维坐标系，它的基准是大地水准面。由于海水受潮汐、风浪等影响，它的高低时刻在变化，故需在海边设立观潮站，进行长期观测，求得海水面的平均高度作为高程零点，以通过该点的水准面作为高程基准面，即大地水准面，其面上的高程恒为零。

我国的绝对高程是以青岛港验潮站历年纪录的黄海平均海水面为基准面，1954 年在青岛市内观象山建立水准原点，如图 1-11 所示，并通过水准测量将验潮站确定的高程零点引测到水准原点，求出水准原点的高程。

1956 年我国采用青岛大港一号码头验潮站于 1950—1956 年观测的验潮资料计算确定的大地水准面为基准，引测其高程为 72.289m。该大地水准面为高程基准建立的高程系统，称为“1956 年黄海高程系统”，简称“56 黄海系统”。

20 世纪 80 年代中期，我国再一次应用 1953—1979 年验潮资料，重新计算确定的大地水准面为基准，引测出水准原点的高程为 72.260m。全国布置的国家高程控制点，都是以这个水准原点为基准测算出来的，这就是我国大地法规定的“1985 国家高程基准”，简称为“85 高程基准”。

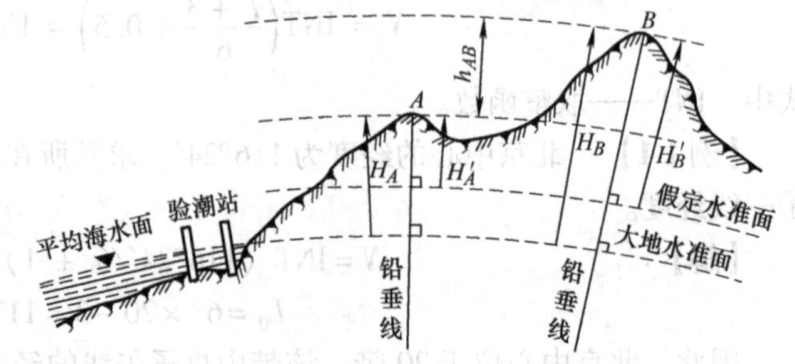

图 1-11 高程与高差相互关系图

地面两点间的绝对高程或相对高程之差称为高差，通常用 h 表示。在图 1-11 中，H_A、H_B 为 A、B 点的绝对高程，H'_A、H'_B 为相对高程，h_{AB} 为 AB 两点高差，即

$$h_{AB} = H_B - H_A = H'_B - H'_A \tag{1-5}$$

1.3.4 WGS-84 坐标系

WGS 的英文全称是 World Geodetic System（世界大地坐标系），它是美国国防部为 GPS 导航定位系统，于 1984 年建立的地心坐标系，1985 年开始投入使用。GPS 广播星历是以 WGS-84 坐标系为根据的，WGS-84 坐标系的几何意义是：坐标系的原点位于地球质心，z 轴指向 BIH（国际时间）1984.0 定义的协议地球极（CTP）方向，x 轴指向 BIH1984.0 的零度子午面和 CTP 赤道的交点，y 通过 x、y、z 符合右手法则，如图 1-12 所示。

WGS-84 地心坐标系与“1954 北京坐标系”或“1980 西安坐标系”等参心坐标系可以相互转换。

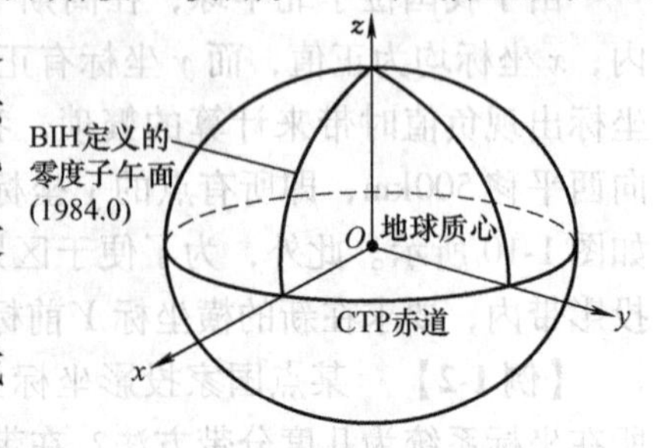

图 1-12 WGS-84 坐标系

1.4 地球曲率对测量工作的影响

当测区较小时可以把投影面看作平面，即用水平面代替水准面，但是这种代替水准面是有一定限度的。

1.4.1 水准面的曲率对水平距离的影响（见图1-13）

由表1-1计算可知，当水平距离为10km时，以水平面代替水准面所产生的距离误差为距离的1/1217700，现在最精密距离丈量时的允许误差为其长度的百万分之一。因此可得出结论：在半径为10km的圆面积内进行长度的测量工作时，可以不必考虑地球曲率；也就是说可以把水准面当做水平面看待，即实际沿圆弧丈量所得距离作为水平距离，其误差可忽略不计。

表1-1 水准面代替水平面距离误差

距离 D/km	距离误差 ΔD/cm	距离相对误差 $\Delta D/D$/（$\times 10^{-4}$）
10	0.8	1/120
25	12.8	1/20
50	102.7	1/4.9
100	821.2	1/1.2

图1-13 水准面的曲率对水平距离的影响

1.4.2 水准面的曲率（ρ''）对水平角度（ε''）的影响

球面角

$$\varepsilon'' = \rho'' \frac{P}{R^2} \tag{1-6}$$

式中 P——球面多边形面积；

R——地球半径。

测量工作中实测的是球面面积，绘制成图时则绘成平面图形的面积。

表1-2所示表明：对于面积在100km^{2}以内的多边形，地球曲率对水平角度的影响只有在最精密的测量中才需要考虑，一般的测量工作是不必考虑的。

表1-2 水准面的曲率对水平角度的影响

面积 P/km^2	角度误差 ε
10	0.05″
100	0.51″
400	2.03″
2500	12.70″

1.4.3 水平面代替水准面对高差的影响

由图1-14得知

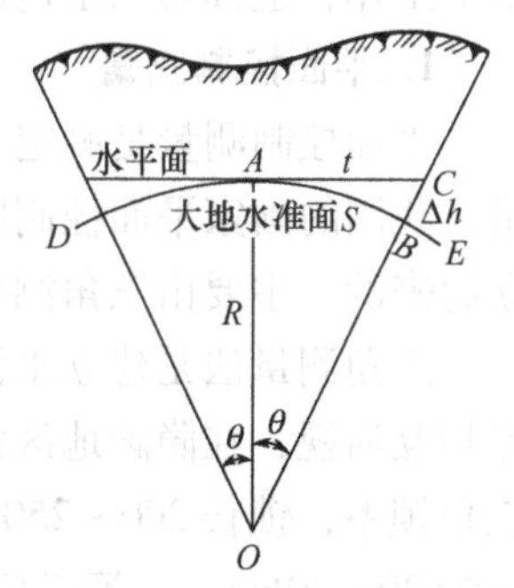

图1-14 水平面代替水准面对高差的影响

$$(R + \Delta h)^2 = R^2 + t^2$$

$$2R\Delta h + \Delta h^2 = t^2$$

即

$$\Delta h = \frac{t^2}{2R + \Delta h}$$

因 $S \approx t$，$\Delta h << R$，可忽略不计，则 $\Delta h = \frac{S^2}{2R}$。当 $S = 10\text{km}$ 时，$\Delta h = 7.8\text{m}$；当 $S = 100\text{m}$ 时，$\Delta h = 0.78\text{mm}$.

上述计算表明：水平面代替水准面的影响对高差而言，即使在很短的距离内也必须加以考虑。

1.5 测量工作概述

1.5.1 测量工作的基本原则

为了防止测量误差的逐渐传递而累计增大到不能允许的程度，要求实际测量工作中应遵循以下原则：在布局上“从整体到局部”，在精度上“由高级到低级”，在次序上“先控制后碎部”的测量原则。并且要求步步工作有校核，在上一步工作未进行校核之前，不可进行下一步工作。所谓的“控制”即指控制测量，控制测量是指在测区内选择若干个具有控制作用的点作为控制点，将这些点连接成各种几何图形构成控制网。在全国范围内建立的控制网，称为国家控制网。用较严密的方法和较精密的仪器，测定控制点之间的距离、角度和高差，并通过计算确定这些点的平面位置和高程，这种方法称为控制测量。控制测量包括平面控制测量和高程控制测量。平面控制测量和高程控制测量将在第7章控制测量中详细展开，这里不再赘述。所谓的“碎步”即指碎步测量，碎步测量是指测定碎部点的平面位置和高程的工作。碎步测量将在第8章经纬仪测图中详细介绍。

1.5.2 测量的基本工作

无论控制测量或碎部测量，凡在野外进行的测量工作都称为外业；凡在室内进行的计算和绘图工作则称为内业。

高程测量、水平角测量和距离测量是测量学的基本内容，测高程、测角、测距是测量的基本工作，也称为确定地面点位的三要素。观测、计算和绘图是测量工作的基本技能。

1. 平面控制测量

平面控制测量是测定各控制点的平面位置的工作。平面控制测量分为三角测量和导线测量。我国的国家平面控制网是采用逐级控制、分级布设的原则，分一、二、三、四等方法建立起来的，主要由三角测量法布设，在西部困难地区采用导线测量法。

三角测量法是建立平面控制网的基本方法之一。但三角网（锁）要求每点与较多的邻点相互通视，在隐蔽地区常需建造较高的觇标。一等三角锁沿经线和纬线布设成纵横交叉的三角锁系，锁长200～250km，构成许多锁环。一等三角锁内由近于等边的三角形组成，边长为20～30km。二等三角测量有两种布网形式：一种是由纵横交叉的两条二等基本锁将一等锁环划分成4个大致相等的部分，这4个空白部分用二等补充网填充，称纵横锁系布网方案；另一种是在一等锁环内布设全面二等三角网，称全面布网方案。二等基本锁的边长为

20~25km，二等网的平均边长为13km。一等锁的两端和二等网的中间，都要测定起算边长、天文经纬度和方位角。国家一、二等网合称为天文大地网。我国天文大地网于1951年开始布设，1961年基本完成，1975年修测、补测工作全部结束，全网约有5万个大地点。三、四等三角网是在二等三角网内的进一步加密。

导线测量法是依次测定导线边的水平距离和两相邻导线边的水平夹角，然后根据起算数据，通过计算，最后求出导线点的平面坐标。导线测量是建立小地区平面控制网常用的一种方法，在地物分布比较复杂的建筑区，视线障碍较多的隐蔽区和带状地区，多采用导线测量方法。

2. 高程控制测量

控制测量中测定各控制点的高程的工作，称为高程控制测量。高程控制测量分为水准测量和三角高程测量。

用水准测量方法建立的高程控制网称为水准网。区域性水准网的等级和精度与国家水准网一致，按其精度分为四个等级，一等水准测量精度最高。高程控制网可以一次全面布网，也可以分级布设。各等级水准测量都可作为测区的首级高程控制。首级网一般布设成环形网，加密时可布设成附合线路或结点网。测区高程应采用国家统一高程系统。小测区联测有困难时，也可用假定高程。

三角高程测量是根据两点间的竖直角和水平距离计算高差而求出高程的，其精度低于水准测量。常在地形起伏较大、直接水准测量有困难的地区测定三角点的高程，为地形测图提供高程控制。三角高程测量可采用单一路线、闭合环、结点网或高程网的形式布设。三角高程路线一般由边长较短和高差较小的边组成，起讫于用水准联测的高程点。为保证三角高程网的精度，网中应有一定数量的已知高程点，这些点由直接水准测量或水准联测求得。为了尽可能消除地球曲率和大气垂直折光的影响，每边均应相向观测。

1.6 测量常用计量单位与换算

测量通常用的角度、面积、长度等几种法定计量单位的换算关系分别见表1-3和表1-4。长度单位及其换算关系见表1-5。

表1-3 角度单位制及换算关系

60进制	弧度制
1圆周=360° 1°=60′ 1′=60″	1圆周=2πrad 1rad=180°/π=57.29577951°=3438′=206265″

表1-4 面积单位制及换算关系

公制	市制	英制
$1km^2=1\times10^6m^2$ $1m^2=100dm^2=1\times10^4cm^2$ $=1\times10^6mm^2$	$1km^2=1500$亩 $1m^2=0.0015$亩 1亩$=666.6666667m^2=0.06666667hm^2$ $=0.1647$英亩	$1km^2=247.11$英亩$=100hm^2$ $10000m^2=1hm^2$ $1m^2=10.764ft^2$ $1cm^2=0.1550in^2$

表 1-5　长度单位制及其换算关系

公制	英制
1km = 1000m 1m = 10dm = 100cm = 1000mm	英里（mile） 英尺（ft） 英寸（in） 1km = 0. 6214mile = 3280. 8ft 1m = 3. 2808ft = 39. 37in

思考题与习题

1-1　测量学的研究对象和基本任务是什么？

1-2　测量工作的基准面和基准线分别是什么？

1-3　表示地面点位的坐标系有哪些？

1-4　测量学中的平面直角坐标系与数学中的平面直角坐标系有什么不同？

1-5　天文坐标系与大地地理坐标系有什么不同？

1-6　测量工作的基本原则是什么？

1-7　用水平面代替水准面，对距离、水平角、高程各有什么影响？

1-8　确定地面点位的三要素是什么？

1-9　广东省行政区域所在的概略经度范围是东经 109°39′～东经 117°11′，试分别求其在 6°投影带和 3°投影带中的代号范围。

1-10　我国某点 A 的高斯平面国家统一坐标为：x_A = 2455012. 45m，y_A = 22712542. 50m。试求该点 A 的自然坐标、所处 6°带带号、所在带的中央子午线经度。

第 2 章

水准测量

本章重点

1. 水准测量的原理与方法。
2. 水准仪的操作使用。
3. 普通水准测量的施测方法与数据处理。

2.1　水准测量原理

确定地面点的空间位置就需要确定其平面位置和高程。地面点高程的测量可采用水准测量、三角高程测量和气压高程测量等方法，其中水准测量是精度较高，使用最广的一种方法。

水准测量是利用水准仪所提供的水平视线测定地面两点之间的高差，然后利用已知点高程推算未知点的高程。如图 2-1 所示，已知地面点 A 的高程为 H_A，欲测出地面点 B 的高程 H_B，可在 A、B 两点之间安置一台能够提供水平视线的仪器——水准仪，而在 A、B 两点上分别竖立标尺——水准尺，由水准仪提供的水平视线读出 A 点尺上的读数 a 及 B 点尺上的读数 b，可知 A、B 两点的高差为

$$h_{AB} = a - b \tag{2-1}$$

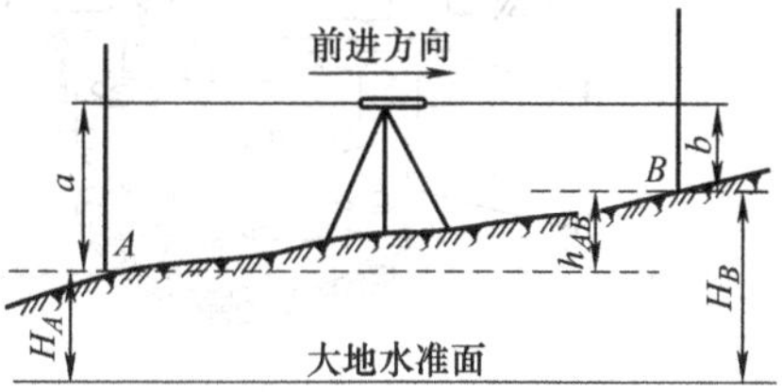

图 2-1　水准测量原理

测量前进的方向是从已知点 A 向未知点 B 方向前进的，与其高差 h_{AB} 的下标 AB 的方向是一致的。因此，A 点为后视点，a 为后视读数；B 点为前视点，b 为前视读数。高差总是等于后视读数减去前视读数，若 $a>b$，表明 B 点高于 A 点或上坡，此时 $h_{AB}>0$；反之，则 B 点低于 A 点或下坡，此时 $h_{AB}<0$。

高程计算的方法有高差法和视线高法两种。

（1）高差法　直接由高差计算高程，即

$$H_B = H_A + h_{AB} \tag{2-2}$$

此方法一般在水准路线的高程测量中应用较多。

（2）视线高法。由仪器的视线高程计算高程。由图 2-1 可知，A 点的高程加后视读数即得仪器的水平视线的高程，用 H_i 表示，即

$$H_i = H_A + a \tag{2-3}$$

由此得 B 点的高程为

$$H_B = H_i - b = H_A + a - b \tag{2-4}$$

在工程测量中当要求安置一次仪器测若干点高程时，此方法应用较广。

2.2 水准测量的仪器及工具

水准仪是为水准测量提供水平视线的仪器，其配套工具有水准尺和尺垫。我国水准仪按其精度从高到低分为 DS_{05}、DS_1、DS_3 和 DS_{10} 四个等级。D、S 分别为“大地测量”“水准仪”的汉语拼音第一个字母，下标数字 05、1、3、10 表示精度，即每千米往、返测高差中数的中误差（毫米）。下标数字越小，精度越高。进口水准仪型号较多，且无此规律。DS_{05} 和 DS_1 型水准仪属于精密水准仪，DS_3 和 DS_{10} 型水准仪属于普通水准仪，用于普通水准测量。DS_3 型水准仪应用较广，如国家三、四等水准测量、建筑工程测量和地形测量等。因此，本节主要介绍 DS_3 型水准仪。

2.2.1 DS_3 型水准仪的构造

水准仪主要由望远镜、水准器及基座三部分组成，如图 2-2 所示。仪器通过基座与三脚架连接，支承在三脚架上，基座装有三个脚螺旋，用以调节圆水准器气泡居中，以粗略整平仪器，使仪器竖轴竖直。望远镜旁固连一个管水准器，旋转微倾螺旋，使望远镜做微小的上下俯仰，管水准器的气泡居中，随之望远镜视线水平。这种具有微倾螺旋的水准仪称为微倾式水准仪。

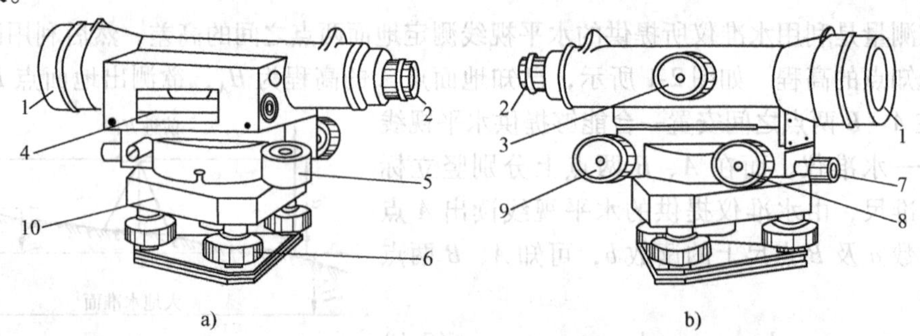

图 2-2　水准仪的构造

1—物镜　2—目镜　3—调焦螺旋　4—管水准器　5—圆水准器　6—脚螺旋　7—制动螺旋　8—微动螺旋　9—微倾螺旋　10—基座

1. 望远镜

望远镜是用来瞄准远处目标并进行读数的，分为内对光和外对光两种，工程中使用的水准仪多为内对光望远镜。从成像的方向分，望远镜有倒像和正像两种。如图 2-3 所示为 DS_3 型水准仪望远镜，它由物镜、对光透镜、十字丝分划板和目镜等部分组成。根据几何光学原理可知，目标的光线经过物镜及对光透镜后，在十字丝分划板上形成一缩小的倒立实像，再经过目镜将倒立的实像和十字丝同时放大成虚像，眼睛在目镜中所看到的就是这个放大的虚像。放大的虚像与用眼睛直接观测目标大小的比值，即为望远镜的放大率 V。DS_3 型水准仪望远镜的放大率一般约为 28 倍。

为精确瞄准目标进行读数，望远镜里装置了十字丝分划板，十字丝分划板是将十字丝刻在玻璃板上，如图2-4所示，竖丝用来瞄准目标，中间的横丝用来读取前、后视读数，上下两根短丝用来测量视距，称为视距丝。十字丝的交点和物镜光心的连线，称为望远镜的视准轴，也是用以瞄准和读数的视线。

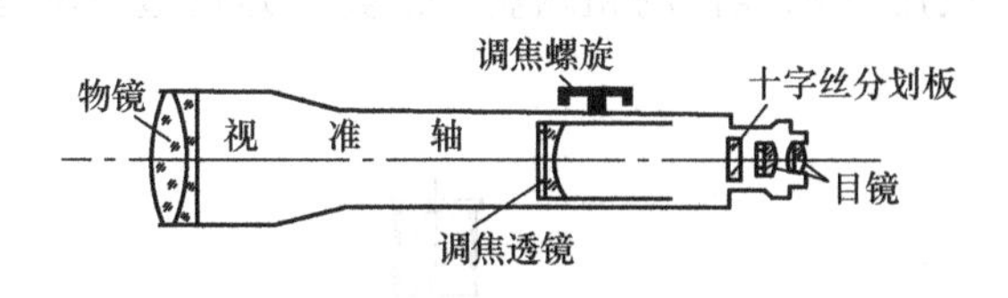

图2-3 DS_3 型水准仪望远镜

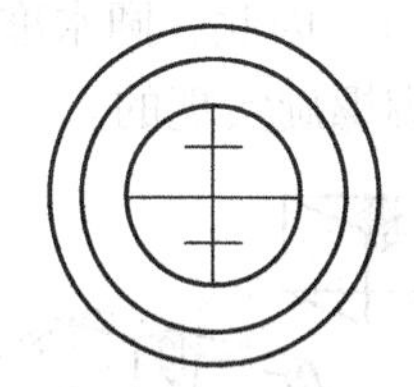

图2-4 十字丝分划板

目标有远有近，所以成像位置有前有后，为使远近目标的成像都落在十字丝分划板上，可旋转物镜的调焦螺旋移动调焦透镜，改变物镜的等效焦距，使目标的影像落在十字丝分划板平面上。

为使不同视力的观测者都能观测到落在十字丝分划板上的清晰影像，目镜上也配有调焦螺旋，旋转目镜调焦螺旋，调节目镜与十字丝分划板的距离，以便使不同视力的观测者看清十字丝。

因此，望远镜的作用，一方面提供了一条瞄准目标的视线，另一方面将远处的目标放大，提高瞄准和读数的精度。

2. 水准器

水准器有管水准器和圆水准器两种。圆水准器用于仪器整平，使仪器竖轴竖直；管水准器与望远镜固连在一起，用于调节视准轴水平。

管水准器也称为水准管，是用一个内表面磨成圆弧的玻璃管制成，管内盛满加热的酒精和乙醚的混合液，经过封闭冷却后形成一个气泡，由于气泡较轻，故始终位于管内最高处。如图2-5所示管内圆弧中点 O 称为水准管的零点，O 点的切线 LL 称为水准管轴。当气泡两端与 O 点对称时，称为气泡居中，即表示水准管轴 LL 处于水平位置。零点两侧对称刻有2mm间隔的分划线，规定以圆弧2mm长度所对圆心角 γ 表示水准管的分划值。分划值越小，灵敏度越高，DS_3 型水准仪的水准管分划值一般为20″/2mm，即当气泡偏离一格（2mm），水准管轴倾斜20″。由于水准仪上的水准管与望远镜固连在一起，若水准管轴与望远镜视准轴互相平行，则当水准管气泡居中时，视线也就水平了。

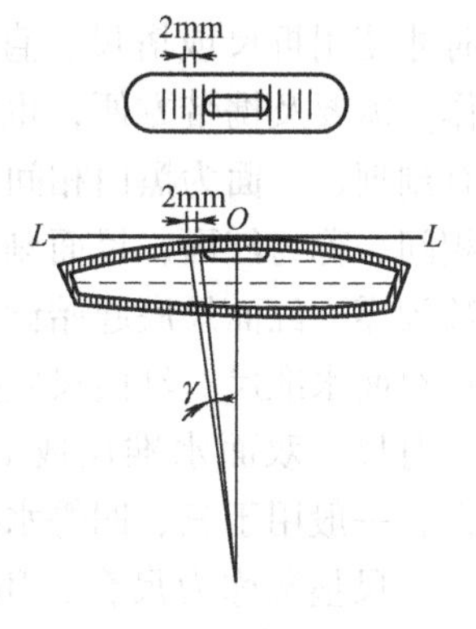

图2-5 水准管

因此，水准管和望远镜是水准仪的主要部件，水准管轴 LL 与视准轴互相平行是水准仪构造的主要条件。

为了提高水准管气泡居中的精度，水准仪一般采用符合式水准器，即在水准管上方设置一组棱镜，通过棱镜的折射作用，使气泡两端的半边影像反映在直角棱镜上（见图2-6a），从望远镜旁的观察窗中可观察到气泡两端的影像。当两个半边影像错开，表明气泡未居中（见图2-6b）；转动微倾螺旋使两个半边影像吻合，则表示气泡居中（见图2-6c）。

圆水准器如图2-7所示，它是一个内壁顶面为球面的玻璃圆盒，装在金属外壳内。圆水准器中的液体与水准管中的相同。球面正中刻有一小圆圈，圆圈中心称为圆水准器零点。通过零点的球面法线叫做圆水准轴，当气泡居中（气泡在小圆圈正中）时，圆水准轴处于铅垂位置。若圆水准轴与仪器的竖轴互相平行，则仪器的竖轴已基本处于铅垂位置。普通水准仪的圆水准器分划值一般是（8′~10′）/2mm（当气泡中心偏离零点2mm时轴线所倾斜的角度值为10′）。因此，圆水准器精度较低，仅用于水准仪的粗略整平。整平是通过旋转基座上的三个脚螺旋实现的。

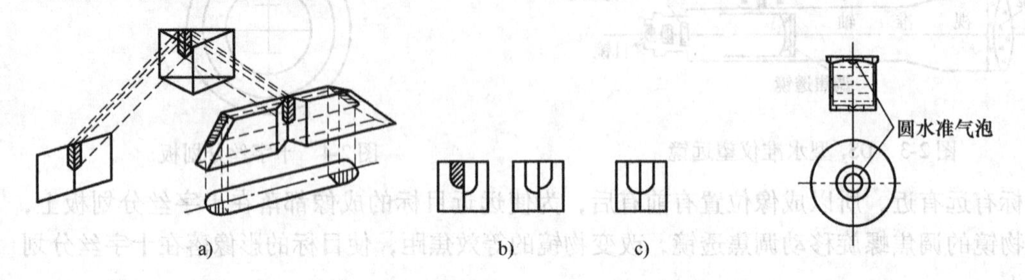

图2-6　符合式水准器　　　图2-7　圆水准器

3. 基座

基座主要是由轴座、脚螺旋、三角压板和底板组成，其作用是支撑仪器和连接三脚架。

2.2.2　水准尺和尺垫

水准尺是水准测量中的标尺，如图2-8所示，是水准测量中的重要工具，常由良好的干燥木材、铝合金或玻璃钢制成。水准尺的形式有直尺（又称双面尺）、折尺和塔尺，如图2-8所示。水准测量一般使用直尺，只有精度要求不高时才使用折尺或塔尺。直尺全长一般为3m，考虑工作的需要及携带方便，也有2m的直尺。尺的两面均有刻划，一面为黑白相间，称为黑面，另一面为红白相间，称为红面，尺面刻划为1cm。黑面尺底起始读数为零，红面尺底起始读数为4.687m或4.787m，故称双面水准尺。红面尺底起始读数不同的两根尺称为一对尺。双面水准尺成对使用，以检验读数有无错误，一般用于三、四等水准测量中。

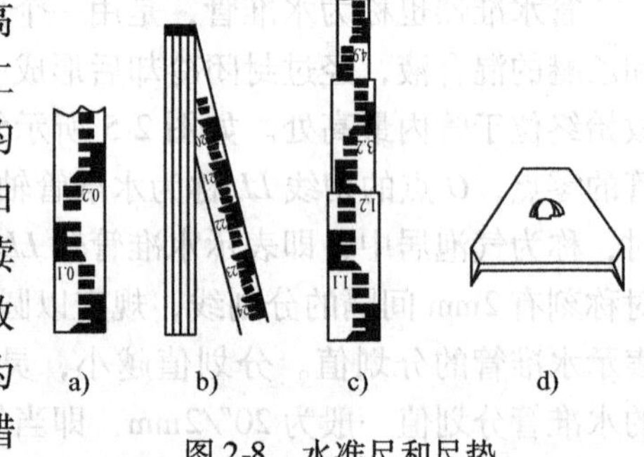

图2-8　水准尺和尺垫

a）直尺　b）折尺　c）塔尺　d）尺垫

尺垫又称为尺台，用生铁铸成，其形式有三角形、圆形等，其顶面中央有一凸起的半球体。水准测量时，尺垫放在转点上，起临时标志作用，踏稳后，把水准尺竖立在尺垫的半球顶上，以防止尺子下沉，如图2-8d所示。

2.2.3　水准仪的使用

1. 安置与粗略整平

选择便于安置水准仪的地点，支开三脚架使之高度适中，并使架头大致水平。利用连接螺旋使水准仪与三脚架固连后，将三脚踏实，旋转脚螺旋使圆水准器的气泡居中；或先踏实三脚架中的两个脚，然后稍微提起第三个脚，并左右、前后摆动，使圆水准器的气泡接近居中，踏实第三个脚，再旋转脚螺旋使圆水准器的气泡居中。旋转脚螺旋使圆水准器的气泡居中的方法如下：

水准仪的粗略整平是用脚螺旋使圆水准器的气泡居中。不论圆水准器在任何位置，先用任意两个脚螺旋使气泡移到通过圆水准器零点并垂直于这两个脚螺旋连线的方向上，如图2-9所示的气泡自 a 移到 b，如此可使仪器在这两个脚螺旋连线的方向处于水平位置。然后单独用第三个脚螺旋使气泡居中，如此使原两个脚螺旋连线的垂线方向也处于水平位置，从而将整个仪器置平。如仍有偏差可重复进行。这时仪器的竖轴大致竖直，即仪器大致水平，视准轴粗略水平。

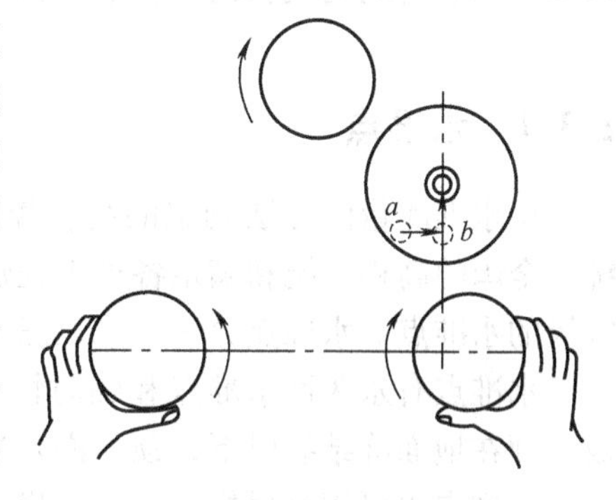

图2-9 水准仪的粗略整平

2. 瞄准水准尺

当仪器粗略整平后，松开望远镜的制动螺旋，利用望远镜筒上的缺口和准星概略地瞄准水准尺，在望远镜内看到水准尺后，关紧制动螺旋。然后转动目镜调节螺旋、使十字丝清晰，再转动调焦螺旋，使水准尺的刻划在十字丝分划上成像清晰。最后利用微动螺旋使十字丝竖丝对准水准尺，如图2-10所示。

照准目标时必须要消除视差。观测时眼睛稍作上下移动，如果尺像与十字丝有相对的移动，即读数有改变，则表示有视差存在，其原因是尺像没有落在十字丝平面上。存在视差时不可能得出准确的读数。消除视差的方法是仔细进行目镜调焦和物镜调焦，直到不再出现尺像和十字丝有相对移动为止，即尺像与十字丝在同一平面上，如图2-11所示。

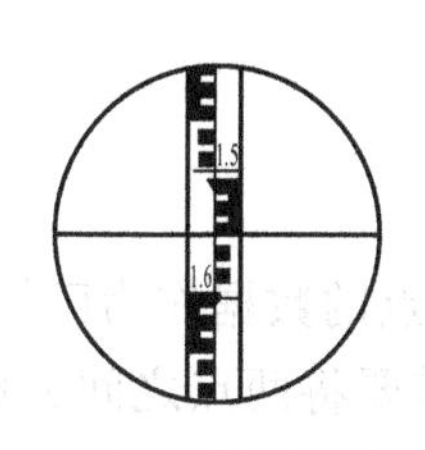

图2-10 瞄准水准尺

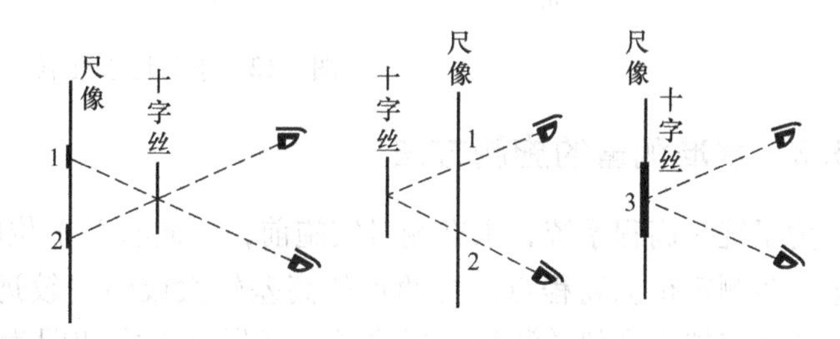

图2-11 消除视差

3. 精确整平和读数

转动微倾螺旋，使水准管的气泡居中，即望远镜旁的观察窗中两个半边影像吻合（见图2-6c），此时视准轴处于精确水平状态，然后立即利用十字丝中横丝读取尺上读数。若水准仪是倒像的望远镜，水准尺倒写的数字从望远镜中看到的是正写的数字，同时看到尺上刻划的注记是从上向下递增的，因此读数应由上向下读。由尺上注记直接读取米位和分米位数，再由整分划格数定出厘米数，毫米位则按中丝估读。如图2-10所示，从望远镜中读数为1.548m。

应当注意，瞄准任何方向的水准尺，读中丝读数前都应重新调微倾螺旋精平。

2.3 水准测量的实施及成果处理

2.3.1 水准点

用水准测量的方法测定的高程控制点，称为水准点（Bench Mark），简记为BM。为了统一全国的高程系统和满足各种工程建设的需要，由测绘部门在全国各地测定并设置了各种等级的水准点。水准点分一、二、三、四共四个等级，其精度依次降低。

水准点有永久性水准点和临时性水准点两种。国家等级水准点一般用石料或混凝土制成，埋在地面冻结线以下，顶面嵌入半球形标志表示该水准点的点位，如图2-12a所示。永久性水准点也可用金属标志埋设在稳定的墙脚上，称为墙上水准点，如图2-12b所示。工地上的永久性水准点一般用混凝土制成。临时性水准点可选地面上突出的坚硬岩石或房屋勒脚等作为标志，也可用大木桩打入地下，桩顶钉入一半球形钢钉。

埋设好水准点后，应绘制水准点的点之记，即绘制点的位置略图，写明水准点的编号、等级及其与周围建筑物的距离，以便日后寻找与使用。

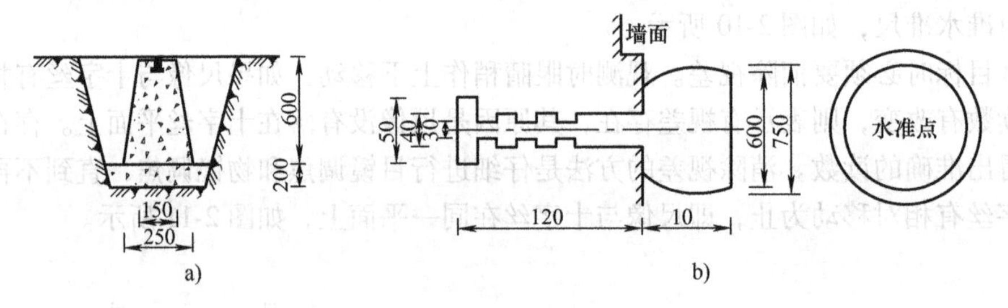

图2-12　永久性水准点

2.3.2 水准测量的施测方法

为了统一高程系统，水准测量实施前，应向有关单位收集水准点的数据作为已知资料，以进一步测定待测高程点。当两点的高差较大或距离较远时，则需要将两点之间分成若干段，依次安置水准仪并测得各段高差，各段高差之和即为两点的高差。如图2-13所示，已知A点的高程为50.118m，欲测定B点的高程，其观测步骤如下：①将水准尺立于A点上作为后视尺；②根据水准测量等级所规定的标准视线长度在施测线路合适的位置安置水准仪Ⅰ；③在施测线路的前进方向上，取仪器至后视大致相等的距离处设置转点z_1，放置尺垫，踏实后立尺作为前视尺；④按照水准仪的使用方法，观测后视点A上的水准尺度数a_1，旋转仪器，观测前视转点z_1上的水准尺，读得前视读数b_1，则后、前视读数之差（后视读数—前视读数），即为第一段的高差h_1；⑤将水准仪迁至第Ⅱ站，转点z_1的水准尺不动，旋转尺面，面向仪器作为第二站的后视，将A点上水准尺移至转点z_2，作为第二测站的前视，方法同第一步进行观测和计算后，得到第二测站两点间的高差h_2；⑥依次沿水准线路施测至B点。每安置一次仪器，施测一个测站，便会得到一个高差，结果计算如下

$$h_1 = a_1 - b_1$$
$$h_2 = a_2 - b_2$$

$$h_3 = a_3 - b_3$$
$$h_4 = a_4 - b_4$$
$$h_5 = a_5 - b_5$$

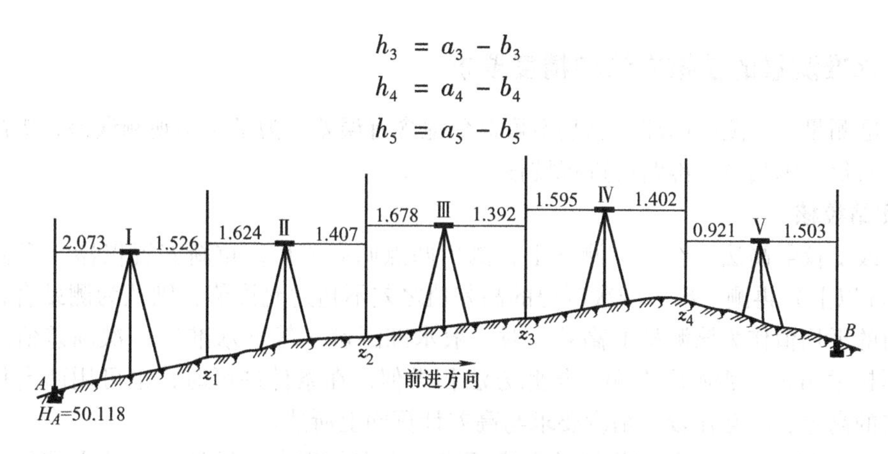

图 2-13 水准测量的实施

由图 2-13 可知，A、B 两点间的高差为各段高差之和，即

$$h_{AB} = \sum h = \sum a - \sum b \tag{2-5}$$

其中架设水准仪的地方（如Ⅰ、Ⅱ、…）称为测站（Station）；放置尺垫的地方（如 z_1、z_2、…），即用来传递高程的点称为转点（Turning Point）。

在实际测量过程中，应按一定的记录格式随测、随记、随算。下面以图 2-13 为例说明记录、计算的方法：①水准仪安置于Ⅰ测站时，测得 $a_1 = 2.073\text{m}$ 和 $b_1 = 1.526\text{m}$，分别记入表 2-1 中第一测站的后视读数及前视读数栏内，算得高差 $h_1 = +0.547\text{m}$，记入高差栏内；②水准仪搬至Ⅱ站，将测得的后视读数、前视读数及算得的高差记入第二测站的相应各栏中。依此进行，所有观测值和计算结果见表 2-1，其中计算校核中算出的 Σh 与 $\Sigma a - \Sigma b$ 相等，表明计算无误，如不等则计算有错，应重算加以改正。

表 2-1 水准测量记录 （单位：m）

测站	测点	后视读数	前视读数	高差		高程	备注
				+	−		
Ⅰ	A z_1	2.073	1.526	0.547		50.118	已知 A 点高程 = 50.118
Ⅱ	z_1 z_2	1.624	1.407	0.217			
Ⅲ	z_2 z_3	1.678	1.392	0.286			
Ⅳ	z_3 z_4	1.595	1.402	0.193			
Ⅴ	z_4 B	0.921	1.503		0.582	50.779	
Σ		7.891	7.230	1.243	0.582		
计算检核	$\sum a - \sum b = +0.661$ $\sum h = +0.661$ $H_B - H_A = +0.661$						

2.3.3 水准测量的校核方法和精度要求

在水准测量中，测得的高差总是不可避免地含有误差。为了减小观测误差，提高观测精度，必须对每一测站及水准路线进行校核。

1. 测站校核

（1）改变仪器高法　在一个测站上，测出两点间高差后，重新安置仪器（升高或降低仪器0.1m以上）再测一次，两次测得的高差值之差不超过允许值，则认为测站合格，取两次高差值的平均值作为该测站的高差。对一般水准测量（等外水准）两次高差值之差的绝对值应不超过5mm，否则应重测。与此方法相类似，在条件许可时，也可用两台仪器同时观测两点的高差，相互比较，精度要求与高差计算同上所述。

（2）双面尺法　该法是使仪器的高度不变，立在前视点和后视点上的水准尺分别采用黑面和红面各进行一次测读，计算得两次高差值，若两次高差值之差不超过5mm，则取其平均值作为该测站的高差。

测站校核可以校核本测站的测量成果是否符合要求，但不能判定整个路线的测量成果是否符合要求或有错。例如，水准测量在野外作业，受着各种因素的影响，如温度、湿度、风力、大气不规则折光、尺子下沉或倾斜、仪器误差以及观测误差等。这些因素所引起的误差在一个测站上反映可能不明显，这时测站成果虽然符合要求，但若干个测站的误差累积，使整个路线测量成果不一定符合要求，因此，还需要对水准路线进行校核。

2. 水准路线校核

水准路线的种类及其校核有以下几种：

（1）附合水准路线　设从已知起始点 BM_1 点出发，沿线进行水准测量，最后连测到另一已知高程点 BM_2 上，这样的水准路线称为附合水准路线。如图2-14a所示。这时测得的高差总和 $\Sigma h_{测}$ 应等于两水准点的已知高差（$H_{终}-H_{始}$）。实际上，两者往往不相等，其差值 f_h 即为高差闭合差

$$f_{\mathrm{h}} = \sum h_{测} - (H_{终} - H_{始}) \tag{2-6}$$

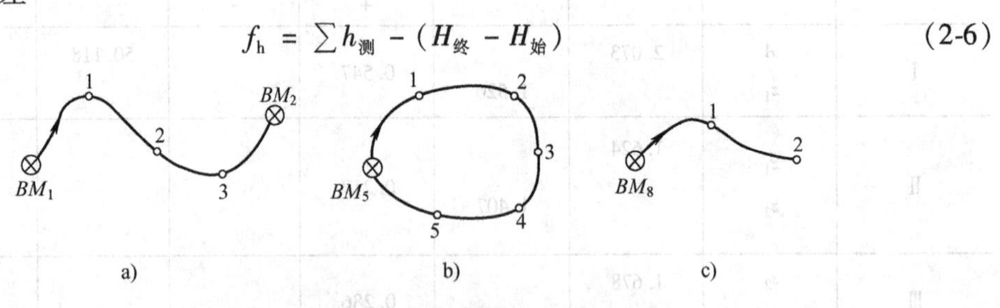

图2-14　水准路线校核

a）附合水准路线　b）闭合水准路线　c）支水准路线

高差闭合差 f_h 的大小反映了测量成果的质量，闭合差的允许值 $f_{h允}$（单位：mm）根据水准测量的等级不同而不同，对于等外水准测量的经验公式如下

$$f_{\mathrm{h允}} = \pm 40\sqrt{L} \tag{2-7}$$

或

$$f_{\mathrm{h允}} = \pm 12\sqrt{n}$$

式中　L——路线长度（km），即为所有测站前后视距之和，山地一般指每千米测站数在15

个以上的地形。

n——水准路线测站总数。

若高差闭合差的绝对值大于$f_{h允}$，说明测量成果不符合要求，应重测。

（2）闭合水准路线 如图2-14b所示，设水准点BM_5的高程为已知，由该点出发，依次测量，最后又回到起始点，这种路线称为闭合水准路线。理论上其高差代数之和$\Sigma h_{理}=0$，但由于测量含有误差，往往所观测的高差代数和$\Sigma h_{测}\neq 0$，而存在高差闭合差

$$f_h = \sum h \tag{2-8}$$

高差闭合差的允许值采用式（2-7）计算。

（3）支水准路线 如图2-14c所示，从已知水准点BM_8开始。依次测定1、2点的高程后，既不附合到另一水准点，也不闭合到原水准点。为了校核，应从2点经1点返测回到BM_8。这时往测和返测的高差的绝对值应相等，符号相反。若往返测高差的代数和不等于零即存在闭合差

$$f_h = \sum h_{往} + \sum h_{返} \tag{2-9}$$

高差闭合差的允许值仍按式（2-7）计算，但路线长度或测站数以单程计。

以上高差闭合差的计算应在水准测量的现场完成，若发现高差闭合差超限，应找出原因以及时重测。

2.3.4 水准测量的内业计算

水准测量外业工作结束后，应对所有外业成果进行认真仔细的检查，确定无误后，方可进行水准测量的内业计算工作。水准测量的内业计算包括高差闭合差及允许闭合差的计算、高差闭合差调整和高程推算。

支水准路线高差闭合差的调整是取往测和返测高差绝对值的平均值作为两点的高差值，其符号与往测高差符号相同；然后根据起点高程和各段平均高差推算各测点的高程。

闭合和附合水准路线高差闭合差的调整方法相同，下面以附合水准路线为例来说明调整方法。

【例2-1】 已知水准点BM_1的高程$H_{BM_1}=108.034\text{m}$，BM_2点的高程$H_{BM_2}=111.929\text{m}$。路线长度和测得的高差如图2-15所示，试计算待定点A、B、C的高程。

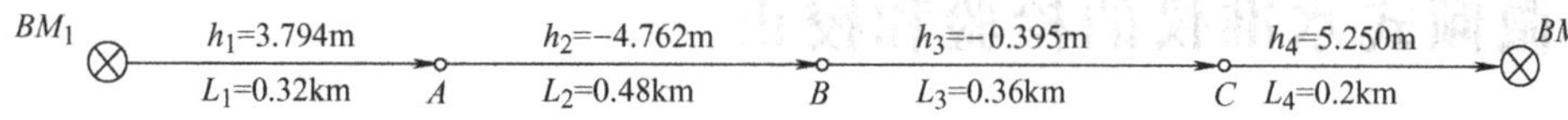

图2-15 附合水准路线略图

（1）高差闭合差及允许闭合差的计算

高差闭合差$f_h = \sum h_{测} - (H_{BM_2} - H_{BM_1}) = -8\text{mm}$

允许闭合差$f_{h允} = \pm 40\sqrt{L} = \pm 46.6\text{mm}$

$f_h < f_{h允}$，说明精度符合要求，可进行闭合差调整。

（2）高差闭合差的调整 在同一水准路线中，其观测条件可以认为基本相同，即各测站所产生的误差相等，水准路线的测量误差与其路线长度或测站数成正比。为此将闭合差反符号，按路线长度或测站数成正比分配到各段高差观测值上。则高差改正值为

$$V_i = -\frac{f_h}{L}L_i \quad 或 \quad V_i = -\frac{f_h}{n}n_i \tag{2-10}$$

式中　L——路线长度（km）；

L_i——第 i 测段路线长度（$i=1, 2, \cdots$）；

n——测站总数；

n_i——为第 i 测段站数。

在本例中，以测站数成正比分配，则 BM_1 至第 A 点高差改正值为

$$V_1 = -\frac{l_1}{L}f_h = -\frac{0.32}{1.36}\times(-8\text{mm}) = +1.88\text{mm} \quad (取 2\text{mm})$$

同理，可求得其余各段高差的改正值为 +3mm、+2mm、+1mm，见表 2-2。然后检查高差改正值的总和是否与闭合差的数值相等而符号相反。在计算中，如因尾数取舍而不符合此条件，应通过适当取舍而令其符合。将各段实测高差值分别加上各自的改正值，即为改正后的高差

$$h_{改i} = h_{测i} + V_i$$

检查改正后的高差代数和是否与 BM_1、BM_2 两点间的已知高差相等，即

$$\sum h_{改i} = H_{BM_2} - H_{BM_1}$$

（3）高程计算　由已知点 BM_1 开始，依次加上各段改正后的高差，分别推算得到各点的高程，一直到 BM_2 点的高程，见表 2-2。若推算出来的 BM_2 点高程与已知的 BM_2 高程相等，则说明计算无误，计算完毕。

表 2-2　附合水准路线高差闭合差的调整

点号	路线长/km	观测高差/m	改正值/mm	改正后高差/m	高程/m
BM_1					108.034
A	0.32	3.794	2	3.796	111.830
B	0.48	−4.762	3	−4.759	107.071
C	0.36	−0.395	2	−0.393	106.678
BM_2	0.2	5.250	1	5.251	111.929
$\sum$	1.36	3.887	8	3.895	

2.4　微倾式水准仪的检验和校正

根据微倾式水准仪的水准测量原理，要求水准仪能够提供一条水平视线，水准仪的轴线（视准轴、水准管轴、仪器竖轴和圆水准器轴）之间应满足一定的几何关系。由于水准仪经运输和使用，会使其上某些部件的相对位置发生变化，从而破坏各轴线间应满足的几何条件。为此，在水准测量之前，应对水准仪进行必要的检验，如果不满足几何条件，则应进行校正。如图 2-16 所示，DS_3 型水准仪的轴线之间应满足的几何关系：①圆水准器轴平行于仪器竖轴，即 $L_0L_0 /\!/ VV$；②十字丝横丝垂直于仪器竖轴；③水准管轴平行于视准轴，即 $LL /\!/ CC$（主要条件）。

水准仪的检验校正工作应按下列顺序进行，以使前面检校项目不受后面检校项目的影响。

1. 圆水准器轴平行于仪器竖轴的检验和校正

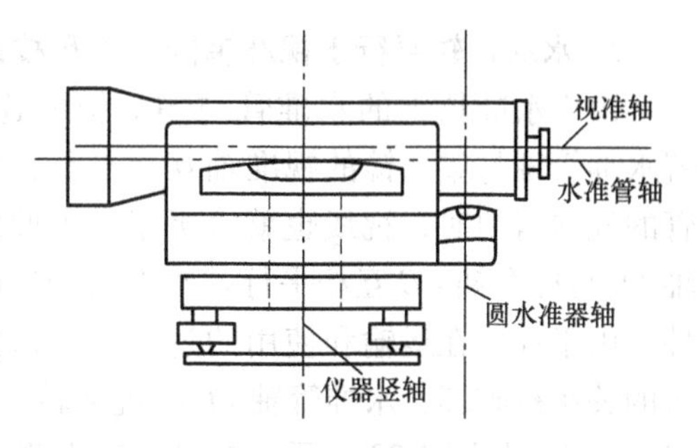

图 2-16 DS_3 型水准仪的轴线关系

圆水准器是用来粗略整平水准仪的，如果圆水准轴 L_0L_0 与仪器竖轴 VV 不平行，则圆水准管的气泡居中时，仪器竖轴不竖直。若竖轴倾斜过大，可能导致微倾螺旋转动到了极限位置还不能使水准管的气泡居中。因此，把此项校正工作做好，才能较快地使水准管的气泡居中。

（1）检验方法 安置好水准仪后，转动脚螺旋使圆水准器的气泡居中，然后将望远镜旋转180°，如果气泡仍然居中，说明满足条件，即 $L_0L_0 /\!/ VV$。如果气泡不居中，则需校正。

（2）校正方法 如图 2-17 所示，设望远镜旋转 180°后，气泡不在中心位置，如图 2-17a 所示，这表示这一侧的校正螺钉偏高。校正时，转动脚螺旋使气泡朝圆水准器中心方向移动偏离量的一半，到图 2-17b 所示的位置，这时仪器竖轴基本竖直，然后调节三个校正螺钉使气泡居中。由于一次校正工作难以做到准确无误，故需反复检验和校正，直至仪器转至任何位置，气泡始终位于中央为止。

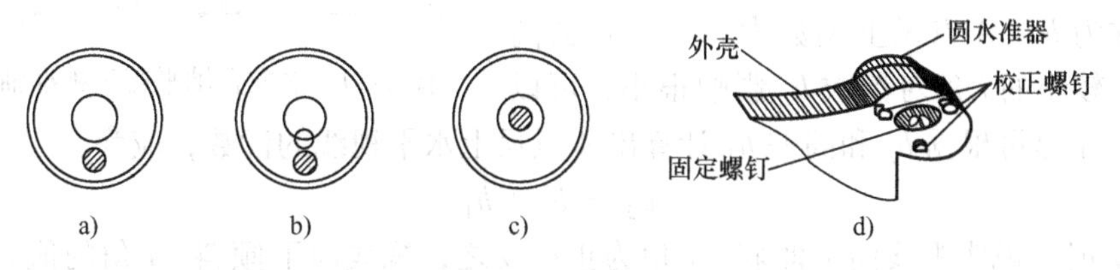

图 2-17 圆水准器的检验与校正

2. 十字丝横丝垂直于仪器竖轴的检验与校正

水准测量是利用十字丝分划板中的横丝来读数的，当仪器竖轴处于铅垂位置时，而横丝倾斜，显然读数将产生误差。

（1）检验方法 安置好仪器后，将横丝的一端对准某一固定点状标志 M，如图 2-18a 所示，固定制动螺旋后，转动微动螺旋，使望远镜左右移动，若 M 点始终不离开横丝，说明十字丝横丝垂直于仪器竖轴，条件满足要求；若偏离横丝，如图 2-18b 所示，说明横丝不水平，需要校正。此外，由于十字丝纵丝与横丝垂直，因此可采用挂垂球的方法进行检验，即将仪器整平后，观察十字丝纵丝是否与垂球线重合，如不重合，则需要校正。

（2）校正方法 旋下目镜十字丝环护罩，可见到的两种形式如图 2-19 所示。当为图 2-19a 所示时，松开十字丝分划板座的四颗固定螺钉，沿横丝倾斜的反方向轻轻转动十字丝分划板座，使 M 点到横丝的距离为原偏离距离的一半，再进行检验，直到使横丝水平，然后拧紧四颗固定螺钉，旋上十字丝环护罩。当为图 2-19b 所示时，在目镜端镜筒上有三颗固定十字丝分划板座的沉头螺钉，校正时松开其中任意两颗，轻轻转动分划板座，使横丝水平，再将沉头螺钉拧紧，旋上十字丝环护罩。此项检校也需反复进行至合格为止。

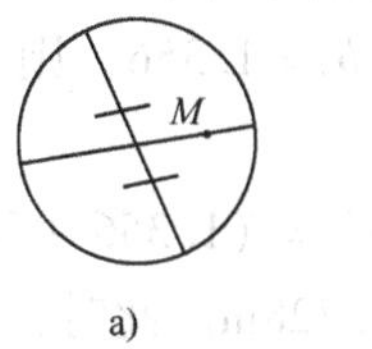

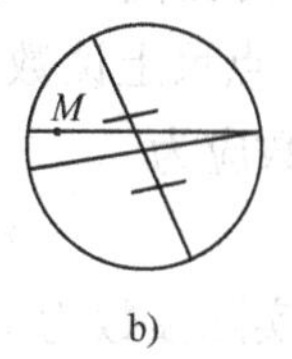

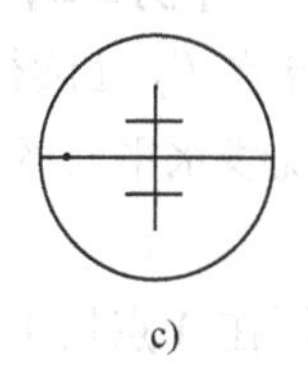

图 2-18 望远镜十字丝横丝的检验

3. 水准管轴平行于视准轴的检验和校正

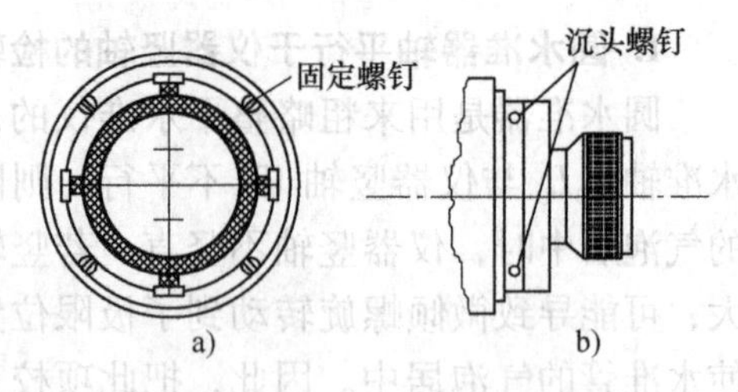

图 2-19　十字丝校正螺钉位置图

由于水准仪上的水准管与望远镜固连在一起，若水准管轴与望远镜的视准轴互相平行，则当水准管的气泡居中时，视线也就水平了。因此，水准管轴 LL 与视准轴 CC 互相平行是水准仪构造的主要条件。由于仪器在运输和使用的过程中，这种互相平行的关系被破坏，水准管轴 LL 与视准轴 CC 之间形成一 i 角，如图 2-20 所示；在进行工程测量前应检验 i 角是否超限。

（1）检验方法　在较平坦的地面上，选定相距约 80m 的两点 A 和 B。将水准仪安置于 AB 的中点 P_1 处，用变动仪器高度法连续两次测出 A、B 两点的高差，若两次高差值之差不超过 3mm，则取两次高差值的平均值 h_1 作为最后结果，由于前视距离相等，i 角对前、后水准读数的影响 Δ 相同，则高差将不受其影响，即得 A、B 两点的正确高差

$$h_1 = (a_1 - \Delta) - (b_1 - \Delta) = a_1 - b_1$$

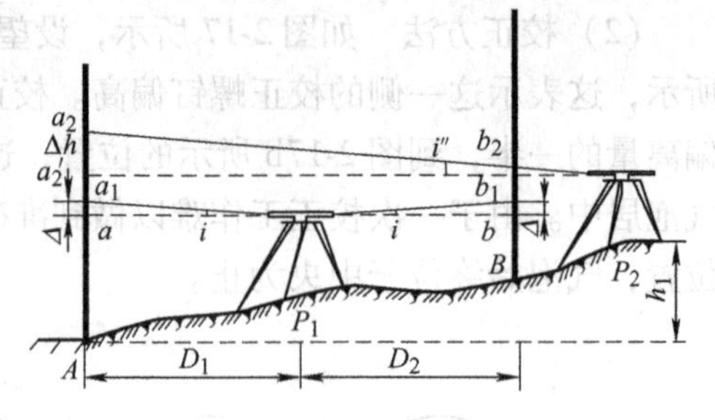

图 2-20　水准管轴平行于视准轴的检验

然后将仪器安置于距 B 点 3m 左右的 P_2 处，读取 B 点上读数为 b_2，A 点尺上读数为 a_2，因仪器离 B 点很近，较小的 i 角对读数 b_2 影响很小，可以忽略不计。于是可根据 b_2 和高差 h_1 计算出 A 点尺上水平视线的读数，应为

$$a_2' = b_2 + h_1$$

若 $a_2 > a_2'$，说明视线向上倾斜，i 角为正；反之，视线向下倾斜，i 角的值为负。$\Delta h = a_2 - a_2'$，$i'' = \frac{\Delta h}{D_{AB}}\rho''$，当 $|i''| > 20''$ 时应校正水准管轴。

（2）校正方法　仅校正水准管。在水准仪不动的情况下，转动微倾螺旋使中丝对准读数 a_2'，这时视准轴处于水平状态，但水准管的气泡偏离。首先稍微松开水准管一端的左右两个中的任一螺钉，再用校正针调整水准管一端的上、下两个校正螺钉（见图 2-21），使气泡居中。

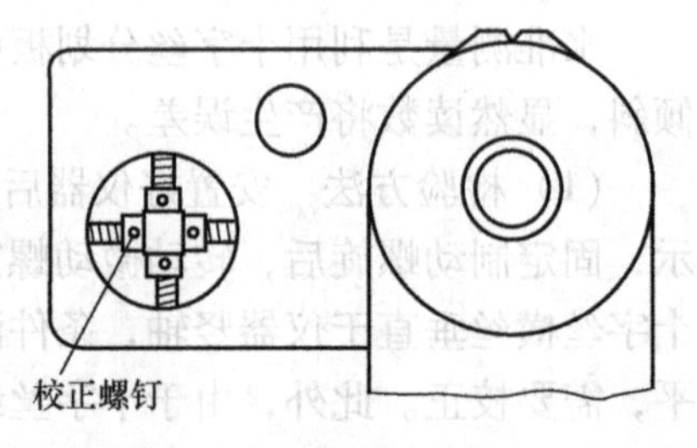

图 2-21　水准管轴平行于视准轴的校正

【例 2-2】　设在图 2-20 所示中，$h_1 = 0.383\text{m}$，仪器在 P_2 处读得 B 点尺上读数 $b_2 = 1.356$，则 A 点尺上的视线水平时的读数应为

$$a_2' = (1.356 + 0.383)\text{m} = 1.739\text{m}$$

而在 A 点尺上的实际读数为 1.728m。此时，转动微倾螺旋使十字丝的中丝对准 A 点尺上读数 1.739m 处，再用校正针调整水准管校正螺钉，使气泡居中。

此项检验校正也需要反复进行，直至达到要求为止。两轴不平行所引起的误差对水准测量结果影响很大，校正时要认真仔细，遵守先松后紧的原则，不能用力过猛。校正针的粗细要与校正孔的大小相适应，否则容易损坏仪器。校正完毕，应使各校正螺钉与水准管的支柱处于顶紧状态。

2.5 水准测量的误差分析

水准测量的误差是不可避免的，测量误差主要来源于仪器及工具误差、观测误差和外界条件的影响三个方面。

1. 仪器及工具误差

（1）仪器校正不完善的残余误差　水准仪在经过检验校正后，还可能存在一些残余误差，这些残余误差也会对测量结果产生一定影响。其中主要是水准管轴不平行于视准轴的误差。这种误差大多具有系统性，可在测量过程中采取一定措施予以消除或减小。消减方法：如前所述，观测时，只要将仪器安置于距前、后视尺等距离处，计算高差时就可消除这项误差。实际上，前、后视距离完全相等是非常困难的，所以可以根据不同等级的精度要求，对每个测站前、后视距差及每一段的前、后视距累积差规定一个限值。

（2）调焦误差　由于仪器制造工艺不够完善，当转动调焦螺旋调焦时，调焦透镜产生非直线移动而改变视线位置，因而产生调焦误差。消减方法：只要将仪器安置于距前、后视尺等距离处测量，即可避免在前、后视读数间调焦，从而就可避免调焦误差的产生。

（3）水准尺误差　水准尺误差包括水准尺上水准器误差、水准尺刻划误差、尺底磨损和尺身弯曲等误差，都会影响水准测量的精度。消减方法：经常对水准尺的水准器及尺身进行检验，必要时予以更换。若在观测时使测站数成偶数，就可以消除尺底磨损的零点误差。

2. 观测误差

（1）整平误差　水准管的气泡居中误差一般为水准管分划值 τ'' 的 ± 0.15 倍，即 $\pm 0.15\tau''$。当采用符合水准器时，气泡居中精度可提高一倍，故居中误差为 $\pm 0.075\tau''$，若水准仪至水准尺的距离为 D，则在读数上引起的误差为

$$m_{平} = \frac{0.075\tau''}{\rho''}D \tag{2-11}$$

式中　$\rho'' = 206265''$。

由上式可知，整平误差与水准管分划值及视线长度成正比。若以 DS_3 型水准仪进行等外水准测量，视线长 $D = 100\text{m}$，气泡偏离一格（$\tau'' = 20''/2\text{mm}$）时，$m_{平} = 0.73\text{mm}$。

整平误差的消减方法：在晴天观测，必须打伞保护仪器，更要注意保护水准管，避免其受太阳光的照射；必须注意使水准管的气泡居中，且视线不能太长；后视完毕转向前视，应注意重新转动微倾螺旋，调节气泡居中后才能读数，但不能转动脚螺旋，否则将改变仪器高而产生错误。

（2）估读误差　水准尺上的毫米数是估读的，其估读误差与人眼的分辨能力、十字丝的粗细、望远镜的放大倍率及视距长度有关。人眼的极限分辨力通常为 $60''$，即当视角小于 $60''$ 时就不能分辩尺上的两点，若用放大倍率为 V 的望远镜照准尺，则照准精度为 $60''/V$，由此照准距水准尺的估读误差为

$$m_{照} = \frac{60''}{V\rho''}D \tag{2-12}$$

当 $V = 30$，$D = 100\text{mm}$ 时，$m_{照} = \pm 0.97\text{mm}$。因此，若望远镜放大倍率较小或视线过长，则尺子成像小，并显得不够清晰，估读误差将增大。

估读误差的消减方法：对各等级的水准测量，必须按规定使用具有相应放大倍率望远镜的水准仪和不超过极限长度的视距。

（3）视差　产生视差的原因是十字丝平面与水准尺影像不重合，导致眼睛位置不同，便读出不同读数，进而产生读数误差。视差必须予以消除，消减方法：转动目镜调节螺旋使十字丝清晰，再转动物镜调焦螺旋使尺像清晰，反复几次，直至十字丝和水准尺成像均清晰，眼睛上下晃动时读数不变。

（4）水准尺不竖直的误差　水准尺不竖直，总是使尺上读数增大。如图 2-22 所示，若水准尺未竖直立于地面而倾斜时，其读数 b' 或 b'' 都比尺子竖直时的读数 B 要大，而且视线越高，误差越大。例如，当倾角 $\theta=3°$，读数 $b'=2\text{m}$ 时，则产生的误差 $\Delta b=b'(1-\cos\theta)=2.7\text{mm}$。消减方法：作业时应力求水准尺竖直，在山区作业时，应使用带圆水准器的水准尺。

3. 外界条件的影响

（1）仪器升降的误差　由于仪器的自重，引起仪器下沉，使视线降低；或由于土壤的弹性，引起仪器上升，使视线升高，都会产生读数误差。如图 2-23 所示，若后视完毕转向前视时，仪器下沉了 Δ_1，使前视读数 b_1 小了 Δ_1，即测得的高差 $h_1=a_1-b_1$，大了 Δ_1。设在一测站上进行两次测量，第二次先前视再后视，若从前视转向后视过程中仪器又下沉了 Δ_2，则第二次测得的高差 $h_2=a_2-b_2$，小了 Δ_2。如果仪器随时间均匀下沉，即 $\Delta_2\approx\Delta_1$，取两次所测高差的平均值，这项误差就可得到有效的削减。消减方法：在松软地面架仪器时要踩牢脚架，提高观测速度；采用“后前前后”的观测程序。

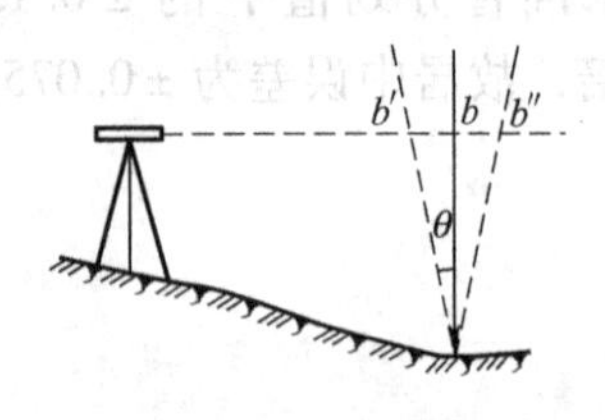

图 2-22　水准尺倾斜的影响

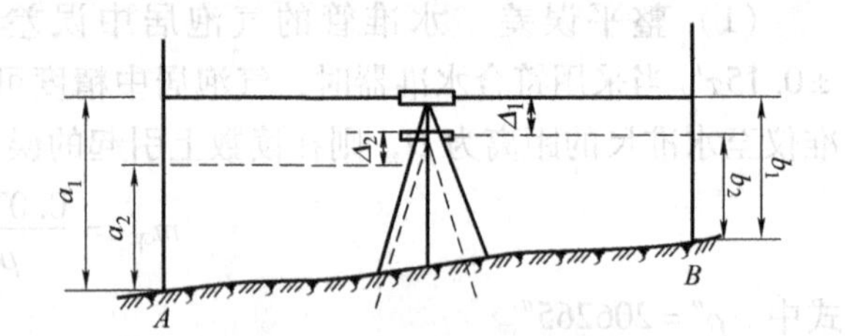

图 2-23　仪器下沉的影响

（2）尺垫升降的误差　与仪器升降情况相类似。如转站时尺垫下沉，使高差增大，如上升则使高差减小，致使前后两站高程传递产生误差。消减方法：在观测时，选择坚固平坦的地点设置转点，将尺垫踩实，加快观测速度，减少尺垫下沉的影响；采用往返观测的方法，取结果的中数，这项误差也可以得到削减。

（3）温度的影响　温度的变化不仅会引起大气折光的变化，而且当太阳照射水准管时会因为水准管本身和管内液体温度的升高，使气泡移动，而影响仪器水平。消减方法：注意撑伞遮阳，保护仪器。

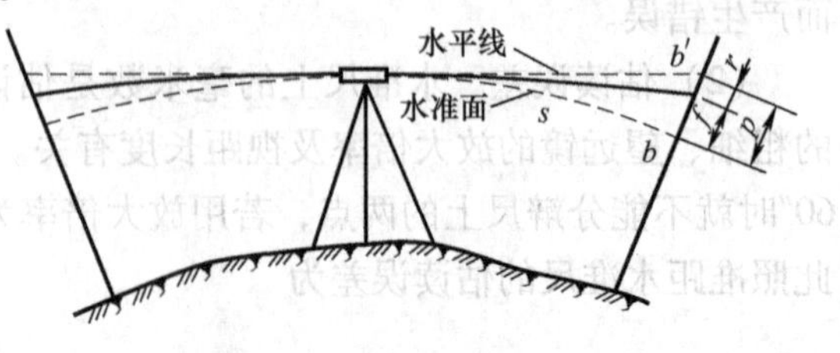

图 2-24　地球曲率的影响

（4）地球曲率影响　大地水准面是一个曲面，而水准仪的视线是水平的，由第 1 章可知，用水平视线代替大地水准面在尺上读数产生的影响是不能忽略的。如图 2-24 所示，由于水准仪提供的是水平视线，因此后视和前视读数 a 和 b 中分别含有地球曲率误差 Δ_1 和 Δ_2，则 A、B 两点的高差应为 $h_{AB} = (a - \Delta_1) - (b - \Delta_2)$。若将仪器安置于距 A 点和 B 点等距离处，这时 $\Delta_1 = \Delta_2$，则 $h_{AB} = a - b$。消减方法：将仪器安置于距 A 点和 B 点等距离处，就可消除地球曲率的影响。

（5）大气折光的影响　光线穿过大气层时由于密度不同将会发生折射，使观测产生误差，称为大气折光差。折光差的大小与大气层竖向温差大小有关；由于地面的吸热作用，在太阳辐射下，越接近地面温差越大，折光也越大。在水准测量中，如果前、后视线折射相同，那么只要前、后视的距离相等，折光差对前、后视读数的影响也相等，在计算高差时可以互相抵消。但在一般情况下，前、后视线的离地高度往往互不一致，它们所经过地面的吸热情况也有差别，因此前、后视线的弯曲是不同的，从而使所测高差中带有大气折光的影响，为尽量减少这种误差，视线离地面应有足够的高度，一般最小读数应大于 0.3m。消减方法：缩短视线长度，提高视线高度；前后视距离相等。

2.6　三、四等水准测量

高程控制测量主要采用水准测量的方法，分成一、二、三、四等四个等级，低一等级受高一级控制，逐级布设。一、二等水准测量成果作为全国范围内的高程控制和科学研究之用。三、四等水准测量除了用于国家高程控制网的加密外，还用于建立基本高程控制测量。三、四等水准测量的主要技术要求见表 2-3。

表 2-3　三、四等水准测量的主要技术要求

等级＼项目	水准仪型号	视线高度	视线长度/m	前、后视距差/m	前、后视距累积差/m	红、黑面高差值之差/mm	红、黑面读数差/mm	附合环线闭合差/mm	
								平原	山区
三	DS_3	三丝读数	≤75	≤3	≤6	≤3	≤2	$12\sqrt{L}$	$4\sqrt{n}$
四	DS_3	三丝读数	≤100	≤5	≤10	≤5	≤3	$20\sqrt{L}$	$6\sqrt{n}$

1. 观测程序

在每一测站上按以下观测顺序进行，读数填入记录表 2-4 中相应位置。

1）后视水准尺的黑面，读下丝、上丝和中丝读数。

2）前视水准尺的黑面，读下丝、上丝和中丝读数。

3）前视水准尺的红面，读中丝读数。

4）后视水准尺的红面，读中丝读数。

上述测读顺序简称为“后前前后”（黑黑红红）。四等水准观测程序也可为“后后前前”（黑红黑红）。三、四等水准测量的观测记录及计算的示例见表 2-4。

2. 测站计算与检核

（1）视距计算　以表 2-4 为例，计算如下：

后距：⑨ = 100 ×（① - ②）。

前距：⑩ = 100 ×（⑤ - ⑥）。

视距差：⑪ = ⑨ - ⑩。

后、前距累积差：⑫ = 上站之⑫ + 本站⑪。

表 2-4 三、四等水准测量记录

测站编号	点号	后尺 下丝 / 上丝 / 后距 / 视距差 d/m	前尺 下丝 / 上丝 / 前距 / $\sum d$/m	方向及尺号	中丝读数/m 黑面	中丝读数/m 红面	K + 黑 - 红 /mm	高差中数 /m
		①	⑤	后 1	③	④	⑬	
		②	⑥	前 2	⑦	⑧	⑭	
		⑨	⑩	后-前	⑮	⑯	⑰	⑱
		⑪	⑫					
1	BM_1-TP_1	1.954	1.276	后 2	1.664	6.350	+1	
		1.373	0.693	前 1	0.985	5.773	−1	
		58.1	58.3	后-前	+0.679	+0.577	+2	+0.6780
		−0.2	−0.2					
2	TP_1-TP_2	1.146	1.744	后 1	1.024	5.811	0	
		0.903	1.499	前 2	1.622	6.308	+1	
		24.3	24.5	后-前	−0.598	−0.497	−1	−0.5975
		−0.2	−0.4					
3	TP_2-TP_3	1.479	0.982	后 2	1.171	5.859	−1	
		0.864	0.373	前 1	0.678	5.465	0	
		61.5	60.9	后-前	+0.493	+0.394	−1	+0.4935
		+0.6	+0.2					
4	TP_3-BM_A	1.536	1.030	后 1	1.242	6.030	−1	
		0.947	0.442	前 2	0.736	5.422	+1	
		58.9	58.8	后-前	+0.506	+0.608	−2	−0.5070
		+0.1	+0.3					
每页校核	$\sum$⑨ = 202.8 −) $\sum$⑩ = 202.5 = +0.3 $\sum$⑨ + $\sum$⑩ = 405.3m		$\sum$(⑮ + ⑯) = 1.081 2$\sum$⑱ = +2.162 计算正确		注 K_1 = 4.787m；K_2 = 4.687m			

(2)同一水准尺黑、红面中丝读数的检核　同一水准尺黑、红面中丝读数之差，应等于该尺的尺常数 K（红面的起始读数，一般为 4.687 和 4.787），其差值为

后视尺：⑬ = ③ + K − ④。

前视尺：⑭ = ⑦ + K − ⑧。

(3)高差计算及检核

黑面所测高差：⑮ = ③ − ⑦。

红面所测高差：⑯ = ④ − ⑧。

黑、红面所测高差之差：⑰ = ⑮ − (⑯ ±0.100) = ⑬ − ⑭，其中 0.100 为两根水准尺尺

常数之差，以 m 为单位。

高差的平均值：⑱ = $\frac{1}{2}$ × [⑮ + ⑯ ±0.100]。

(4)每页计算的检核

视距计算检核：∑⑨ - ∑⑩ = 末站⑫

高差计算检核：测站数为偶数时，∑⑮ + ∑⑯ =2 × ∑⑱；

测站数为奇数时，∑⑮ + ∑⑯ ±0.100 =2 × ∑⑱。

检核无误后，计算水准路线总长，水准路线总长为 = ∑⑨ + ∑⑩。

2.7 其他类型水准仪

1. 自动安平水准仪

自动安平水准仪的特点是只有圆水准器，用自动补偿装置代替了水准管和微倾螺旋，使用时只要水准仪的圆水准气泡居中，使仪器粗平即可进行测量读数。优点：由于无需精平、操作简单，可以大大加快水准测量的速度；减小了外界条件（如地面微小震动，仪器的不规则下沉，风力和温度变化）对测量结果的影响，从而提高了水准测量的精度。因此，自动安平水准仪在各种精度等级的水准测量中的应用越来越多，并将逐步取代微倾式水准仪。图 2-25 所示是 DSZ_3 型自动安平水准仪的外形，现以这种仪器为例介绍其构造原理和使用方法。

图 2-25 DSZ_3 型自动安平水准仪

(1) 自动安平水准仪的原理　如图 2-26 所示，当视线水平时，水准尺上的水平光线恰好与十字丝交点所在位置 J' 重合，读数正确，当视线倾斜一个 α 角，十字丝交点移动一段距离 d 到达 J 处，这时按十字丝交点 J 读数，显然有偏差。设 f 为物镜的等效焦距，则

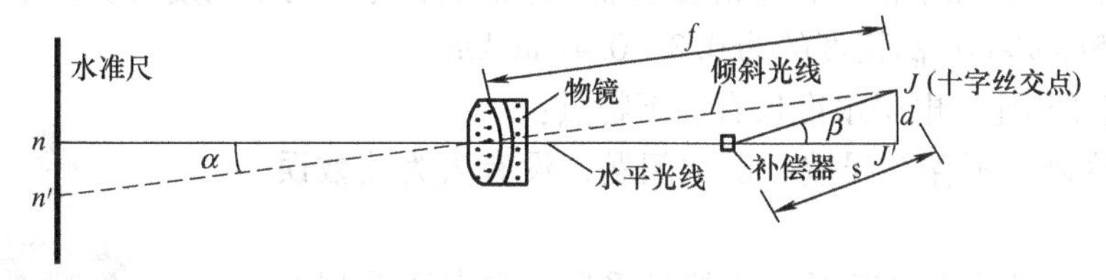

图 2-26 自动安平水准仪的原理

$$d = f\alpha$$

如果在距十字丝分划 s 处，安装一个补偿器，使水平光线偏转角 β，通过十字丝中心 Z，则

$$d = s\alpha$$

即

$$f\alpha = s\beta \tag{2-13}$$

设

$$\frac{\beta}{\alpha} = \frac{f}{s} = n \tag{2-14}$$

式中　n 为 β 与 α 的比值，称为补偿器的放大率。

在设计时，只要满足式（2-14）的关系，便可使通过补偿器点的光线，仍通过十字丝中心 J，从而达到自动补偿的目的。

（2）自动安平水准仪的使用　自动安平水准仪的基本操作与微倾式水准仪大致相同。首先利用脚螺旋使圆水准器气泡居中，然后将望远镜瞄准水准尺，即可直接用十字丝横丝进行读数。为了检查补偿器是否起作用，在目镜下方安装有补偿器控制按钮，观测时，按动按钮，待补偿器稳定后，看尺上读数是否有变化，如尺上读数无变化，则说明补偿器处于正常的工作状态；如果仪器没有按钮装置，可稍微转动一下脚螺旋，如尺上读数没有变化，说明补偿器起作用，否则要进行修理。另外，补偿器中的金属吊丝相当脆弱，使用时要防止剧烈振动，以免损坏。

2. 电子水准仪

电子水准仪又称数字水准仪，它是在自动安平水准仪的基础上发展起来的，于 1990 年首先由威特厂研制成功，这标志着大地测量仪器已经完成了从精密光机仪器向光机电测一体化的高技术产品的过渡。电子水准仪具有测量速度快、精度高、读数客观、能减轻作业劳动强度、测量数据便于输入计算机和容易实现水准测量内外业一体化的优点。

目前，电子水准仪采用自动电子读数原理有相位法、相关法和几何法三种。电子水准仪是以自动安平水准仪为基础，并采用铟瓦条码标尺和图像处理电子系统构成的光机电测一体化的高科技产品。但因各厂家标尺编码的条码图案不相同，所以，不同标尺不能互换使用。

照准标尺和调焦仍需目视进行。人工完成照准和调焦之后，标尺条码一方面被成像在望远镜分划板上，供目视观测，另一方面通过望远镜的分光镜，标尺条码又被成像在光电传感器（又称探测器）上，即阵列 CCD 器件上，供电子读数。因此，如果使用传统水准标尺，电子水准仪又可以像普通自动安平水准仪一样使用，不过此时的测量精度低于电子测量的精度。特别是精密电子水准仪，由于没有光学测微器，用作普通自动安平水准仪使用时，其精度更低。

电子水准仪定位在中精度和高精度水准测量范围，分为两个精度等级，中等精度的标准差为 1.0～1.5mm/km；高精度的为 0.3～0.4mm/km。

与传统仪器相比，电子水准仪有以下特点：

1）读数客观。不存在误差、误记问题，没有人为读数误差。

2）精度高。视线高和视距读数都是采用大量条码分划图像经处理后取平均得出来的，因此削弱了标尺分划误差的影响。多数仪器都有进行多次读数取平均的功能，可以削弱外界条件影响。

3）速度快。由于操作简单，而且省去了报数、听记、现场计算的时间以及人为出错的重测数量，所以测量速度大大加快了。

图 2-27　蔡司 DiNi10/20 数字水准仪

4）效率高。只需调焦和按键就可以自动读数，减轻了劳动强度。视距还能自动记录，检核，处理并能输入电子计算机进行后处理，可实线内外业一体化。图 2-27 所示是蔡司 DiNi10/20 数字水准仪。

思考题与习题

2-1 在水准测量中，计算待定点高程有哪两种基本方法？各在什么情况下应用？

2-2 在水准测量中，如何规定高差的正负号？高差的正负号说明什么问题？

2-3 何谓视准轴？何谓水准管轴？它们之间应满足什么几何关系？

2-4 水准测量的测站校核有哪些方法？

2-5 水准仪的使用包括哪些基本操作？试简述其操作要点。

2-6 何谓视差？产生视差的原因是什么？如何消除视差？

2-7 “符合水准管气泡居中，视准轴就水平”这句话正确吗？为什么？

2-8 水准测量中，在测站上观测完后视读数，转动仪器瞄准前视尺时，圆气泡有少许偏移，此时能否重新转动脚螺旋使气泡居中，然后继续读前视读数？为什么？

2-9 什么叫测站？什么叫转点？如何正确使用尺垫？

2-10 按图 2-28 所示的数据按表 2-1 的格式填表计算点 B 的高程。

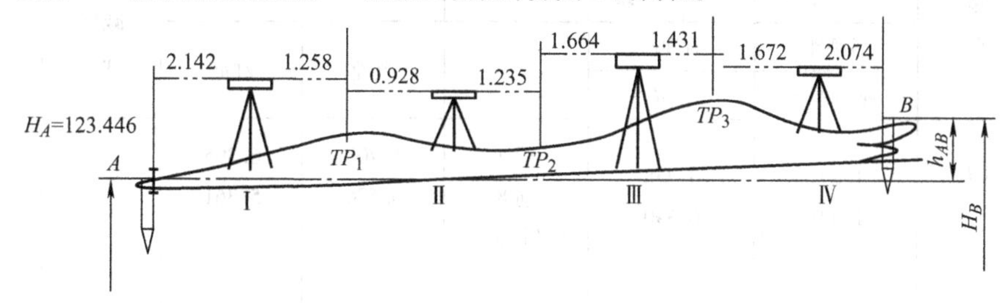

图 2-28 思考题与习题 2-10 图

2-11 水准测量的主要误差来源有哪些？采用什么方法可予以消除或减弱？

2-12 图 2-29 所示是一附合水准路线普通水准测量的观测成果，试计算 1、2、3 各点的高程。

表 2-5 闭合水准路线观测数据

测段	测点	测站数	高差/m 实测高差/m	高差/m 改正数/m	高差/m 改后高差/m	高程/m	备注
	BM_1					44.335	
1		10	+12.431				
	1						
2		12	−20.567				
	2						
3		9	−8.386				
	3						
4		11	+6.213				
	4						
5		14	+10.337				
	BM_1					44.335	
∑							
辅助计算	f_h = $f_{h允}$ =						

$H_A=65.376\text{m}$，$H_B=68.623\text{m}$。

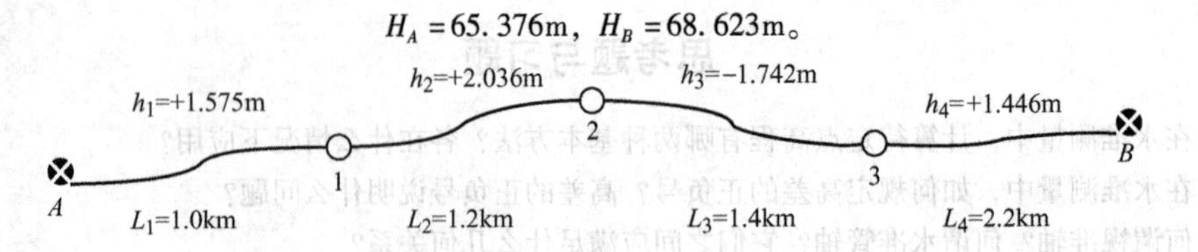

图 2-29　习题 2-12 图

2-13　按表 2-5 中闭合水准路线观测数据，计算 1、2、3、4 各点的高程。

2-14　在相距 100m 的 A、B 两点的中央安置水准仪，用变动仪器高度法测得 A、B 的高差 0.558m。仪器搬到 B 点近旁，B 尺读数 1.562，A 尺读数 2.130m。试计算仪器 i 角，如不平行，应如何校正？

2-15　按四等水准测量的精度要求计算表 2-6。

表 2-6　四等水准测量记录

测站编号	测点	后尺 下丝	前视 下丝	方向及尺号	水准尺读数/m		K+黑减红/mm	高差中数/m
		后尺 上丝	前视 上丝		黑面	红面		
		后视距	前视距					
		视距差 d	$\sum d$					
1	BM_1	1.891	0.758	后 7	1.708	6.395		
		1.525	0.390	前 8	0.574	5.361		
	Z_1			后-前				
2	Z_1	2.746	0.867	后 8	2.530	7.319		
		2.313	0.425	前 7	0.646	5.333		
	Z_2			后-前				
3	Z_2	2.043	0.849	后 7	1.773	6.459		
		1.502	0.318	前 8	0.584	5.372		
	Z_3			后-前				
4	Z_3	1.167	1.677	后 8	0.911	5.696		
		0.655	1.155	前 7	1.416	6.102		
	BM_2			后-前				
	$K_7=4.687$ $K_8=4.787$							

第 3 章

角度测量

本章重点

1. 角度测量的基本知识和基本概念。
2. DJ_2、DJ_6 级光学经纬仪的原理、构造、操作方法及注意事项等。
3. 水平角、竖直角测量的基本方法。

3.1 角度测量原理

角度测量是测量的三项基本工作之一，角度测量包括水平角测量和竖直角测量，测量水平角是为了确定地面点的平面位置，测量竖直角是为了间接测定地面点的高程以及将倾斜距离化为水平距离。

3.1.1 水平角测量原理

地面上从一点出发的两射线之间的夹角，在水平面上的垂直投影所形成的夹角称为水平角。如图 3-1 所示，A、O、B 为地面上高低不同的三个点。O 为测站点，A、B 为两个目标点，将 OA 和 OB 沿铅垂线方向投影到同一水平面 P 上，得到 $O'A'$、$O'B'$之间的夹角 β 就是 OA、OB 两直线所组成的水平角。也就是说，水平角也就是通过 OA、OB 方向的两个竖直平面所夹的二面角。水平角的取值范围为 0°～360°。

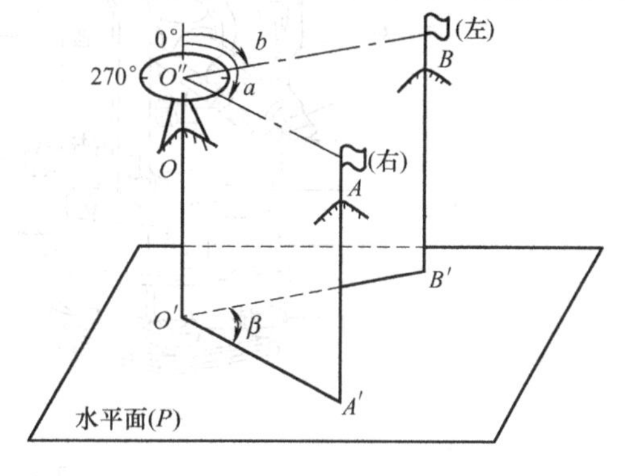

图 3-1　水平角测量原理

为了测出水平角的大小，设在 O 点水平地放置一个顺时针方向的圆形度盘，度盘的刻度中心 O''通过二面角的交线，也就是位于 O 点的铅垂线上。过 O''竖直面与度盘的交线得读数 a，过 O''的竖直面与度盘的交线得读数 b，则水平角为

$$\beta = a - b \tag{3-1}$$

3.1.2 竖直角测量原理

竖直角是在同一竖直面内，倾斜视线与水平线之间的夹角。当倾斜视线位于水平线之上，竖直角为仰角，取正值；反之，竖直角为俯角，取负值。如图 3-2 所示，θ_1、θ_2 分别为

OA 方向和 OB 方向的竖直角。θ_2 为负值，是俯角；θ_1 为正值，是仰角。

为了测量竖直角，可将竖直度盘放于 O 点上，视线方向与水平线在竖直度盘上的读数之差即为所求的竖直角。

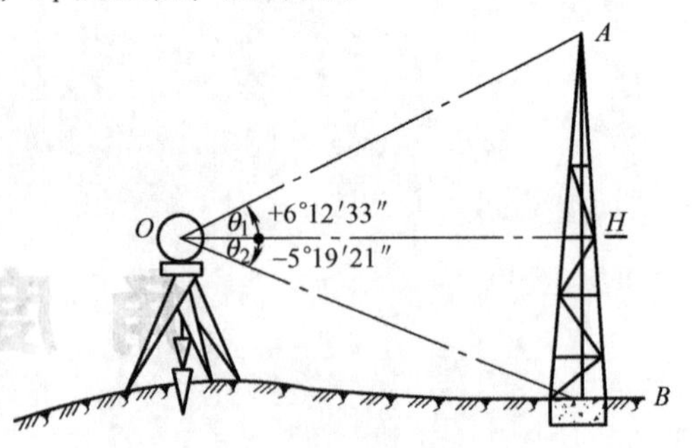

图 3-2　竖直角测量原理

由水平角和竖直角的定义，可以设想用于角度测量的经纬仪必须具有以下的基本条件：

1）必须有一个能照准远方目标的瞄准设备（望远镜），它既能上下绕横轴转动而形成一竖直平面，还可绕竖轴在水平左右方向转动。

2）必须有一个带有分划的水平度盘测量水平角，其中心线应与竖轴相重合。为了使水平度盘处于水平位置，并使竖轴中心位于测站点的铅垂线上，应有水平整平装置和对中装置。

3）必须有一个能处于竖直位置的竖直度盘，其中心线应与横轴中心相重合。为了能在竖直度盘上读数，应能被安置在水平位置和竖直位置。

3.2　光学经纬仪的结构及其技术操作

土木工程测量中，光学经纬仪是按精度等级分类的，其系列标准有 DJ_{07}、DJ_1、DJ_2、DJ_6、DJ_{30}等、其中 D、J 分别是“大地测量”“经纬仪”的汉语拼音首字母，07，1、2、6、30 分别是以秒为单位的精度指标，数字越小，其精度越高。图 3-3 所示为 DJ_6 光学经纬仪。

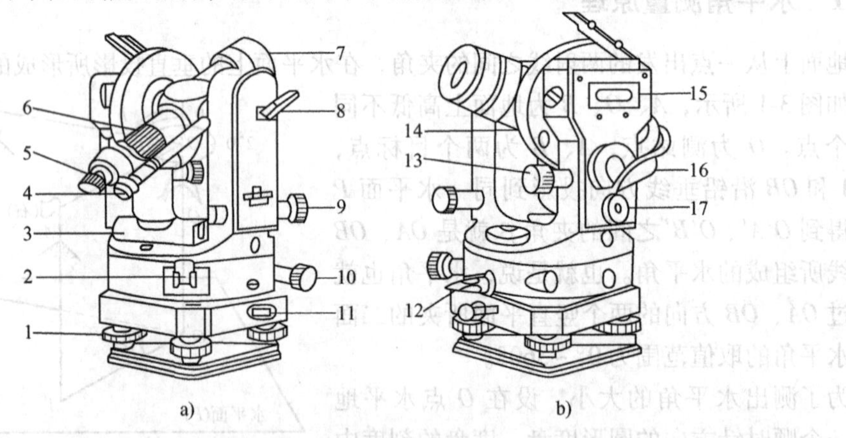

图 3-3　DJ_6 光学经纬仪

1—脚螺旋　2—复测器扳手　3—照准部水准管　4—读数显微镜　5—目镜　6—物镜调焦螺旋　7—物镜　8—望远镜制动扳手　9—望远镜竖直微动螺旋　10—照准部微动螺旋　11—轴座固定螺旋　12—照准部水平制动扳手　13—竖盘指标水准管微动螺旋　14—竖盘外壳　15—竖盘指标水准管　16—反光镜　17—测微轮

3.2.1　DJ_6 级光学经纬仪的基本构造

光学经纬仪主要包括照准部、水平度盘和基座三部分。

1. 照准部

照准部是基座上方可以转动的部分的总称。主要由望远镜、读数显微镜、竖直度盘、水准管、照准部旋转轴、横轴和光学对中器等组成。照准部位于水平度盘的上方，望远镜用于瞄准目标，其构造与水准仪相似。望远镜和横轴固连在一起安置于支架上，支架上装有望远镜的制动螺旋和微动螺旋，以控制望远镜在竖直方向的转动来快速、准确地照准目标。竖直度盘（简称转盘）固定在横轴的一端，用于测量竖直角。竖盘随望远镜一起转动，而竖盘读数指标不动，但可通过竖盘指标水准管微动螺旋作微小移动。调整此微动螺旋使竖盘指标水准管气泡居中，指标位于正确位置。目前，大多数经纬仪已不采用竖盘指标水准管，而以自动归零补偿器装置代替。

照准部水准管是用来整平仪器的，在一些仪器上除了有水准管外，还有圆水准器，用作粗略整平。

读数设备包括一个读数显微镜、测微器以及光路中一系列的棱镜、透镜等。此外，还装有水平制动和微动螺旋、竖直制动和微动螺旋，用来控制照准部水平方向和竖直方向的转动。

2. 水平度盘

水平度盘主要由水平圆盘、读盘旋转轴复测盘或度盘变换手轮与轴套组成。水平圆盘是由光学玻璃制成的精密刻度盘，分划是从0°～360°的等间隔分划线，并按顺时针方向注记，每格1°或30′，用来测量水平角。度盘变换手轮来控制水平度盘的转动，转动手轮，度盘即可转动。但有些经纬仪在使用过程中，需将手轮推压进去再转动手轮，度盘才能随之转动，这样就可以使度盘不随照准部一起转动。还有少数仪器采用复测装置，当复测器扳手扳下时，照准部与度盘连为一体，照准部转动，则度盘随之转动，度盘读数不变；当复测器扳手扳上时，两者分离，照准部转动时度盘就不再随之转动，度盘读数就会改变。

3. 基座

基座是仪器的底座，主要由轴座、脚螺旋和连接板等组成。使用时应检查轴座固定螺旋是否旋紧。如果松开，测角时仪器就会带动和晃动，迁站时还容易使仪器脱落摔坏。将三脚架上的轴座固定螺旋旋进基座的中心螺母中，可使仪器固定在三脚架上。基座上还装有三个脚螺旋，用于整平仪器，转动脚螺旋可使照准部水准管气泡居中。

目前生产的光学经纬仪一般均装有光学对中器，与垂球对中相比，具有精度高和不受风的影响等优点。

3.2.2 DJ_6级光学经纬仪的测微装置及读数方法

DJ_6级光学经纬仪经常采用的测微装置有分微尺测微器和单平板测微器两种类型，测微装置及其读数方法介绍如下。

1. 分微尺测微器及其读数方法

DJ_6光学经纬仪多采用分微尺测微器进行读数。这类仪器的度盘分划值为1°，按顺时针方向标注每度的度数。在读数显微镜的读数窗上装有一块带分划的分微尺，分划值为1°，分微尺全长也等于1°。分微尺等分6个大格，每大格又分为10个小格。因此，分微尺每个大格代表10′，每个小格代表1′，可以估读到0.1′，即6″。图3-4所示就是读数显微镜内所看到的度盘和分微尺的影像，上面标有“H”和“V”，“H”代表水平度盘读数窗；“V”代表竖直度盘读数窗。

读数前，应先调节读数显微镜的目镜，使度盘分划线和分微尺的影像清晰，以消除视差。读数时，先读取与分微尺重合的度盘分划线，此时读数即为整度盘读数，然后在分微尺上由零线到度盘分划线之间读取小于整度数的分、秒数，两数之和为度盘读数。例如，在图 3-4 所示的水平度盘的读数窗中，分微尺的 0 分划线已超过 261°，所以，其数值要由分微尺的 0 分划线至度盘上 261°分划线之间的小格数来确定，图中为 5.0 格，故为 05′00″。水平度盘的读数应时 261°05′00″。同理，在竖直度盘的读数窗中也是如此。

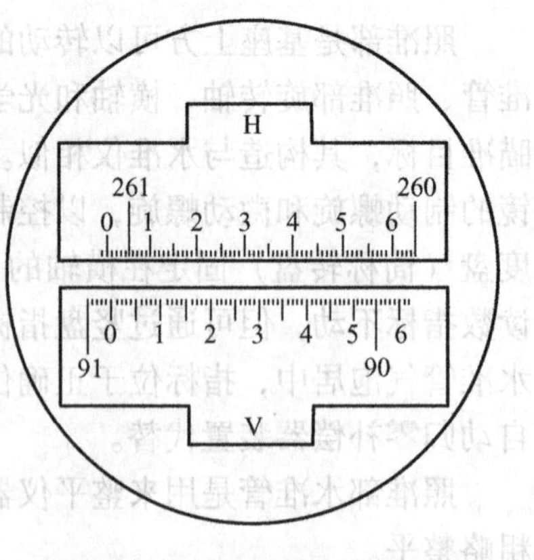

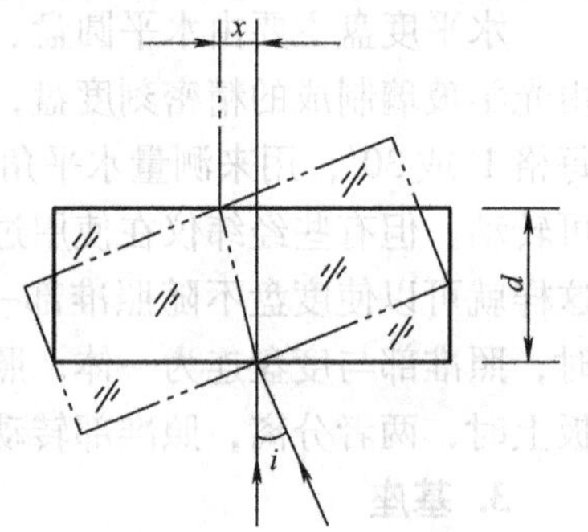

图 3-4　分微尺测微器读数示例

2. 单平板玻璃测微器及其读数方法

如图 3-5 所示，光线通过平板玻璃后，将产生平移，当平板玻璃的折射率及厚度一定时，平移量 x 的大小由入射角 i 的大小决定。

单平板玻璃测微器即根据这一原理制成的，它是由平板玻璃、连接机构、测微尺和测微轮组成的。当转动测微轮时，平板玻璃和测微尺绕同一轴转动。如图 3-6a 所示，当光线垂直通过平板玻璃时，度盘分划线的影像没有改变位置，与没有平板玻璃一样，此时测微尺上读数为 0，设置在读数窗上的双指标线读数应为 $91° + a$。转动测微轮时，平板玻璃随之转动，度盘分划线的影像也就跟着平行移动。读数时，转动测微轮，使度盘某一分划线精确地夹在双指标线中间，先读取该分划线的读数，再在测微尺上根据单指标线读取小于 30′的分、秒数，将读数相加即得到度盘读数。如图 3-7 所示，水平度盘读数为 49°30′ + 22′30″ = 49°52′30″。如果想要读取竖直盘读数，则需要重新转动测微轮，把竖盘某分划线精确地移在双指标的中央。

图 3-5　单平板玻璃测微器原理

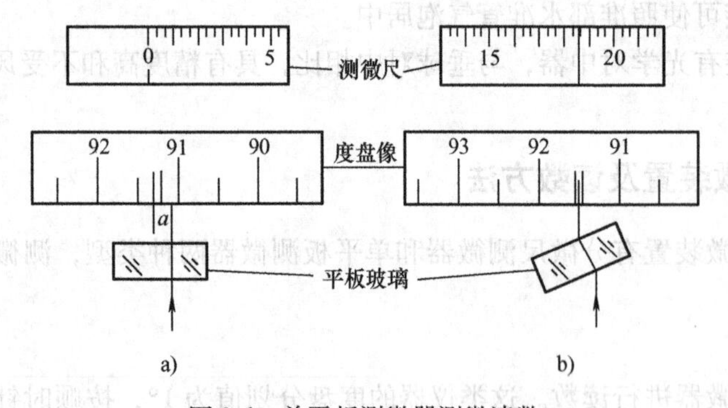

图 3-6　单平板测微器测微读数

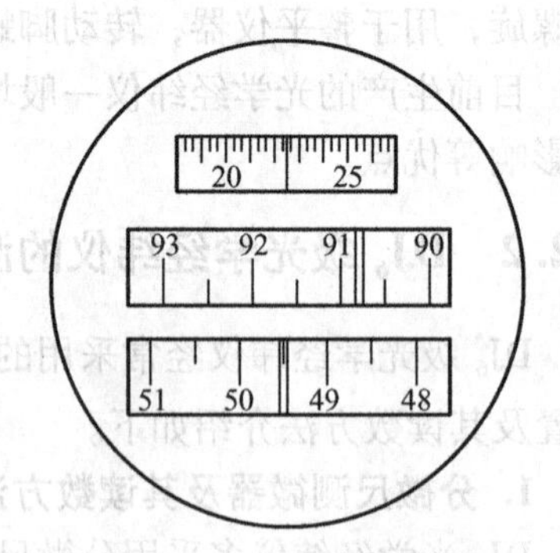

图 3-7　单平板测微器读数窗

3.2.3 DJ_2 级光学经纬仪

DJ_2 级光学经纬仪适用于三、四等三角测量，精密导线测量以及精密工程测量。图 3-8 所示为北京仪器厂生产的 DJ_2 级光学经纬仪。DJ_2 级光学经纬仪与 DJ_6 级光学经纬仪的区别主要在于读数设备及读数方法。DJ_2 级光学经纬仪一般采用对径分划线影像符合读数装置，这样可以消除照准部偏心的影响，提高读数精度。

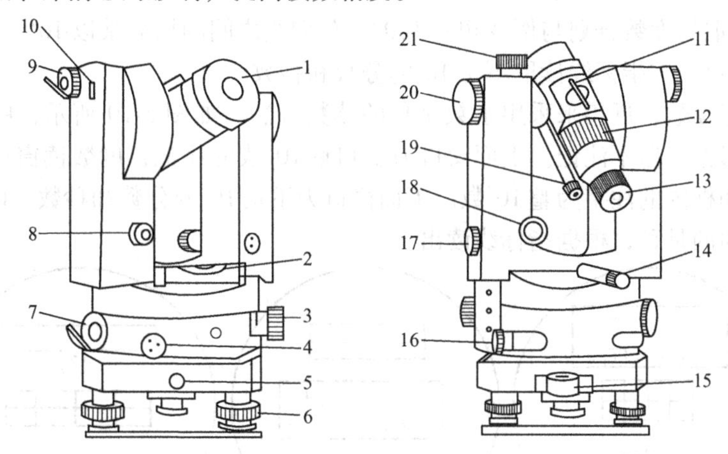

图 3-8　DJ_2 级光学经纬仪

1—望远镜物镜　2—照准部水准管　3—度盘变换手轮　4—水平制动螺旋　5—固定螺旋　6—脚螺旋　7—水平度盘反光镜　8—自动归零旋钮　9—竖直度盘反光镜　10—指标差调位盖板　11—粗瞄器　12—调焦螺旋　13—望远镜目镜　14—光学对中器　15—圆水准器　16—水平微动螺旋　17—换像手轮　18—望远镜微动螺旋　19—读数显示微镜　20—测微轮　21—望远镜制动螺旋

符合读数装置是在度盘对径两端分划线的光路中各安装一个固定光楔和一个移动光楔，移动光楔与测微尺相连。入射的光线通过一系列的光学镜片，将度盘直径两端分划线的影像同时显现在读数显微镜中。在读数显微镜中所看到的对径分划线的影像位于同一平面上，并被一横线隔开形成正像与倒像。

图 3-9 所示为读数显微镜中影像的情况。读数规则可归纳为：

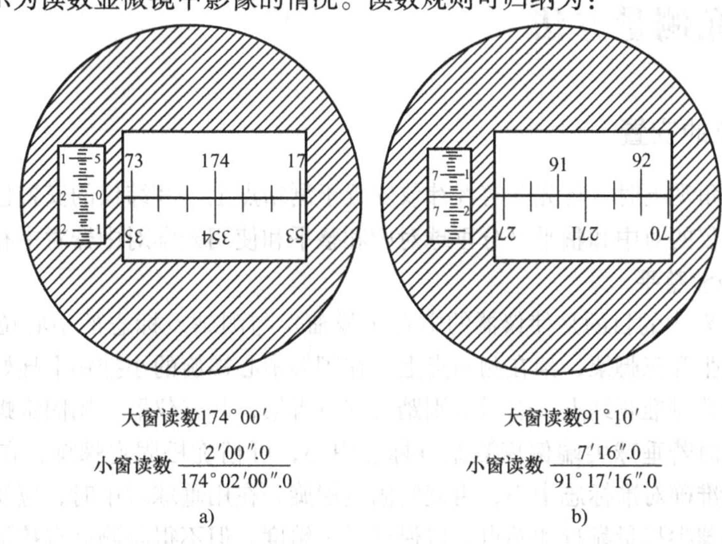

图 3-9　DJ_2 经纬仪读数窗

1）转动测微轮，在读数显微镜中可以看到度盘对径分划线的影像（正像与倒像）在相对移动，直至精确重合为止。

2）度盘读取正像注记，读取的度数应具备下列条件：顺着正像注记增加方向最近处能够找到与刻度数相差180°的倒像注记。

3）正像读取的度数分划与倒像相差180°的分划线之间的格数乘以10′，即为整10′数。

4）在测微尺上按指标线读取不足10′的分数和秒数。

为了更便于读数，近年来采用了数字化的读数方法。如图3-10所示，中间窗口为度盘对径分划线的影像，但不注记。上面窗口为度和整10′数的注记，度数读窗口两端注字中较小的一个，中间框内的注字为整10′数。下面窗口为不足10′的分数和秒数。两排注字中，上面的是分，下面的是秒，根据指标线读出。

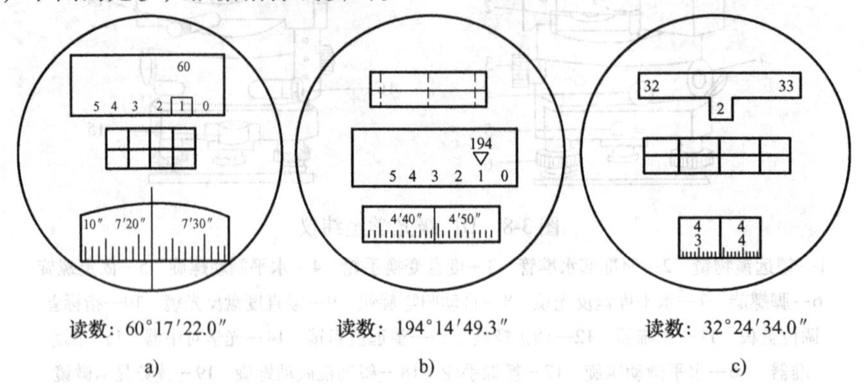

图3-10　DJ_2经纬仪数字化读数窗

由于DJ_2级经纬仪在读数显微镜内，一次只能看到水平度盘或竖盘中的一种影像，因此在读水平度盘读数时，应将换像手轮上的刻线旋至水平位置；在读竖盘读数时，应将刻线旋至竖直位置。

3.3　水平角测量方法

3.3.1　经纬仪的安置

在进行水平角观测时，首先要将经纬仪安置于测站点上。经纬仪的安置包括对中、整平两个步骤。经纬仪的对中和整平又分垂球对中和整平和使用光学对中器对中和整平两种。

1. 垂球对中和整平

（1）对中　对中的目的是使仪器的中心（竖轴）与测站点标志的中心位于同一铅垂线上。对中时，先张开三脚架，架在测站点上，在脚架中心螺旋的小挂钩上挂好垂球。平移三脚架使垂球尖大致对准测站点；然后分别踏实三只脚架，装好仪器，用固定螺旋将仪器固定在三脚架上，此时若垂球尖端偏离测站点标志中心，可稍旋松固定螺旋，在架头上平移仪器，使垂球尖端准确对准标志中心，再旋紧固定螺旋。在用垂球对中时，应及时调整垂球线的长度，使得垂球尖尽量靠近测站点，以保证对中精度。但不得与测站点接触，以免造成误差。

（2）整平　整平的目的是使仪器的竖轴竖直，水平度盘处于水平位置。整平时，通常是由三个脚螺旋来完成，但由于脚螺旋的调整范围有限，若仪器的竖轴倾斜过大，则无法将其整平。因此，一般先用照准部的圆水准管概略整平。精确整平的具体过程是：松开水平制动螺旋，转动照准部，使水准管大致平行于任意两个脚螺旋的连线，如图3-11a所示，两手同时向内或向外旋转这两个脚螺旋使气泡居中。气泡的移动方向一般与左手大拇指（或右手食指）移动的方向一致。再将照准部旋转90°，水准管处于原来位置的垂直位置，如图3-11b所示，用另一个脚螺旋使气泡居中。如此反复操作，直至照准部转到任何位置，气泡都居中为止。

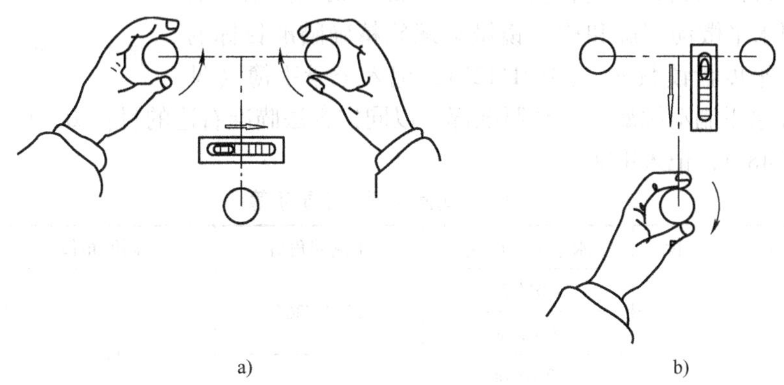

图3-11　经纬仪整平

2. 使用光学对中器对中和整平

由于用垂球对中不仅受风力影响，而且当三脚架架头倾斜较大时，也会给对中带来影响。因此，目前生产的光学经纬仪均装有光学对中器。用光学对中器对中，精度可达到1～2mm，高于垂球对中精度。

使用光学对中器对中，应与整平仪器结合进行，其操作步骤如下：

1）将仪器安置于测站点上，三个脚螺旋调至中间位置，架头大致水平，光学对中器大致位于测站点的铅垂线上，将三脚架踩实。

2）旋转光学对中器的目镜，看清分划板上圆圈，拉或推动目镜使测站点影像清晰。

3）旋转脚螺旋使光学对中器对准测站点。

4）利用三脚架的伸缩螺旋调整架腿的长度，使圆水准器气泡居中。

5）用脚螺旋整平照准部水准管。

6）用光学对中器观察测站点是否偏离分划板圆圈中心。如果偏离中心，稍微松开三脚架固定螺旋，在架头上移动仪器，圆圈中心对准测站点后旋紧固定螺旋。

7）重新整平仪器，直至在整平仪器后，光学对中器对准测站点为止。

3.3.2 水平角观测方法

水平角的测量方法有多种，常用的方法有测回法、方向观测法。一般根据测角精度的要求、所使用的仪器以及观测方向的数目而确定。

1. 测回法

测回法用于观测两个方向的单角。测角时要用盘左和盘右两个位置。如果竖盘位于望远镜左侧，称为盘左（又称正镜）；相反，如果竖盘位于望远镜右侧，称为盘右（又称倒镜）。通常先以盘左位置测角，称为上半测回。两个半测回合在一起称为一测回。有时水平角需要观测多个测回。如图3-12所示，要观测 OA、OB 间的水平角 β 的角值，应先将经纬仪安置

在角的顶点 O 上，然后进行对中、整平、调焦等操作。下面以图 3-12 为例说明盘左、盘右测量、读数和计算方法，所列数据仅供参考。

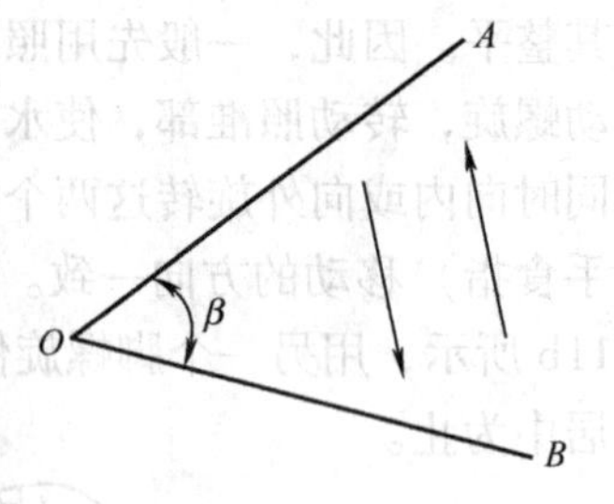

图 3-12　测回法测水平角

（1）盘左位置　松开水平制动螺旋和望远镜制动螺旋，用望远镜上的准星、照门或粗瞄器瞄准左边的目标 A，旋紧两制动螺旋，进行目镜和物镜对光，使十字丝和目标成像清晰，消除视差，再用水平微动螺旋和望远镜微动螺旋精确瞄准目标的下部，读取水平度盘读数 $a_{上}$（0°01′12″），记入记录手簿（见表 3-1）。松开水平制动螺旋，转动照准部，以同样方法瞄准右边的目标 B，读取水平度盘读数 $b_{上}$（57°18′48″），记入手簿。

表 3-1　测回法观测记录手簿

测站	盘位	目标	水平度盘读数	半测回角值	一测回角值	备　注
O	左	A	0°01′12″	57°17′36″	57°17′42″	
		B	57°18′48″			
	右	A	180°01′06″	57°17′48″		
		B	237°18′54″			

上半测回所测角值为

$$\beta_{上} = b_{上} - a_{上} = 57°18'48'' - 0°01'12'' = 57°17'36''$$

（2）盘右位置　先瞄准右边的目标 B，读取水平度盘读数 $b_{下}$（237°18′54″），记入手簿。再瞄准左边的目标 A，读取读数 $a_{下}$（180°01′06″），记入手簿。

下半测回所测角值为

$$\beta_{下} = b_{下} - a_{下} = 237°18'54'' - 180°01'06'' = 57°17'48''$$

DJ_6 级光学经纬仪盘左、盘右两个“半测回”角值之差不超过 40″时，取其平均值即为一测回角值

$$\beta = \frac{1}{2}(\beta_{上} + \beta_{下}) = 57°17'42''$$

由于水平度盘注记是顺时针方向增加的，因此，在计算角度值时，无论是盘左还是盘右，均应用右边目标的读数减去左边目标的读数，如果是负值，则应加上 360°后再减。

2. 方向观测法

方向观测法是观测水平角的另一种常用方法。当需要观测两个以上的方向时，一般采用方向观测法。若方向数大于 3 个时，每半测回均应从一个选定的零方向开始观测，依次观测完应测目标后，还应再次观测零方向（归零），称此种观测方法为全圆方向法观测。

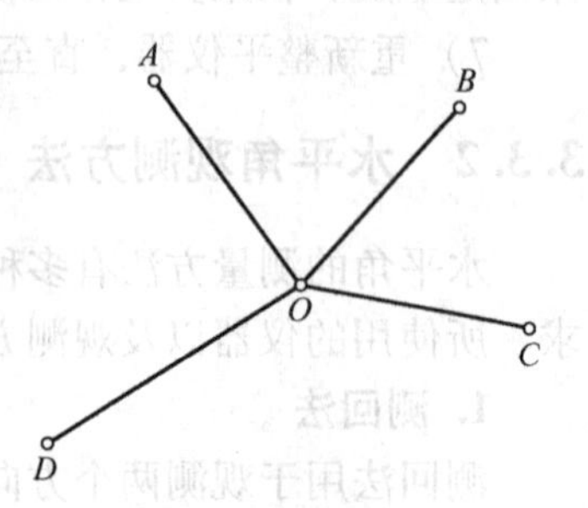

图 3-13　观测步骤图

（1）观测步骤　如图 3-13 所示，仪器安置在 O 点上，观测 A、B、C、D 各方向之间的水平角，其观测步骤如下：

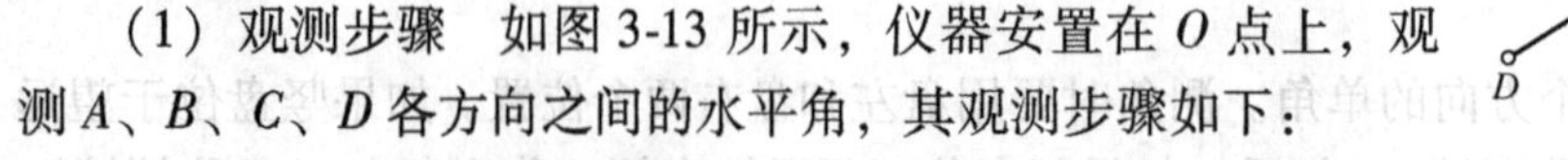

1）盘左。将水平度盘配置在 O，选择方向中一明显目标

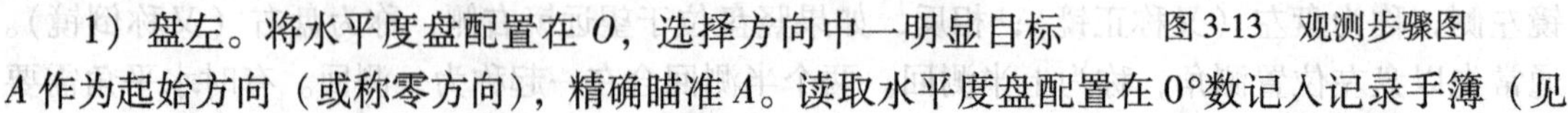

A 作为起始方向（或称零方向），精确瞄准 A。读取水平度盘配置在 0°数记入记录手簿（见

表3-2），然后顺时针方向依次瞄准 B、C、D，读取读数并记入记录手簿中。为了检核水平度盘在观测过程中是否发生变动，最后应再次瞄准 A，读取水平度盘读数，此次观测称为归零，A 方向两次水平度盘读数之差称为半测回归零差。以上为上半测回。

2）盘右。倒转望远镜为盘右位置，按逆时针方向依次瞄准 A、D、C、B、A，读取水平度盘读数，记入记录手簿中，同样检查半测回归零差，此为下半测回。

表3-2 方向观测法记录手簿

测站	站点	水平读盘读数		2c	平均读数	一测回归零方向值	各测回平均方向值	角值
		盘左	盘右					
1	2	3	4	5	6	7	8	9
					(0°00′34″)			
	A	0°00′54″	180°00′24″	+30″	0°00′39″	0°00′00″	0°00′00″	79°26′59″
	B	79°27′48″	259°27′30″	+18″	79°27′39″	79°27′05″	79°26′59″	
O	C	142°31′18″	322°31′00″	+18″	142°31′09″	142°30′35″	142°30′29″	63°03′30″
	D	288°46′30″	108°46′06″	+24″	288°46′18″	288°45′44″	288°45′47″	
	A	0°00′42″	108°00′18″	+24″	0°00′30″			71°14′13″
		−12						
					(90°00′52″)			
	A	90°01′06″	270°00′48″	+18″	90°00′57″	0°00′00″		
	B	169°27′54″	349°27′36″	+18″	169°27′45″	79°26′53″		
O	C	232°31′32″	42°31′00″	+30″	232°31′15″	142°30′23″		
	D	18°46′48″	198°46′36″	+12″	18°46′42″	288°45′50″		
	A	90°01′00″	270°00′36″	+24″	90°00′48″			
	Δ	−6	−12					

这样就完成了一个测回的观测工作。如果要观测 n 个测回，每测回仍应按 $180°/n$ 的差值变换水平度盘的起始位置。

（2）计算步骤

1）计算半测回归零差，不得大于限差规定值（见表3-3），否则应重测。

表3-3 水平角方向观测法限差规定值

仪器	半测回归零差	一测回内2c互差	同一方向值各测回互差
J_2	12″	18″	12″
J_6	18″	—	24″

2）计算两倍视准轴误差（$2c$）值。同一方向盘左读数减去盘右读数 ±180°，称为两倍视准轴误差，简称 $2c$。

$$2c = \text{盘左读数} - (\text{盘右读数} \pm 180°) \tag{3-2}$$

$2c$ 属于仪器误差，同一台仪器 $2c$ 值应当是一个常数，因此，$2c$ 的变动大小反映了观测的精度，其限差要求见表3-3。由于 J_6 级经纬仪的读数受到度盘偏心差的影响，因而未对 $2c$ 互差作出规定。

3）计算各方向的盘左和盘右读数的平均值，即

$$平均读数 = \frac{1}{2} \times [盘左读数 + (盘右读数 \pm 180°)] \tag{3-3}$$

在计算平均读数后，起始方向 OA 有两个平均读数，应再取平均，写在表中括号内，作为 A 的方向值。

4）计算归零方向值。将计算出的各方向的平均读数分别减去起始方向 OA 的两次平均读数（括号内之值），即得各方向的归零方向值。

5）将各测回同一方向的归零方向值进行比较，其差值不应大于表 3-3 的规定。取各测回同一方向归零方向值的平均值作为该方向的最后结果。

6）将相关的两个平均归零方向值相减即可得到水平角值。

3.4 竖直角测量方法

3.4.1 竖直度盘的构造

光学经纬仪竖直度盘部分包括竖盘、竖盘指标水准管和竖盘指标水准管微动螺旋，如图 3-14所示，竖盘固定在望远镜横轴的一端，其面与横轴垂直。望远镜绕横轴旋转时，竖盘也随之转动，而竖盘指标不动。竖盘指标为分（测）微尺的零分划线，它与竖盘指标水准管固连在一起，当旋转竖盘指标水准管微动螺旋使指标水准管气泡居中时，竖盘指标即处于正确位置。无论竖盘位置是盘左还是盘右，竖盘读数都是正值，即正常状态的应该是 90°的整数倍。

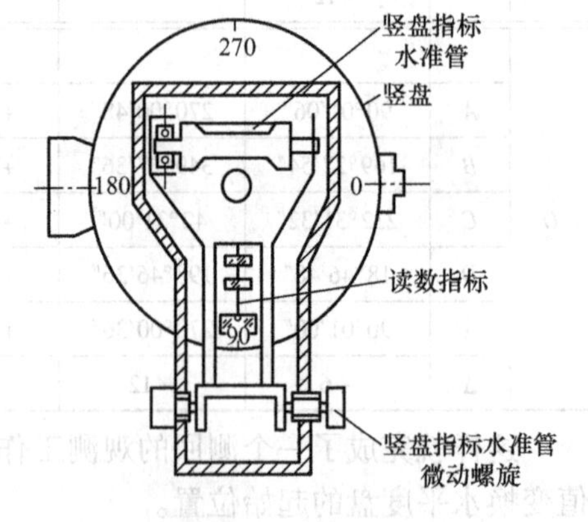

图 3-14 竖直度盘

竖盘的刻划注记形式有顺时针和逆时针两种。当仪器望远镜视线处于水平，竖盘指标水准管气泡居中时，盘左竖盘读数应为 90°，盘右竖盘读数则为 270°。

3.4.2 竖直角计算公式

根据竖直角测量原理，竖直角为同一竖面内目标视线方向与水平线的夹角。在竖直角观测中，照准目标时的竖盘读数并非竖直角，应根据盘左、盘右的读数值来计算竖直角。但由于竖盘的注记形式不同，其竖直角的计算公式也不一样，应根据竖盘的具体注记形式推导其相应的计算公式。

以仰角为例，将望远镜放在大致水平的位置，观察一个读数，然后逐渐抬高望远镜，观察读数是增加还是减少，即可得出计算公式。如果增加，则 α = 瞄准目标读数 − 视线水平读数；如果减少，则 α = 视线水平读数 − 瞄准目标读数。

1. 顺时针注记形式

图 3-15 所示为顺时针注记竖盘形式。盘左时，视线水平的读数为 90°，当望远镜逐渐抬高（仰角），竖盘读数在减少，因此竖直角为

$$\alpha_{左} = 90° - L \tag{3-4}$$

$$\alpha_{右} = R - 270° \tag{3-5}$$

式中 L、R——盘左、盘右瞄准目标的竖盘读数。

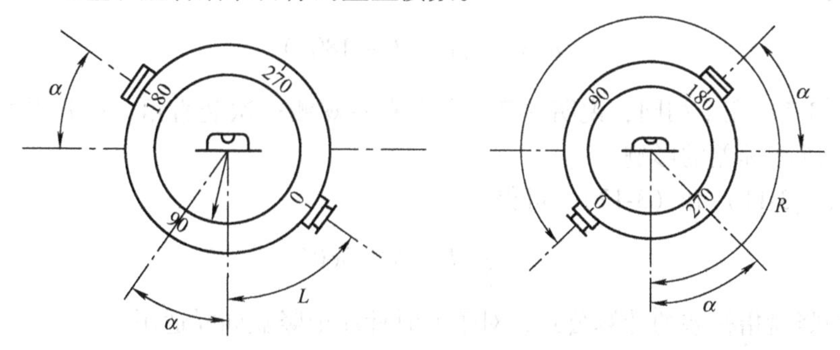

图 3-15 顺时针注记竖盘形式

一测回的竖直角值为

$$\alpha = \frac{1}{2}(\alpha_{左} + \alpha_{右}) = \frac{1}{2}(R - L - 180°) \tag{3-6}$$

2. 逆时针注记形式

仿照顺时针注记的推求方法，可得到逆时针注记形式下竖直角的计算公式

$$\alpha_{左} = L - 90° \tag{3-7}$$

$$\alpha_{右} = 270° - R \tag{3-8}$$

一测回的竖直角值为

$$\alpha = \frac{1}{2}(\alpha_{左} + \alpha_{右}) = \frac{1}{2}(L - R + 180°) \tag{3-9}$$

3.4.3 竖盘指标差

上面竖直角的计算是一种理想的情况，即当视线水平，竖盘指标水准管气泡居中时，竖盘读数为90°或270°。但实际上这个条件往往无法实现，而是竖盘指标水准管气泡居中时，竖盘指标不是恰好指在90° 或270°整数上，而是与90°或270°相差一个 x 角，将此角称为竖盘指标差。竖盘指标的偏移方向与竖盘注记增加方向一致时，x 为正值，相反为负值，如图 3-16所示。

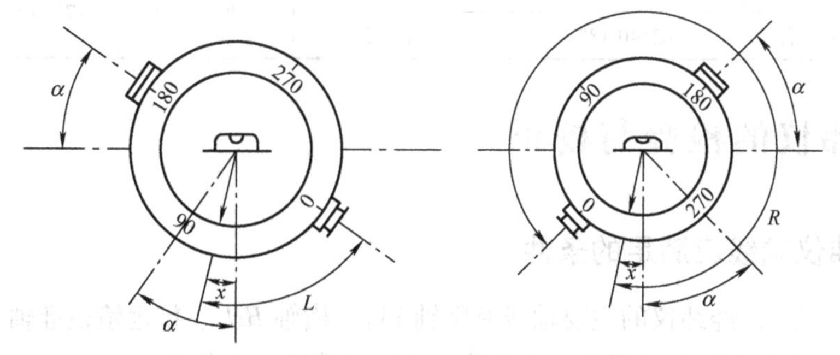

图 3-16 竖盘指标差

由于竖盘指标差的存在，以顺时针注记竖盘为例，则计算竖直角的公式应改写为

$$\alpha = 90° - L + x \tag{3-10}$$

$$\alpha = R - 270° - x \tag{3-11}$$

将以上两式相加，可得

$$\alpha = \frac{1}{2}(R - L - 180°) \tag{3-12}$$

这与式（3-7）完全相同，说明用盘左和盘右各观测一次竖直角，取其平均值作为最后结果，可以消除指标差的影响。

如结合式（3-11）和（3-12），可得

$$x = \frac{1}{2}(L + R - 360°) \tag{3-13}$$

此式即为竖盘指标差的计算公式，对于逆时针注记竖盘同样适用。

3.4.4 竖直角观测与计算

竖直角的基本观测方法是：将经纬仪安置在测站点上，对中、整平及判定竖盘注记形式后，按下述步骤进行观测。

1）盘左精确照准目标，使十字丝的中丝与目标相切。转动竖盘指标水准管微动螺旋，使竖盘指标水准管气泡居中。读取竖盘读数 L，并记入记录手簿（见表 3-4）。

2）盘右精确照准原目标，使十字丝的中丝与目标相切。转动竖盘指标水准管微动螺旋，使竖盘指标水准管气泡居中。读取竖盘读数 R，并记入记录手簿（见表 3-4）。

3）根据竖盘注记形式选用竖直角计算公式，计算竖直角和指标差。

4）竖直角观测的有关规定：①测定竖直角时应确保目标成像清晰稳定；②盘左、盘右两盘位照准目标时，其目标成像应分别位于竖丝左、右附近的对称位置；③观测过程中，若指标差绝对值大于30″时，应注意予以校正；④J_6 级经纬仪竖盘指标差的变化范围不应超过15″。

表 3-4 竖直角观测记录手簿

测站	目标	竖盘	竖盘读数	竖直角	指标差	平均竖直角	备注
M	1	左	68°18′30″	21°41′30″	33″	21°42′03″	
		右	291°42′36″	21°42′36″			
	2	左	97°20′42″	-7°20′42″	30″	-7°20′12″	
		右	262°40′18″	-7°19′42″			

3.5 经纬仪的检验与校正

3.5.1 经纬仪轴线应满足的条件

如图 3-17 所示，经纬仪的主要轴线有竖轴 VV_1、横轴 HH_1、望远镜视准轴 CC_1 和照准部水准轴管 LL_1。根据角度测量原理，这些轴线之间应满足以下条件：

1）照准部水准管轴垂直于仪器的竖轴（$VV_1 \perp LL_1$）。

2）十字丝竖丝垂直于仪器的横轴。

3）望远镜的视准轴垂直于仪器的横轴（$CC_1 \perp HH_1$）。

4）仪器的横轴垂直于仪器的竖轴（$HH_1 \perp VV_1$）。

5）竖盘指标处于正确位置（$x=0$）。

6）光学对中器的视准轴经棱镜折射后，应与仪器的竖轴重合。

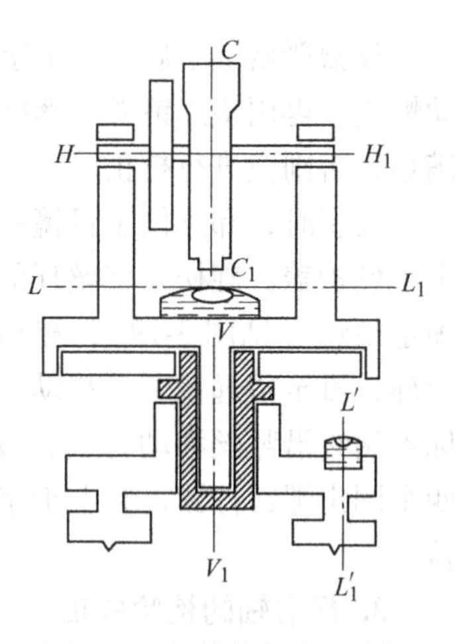

图3-17 经纬仪的主要轴线

3.5.2 经纬仪的检验与校正

1. 照准部水准管轴的检验校正

检校目的：使照准部水准管轴垂直于仪器的竖轴，这样可以利用调整照准部水准管气泡居中的方法使竖轴铅垂，从而用照准部水准管将仪器大致整平。转动照准部使水准管平行于任意两个脚螺旋的连线，转动脚螺旋使气泡居中。然后将照准部旋转180°，如果此时气泡仍居中，则说明水准管轴垂直于竖轴；否则应进行校正。

如图3-18b所示，水准管轴不垂直于竖轴，而相差一个α角，当气泡居中时，水准管轴水平，竖轴却偏离铅垂线方向一个α角。仪器绕竖轴旋转180°后，竖轴仍位于原来的位置，而水准管两端却交换了位置，此时的水准管轴与水平线的夹角为2α，气泡不再居中，其偏移量代表了水准管轴的倾斜角2α，如图3-18c所示。为了使水准管轴垂直于竖轴，只需校正一个α，如图3-18d所示，因此，用校正针拨动水准管一端的校正螺钉，此时水准管轴水平，气泡向中央退回偏离格数的一半，水准管轴即垂直于竖轴，如图3-18a所示。

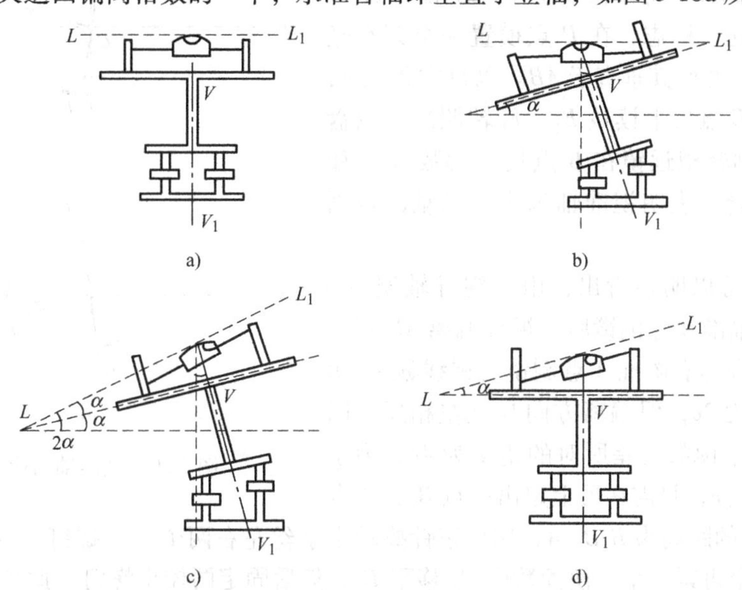

图3-18 照准部水准管的校正

校正后，应再次将照准部旋转180°，若气泡仍不居中，应按上法再进行校正，如此反复，直至照准部在任意位置时，气泡均居中为止。

2. 十字丝竖丝的检验校正

检校目的：使竖丝垂直于横轴。这样观测水平角时，可用竖丝的任何部位照准目标；观测竖直角时，可用横丝的任何部位照准目标。

仪器严格整平后，用十字丝交点精确瞄准一清晰目标点，旋紧水平制动螺旋和望远镜制动螺旋，再用望远镜微动螺旋使望远镜上下移动，若目标点始终在竖丝上移动，表明条件已满足，否则应进行校正。

校正时，卸下位于目镜一端的十字丝护盖，旋松十字丝环的四个固定螺钉（见图 3-19），转动十字丝环，直至望远镜上下移动时，目标点始终沿竖丝移动为止。最后将四个固定螺钉拧紧，装上十字丝护盖。

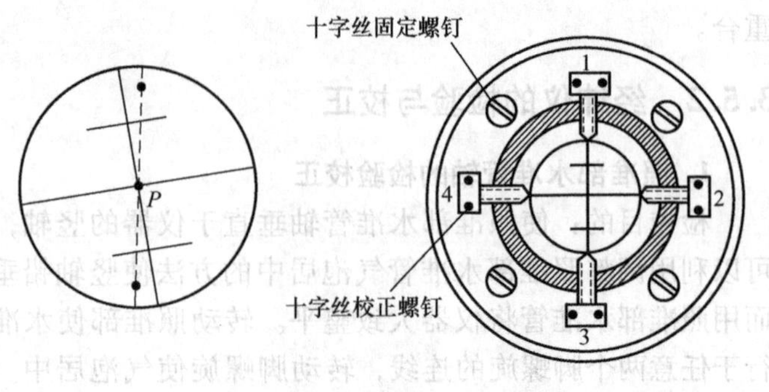

图 3-19　十字丝竖丝的校正

3. 视准轴的检验校正

检校目的：使视准轴垂直于横轴，这样才能使视准面成为平面，为其成为铅垂面奠定基础。否则，视准面将成为锥面。

视准轴是物镜光心与十字丝交点的连线。仪器的物镜光心是固定的，而十字丝交点的位置是可以变动的。所以，视准轴是否垂直于横轴，取决于十字丝交点是否处于正确位置。当十字丝交点偏向一边时，视准轴与横轴不垂直，形成视准轴误差，即视准轴与横轴间的交角与 90°的差值，通常用 c 表示。

如图 3-20 所示，在一平坦场地上，选择一直线 AB，长约 100m。经纬仪安置在 AB 的中点 O 上，在 A 点竖立一标志，在 B 点横置一个刻有毫米分划的小尺，并使其垂直于 AB。以盘左瞄准 A，倒转望远镜在 B 点尺上读数 B_1。旋转照准部以盘右再瞄准 A，倒转望远镜在 B 点尺上读数 B_2。如果 B_2 与 B_1 重合，表明视准轴垂直于横轴，否则应进行校正。

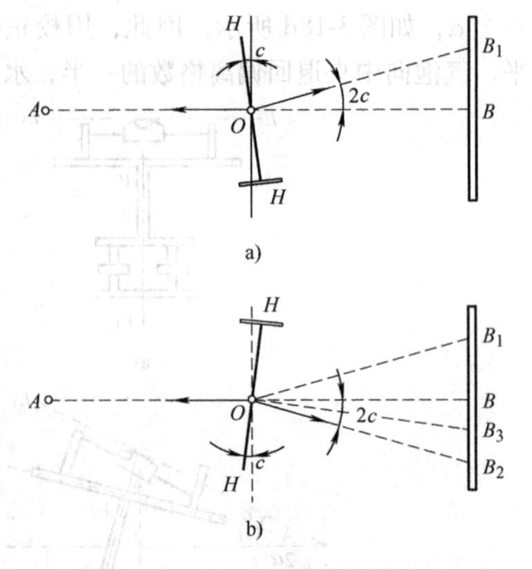

图 3-20　视准轴的检验校正

由图 3-20 可以明显看出，由于视准轴误差 c 的存在，盘左瞄准 A 点倒镜后，视线偏离 AB 直线的角度为 $2c$，而盘右瞄准 A 点倒镜后视线偏离 AB 直线的角度也为 $2c$，但偏离方向与盘左相反，因此 B_1 与 B_2 两个读数之差所对的角度为 $4c$。为了消除视准轴误差 c，只需在尺上定出一点 B_3，该点与盘右读数 B_2 的距离为 $B_1B_2/4$，用校正针拨动十字丝左右两个校正螺钉（见图 3-19），拨动时应先松一个再紧一个，使读数由 B_2 移至 B_3，然后固定两校正螺钉。此项检校也需要反复进行，直至 c 值不大于 10″为止。

4. 横轴的检验校正

检校目的：使横轴垂直于竖轴。这样，当仪器整平后竖轴铅垂、横轴水平，视准面为一个铅垂面，否则，视准面将成为倾斜面。

如图 3-21 所示，在距一较高墙壁 20～30m 处安置仪器，在墙上选择仰角大于 30°的一目标点 P，盘左瞄准 P 点，然后将望远镜放平，在墙上定出一点 P_1。倒转望远镜以盘右瞄准 P

点，再将望远镜放平，在墙上又定出一点 P_2。如果 P_1 和 P_2 重合，表明经纬仪横轴垂直于竖轴，否则应该进行校正。

由于横轴不垂直于竖轴，仪器整平后，竖轴处于铅垂位置，横轴就不水平，倾斜一个 i 角。当以盘左、盘右瞄准 P 点而将望远镜放平时，其视准面不是竖直面，而是分别向两侧各倾斜一个 i 角的斜平面。因此，在同一水平线上的 P_1、P_2 偏离竖直面的距离相等而方向相反，直线 P_1、P_2 的中点 P_M 必然与 P 点位于同一铅垂线上。

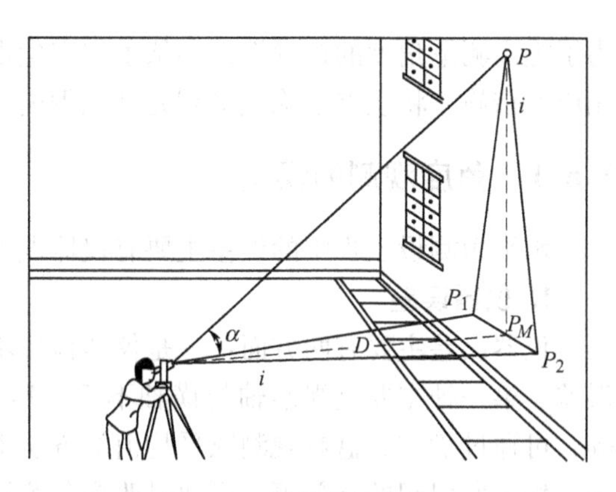

图 3-21　横轴的检验校正

校正时，用水平微动螺旋使十字丝交点瞄准 P_M 点，固定照准部，转动望远镜抬高物镜，此时的视线必然偏离了目标点 P 点。打开支架处横轴一端的护盖，调整支撑横轴的偏心轴环，抬高或降低横轴一端，直至十字丝交点瞄准 P 点。

光学经纬仪的横轴是密封的，一般仪器均能保证横轴垂直于竖轴的正确关系，若发现较大的横轴误差，一般应将仪器送至检修部门校正。

5. 竖盘指标差的检验与校正

检校目的：使光学对中器的视准轴经棱镜折射后与仪器的竖轴重合，否则将产生对中误差。

经纬仪整平后，以盘左、盘右先后瞄准同一明显目标，在竖盘指标水准管气泡居中的情况下，读取竖盘读数 L 和 R。计算指标差。

校正是先计算盘右的正确读数 $R_0 = R - x$，保持望远镜在盘右位置瞄准原目标不变，旋转竖盘指标水准管气泡不再居中，用校正针拨动竖盘指标水准管的校正螺钉使气泡居中。此项检校需反复进行，直至指标差 x 不超过限差为止。J_6 级仪器限差为 30″。

6. 光学对中器的检验校正

检校目的：使光学对中器的视准轴经棱镜折射后与仪器的竖轴重合，否则将产生对中误差。

光学对中器由目镜、分划板、物镜及转向棱镜组成。分划板上圆圈中心与物镜光心的连线为光学对中器的视准轴。视准轴经转向棱镜折射后与仪器的竖轴相重合。如不重合，使光学对中器对中将产生对中误差。

检验时，将仪器安置在平坦的地面上，严格整平仪器，在三脚架正下方地面上固定一张白纸，旋转对中器的目镜，使分划板圆圈看清楚，抽动目镜使地面上白纸看清楚。根据分划板上圆圈中心在纸上标出一点。将照准部旋转 180°，如果该点仍位于圆圈中心，说明对中器视准轴与竖轴重合的条件满足；否则应将旋转 180°后圆圈中心位置在纸上标出，取两点的中点，校正转向棱镜的位置，直至圆圈中心对准中点位置为止。

3.6　水平角测量的误差分析

在实际角度测量中，由各种原因产生的误差往往对角度的精确观测有一定的影响，所以为了提高测量角度的精确性，必须了解产生误差的原因与规律，分析这些误差的影响，采用相应的措施，将误差消除或降到允许范围内。

3.6.1 角度观测的误差

水平角测设工程中的误差主要有仪器误差、观测误差、外界条件的影响三个方面

1. 仪器误差

仪器误差主要有两方面：一是仪器检校不完善产生的误差，二是制造加工不完善产生的误差。第一种主要是视准轴与横轴不垂直所引起的误差、横轴与竖轴不垂直所引起的误差等，可通过盘左、盘右观测取平均值的方法消除误差。第二种主要是度盘偏心误差、度盘刻划不均匀所引起的误差等，可通过改变各测回度盘起始位置的办法来减小误差。照准部水准管轴与仪器竖轴不垂直引起的误差，是无法经盘左、盘右观测取平均值的方法来减小的。

2. 观测误差

观测误差是指观测人员在观测操作过程中产生的误差，主要包括仪器对中误差、整平误差、目标偏心误差、照准误差和读数误差等。

（1）对中误差　在测站点处安置仪器，必须进行对中。仪器对中完毕后，仪器的中心没有位于测站点铅垂线上所产生的误差，称为对中误差。对中误差对水平角观测的影响与偏心距成正比，与距离成反比。因此，当测量水平角的边长较短时，特别应该注意对中，从而减小误差。

（2）整平误差　整平是水准仪使用的一个必要步骤。仪器安置没有严格整平而产生的误差就是整平误差。整平误差引起水平度盘不能严格水平和竖轴倾斜而给所测的水平角带来误差。它对测角的影响与目标的高度、竖直角有关，目标与仪器的高差越大误差的影响将会越大，同样竖直角越大时，误差的影响也会越大。因此，在山区、丘陵地带观测时，应更加注意仪器的整平。

（3）目标偏心误差　目标偏心误差是指在观测中照准标志倾斜或偏离地面标志点而产生的误差。该误差对观测方向的影响与目标偏心距成正比，与距离成反比。因此，在水平角观测时，照准的标志应竖直，并尽量照准目标根部。边长较短时，应更加注意目标偏心差的影响。

（4）照准误差　影响照准精度的因素包括人眼的分辨能力、望远镜的放大率、目标的形状及大小、亮度、颜色等。通常情况下人眼可以分辨的两个点的最小视角为60″，望远镜的照准误差为 $m_v=\frac{60''}{v}$，其中 v 是望远镜的放大率，一般经纬仪的望远镜的放大率为28。此项误差很难被消除，只能选择适宜的照准目标，改进照准方法，认真完成操作，才能有效地减小误差的影响。

（5）读数误差　主要是指估读最小分划所引起的误差，一般误差值为测微器的最小格值的1/10。观测人员也要仔细认真操作，否则会增加误差值。

3. 外界条件的影响

外界条件的影响因素相对较多，也比较复杂，如大气折光会导致光线的方向改变，温度的变化影响仪器的精度，地面土质的松软将影响仪器竖向的位置高度，风力造成仪器和标杆的不稳定等。这些问题在实地测量时都是不可避免的，只能通过测量人员采某些措施（如

选取测量时间、安置仪器位置、提高地面硬实度等）来降低对观测的影响。

3.7 电子经纬仪介绍

电子经纬仪与光学经纬仪具有相似的结构和外形，操作上也具有相同之处，主要不同点在于读数系统。电子经纬仪采用光电度盘，利用光电扫描度盘获得照准方向的电信号，通过电路直接计算出相应的角度值显示在显示屏上，并存入存储器，以便输入计算机作进一步计算处理。图3-22所示是瑞士WILD厂生产的T2000电子经纬仪。

电子经纬仪的关键部分是光电度盘，仪器获取电信号与光电度盘的形式有关，电子度盘主要有光栅度盘、编码度盘和动态测角度盘三种形式，下面分述其测角原理。

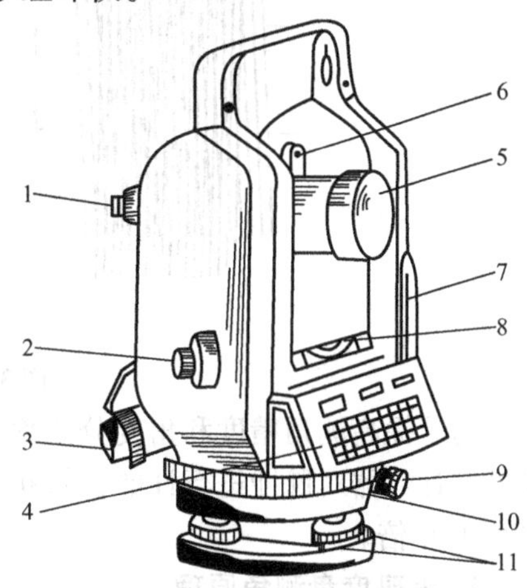

图3-22 电子经纬仪

1—目镜 2—望远镜制动、微动螺旋 3—水平制动、微动螺旋 4—操纵面板 5—望远镜 6—瞄准器 7—内嵌式电池盒 8—管水准器 9—轴座固定螺旋 10—概略定向度盘 11—脚螺旋

1. 光栅度盘测角原理

如图3-23c所示，在光学玻璃圆盘上沿半径方向均匀且密集地划出一圈刻线，就构成了明暗相间的条纹——光栅，称为光栅度盘。通常光栅度盘的刻线宽度与缝隙宽度相等，两者之和称为栅距。栅距所对应的圆心角就是光栅度盘的分划值，光栅的刻线不透光，缝隙透光。当电子经纬仪的照明管和光电接收管随照准部相对于光栅度盘转动时，即可把光信号转换成电信号，由计数器记下转动所累积的栅距数，就可以得到角度值。

由上述可知栅距的大小影响着测角精度。但栅距不能过小，一般分划值为1′43.8″，不能满足精度要求。为了提高精度，就采用了一种电子细分方法，也

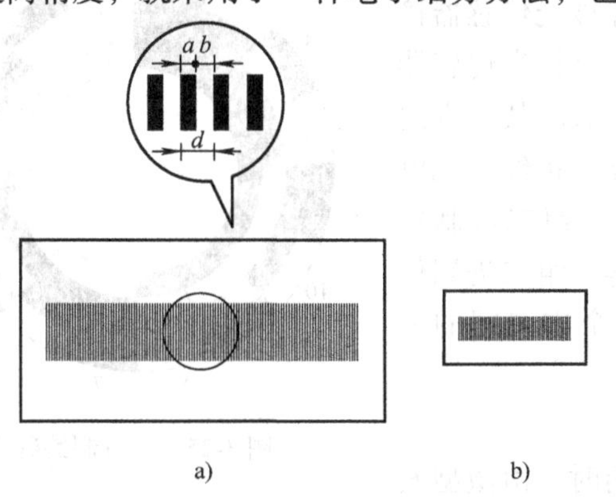

a)

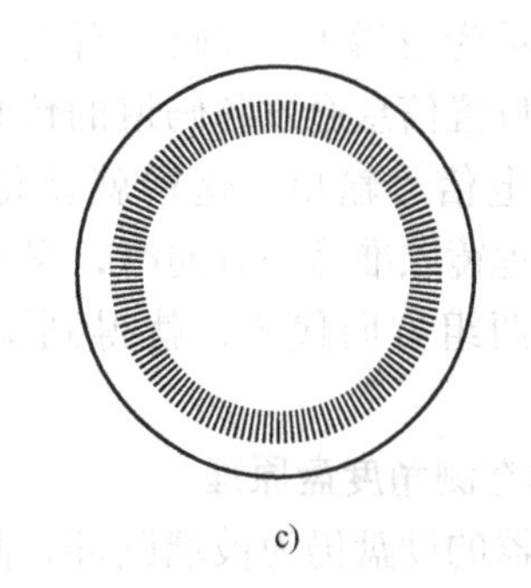

b) c)

图3-23 光栅

a）直线光栅 b）指示光栅 c）径向光栅

就是莫尔（Moire）技术。该方法是将两块光栅（通常称其中作为标准器的一块为主光栅，而另一块为指示光栅）叠合，并使它们的栅线有很小的交角，这样就可以看到明暗相间的

粗条纹，即莫尔条纹，如图3-24a所示。莫尔条纹运动与光栅移动具有对应关系。当光栅对准任一光栅并沿着垂直刻划方向移动时，莫尔条纹就沿近于垂直光栅移动的方向移动。当光栅移过一个栅距时，莫尔条纹将移动一个周期，即一个条纹宽度 B。当光栅运动方向改变，莫尔条纹运动方向也随之改变。因此，光栅的位移量可用莫尔条纹移过的数目来度量。

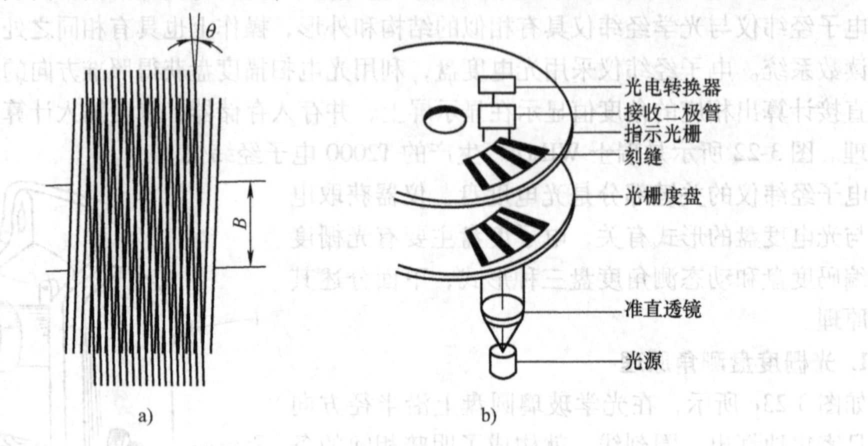

图3-24　光栅度盘测角原理

为了提高测角精度和角度分辨率，仪器工作时，在每个周期内再均匀的添加 N 个脉冲信号，计数器对脉冲进行计数，就相当于光栅刻划线的条数又增加了 N 倍，角度分辨率就提高了 N 倍。

2. 编码度盘测角原理

编码度盘就是在光学圆盘上刻制多道同心圆环，每一个同心圆环称为一个码道，为确定各个码区在度盘上的绝对位置，将码道由内向外按码区赋予二进制代码，且每个代码表示不同的方向值。编码度盘各码区中有黑色和白色空隙，分别属于不透光和透光区域，在编码度盘的一侧安有电源，另一侧直接对光源安有光传感器，如图3-25所示。

电子测角就是通过光传感器来识别和获取度盘位置信息的，当光线通过度盘的透光区并被光传感器接收时表示为逻辑0，当光线被挡住而没有被光传感器接收时表示为逻辑1。因此，当望远镜照准某一方向时，度盘位置信息通过各码道的传感器，再经过光电转换后以电信号输出，这样就获得了一组二进制代码；当望远镜照准另一方向时，又获得一组二进制代码。有了两组方向代码，就得到了两个方向间的夹角。

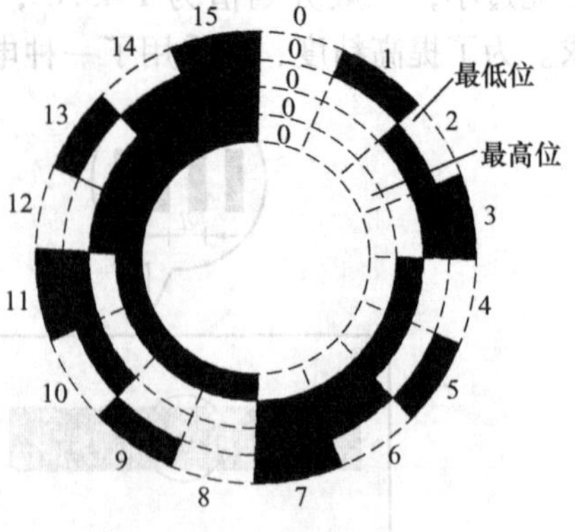

图3-25　二进制编码度盘

3. 动态测角度盘原理

该仪器的度盘仍为玻璃圆环，测角时，由微型发动机带动而旋转。度盘分成1024个分划，每一分划由一对黑白条纹组成，相当于栅线和缝隙，其栅距设为 φ_0，如图3-26所示。

固定光栅 L_S 固定在基座上，相当于光学度盘的零分划。活动光栅 L_R 在度盘内侧，随照准部转动，相当于光学度盘的指标线，它们之间的夹角即为要测的角度值。这种测角方法称

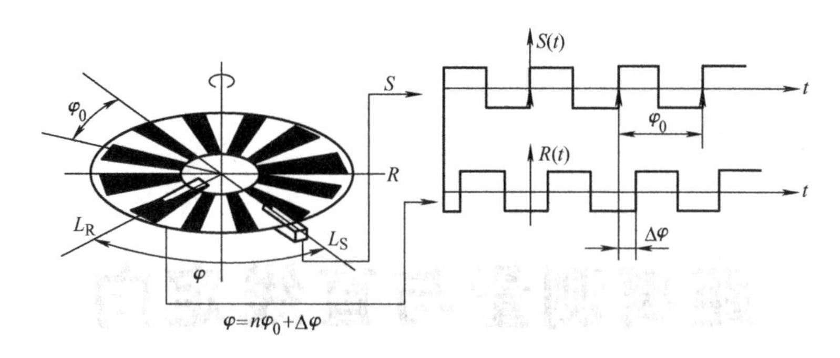

图 3-26　动态测角度盘原理

为绝对式测角系统。两种光栅距度盘中心远近不同，照准部旋转以瞄准不同目标时，彼此互不影响。为消除度盘偏心差，同名光栅按对径位置设置，共两对，图 3-26 中只绘出一对。竖直度盘的固定光栅指向天顶方向。

光栅上装有发光二极管和光电二极管，分别处于度盘上、下侧。发光二极管发射红外光线，通过光栅孔隙照到度盘上。当微型发动机带动度盘旋转时，因度盘上明暗条纹而形成透光量的不断变化，这些光信号被设置在度盘另一侧的光电二极管接收，转换成正弦波的电信号输出，用以测角。

思考题与习题

3-1　什么是水平角？水平角的观测方法主要有哪几种？

3-2　经纬仪的安置工作包括什么？

3-3　什么是竖直角？观测水平角与竖直角有哪些不同？

3-4　经纬仪对中、整平目的是什么？并说明其方法。

3-5　试叙述测回法观测水平角的步骤。

3-6　整理测回法观测水平角的记录手册，见表 3-5。

表 3-5　测回法观测水平角的记录手册

测 站	盘 位	目 标	水平度盘读数	半测回角值	一测回角值
O	左	*A*	0°12′48″		
		B	73°48′06″		
	右	*A*	180°13′00″		
		B	253°48′36″		

3-7　为什么测水平角时要在两个方向上读数，竖直角而在一个方向上读数？

3-8　什么是竖直角指标差？如何计算？

3-9　经纬仪主要有哪几条轴线？各轴线间应该满足什么条件？

3-10　水平角测量的误差主要有哪些？

3-11　电子经纬仪与光学经纬仪有何不同？

第 4 章

距离测量与直线定向

本章重点

1. 距离测量的原理和方法；

2. 直线方向的方法和概念。

4.1 钢尺量距

距离测量的工具有很多，如钢尺、皮尺、测绳、测距仪等，本节主要介绍距离测量的主要工具和辅助工具，钢尺量距的一般方法及精密方法，钢尺量距的误差分析及注意事项等。

4.1.1 距离测量的工具

根据距离测量不同的精度要求，所使用的测量工具也不同。通常距离测量的主要工具是测尺，辅助工具有测杆、测钎以及垂球等。

（1）主要工具——测尺

1）钢尺。钢尺是距离测量的主要工具，尺身一般由宽为 10 ~ 15mm，厚为 0.2 ~ 0.4mm 的钢带制成，长度有 20m、30m、50m 等几种，卷放在圆形盒内或金属架上。钢尺的基本分划为 cm，最小分划为 mm，如图 4-1 所示。由于钢尺由钢制成，伸缩系数较小，所以一般适用于较高精度的距离测量工作。

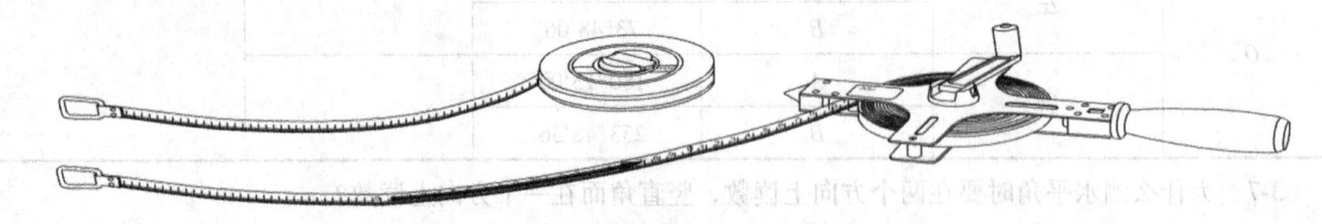

图 4-1　钢尺

2）皮尺。皮尺又称皮卷尺，它是用麻线加入金属丝织成的带状尺，故又称“带尺”。皮尺量距一般用于地形的细部测量和土木工程的施工放样。皮尺的长度有 20m、30m、50m 几种，宽为 10 ~ 15mm，卷入皮盒中，如图 4-2 所示。皮尺的基本划分为 cm，尺面每 10m 和整米都有注字，尺端铜环的外端为尺子的零点。尺子不用时卷入皮壳或塑料壳内，便于使用和携带。皮尺容易伸缩，量距的精度比钢尺低。

图 4-2　皮尺

3）测绳。测绳是由细麻绳和金属丝制成的线状绳尺，长度多为

100m，每1m有1个铜箍，并有整米值注记。测绳只适用于低精度的丈量。

根据测尺的用途不同，测尺具有不同的注记形式。因此，根据测尺零点位置注记形式的不同，有端点尺和刻线尺之分。端点尺是以尺身拉环的最外端作为尺的零点，如图4-3a所示，因拉环易变形，所以端点尺的丈量精度不高。刻线尺是以尺前端的某一刻线（通常有指向箭头）作为尺的零点，相对端点尺来讲，刻线尺精度较高，如图4-3b所示。当从建筑物墙边开始丈量时，使用端点尺比较方便。

一般钢尺多为刻线尺，皮尺多为端点尺。在距离测量前，一定要确定好尺子的零点的位置，避免产生错误。

（2）辅助工具

1）垂球。如图4-4所示，一般是由铁制成的圆锥体，底部有线绳的悬挂装置，用来把垂球悬挂起来。垂球在不平坦地面进行距离丈量时，用于将钢尺的读数位置垂直投影到地面。

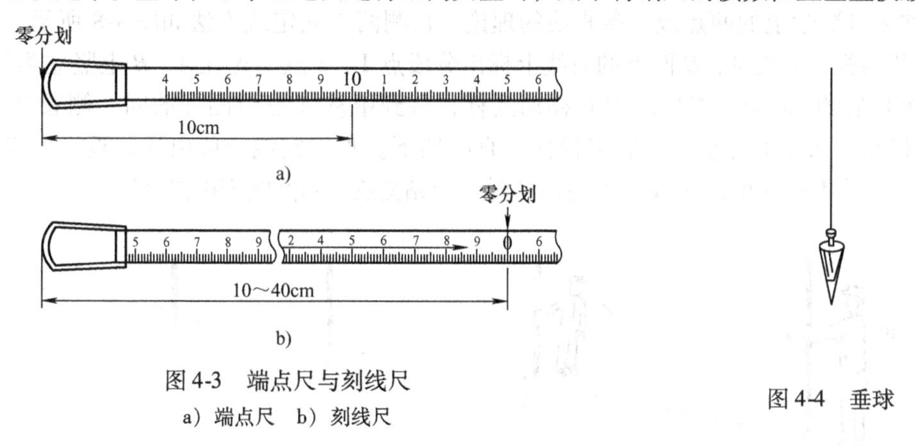

图4-3　端点尺与刻线尺

a）端点尺　b）刻线尺

图4-4　垂球

2）测杆。如图4-5所示，测杆一般由木材或合金制成，长度一般为2～3m，每间隔20cm刻划为红白相间的颜色，在长距离丈量时用于直线定线，也可用于低精度的距离丈量。在地面起伏较大时，常用垂球及测杆组成的垂球架作为垂直投点和瞄准的标志，如图4-6所示。

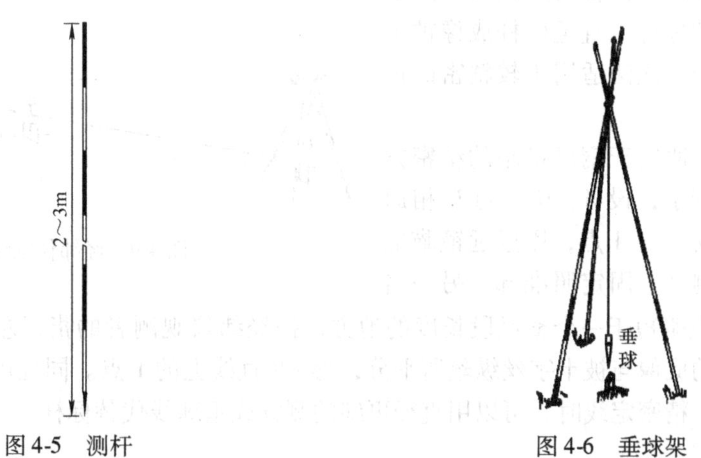

图4-5　测杆

图4-6　垂球架

3）测钎。一般由钢丝制成，长度在30～40cm。在长距离直线丈量时，用来标定点位和计算整尺段的数目，如图4-7所示。

另外，当进行精密量距时，还需配备弹簧秤和温度计，弹簧秤用于对钢尺施加规定的拉力，温度计用于测定钢尺量距时的温度，以便对钢尺丈量的距离施加温度改正。有时还有尺夹，用于安装在钢尺的末端，以方便持尺员稳定钢尺。

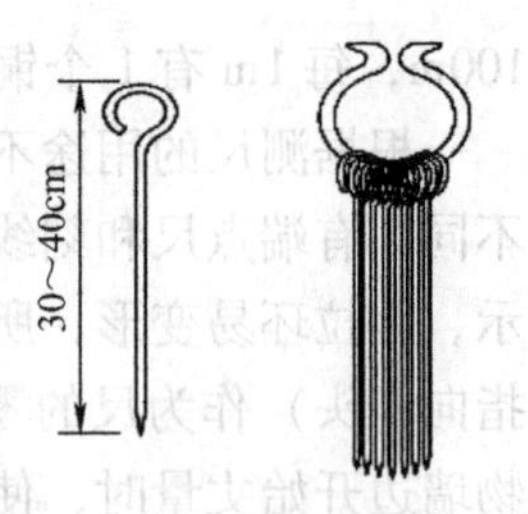

图 4-7 测钎

4.1.2 直线定线

如果地面两点之间的距离大于整尺的长度或地形起伏较大时，需要分段对直线进行测量。为了保证丈量结果的准确性，必须使所量各尺段在同一条直线上，即需要将每一尺段首尾的标杆标定在待测直线上，这种在直线上标定若干点位以标定直线方向的工作称为直线定线。直线定线的方法主要有目测定线和仪器定线两种。

（1）目测定线　目测定线适用于一般钢尺量距，包括两点间定线和延长线定线等多种，其基本原理均来自数学上的两点成一条直线的理论。目测两点间定线方法如图 4-8 所示，设 *A*、*B* 两点互相通视，要在 *A*、*B* 两点的直线上标出分段点 1、2 点。先在 *A*、*B* 上竖立测杆，甲站在 *A* 点测杆后约 1m 处，指挥乙左右移动测杆，直到甲从 *A* 点沿测杆的同一侧看到 *A*、2、*B* 三支测杆在一条线上为止，然后将标杆竖直的插下。直线定线一般由远到近，先定点 1，再定点 2。为了不挡住甲的视线，乙持标杆时，应站立在直线的左侧或右侧。

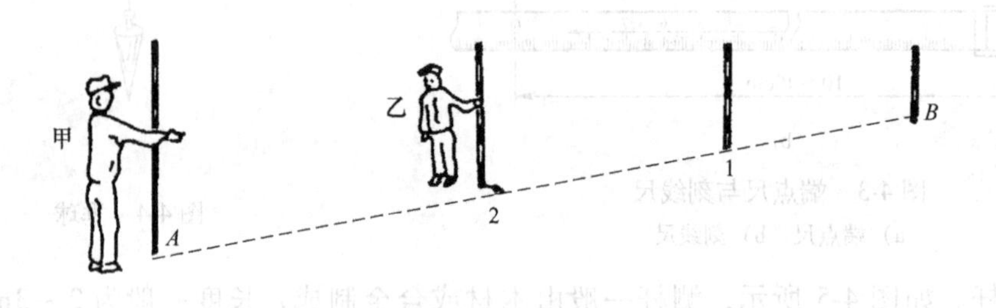

图 4-8 目测定线

（2）仪器定线　将经纬仪安置在直线起点，精确照准直线终点的测杆，制动照准部，上下转动望远镜，指挥在两点间某一点上的助手左右移动标杆，直至标杆成像被十字丝纵丝所平分。该法适用于较精密的量距工作。

经纬仪定线适用于钢尺量距的精密方法。如图 4-9 所示，设 *A*、*B* 两点互相通视，将经纬仪安置在 *A* 点，用望远镜瞄准 *B* 点上所插的测钎，固定照准部，另一名测量员在距 *B* 点略短于一个整尺段长度的地方，按经纬仪观测者的指挥左右移动标杆或测钎，直至测钎的成像与被十字丝纵丝所平分，得 *AB* 直线上的 1 点。同理可得其他各点。为减小照准误差，精密定线时，可以用直径更细的测钎或垂球线代替标杆。

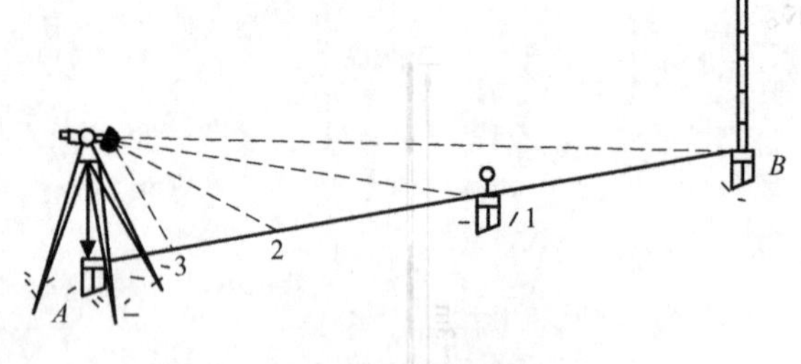

图 4-9 经纬仪定线

4.1.3 钢尺量距的一般方法

（1）平坦地面的距离丈量　丈量工作一般由两个人合作进行。如图 4-10 所示，清除待量直线上的障碍物后，在直线两地点 A、B 竖立测杆，后尺手持钢尺的零端位于 B 点，前尺手持钢尺的末端和一组测钎沿 BA 方向前进，行至一个尺段处停下。后尺手将钢尺的零点对准 B 点，两人同时把钢尺拉紧后，前尺手在钢尺末端的整尺段长刻划处竖立插下一根测钎得到1点，即量完一个，两人同时抬起钢尺，沿定线方向依次前进，重复上述操作，直至量完直线上的最后一段为止。

丈量时应注意沿着直线方向进行，钢尺必须拉紧伸直且无卷曲。直线丈量时尽量以整尺段丈量，最后丈量余长，以方便计算。丈量时应记清楚整尺段数，或用测钎数表示整尺段数，然后逐段丈量，则 AB 直线的水平距离 D 按下式计算

图4-10 平坦地面的距离丈量

$$D = nL + q \tag{4-1}$$

式中 L——钢尺的一整尺段长（m）；

n——整尺段数或测钎数；

q——不足一整尺的零尺段的长（m）。

在平坦地面，钢尺沿地面丈量的结果可视为水平距离。为了防止丈量错误和提高量距的精度，需要进行往、返丈量。一般以往、返各丈量一次，称为一测回。往返丈量需要重新定线。有时为了节省时间，也可以采用单程双观测法，即用一根尺子单程丈量两次，但两次起始段的长度选择不同。将往、返丈量的距离之差的绝对值 $|\Delta D|$ 与平均距离之比化成分子为1的分式，称为相对误差 K，可用它来衡量丈量结果的精度，即

$$K = \frac{|D_{AB} - D_{BA}|}{\overline{D}_{AB}} = \frac{\Delta D}{\overline{D}_{AB}} = \frac{1}{\dfrac{\overline{D}}{\Delta D}} \tag{4-2}$$

可以看出，相对误差的分母越小，则 K 值越高，说明量距的精度越高；反之，精度越低。量距精度取决于工程的要求和地面起伏的情况。在平坦地区，钢尺量距的相对误差一般不应大于1/3000，在量距较困难的地区，其相对误差也不应大于1/1000。如果量距的相对误差没有超过上述规定，即符合精度要求时，取往、返距离的平均值作为丈量结果。

如图4-11所示，A、B 的往测距离为126.72m，返测距离为126.76m，往返平均值为126.74m，则丈量的相对误差 K 为

$$K = \frac{|126.72 - 126.76|}{126.74} = \frac{1}{3169} < \frac{1}{1000}$$

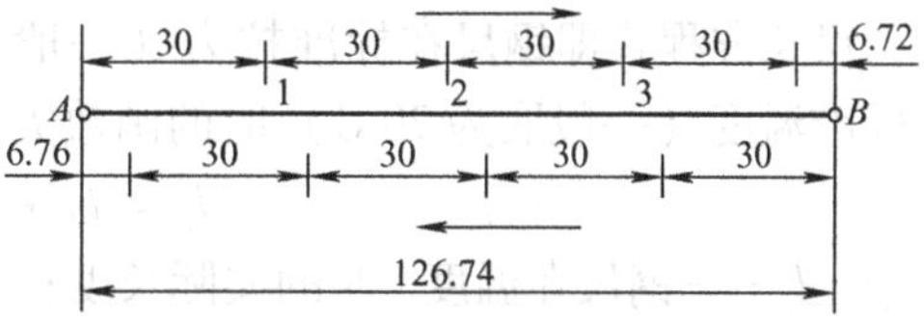

图4-11 往返距离测量（单位为m）

（2）倾斜地面的距离丈量

1）平量法。如图4-12所示，当山区的地面坡度不大时，可将钢尺抬平丈量。欲丈量 AB 间的距离，甲测量员立于 A 点，指挥乙测量员将尺拉在 AB 方向线上，甲将尺的零点对准 A 点，乙将尺抬高，并由记录者目估使钢尺水平，然后用垂球将尺的末端投于地面上，再插以测钎，若地面倾斜度较大，将整尺段拉平有困难时，可将一尺段分成几段来平量，如图4-12所示的 MN 段。为了减少垂球投点误差，可借助于垂球架上的垂球线，如图4-13所示。

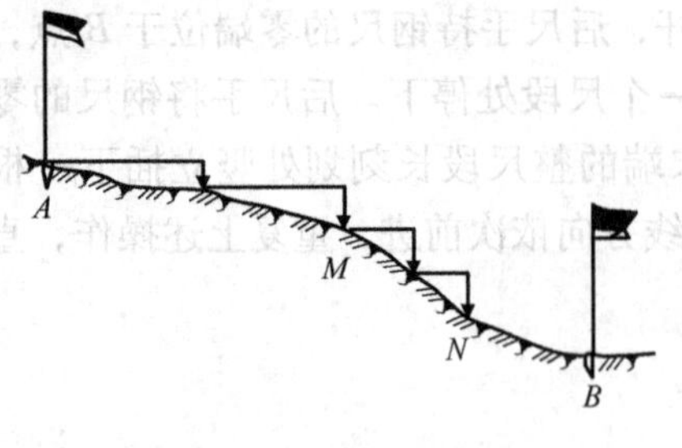

图 4-12　平量法（1）

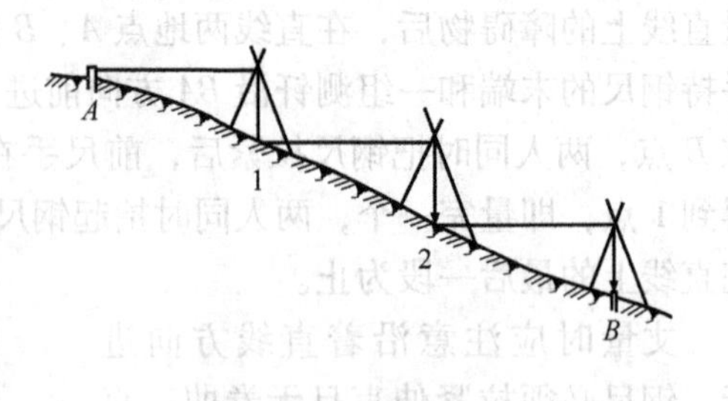

图 4-13　平量法（2）

2）斜量法。如图 4-14 所示，当地面倾斜的坡度较大且坡面均匀时。可以沿斜坡量出 AB 的斜距 s，然后计算 AB 的水平距离 D。为了计算水平距离 D，可测出 AB 两点的高差 h，或测出倾斜角 α，则水平距离 D 为

$$D=\sqrt{s^2-h^2}$$

或

$$D=s\cdot\cos\alpha$$

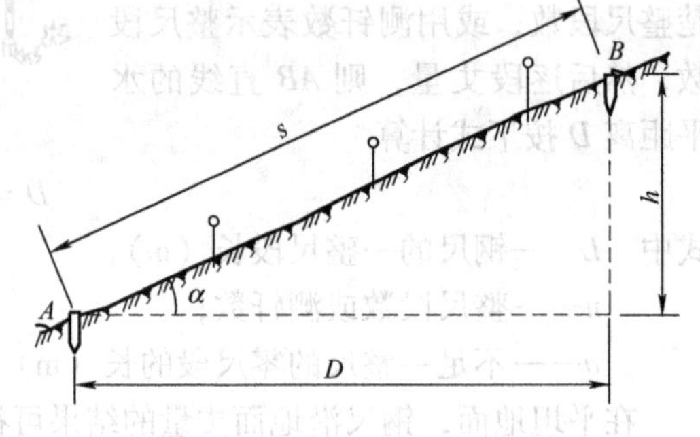

图 4-14　斜量法

无论是平坦地面还是倾斜地面的距离丈量，由于客观条件的限制总会产生不可避免的误差。因此，为提高丈量精度，避免错误的发生，距离测量工作要求距离要往返测量，并用相对误差 K 来衡量观测质量的好坏。

4.1.4　钢尺量距的精密方法

用一般方法量距，其相对误差只能达到 1/1000 ~ 1/5000，当要求量距的相对误差达到 1/10000 以上时，需采用精密方法丈量，同时钢尺必须经过检定后才能保证结果的准确性。

1. 钢尺的检定

由于钢尺制造误差的存在，以及钢尺经过长期使用后，使得钢尺的现有长度（实际长度）与钢尺出厂时的标称长度（名义长度）不相等，因此精密量距前必须将钢尺送到专门的计量单位进行检定。经检定后的钢尺，计量单位会给出尺长随温度变化的函数表达式，即尺长方程式，从而确保精密量距的实施。

尺长方程式即钢尺在标准拉力（一般 30m 钢尺加拉力 100 N，50m 钢尺加拉力 150N）和标准温度（一般取为 20℃）时的函数关系式

$$l_t=l_0+\Delta l+\alpha l_0(t-t_0) \tag{4-3}$$

式中　l_t——钢尺在温度 t 时的实际长度；

l_0——钢尺的名义长度；

Δl——尺长改正数，即钢尺在温度 t_0 时的改正数，等于实际长度减去名义长度；

α——钢尺的线膨胀系数，其值取为 1.25×10^{-5}℃$^{-1}$；

t_0——钢尺检定时的标准温度（一般取为 20℃）；

t——钢尺丈量时的温度（℃）。

【例 4-1】　某钢尺的名义长度为 50m，当温度为 20℃时，其真实长度为 49.994m。求该钢尺的尺长方程式。

【解】 根据题意 $l_0=50\text{m}$，$t=20℃$，$\Delta l=(49.994-50)\text{m}=-0.006\text{m}$，则该钢尺的尺长方程式为

$$l_t=50-0.006+1.25\times10^{-5}(t-20)$$

2. 钢尺量距的成果整理

钢尺量距时，由于客观环境与钢尺检定的环境存在很大的差异，所以必须经过相应改正后才能得到精确的丈量结果。需加入的改正项一般包括如下几项：

1）尺长改正。由于钢尺的实际长度 l' 和名义长度 l_0 不相等，所以每丈量一个整尺都需要加入尺长改正

$$\Delta l=l'-l_0 \tag{4-4}$$

而对于任意长度 l 的尺长改正公式为

$$\Delta l_d=\frac{\Delta l}{l_0}\cdot l \tag{4-5}$$

2）温度改正。虽然钢尺的线膨胀系数很小，但是由于野外工作的环境与钢尺检定的环境会有很大的差异，所以钢尺的伸缩对精密量距的影响也是不可忽视的。钢尺的温度改正公式为

$$\Delta l_t=l\alpha(t-t_0) \tag{4-6}$$

3）倾斜改正。若地面两端高度不同，其所引起的误差也会影响精密测量距离的结果。假设地面两点之间的倾斜距离为 l，测得两端的高差为 h，则换算为水平距离后需要加入的倾斜改正数为

$$\Delta l_h=d-l=\sqrt{l^2-h^2}-l=\left[\left(1-\frac{h^2}{l^2}\right)^{\frac{1}{2}}-1\right]\cdot l$$

用级数展开

$$\Delta l_h=\left[\left(1-\frac{h^2}{2l^2}-\frac{h^4}{8l^4}-\cdots\right)-1\right]\cdot l$$

若高差不大，略去高次项，取前两项可得倾斜改正的使用公式为

$$\Delta l_h=-\frac{h^2}{2l^2} \tag{4-7}$$

综上所述，对于精密量距每一尺段经过改正后的水平距离为

$$d=l+\Delta l_d+\Delta l_t+\Delta l_h \tag{4-8}$$

4.1.5 钢尺量距的误差分析及注意事项

钢尺量距是操作人员在一定的客观条件下完成的，由于各种外界条件的影响，丈量结果不但会与真值不符，而且多次丈量同一距离，每次的结果一般也不会相同，这说明丈量中不可避免地存在着误差，钢尺量距的误差主要有以下几种：

（1）定线误差 丈量时钢尺没有准确地放在所量距离的直线方向上，所量距离不是直线而是折线长度，造成丈量结果偏大，这种误差称为定线误差。

（2）尺长误差 如果钢尺的名义长度和实际长度不符，则产生尺长误差。尺长误差对量距的影响是累积的，丈量的距离越长，误差就越大。因此，新购钢尺必须经过检定，测出其尺长改正值 Δl_d。

（3）温度误差　钢尺的长度会随温度而变化，当丈量时的温度和标准温度不一致时，将产生温度误差。按照钢的线膨胀系数计算，温度每变化1℃，丈量距离为30m时对距离的影响为0.4mm。

（4）钢尺倾斜和垂曲误差　在高低不平的地面上采用钢尺水平法量距时，钢尺不水平或中间下垂而成曲线时，都会使量得的长度比实际要大。因此，丈量时必须注意钢尺水平。

（5）拉力误差　钢尺在丈量时所受到的拉力应与检定时拉力相同。若拉力变化±26N，尺长将改变±1mm。

（6）丈量误差　丈量时在地面上标志尺端点位置处插测钎不准，前、后尺手配合不好，余长读数不准等都会引起丈量误差，这种误差对丈量结果的影响不定。在丈量中要尽力做到对点、读数准确，配合协调。

（7）对点与投点误差　丈量时，用测钎在地面上标志尺端点的位置，如果责任心较低或前、后司尺员配合不好，很容易产生3～5mm的误差。在倾斜地面丈量时，用垂球投点不认真也将产生3～5mm的误差。

为了减小上述误差的影响，钢尺量距时应注意以下事项：

1）应用鉴定过的钢尺。

2）丈量前，应辨认钢尺的零端和末端，读数应小心。

3）丈量过程中，应抬平钢尺，拉力应均匀，钢尺的拉力应始终保持检定时的拉力。

4）测钎应对准钢尺的分划并插直。如插入土中有困难，可在地面上标志一明显记号，并把测钎尖端对准记号。

5）量距时力求定线准确，使尺段的各分段点位于一直线上。

6）单程丈量完毕后，前、后尺手应检查各自手中的测钎数目，避免加错或算错整尺段数。一测回丈量完毕，应立即检查限差是否合乎要求，不合乎要求时，应重测。

7）采用悬空方式测量时，应采用垂球认真投点，对点、读数、插测钎尽量做到配合协调。

8）量距时，尺子要拉到尽量水平；若两端高差较大，则为避免垂曲误差，应尽量减小尺段长度。

9）精密量距时，应采用水准仪精确测定每一尺段两端的高差。

10）丈量时，钢尺应逐渐用力拉平、拉直、拉紧，不能突然猛拉，不得用猛力张拉，防止拉断尺首的铁环。

11）伸展钢卷尺时，要小心慢拉，钢尺不可扭曲、打结，若发现有扭曲、打结情况，应细心解开，不能用力抖动，否则容易造成折断。

12）转移尺段时，前、后尺手应将钢尺提高，不应在地面上拖拉摩擦，以免磨损尺面分划。也不得在水中拖拉，以防锈蚀。

13）严防车辆从钢尺上碾压通过，以防折断。量距越过公路时，要有专人招呼来往车辆暂停。

14）丈量工作结束后，要用软布或棉纱头擦干净尺身，再涂少许机油，以防生锈。

15）垂球线应常换，以防丈量时断线，丢失垂球。不准用垂球尖凿地，不准用垂球敲打山石。

16）丈量完毕时，要清点所有工具。

4.2　视距测量

视距测量是使用视距仪和视距尺，利用光学和几何学原理间接测距的方法。视距测量一次照准目标可同时测定两点间的距离和高差，故观测速度快，操作简单方便，同钢尺量距相比具有不受地形限制的优点。采用专门的视距仪和视距尺进行的视距测量精度可以达到1/3000～1/2000。在实际应用中，一般采用经纬仪和水准尺代替视距仪和视距尺，虽然仅能达到1/300左右的精度，远低于钢尺的精度；测定高差的精度低于水准测量和三角高程测量的精度，但是足以满足地形测量的要求。因此，视距测量在地形测量工作中被广泛使用。

进行视距测量时，需在经纬仪望远镜的十字丝分划板上，距横丝（中丝）等间隔处分别刻划两根短丝（视距丝，俗称上、下丝），再配合水准尺，就可以根据几何光学原理完成视距测量了。

4.2.1　视线水平时的视距测量计算公式

1. 视线水平时的距离计算公式

如图4-15所示，*AB*为待测距离，*A*点安置经纬仪，*B*点竖立视距尺，设置望远镜视线水平，瞄准*B*点的视距尺，此时视线与视距尺垂直。

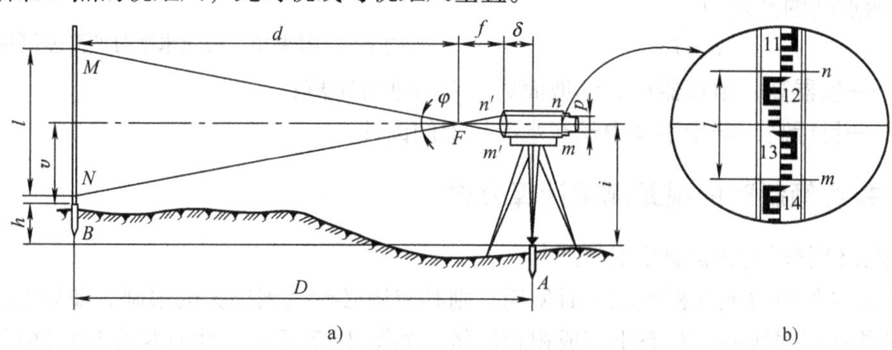

图4-15　视线水平时的距离测量原理

$p=\overline{nm}$为望远镜十字丝分划板上、下视距丝的间距，$l=\overline{MN}$为水准尺上的视距间隔，f为望远镜物镜的焦距，δ为物镜中心到仪器中心的距离。

由于望远镜上、下视距丝的间距p是固定的，因此从这两根丝引出去的视线在竖直面内的夹角φ也是固定的。设由上、下视距丝n，m引出去的视线在标尺上的交点分别为N、M，则在望远镜视场内可以通过读取交点的读数N，M求出视距间隔l。

根据光学原理，经过上、下视距丝n、m并平行于物镜光轴的光线经折射必然通过物镜的前焦点F，而与水准尺相交于N、M两点，则可通过望远镜读取交点的读数N、M，从而可计算得出$l=M-N$，一般称l为视距间隔或尺间隔。图4-15b所示的视距间隔$l=(1.385-1.188)\text{m}=0.197\text{m}$（注：图示为倒像望远镜的视场，应从上往下读数）。

由于$\triangle n'Fm'$与$\triangle NFM$相似，所以

$$\frac{d}{f}=\frac{l}{p}$$

移项后得望远镜前焦距到水准尺的水平距离为

$$d = \frac{f}{p}l$$

因此，通过图 4-15 可以看出，仪器中心至水准尺的水平距离（即 AB 间水平距离）为：

$$D = d + f + \delta = \frac{f}{p}l + (f + \delta) \tag{4-9}$$

令 $\frac{f}{p} = K$，$f + \delta = C$，则

$$D = Kl + C \tag{4-10}$$

式中 K——视距乘常数，目前测绘仪器在望远镜设计时通常使 $K = 100$；

C——视距加常数，对于内调焦的望远镜来讲，其值很小，在实际应用时可以忽略其影响，视其值为零。

因此，视线水平时水平距离的计算公式可表达为

$$D = Kl = 100l \tag{4-11}$$

2. 视线水平时的高差计算公式

由图 4-16 可以看出，视线水平时的经纬仪，此时相当于后视读数为 i，前视读数为 v 的水准测量，因此 AB 两点间的高差为

$$h = i - v \tag{4-12}$$

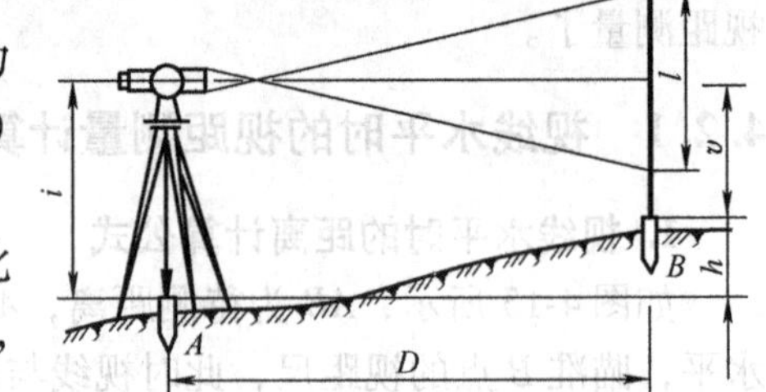

图 4-16　视线水平时的高差测量原理

式中 i——仪器高，由仪器横轴到地面标志点的垂直距离；

v——目标高，即十字丝中丝在水准尺上的读数。

4.2.2　视线倾斜时的视距测量计算公式

1. 视线倾斜时的距离计算公式

视距测量如果仅能在视线水平时使用，则其应用必然受到很大的限制。如果地面坡度较大，则必须在视线倾斜的状态下完成视距测量。如图 4-17 所示，此时视线与水准尺不垂直，因此除应观测尺间隔 l 外还应测定竖直角 α，此时，水平距离的计算公式推导过程如下：

假设将水准尺绕与望远镜视线的交点 O' 旋转图 4-17 所示的 α 角后就能与视线垂直，由于 φ 角（上、下丝间隔所对应的夹角）很小（一般为 34′20″），所以 $\angle M'MO'$ 与 $\angle N'NO'$ 均可视为直角，故有

$$l' = l\cos\alpha \tag{4-13}$$

则望远镜旋转中心 O 与视距尺旋转中心 O' 之间的距离为

$$S = Kl' = Kl\cos\alpha \tag{4-14}$$

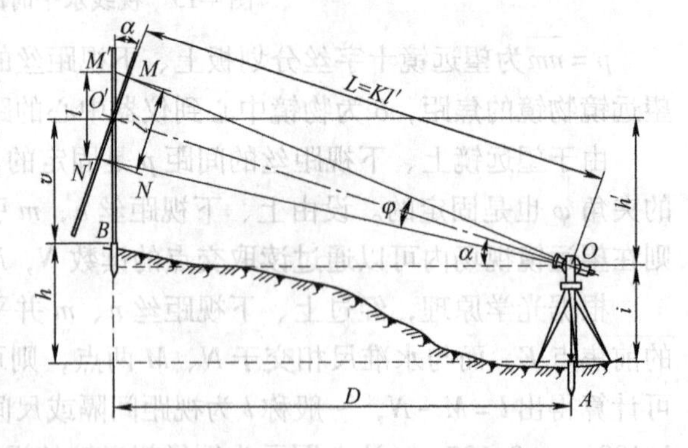

图 4-17　视线倾斜时的视距测量原理图

最后，根据三角学原理可得 A、B 间的水平距离为

$$D = S\cos\alpha = Kl\cos^2\alpha \tag{4-15}$$

2. 视线倾斜时的高差计算公式

由图4-17可得

$$h + v = h' + i \tag{4-16}$$

$$h' = S\sin\alpha = Kl\cos\alpha\sin\alpha = \frac{1}{2}Kl\sin2\alpha \tag{4-17}$$

将式（4-17）代入式（4-16），可得A、B间的高差

$$h = h' + i - v = \frac{1}{2}Kl\sin2\alpha + i - v \tag{4-18}$$

【例4-2】 用视距测量的方法进行碎部测量时，已知测站点A的高程$H_A = 42.372\text{m}$，仪器高$i = 1.400\text{m}$，碎步点B视距测量读数：上丝读数0.832，中丝读数0.720，下丝读数0.611，经纬仪盘左观测的竖盘读数$L = 83°18'00''$。求AB水平距离及碎部点B的高程。

【解】 视距间隔为 $l = (0.832 - 0.611)\text{m} = 0.221\text{m}$

竖直角为 $\alpha = 90° - L = 90° - 83°18'00'' = 6°42'$

两点间水平距离为 $D = Kl\cos^2\alpha = 21.80\text{m}$

两点间高差为 $h = \frac{1}{2}Kl\sin2\alpha + i - v = 3.24\text{m}$

B点高程为 $H_B = H_A + h = 45.61\text{m}$

4.2.3 视距测量的实施

若欲求得AB两点间的水平距离和高差,则具体操作步骤为:

1)在测站点A上安置经纬仪,对中、整平后,量取仪器高i,在待测点B上竖立水准尺。

2)转动仪器照准部,照准B点上竖立的水准尺,先将中丝照准尺上某处附近,并将上丝对准附近一整分米数,由上、下丝读数直接读取视距。

3)调竖盘指标水准管气泡居中(有竖盘指标自动补偿器的经纬仪,无需此项操作),读取竖盘读数,再计算竖直角。

4)将有关数据代入式(4-15)、式(4-18),即可计算得到相应的水平距离和高差。

5)由于视距测量目前大多应用在精度要求不高的模拟法测图工作中,所以在观测时一般仅观测半个测回即可。

将所有观测数据记入观测手簿,并在表中完成相应的计算工作,具体示例见表4-1。

表4-1 视距测量记录计算表

仪器型号:DJ_6　$i = 1.45\text{m}$　测站点:A　观测日期:×××× 观测者:×××

仪器编号:LD20120223　$x = 0''$　测站高:36.428m　天气:晴　记录者:×××

目录点号	下丝读数/m	上丝读数/m	尺间隔 i/m	中丝读数 v/m	竖盘读数	竖直角 α	初算高差 h'/m	改正数 $i-v$/m	改正后高差 h/m	水平距离 D/m	高程/m	备注
1	1.426	0.995	0.431	1.211	92°42′	−2°42′	−2.028	0.239	−1.79	43.00	34.64	
2	1.812	1.298	0.514	1.555	88°12′	1°48′	1.614	−0.105	1.51	51.35	37.94	
3	1.763	1.137	0.626	1.45	93°42′	−3°42′	−4.031	0.000	−4.03	62.34	32.40	
4	1.528	1.000	0.528	1.714	89°44′	0°16′	0.246	−0.264	−0.02	52.80	36.41	
5	1.702	1.200	0.502	1.45	94°36′	−4°36′	−4.013	0.000	−4.01	49.88	32.42	
6	2.805	2.100	0.705	2.45	76°24′	3°36′	4.418	−1.000	3.418	70.22	39.85	

4.3 电磁波测距

由前述可知：钢尺量距工作量大、效率低，在地形复杂的山区、沼泽区等甚至无法工作；视距测量虽然解决了钢尺量距工作量大、效率低的缺陷，但由于其精度较低，很难在高精度的距离测量中应用。因此，在很长一个时期，测距成为制约测量工作的一个重要因素，在传统测量工作中人们不得不采用角度测量的方法作为测量工作的主要手段。

为了提高测距工作的精度和效率，测绘科技人员开始致力于更精密高效的测距仪器研究工作，终于在20世纪40年代研制出了第一台光电测距仪。但由于当时科学技术的限制，首台光电测距仪主要采用白炽灯、高压汞灯等普通光源作为载波，电子元器件也较大，所以仪器较重不宜于运输，操作和计算也比较复杂，而且仅能在夜间观测，测程也很短，难以在测量工作中得到普遍应用。进入20世纪60年后，随着激光技术和微电子技术的飞速发展，各种类型的光电测距仪相继出现，使电磁波测距由理论研究向实际应用转化，从而极大地提高了测绘工作的精度和效率。

电磁波测距仪具有精度高、速度快、不受地形限制等优点，因此，一经问世便受到了测绘工作者的普遍关注和青睐。电磁波测距技术的研制成功使传统的测绘工作发生了一次本质性的变化。

4.3.1 电磁波测距仪的分类

电磁波测距（Electro-magnetic Distance Measurement，简称EDM）是用电磁波（电波、光波或微波）作为载波传输测距信号，以测量两点间距离的一种方法。电磁波测距仪可按照载波、时间测定的形式、测程、精度和有无合作目标等进行分类。

1. 按照载波分类

（1）激光测距仪　利用激光作为测距载波信号来完成距离测量工作的仪器，主要用于长距离测量。

（2）红外测距仪　利用红外波段的光源作为测距载波信号来完成距离测量工作的仪器，主要用于中、短程的距离测量。

（3）微波测距仪　利用微波作为测距载波信号来完成距离测量工作的仪器。微波测距仪的优点是不需要精确照准，同时可以实现通信功能，但是测距精度不高，而且长距离测距需要中继站。所以由于技术因素的限制，目前没有在测绘工作中得到普及应用。

2. 按照时间测定的形式分类

（1）脉冲式测距仪　通过直接测定测距仪发出的脉冲信号往返于被测距离的传播时间，进而求得距离值的测距仪。

（2）相位式测距仪　通过测定仪器发射的测距信号往返于被测距离的滞后相位来间接推算信号的传播时间 t，从而求得所测距离的测距仪。

3. 按照测程分类

1）短程测距仪。测程在3km之内的测距仪。

2）中程测距仪。测程在3~15km的测距仪。

3）远程测距仪。测程在15km以上的测距仪。

4. 按照精度分类

1）Ⅰ级测距仪。测距精度不大于5mm的测距仪。

2）Ⅱ级测距仪。测距精度为5～10mm的测距仪。

3）Ⅲ级测距仪。测距精度为10～20mm的测距仪。

5. 按照有无合作目标分类

（1）有合作目标测距仪　该类测距仪采用平面反射棱镜或角反射棱角作为合作目标，测距信号经棱镜反射后计算出两点间距离，测程相对较长。

（2）无合作目标测距仪　该类测距仪不需要合作目标，通过自然物体的漫反射来接收测距信号，从而计算出两点间的距离，测程相对较短，但在竣工测量、高压线高程测量等不易到达或危险较大的测量工作中应用普遍。

4.3.2　电磁波测距原理

电磁波测距是通过测量电磁波在待测距离上往返一次所经历的时间以及已知的电磁波速度来计算两点之间的距离。如图4-18所示，在A点安置测距仪，在B点安置反射棱镜，测距仪发射的调制波到达反射棱镜后又被返回到测距仪。设光速c为已知，如果调制波在待测距离D上的往返传播时间为t_{2D}，则距离D的计算式为

$$D=\frac{1}{2}ct_{2D} \tag{4-19}$$

式中　c——电磁波在大气中的传播速度，其由电磁波在真空中的传播速度和大气折射率所决定。

电磁波在真空的传播速度c_0为：$c_0=299\ 792\ 458\text{m/s}\pm1.2\text{m/s}$，是波长、大气温度、气压和湿度的函数。因此，要获得精确的距离在测距时还需测定气象元素，以对所测距离进行气象改正。

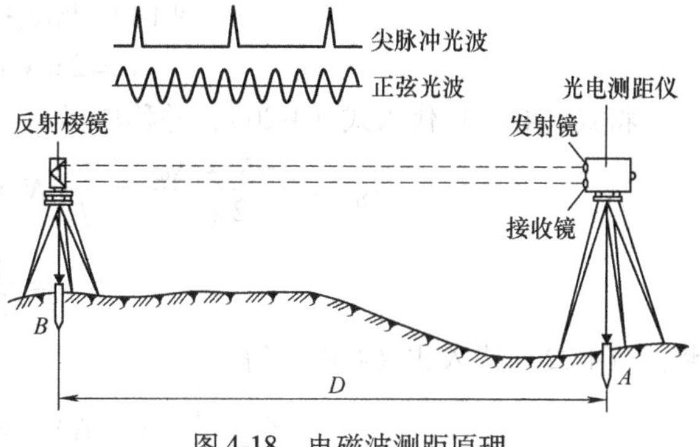

图4-18　电磁波测距原理

1. 脉冲法测距

脉冲法测距是指由计时装置直接测定测距信号往返传播于测距仪和反射棱镜之间的时间，从而利用式（4-19）求得距离。该类测距仪若要达到±1cm的测距精度，则需要对时间的测量精度达到6.7×10^{-11}s。而通常的时间计量装置很难达到如此高的精度，所以脉冲测距仪一般应用于激光雷达、微波雷达等远距离测距，测距精度只能达到0.5～1m。

随着科学技术的发展，20世纪80年代出现了由直接测定时间转变成测定精密电容充电次数，然后用电容放电来间接测定时间的方法，使脉冲式测距仪的测量精度可达到毫米级。最具代表的是在1985年由徕卡公司推出的测程为14km、标称测距精度为（3～5）mm + $10^{-6}D$的DI3000红外测距仪，它是目前世界上测距精度最高的脉冲式光电测距仪。目前，测绘研究者们也正在致力于高精度、短测程脉冲测距仪的研究工作，并有望在未来几年里得到突破性进展。

2. 相位法测距

相位法测距是将发射光调制成正弦波的形式，通过测量正弦光波在待测距离上往返传播

的相位差来间接解算距离。红外测距仪就是典型的相位式测距仪。

如图4-19所示，测距仪在A点发射的调制光在待测距离上传播，被B点反射棱镜反射后又回到A'点而被接收机接收。然后由相位计将发射信号与接收信号进行相位比较，得到调制光在待测距离上往返传播所产生的相位变化φ，据此即可计算得出其相应的往返传播时间t_{2D}。

假设调制光的角频率为ω，周期为2π，则发射的调制波经过时间t_{2D}传播$2D$距离后的相位移φ应为

$$\varphi = \omega t_{2D} = 2\pi f t_{2D} \tag{4-20}$$

由图4-19可知，φ又由N个2π整周期和一个不足整周期相位移$\Delta\varphi$共同组成，即

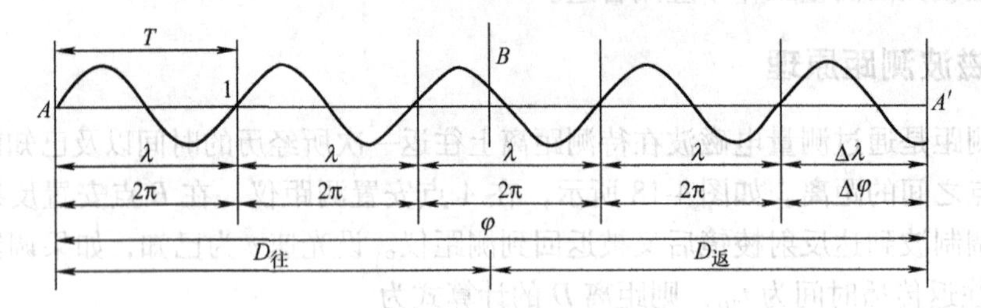

图4-19　相位法测距原理

$$\varphi = 2\pi N + \Delta\varphi \tag{4-21}$$

将式（4-21）代入式（4-20），并移项得

$$t_{2D} = \frac{2\pi N + \Delta\varphi}{2\pi f} = \frac{1}{f}\left(N + \frac{\Delta\varphi}{2\pi}\right) = \frac{1}{f}(N + \Delta N) \tag{4-22}$$

$$\Delta N = \frac{\Delta\varphi}{2\pi}$$

将式（4-22）代入式（4-19）得

$$D = \frac{c}{2f}(N + \Delta N) = \frac{\lambda}{2}(N + \Delta N) \tag{4-23}$$

式中　λ——正弦波波长，$\lambda = \dfrac{c}{f}$。

通常令$L = \dfrac{\lambda}{2}$，称其为测距仪的测尺长度，即式（4-23）可改写为

$$D = L\ (N + \Delta N) \tag{4-24}$$

需要指出的是，测距仪的测相装置只能测出不足整周期（2π）的尾数相位值$\Delta\varphi$，而不能测定整周数N。就好比钢尺量距时，司尺员仅记住了零尺段的数值，却忘记了一共丈量了多少个整尺数，而致使距离测量的结果产生不确定解。

由以上原理可知，只有当待测距离小于测尺长度时才有确定解，但仪器测相装置的测相精度一般为1/1000。测尺长度越大，测距越长，误差也越大，这就使测程和测距精度产生了一对不可避免的矛盾见表4-2。在实际工作中，一般通过在相位式测距仪中设置多个测尺，用精测尺（长度最短的测尺）保证精度，用粗测尺（测尺长度大于精测尺的其他测尺）保证测程，这样既解决了测程和测距精度之间的矛盾，又解决了距离测量中的多值解问题。例如，某测程为1km的光电测距仪设置了10m和1000m两把测尺，以10m作精尺，显示米及

米以下的距离值，以1000m作粗尺，显示百米位、十米位距离值。如实际距离为816.118m，则粗测尺测距结果为810，精测尺测距结果为6.12，显示距离值为816.12m。

表4-2　测尺长度、测尺频率与测距精度

测尺长度 $\lambda/2$	10m	20m	100m	1km	2km	10km
测尺频率 f	15MHz	7.5MHz	1.5MHz	150kHz	75kHz	15kHz
测距精度	1cm	2cm	10cm	1m	2m	10m

4.3.3　ND3000红外测距仪及其使用

图4-20所示是南方测绘公司生产的ND3000红外相位式测距仪，它自带望远镜，望远镜的视准轴、发射光轴和接收光轴同轴，可以安装在光学经纬仪（见图4-21a）或电子经纬仪上。测距时，测距仪瞄准棱镜测距，经纬仪十字丝中心瞄准觇板中心，测量视线方向的天顶距，通过操作测距仪面板上的键盘，将经纬仪测量出的天顶距输入到测距仪中，可以计算出水平距离和高差。图4-21b、c所示分别为单棱镜和三棱镜，图4-22所示为棱镜对中杆与支架。

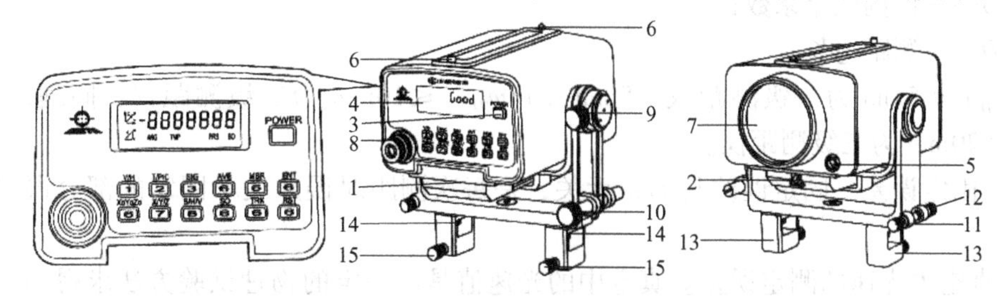

图4-20　ND3000红外相位式测距仪

1—电池　2—外接电源插口　3—电源开关　4—显示屏　5—RS-232C数据接口

6—粗瞄器　7—望远镜物镜　8—望远镜物镜调焦螺旋　9—垂直制动螺旋

10—垂直微动螺旋　11、12—水平调整螺钉　13—宽度可调连接支架

14—支架宽度调整螺钉　15—连接固定螺钉

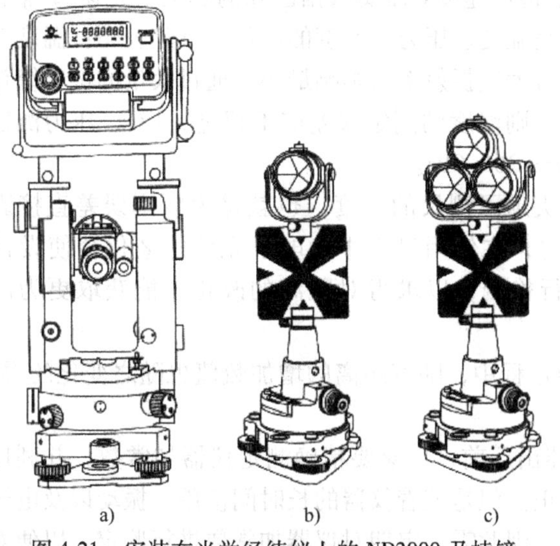

图4-21　安装在光学经纬仪上的ND3000及棱镜

a）与TDJ2E光学经纬仪连接　b）单棱镜与基座

c）三棱镜与基座

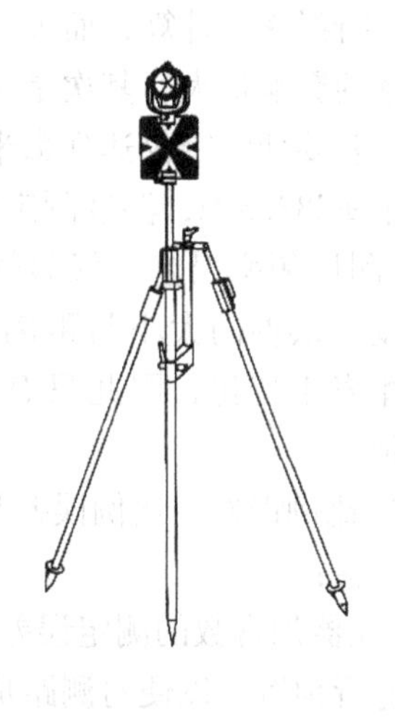

图4-22　棱镜对中杆与支架

4.3.4 电磁波测距仪的误差分析及注意事项

由于国家大地测量已经完成，高精度的测距仪目前已经很少使用，尤其是在土木工程专业中，应用更少，所以在本书中不再介绍具体的测距仪使用方法。全站仪中的测距功能与电磁波测距仪原理完全相同，故本书仅对电磁波测距仪的误差以及使用时应注意的事项加以介绍。

1. 电磁波测距的误差分析

前面曾介绍电磁波测距仪的分级，而级别是以测距中误差的大小来划分的。测距中误差的数学表达式为

$$m_D = \pm (a + b \cdot D) \tag{4-25}$$

式中 m_D——测距中误差；

a——固定误差；

b——比例误差系数；

D——测距边长。

$|m_D| \leqslant 5mm$ 为一级测距仪，$5mm < |m_D| \leqslant 10mm$ 为二级测距仪，同理，$10mm < |m_D| \leqslant 20mm$ 为三级测距仪。

（1）固定误差　固定误差与测距无关，是每次测距时误差大小固定的部分误差，主要包括：

1）真空中光速的测定误差。真空中的光速值是用一定的物理试验方法求得的，光电测距仪中采用的是1975年8月国际大地测量第十六届全会建议采用的真空光速值

$$c_0 = 299\ 792\ 458m/s \pm 1.2m/s$$

由于 c_0 的测定误差为 10^{-8}，对测距的成果影响很小，约为0.01mm/km，所以可以忽略不计。

2）大气折射率误差。在测距时光波的传播速度 c 需要根据已知的真空中光速值 c_0 和当时的大气折射率来计算，而大气折射率又是温度、压力、湿度的函数。试验表明：温度对大气折射率的影响最大，其次是压力，湿度对大气折射率的影响最小。通过大量的试验统计数据显示：若要使测距仪达到毫米级的精度，则温度的测定误差应不超过±1℃，压力测定误差应小于±283.3Pa，湿度测定误差不大于±266.6Pa。

3）测尺频率误差。仪器的调制频率决定了测尺的长度，也就是说频率误差直接影响测尺长度。误差的大小与距离长度成正比，在使用过程中，电子元件的老化会使设计的标准频率发生变化，因此只有对仪器进行检测，以求得对距离的改正才能获取更为准确的测量值。

（2）比例误差　比例误差是指在测距过程中，随着距离的增加数值也随之变化的误差，其主要包括：

1）仪器加常数的测定误差。一般仪器出厂前，厂家要精确测定仪器加常数，并利用逻辑电路进行预置，以便对测距成果进行改正。但是随着仪器的长时间使用、振动以及电子元器件的老化等，会引起仪器加常数的变化，因此需要定期对仪器加常数进行鉴定，以便对最终测距成果进行改正。

2）仪器对中误差。电磁波测距是指观测测距仪主机中心与反光镜中心的距离，因此，

对中误差包括了测距仪和反光镜的对中误差，其大小与测距长度无关，在短距离测量中必须注意对中，一般应控制在2mm范围内。

3）测相误差。它包括自动数字测相系统误差和测距信号的大气传输中的信噪比误差（信噪比是指接收到的测距信号强度与大气杂散光的强度之比），前者由测距仪的性能和精度确定，而后者与测距时的自然环境如空气透明度、视线距离障碍物及地面的大小等有关。

2. 测距仪使用的注意事项

1）应对仪器的比例误差进行严格检验，并在测距成果中加以改正。

2）应使用经过鉴定的温度计和压力计测定气象元素，以确保测距精度。

3）对仪器进行严格对中。

4）测距仪如在大气严重扰动环境中作业（如炎热的中午）精度要下降，这时应选用平均值测量方式，适当增加平均次数，直到读数的毫米位稳定后记下距离值。

5）在横跨河流、沼泽地区和树林、山谷或仰俯角很大的条件下测量时，应尽量减小气象代表性误差带来的影响。首先选择在微风、阴天或早、晚时间作业，或增加气象参数观测。

6）测站和棱镜所处环境中不能有其他光源或良好反光物，以免这些物体反射的信号进入接收系统，产生干扰信号。

7）测距仪还应避开高压线、变压器等强电场的干扰。

8）任何时候都不允许物镜直对太阳，以避免强光损坏发射、接收二极管。

9）作业时应打伞遮阳，避免强光暴晒；任何时候仪器不得淋雨，以免发生短路烧毁电子元件。

10）运输中避免撞击和振动，迁站时要停机断电装机。

11）进行正常保养和检修。

12）仪器应存放在通风干燥处。

13）停止使用期间应每1~2个月通电一次，每次1~3h。

4.4 直线定向

4.4.1 标准方向的种类

在测量工作中仅仅确定直线的距离是不够的，要想在地面上唯一的确定直线，还必须要确定直线的方向。因此，将确定地面上直线与基本方向线之间角度的工作称为直线定向。测量工作中的基本方向包括真北方向、磁北方向、坐标北方向，一般将其统称为“三北方向”。

（1）真北方向　又称真子午线方向，指过地球上某一点的真子午线的切线方向。地面点的真子午线方向可以应用天文测量方法或陀螺经纬仪来测定，夜间指向北极星的方向可以近似地视为真子午线方向。

（2）磁北方向　又称磁子午线方向，在地球磁场的作用下，当磁针自由静止后所指的方向即为磁子午线方向。一般磁子午线方向可用罗盘仪来确定。由于地球南北两极和南北两磁极并不重合，所以过地面同一点的真子午线和磁子午线的方向并不一致。

过地面同一点的真子午线和磁子午线所构成的角度称为磁偏角δ，磁子午线北端偏于真子午线以东为东偏，δ为正；以西为西偏，δ为负。

(3) 坐标北方向　又称中央子午线方向，即高斯平面直角坐标系中的坐标纵轴方向。由于过不同点的真北方向和磁北方向都是不平行的，这使直线方向的计算很不方便。如果采用平面直角坐标系的纵轴方向作为基本方向，那么过各点的基本方向都是平行的，这也就使方向的计算比较方便，因此在测量工作中一般采用坐标北方向作为测量的基本方向。

过地面同一点的坐标北方向与真北方向也不重合，与真北方向所构成的角度称为子午线收敛角，与上相同，也是东偏为正，西偏为负。

4.4.2　直线方向的表示方法

测量工作中，常用方位角来表示直线的方向。由标准方向的北端起，按顺时针方向度量至某直线的水平夹角，称为该直线的方位角。

由于采用的标准方向不同，直线的方位角有如下三种：

(1) 真方位角　从真子午线方向的北端起，按顺时针方向量至某直线间的水平角，称为该直线的真方位角，用A表示。

(2) 磁方位角　从磁子午线方向的北端起，按顺时针方向量至某直线间的水平角，称为该直线的磁方位角，用A_m表示。

(3) 坐标方位角　从平行于平面直角坐标系纵轴的方向线的北端起，按顺时针方向量至某直线的水平夹角，称为该直线的坐标方位角，以α表示，其取值范围是0°～360°。

4.4.3　三种方位角之间的关系

(1) 真方位角和磁方位角　由于地球的南北极与地球磁场的南北极并不重合，过地表任一点的真子午线方向与磁子午线方向也不重合，两者间的水平夹角称为磁偏角，用δ表示。我国的变化范围大约为+6°～-10°。真方位角和磁方位角之间的关系为

$$A = A_{\mathrm{m}} + \delta \tag{4-26}$$

(2) 真方位角和坐标方位角　中央子午线在高斯投影平面上是一条直线，并作为这个带的纵坐标轴，而其他子午线投影后为收敛于两极的曲线，地面点的真子午线方向与平面直角坐标系纵轴之间的夹角称为子午线收敛角，用γ表示。真方位角与坐标方位角之间的关系为

$$A = \alpha + \gamma \tag{4-27}$$

(3) 坐标方位角和磁方位角　若已知某点的磁偏角δ与子午线收敛角γ，则坐标方位角和磁方位角之间的换算公式为

$$\alpha = A_{\mathrm{m}} + \delta - \gamma \tag{4-28}$$

4.4.4　罗盘仪测定磁方位角

当测区内没有国家控制点可用，在测区范围不大地区，需要在小范围内建立假定坐标系的平面控制网时，可用罗盘仪测定南北方向线，作为直角坐标系的纵轴，以便确定测图的方向。这样测定某直线的坐标方位角称为“磁方位角”。用罗盘仪测量磁方位角，作为该控制网起始边的坐标方位角。

1. 罗盘仪的构造

罗盘仪是用来测定直线的磁方位角的一种仪器。它构造简单，携带和使用都很方便，但精度不高，外界环境对仪器的影响也较大，如钢铁建筑和高压电线都会影响其精度。

罗盘仪的种类很多，其构造大同小异，如图 4-23 所示，主要有磁针、刻度盘、瞄准设备（望远镜）和基座四部分组成。

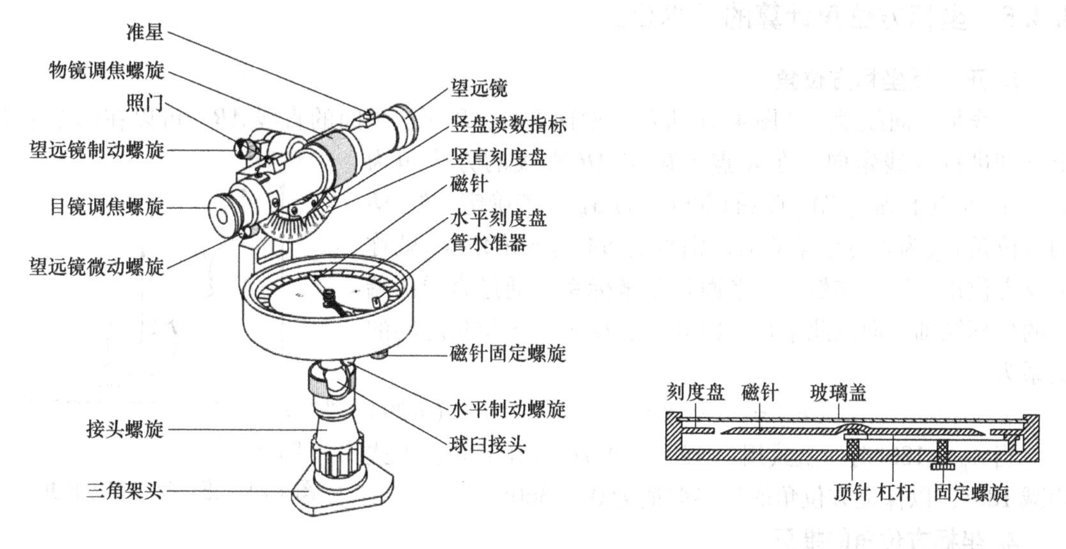

图 4-23　罗盘仪

（1）磁针　磁针用人造磁铁制成，呈长条形或长菱形，磁铁中心有玛瑙轴承，置于罗盘盒中心的顶针上，磁针在刻度盘中心的顶针尖上可自由转动。为了减轻顶针尖的磨损，在不用时，可用位于底部的固定螺旋升高杠杆，将磁针固定在玻璃盖上。

（2）刻度盘　用钢（铜）或铝制成的圆环，最小分划为 1°或 30′，有水平刻度盘和竖直刻度盘，水平刻度盘的刻度是按逆时针方向从 0°开始，每隔 10°有一注记，连续刻至 360°。刻度盘内装有一个圆水准器或者两个相互垂直的管水准器，用于控制气泡居中，使罗盘仪水平。

（3）瞄准设备（望远镜）　罗盘仪的瞄准设备，现在大多采用望远镜，老式仪器采用觇板。罗盘仪的瞄准设备（望远镜）与经纬仪的望远镜结构基本相似，也有物镜调焦螺旋、目镜调焦螺旋和十字丝分划板等，它与刻度盘相连在一起，其望远镜的视准轴与刻度盘的 0°分划线共面。

（4）基座　采用球臼结构，松开球臼接头螺旋，可摆动刻度盘，使水准气泡居中，刻度盘处于水平位置，然后拧紧接头螺旋。

2. 罗盘仪测定磁方位角的方法

将罗盘仪安置在直线的起点上，挂上垂球对中，松开球臼接头螺旋，用手前、后、左、右转动刻度盘，使水准器气泡居中，拧紧球臼接头螺旋，使仪器处于对中和整平状态。松开磁针固定螺旋，让它自由转动，然后转动罗盘，瞄准直线的另一端，待磁针静止后，按磁针北端（一般为黑色一端或非绕铜线一端）所指的刻度盘分划值读数，即为该直线的磁方位角或磁象限角。

该直线的磁方位角测定后，再把罗盘仪安置在另一点，测定该直线的反磁方位角，正反磁方位角相差180°，如不符合，不得超过最小刻度读数的2倍，否则应重测。

罗盘仪在使用时，不要使铁质物体接近罗盘，以免影响磁针位置的正确性。要避免在铁路附近及高压电线铁塔下观测。

在测量结束后，必须旋紧固定螺旋将磁针升起固定。

4.4.5 坐标方位角计算的基本公式

1. 正、反坐标方位角

直线是有向线段。如图4-24所示，地面上A、B两点之间的直线AB，可以在两个端点上分别进行直线定向。在A点上确定AB直线的方位角为α_{AB}，在B点上确定BA直线的方位角为α_{BA}，若确定直线AB的方位角α_{AB}为正方位角的话，则直线BA的方位角α_{BA}就称为反方位角，反之亦然。在平面直角坐标系中通过直线两端点的坐标纵轴方向彼此平行，因此正、反坐标方位角之间的关系为

$$\alpha_{反}=\alpha_{正}\pm180° \tag{4-29}$$

当$\alpha_{正}<180°$时，上式用加180°，当$\alpha_{正}>180°$时，上式用减180°，以保证方位角的最终取值为0°~360°。

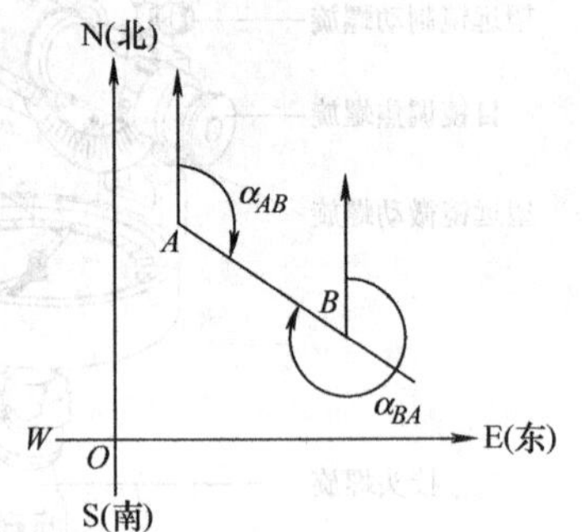

图4-24 正、反坐标方位角

2. 坐标方位角的推算

如图4-25所示，可以依据转折角β及后视方向方位角α_{AB}，推算出前视方向的方位角α_{BC}。

$$\alpha_{BC}=\alpha_{AB}+\beta_{左}-180° \quad \alpha_{BC}=\alpha_{AB}-\beta_{右}+180°$$

因此，用右角推算方位角的一般公式为

$$\alpha_{前}=\alpha_{后}-\beta_{右}+180° \tag{4-30}$$

用左角推算方位角的一般公式为

$$\alpha_{前}=\alpha_{后}+\beta_{左}-180° \tag{4-31}$$

在测量中为了使测量成果坐标统一，并能保证测量精度，常将线段首尾连接成折线，并与已知边AB相连。若AB边的坐标方位角α_{AB}已知，又测定了AB边和$B1$边的连接角β_B和各点的转折角β_1，β_2，…，β_n，利用正、反方位角的关系和测定的转折角可以推算连续折线上各线段的坐标方位角（见图4-26）如下

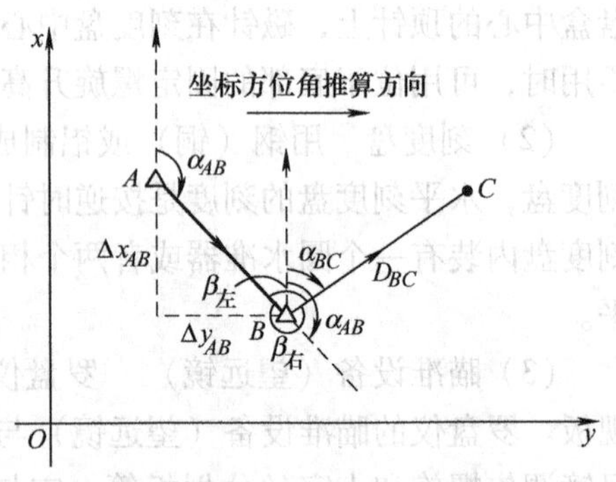

图4-25 坐标方位角的推算

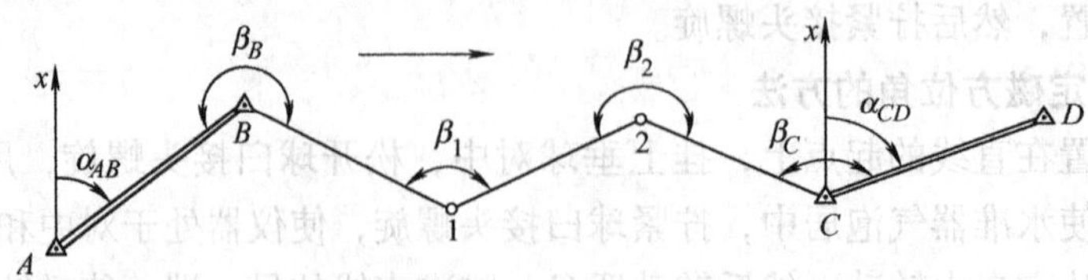

图4-26 方位角计算

$$\alpha_{B1}=\alpha_{AB}+\beta_B-180°$$

$\alpha_{12} = \alpha_{B1} + \beta_1 - 180° = \alpha_{AB} + \beta_B + \beta_1 - 2 \times 180°$

$\alpha_{23} = \alpha_{12} + \beta_2 - 180° = \alpha_{AB} + \beta_B + \beta_1 + \beta_2 - 3 \times 180°$

$\vdots$

$$\alpha_{ij} = \alpha_{AB} + \sum\beta_{iL} - n \times 180° \tag{4-32}$$

式（4-32）中 β_{iL} 是折线推算前进方向的左角。若测定的是右角则用下式计算

$$\alpha_{ij} = \alpha_{AB} - \sum\beta_{iR} + n \times 180° \tag{4-33}$$

3. 坐标计算

（1）坐标正算　根据直线起点的坐标、直线长度及其坐标方位角计算直线终点的坐标，称为坐标正算。如图 4-27 所示，已知直线 AB 起点 A 的坐标为（x_A，y_A），AB 边的边长及坐标方位角分别为 D_{AB} 和 α_{AB}，需计算直线终点 B 的坐标。

直线两端点 A、B 的坐标值之差，称为坐标增量，用 Δx_{AB}、Δy_{AB} 表示。由图 4-27 可看出坐标增量的计算式为

$$\left.\begin{aligned}\Delta x_{AB} &= x_B - x_A = D_{AB}\cos\alpha_{AB}\\ \Delta y_{AB} &= y_B - y_A = D_{AB}\sin\alpha_{AB}\end{aligned}\right\} \tag{4-34}$$

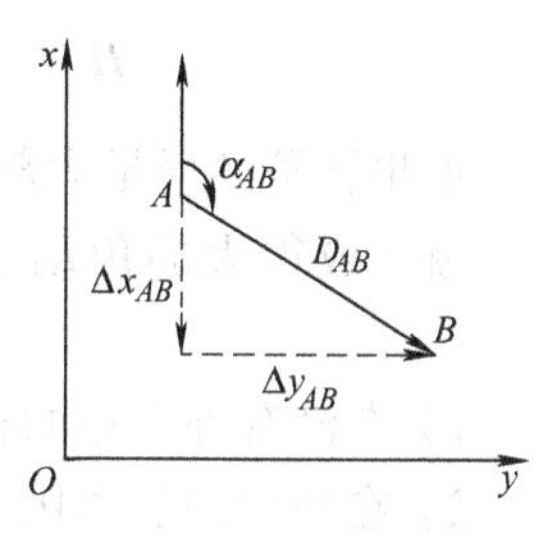

图 4-27　坐标正算图

根据式（4-34）计算坐标增量时，$\sin\alpha_{AB}$ 和 $\cos\alpha_{AB}$ 函数值随着 α_{AB} 角所在象限而有正负之分，因此算得的坐标增量同样具有正、负号。

则 B 点坐标的计算公式为

$$\left.\begin{aligned}x_B &= x_A + \Delta x_{AB} = x_A + D_{AB}\cos\alpha_{AB}\\ y_B &= y_A + \Delta y_{AB} = y_A + D_{AB}\sin\alpha_{AB}\end{aligned}\right\} \tag{4-35}$$

（2）坐标反算　根据直线起点和终点的坐标，计算直线的边长和坐标方位角，称为坐标反算。如图 4-27 所示，已知直线 AB 两端点的坐标分别为（x_A，y_A）和（x_B，y_B），则直线边长 D_{AB} 和坐标方位角 α_{AB} 的计算公式为

$$D_{AB} = \sqrt{\Delta x_{AB}^2 + \Delta y_{AB}^2} \tag{4-36}$$

$$\alpha_{AB} = \arctan\frac{\Delta y_{AB}}{\Delta x_{AB}} \tag{4-37}$$

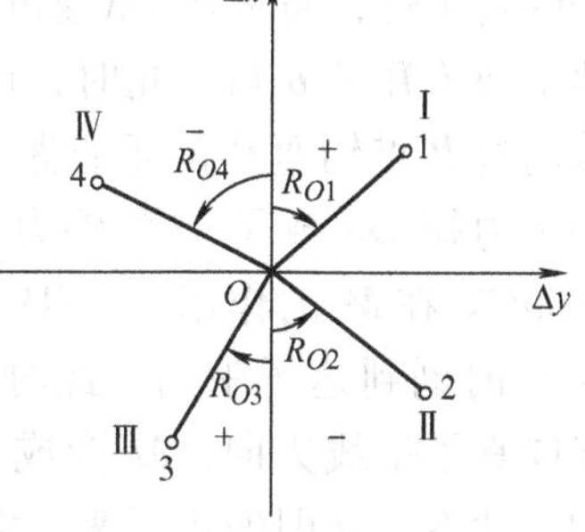

图 4-28　方位角与象限角

应该注意的是坐标方位角的角值范围在 0° ~ 360°间，而 $\arctan\frac{\Delta y_{AB}}{\Delta x_{AB}}$ 的角值范围在 −90° ~ +90°间，两者是不一致的。按式（4-37）计算坐标方位角时，计算出的是象限角，如图 4-28 所示。因此，应根据坐标增量 Δx、Δy 的正、负号，按表 4-3 决定其所在象限，再把象限角换算成相应的坐标方位角。

表 4-3　方位角和象限角的关系

象限	由方位角换算象限角	由象限角换算方位角
象限Ⅰ	$R_{O1} = \alpha$	$\alpha = R_{O1}$
象限Ⅱ	$R_{O2} = 180° - \alpha$	$\alpha = 180° - R_{O2}$
象限Ⅲ	$R_{O3} = \alpha - 180°$	$\alpha = 180° + R_{O3}$
象限Ⅳ	$R_{O4} = 360° - \alpha$	$\alpha = 360° - R_{O4}$

4.5 陀螺经纬仪的定位原理

由物理学可知，一个对称刚性转子（见图4-29）的转动惯量J定义为

$$J = \int r^2 \mathrm{d}m \tag{4-38}$$

式中 r——质点到转轴的垂直距离；

$\mathrm{d}m$——刚体上每一质点的质量。

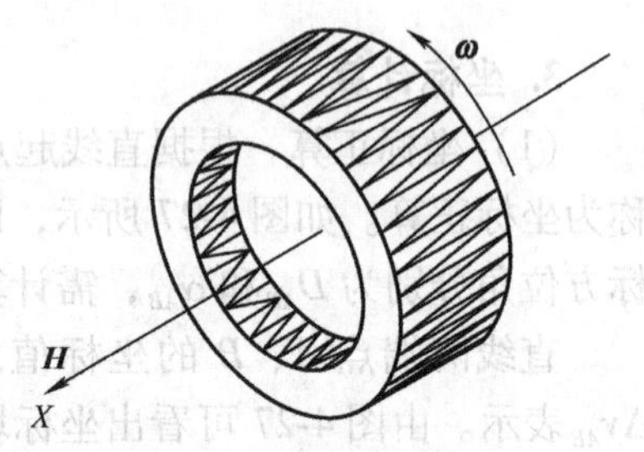

图4-29 对称刚性转子

当转子以角速度$\boldsymbol{\omega}$绕其对称轴X旋转时，其角动量$\boldsymbol{H}$为

$$\boldsymbol{H} = \int \boldsymbol{\omega} r^2 \mathrm{d}m = \boldsymbol{\omega} J \tag{4-39}$$

如果转子的质量大部集中在其边缘，当转子高速旋转时，就形成很大的角动量$\boldsymbol{H}$。高速旋转的转子有两个特性：

1）在没有外力矩的作用下，转子旋转轴X在宇宙空间中保持不变，即定轴性。

2）在外力矩的作用下，转子旋转轴X的方位将向外力矩作用方向发生变化，这种运动称为“进动”。

陀螺仪定向，就是利用陀螺仪转子的上述两个特性进行的。如图4-30所示，在t_1时刻，转子的旋转轴OX被悬吊在地球上的P点，假设此时OX轴被定轴在真子午线偏东方向的位置；在t_2时刻，地球自西向东旋转了θ角，从而使地平面降落了θ角，因转子的定轴性，将造成OX轴的X端相对于地平面抬升了θ角。此时，设转子的重心偏离过P点铅垂线的垂直距离为b，转子的重力矩$\boldsymbol{G}b$成了一个外力矩$\boldsymbol{M} = b\boldsymbol{G} = l\sin\theta\boldsymbol{G}$。在$\boldsymbol{M}$的作用下，$OX$轴向西进动，在$t_3$时刻到达子午面，此时，$OX$轴方向指向真子午线方向，$\boldsymbol{M}$变成0。但是转子的进动不会立即停止下来，它在惯性的作用下越过子午面继续向西进动，此时，转子轴OX相对于地平面由抬升变成了倾俯，力矩$\boldsymbol{M}$的方向被改变。随着偏离真子午线方向夹角的不断增大，指向子午面的力矩会阻止转子继续运动，直到转子轴OX达到最大摆幅后反方向往回进动，如此往复不已。如果没有其他因素的影响，转子轴OX将以过P点的真子午线方向为对称中心作等幅简谐运动。取东西最大摆幅方向的平均值方向就是P点的真子午线方向。

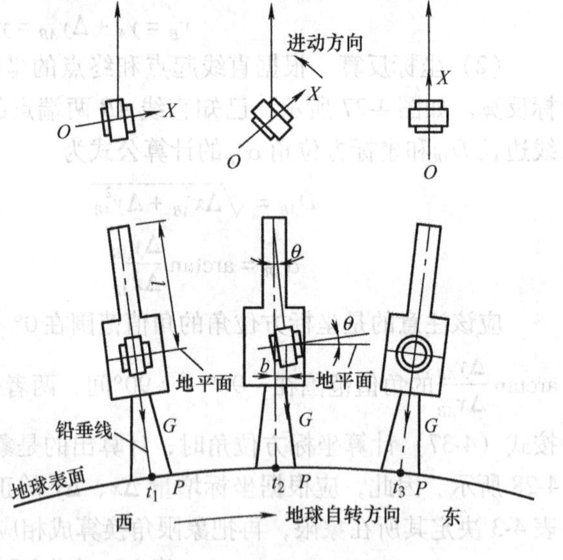

图4-30 陀螺仪定向原理

地球自转带给陀螺转轴的进动力矩，与陀螺所处空间的地理位置有关，在赤道为最大，

在南、北两极为零。因此，在南、北两极和纬度大于 75°的高纬度地区，陀螺仪不能定向。我国属于中纬度地区，位于我国版图最北端的是黑龙江省漠河，其纬度约为北纬 49°32′。因此，在我国版图内的任意地点都可以使用陀螺仪定向。

思考题与习题

4-1　直线定线的目的什么？有哪些方法？

4-2　直线定向的目的什么？三北方向指的是什么？

4-3　视距测量的原理是什么？如何实测？

4-4　电磁波测距仪有哪些种类？

4-5　电磁波测距原理是什么？

4-6　衡量距离测量的精度为什么用相对误差？

第 5 章

测量误差的基本理论

本章重点

1. 衡量测量值精度的指标。
2. 系统误差和偶然误差的特性。
3. 中误差的计算方法。
4. 误差传播定律的计算与应用。

5.1 测量误差与精度

5.1.1 测量误差的概念

研究测量误差的来源、性质及其产生和传播的规律，以解决测量工作中遇到的实际问题为目的而建立起来的概念和原理，称为测量误差理论。

在实际的测量工作中发现，当对某个确定的量进行多次观测时，所得到的各个结果之间往往存在着一些差异。例如，重复观测两点的高差，或者是多次观测一个角或丈量若干次一段距离，其结果都互有差异。另一种情况是，当对若干个量进行观测时，如果已经知道在这几个量之间应该满足某一理论值，实际观测结果往往不等于其理论上的应有值。例如，一个平面三角形的内角和等于180°，但三个实测内角的结果之和并不等于180°，而是有一差异。这些差异称为不符值。这种差异是测量工作中经常而又普遍发生的现象，是由于观测值中包含有各种误差的缘故。这种误差是在对变量进行观测和量测的过程中反映出来的，称为测量误差。

5.1.2 测量误差及其来源

1. 测量误差的定义

测量中的被观测值，客观上都存在着一个真实值，简称真值。对该量进行观测得到观测值。观测值与真值之差，称为真误差，即

$$真误差 = 观测值 - 真值 \tag{5-1}$$

2. 测量误差的反映

测量中的误差是不可避免的。例如，为确定某段距离或某个角度，我们会进行多次观测，但是重复测量的各数据结果都存在着差异。又如，为求某平面三角形的三个内角，只要对其中的两个内角进行观测就可以得出第三个内角值。但为检验测量结果的精度，我们对第

三个内角也进行角度观测。这三个内角和往往与真值180°存在差异。第三个内角的观测是“多余观测”。这些“多余观测”导致的差异事实上就是测量误差。换句话说，测量误差是通过“多余观测”产生的差异反映出来的。

3. 测量误差的来源

任何测量都是利用特制的仪器、工具进行的，由于每一种仪器只具有一定限度的精密度，因此测量结果的精确度受到了一定的限制，并且各个仪器本身也有一定的误差，使测量结果产生误差。

观测值中存在观测误差有下列三方面原因：

（1）观测者　由于观测者的感觉器官的鉴别能力的局限性，在仪器安置、照准、读数等工作中都会产生误差。同时，观测者的技术水平及工作态度也会对观测结果产生影响。

（2）测量仪器　测量工作所使用的测量仪器都具有一定的精密度，从而使观测结果的精度受到限制。另外，仪器本身构造上的缺陷，也会使观测结果产生误差。

（3）外界观测条件　外界观测条件是指野外观测过程中，外界条件的因素，如天气的变化、植被的不同、地面土质松紧的差异、地形的起伏、周围建筑物的状况，以及太阳光线的强弱、照射角度的大小等。有风会使测量仪器不稳，地面松软可使测量仪器下沉，强烈阳光照射会使水准管变形，太阳的高度角、地形和地面植被决定了地面大气温度梯度，观测视线穿过不同温度梯度的大气介质或靠近反光物体，都会使视线弯曲，产生折光现象，因此，外界观测条件是保证野外测量质量的一个重要因素。

5.1.3　观测与观测值的分类

1. 等精度观测和不等精度观测

观测者、测量仪器和观测时的外界条件是引起观测误差的主要因素，通常称为观测条件。观测条件相同的各次观测，称为等精度观测。观测条件不同的各次观测，称为不等精度观测。任何观测都不可避免地要产生误差。为了获得观测值的正确结果，就必须对误差进行分析研究，以便采取适当的措施来消除或削弱其影响。

2. 直接观测和间接观测

为确定某未知量而直接进行观测，即被观测量就是所求未知量本身，称为直接观测，其观测值称为直接观测值。通过被观测量与未知量的函数关系来确定未知量的函数关系来确定未知量的观测称为间接观测，其观测值称为间接观测值。例如，为确定两点间的距离，用钢尺直接丈量属于直接观测；而视距测量则属于间接观测。

3. 独立观测和非独立观测

按各观测值之间相互独立或依存关系可分为独立观测和非独立观测。

各观测之间无任何依存关系，是相互独立的观测，称为独立观测，其观测值称为独立观测值。若各观测量之间存在一定的几何或物理条件的约束，则称为非独立观测，其值称为非独立观测值。例如，对某一单个未知量进行重复观测，各次观测是独立的，各观测值属于独立观测值；观测某平面三角形的三个内角，因三角形内角之和应满足180°这个几何条件，则该观测属于非独立观测，三个内角的观测值属于非独立观测值。

5.1.4　测量误差的种类

观测误差按其性质，可分为系统误差、偶然误差和粗差。

1. 系统误差

系统误差是指在同一条件下对某个固定量所进行的观测中，所产生的误差数据、符号或保持不变，或按一定的规律变化。它在观测成果中具有累计性，对成果质量影响显著，应在观测中采取相应措施予以消除。

为了提高观测成果的准确度，首先要根据数理统计的原理和方法判断一组观测值中是否含有系统误差，其大小是否在允许的范围以内；然后采用适当的措施，消除或减弱系统误差的影响。通常有以下三种方法：

1）测定系统误差的大小，对观测值加以改正。例如，用钢尺量距时，通过对钢尺的检定求出尺长改正数和温度变化改正数，对观测结果加以修正，以消除尺长误差和温度变化引起的误差。

2）采用对称观测的方法。采用此方法，可使系统误差在观测值中以相反的符号出现，使之相加以抵消。例如，水准测量时，采用前、后视距相等的对称观测，以消除由于视准轴不平行于水准管轴所引起的系统误差；经纬仪测角时，用盘左、盘右两个观测值取中数的方法，可以消除视准轴误差等系统误差的影响。

3）检校仪器。将仪器存在系统误差降低到最小限度，或限制在允许的范围内，以减弱其对观测结果的影响。例如，经纬仪照准部水准管轴不垂直于竖轴的误差对水平角的影响，可通过精确检校仪器并在观测中仔细整平的方法，来减弱其影响。

系统误差的计算和消除，取决于我们对它的了解程度。应用不同的测量仪器和测量方法，系统误差的存在形式不同，消除系统误差的方法也不同，必须根据具体情况进行检验、定位和分析研究，采取不同措施，使系统误差减小到可以忽略不计的程度。

2. 偶然误差

偶然误差的产生取决于观测进行中的一系列不可能严格控制的因素（如湿度、温度、空气振动等）的随机扰动。在同一条件下获得的观测值中，误差的数值和符号不定，表现出偶然性，这种误差称为偶然误差，又称为随机误差。例如，用经纬仪测角时，就单一观测值而言，由于受照准误差、读数误差、外界条件变化所引起的误差、仪器自身不完善引起的误差等综合的影响，测角误差的大小和正负号都不能预知，具有偶然性。所以，测角误差属于偶然误差。

偶然误差反映了观测结果的精密度。精密度是指在同一观测条件下，用同一观测方法对某量多次观测时，各观测值之间相互的离散程度。

偶然误差表面上没有规律性，实际上是服从一定的统计规律的。从单个偶然误差来看，其出现的符号和大小没有一定的规律性，但对大量的偶然误差进行统计分析，就能发现其规律性，误差个数越多，规律性越明显。

例如，在相同的观测条件下，对358个三角形的内角进行了观测。由于观测值含有偶然误差，致使每个三角形的内角和不等于180°。设三角形内角和的真值为X，观测值为L，其观测值与真值之差为真误差Δ。用下式表示为

$$\Delta_i = (a_i + b_i + c_i) - 180^\circ \quad (i = 1,2,\cdots,358)$$

式中　a_i，b_i，c_i——三角形三个内角的各次观测值，$i=1$，2，…，n。

现取误差区间$\mathrm{d}\Delta$为0.2″，将误差按数值大小及符号进行排列，统计出各区间的误差个

数 k 及相对个数$\frac{k}{n}$（$n=358$），见表5-1。

表5-1 误差统计表

误差区间 dΔ	负误差		正误差	
	个数 K	相对个数	个数 K	相对个数
0.0″~0.2″	45	0.126	46	0.128
0.2″~0.4″	40	0.112	41	0.115
0.4″~0.6″	33	0.092	33	0.092
0.6″~0.8″	23	0.064	21	0.059
0.8″~1.0″	17	0.047	16	0.045
1.0″~1.2″	13	0.036	13	0.036
1.2″~1.4″	6	0.017	5	0.014
1.4″~1.6″	4	0.011	2	0.006
1.6″以上	0	0.000	0	0.000
总和	181	0.505	177	0.495

表5-1中相对个数$\frac{k}{n}$称为频率。若以横坐标表示偶然误差的大小，纵坐标表示$\frac{频率}{组距}$，即$\frac{k}{n}$再除以 $d\Delta$（本例取 $d\Delta=0.2''$），则纵坐标代表$\frac{k}{0.2n}$之值，可绘出误差统计直方图，如图5-1所示。

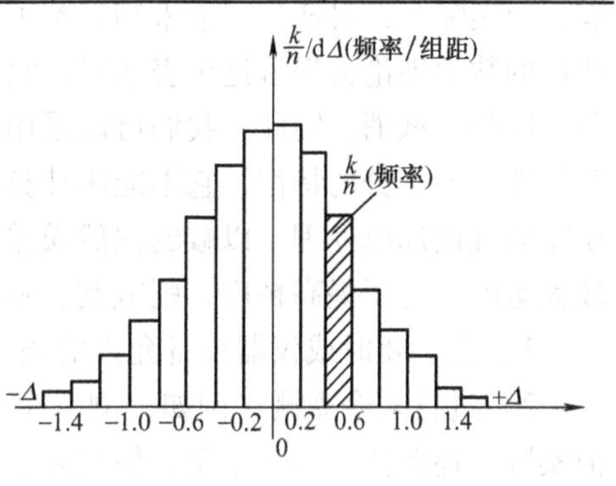

图5-1 误差统计直方图

显然，图中所有矩形面积的总和等于1，而每个长方条的面积（图5-1中斜线所示的面积）等于$\frac{k}{0.2n}\times0.2=\frac{k}{n}$，即为偶然误差出现在该区间的频率。例如，偶然误差出现在 $+0.4''\sim+0.6''$区间内的频率为0.092。若使观测次数 $n\rightarrow\infty$，并将区间 $d\Delta$ 分得无限小（$d\rightarrow0$），此时各组内的频率趋于稳定而成为概率。直方图顶端连线将变成一个光滑的对称曲线，如图5-2所示，该曲线称为高斯偶然误差分布曲线，在概率论中称为正态分布曲线。也就是说，在一定的观测条件下，对应着一个确定的误差分布。曲线的纵坐标$\frac{概率}{间距}$，它是偶然误差 Δ 的函数，记为 $f(\Delta)$。图5-2所示中斜线所表示的长方条面积 $f(\Delta_i)d\Delta$，为偶然误差出现在微小区间$\left(\Delta_i-\frac{1}{2}d\Delta,\ \Delta_i+\frac{1}{2}d\Delta\right)$内的概率，记为 $P(\Delta_i)=f(\Delta_i)d\Delta$，称为概率元素。

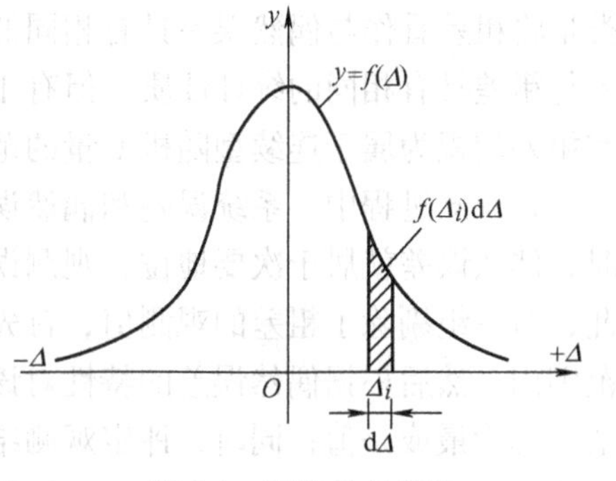

图5-2 误差分布曲线

偶然误差出现在微小区间 $d\Delta$ 内的概率的大小与 $f(\Delta_i)$ 值有关。$f(\Delta_i)$ 越大，表示偶然误差出现在该区间内的概率也越大，反之则越小。因此称

$f(\Delta)$为偶然误差的概率密度函数，简称密度函数，其公式为

$$f(\Delta)=\frac{1}{\sqrt{2\pi}\sigma}e^{-\frac{\Delta^2}{2\sigma^2}} \tag{5-2}$$

式中　σ——观测误差的标准差。

从上表的统计数字中可以总结出，在相同的条件下进行独立观测而产生的一组偶然误差的统计规律如下：

1）有界性。在一定的观测条件下，偶然误差的绝对值不会超过一定的限度。

2）单峰性。绝对值小的误差比绝对值大的误差出现的可能性大。

3）对称性。绝对值相等的正误差与负误差出现的机会相等。

4）补偿性。当观测次数无限增多时，偶然误差的算术平均值趋近于零。即

$$\lim_{n\to\infty}\frac{[\Delta]}{n}=0 \tag{5-3}$$

式中，$[\Delta]=\Delta_1+\Delta_2+\Delta_3+\cdots+\Delta_n=\sum_{i=1}^{n}\Delta_i$，在测量中，常用［］表示括号中数值的代数和。

由偶然误差的特性可知，当观测次数无限增加时，偶然误差的算术平均值必然趋近于零。但实际上，对任何一个未知量不可能进行无限次观测，通常为有限次观测，因而不能以严格的数学理论去理解这个表达式，它只能说明这个趋势。但是，由于其正的误差和负的误差可以相互抵消，因此，我们可以采用多次观测，取观测结果的算术平均作为最终结果。由于偶然误差本身的特性，它不能用计算改正和改变观测方法来简单地加以消除，只能用偶然误差的理论加以处理，以减弱偶然误差对测量成果的影响。因为偶然误差对观测值的精度有较大影响，为了提高精度，削减其影响，一般采用以下措施：

1）在必要时或仪器设备允许的条件下适当提高仪器等级。

2）进行多余观测。例如，测一个平面三角形，只需测得其中两个角即可决定其形状。但实际上还要测出第三个角，使观测值的个数大于未知量的个数，以便检查三角形内角和是否等于180°，从而根据闭合差评定测量精度和分配闭合差。

3）求最可靠值。一般情况下，未知量真值无法求得，通过多余观测，求出观测值的最或是值，即最可靠值。最常见的方法是求得观测值的算术平均值。

3. 粗差

粗差是一些不确定因素引起的误差，国内外学者在粗差的认识上还未有统一的看法，目前的观点主要有几类：一类是将粗差看用与偶然误差具有相同的方差，但期望值不同；另一类是将粗差看作与偶然误差具有相同的期望值，但其方差十分巨大；还有一类是认为偶然误差与粗差具有相同的统计性质，但有正态与病态的不同。以上的理论均是建立在把偶然误差和粗差均视为属于连续型随机变量的范畴。还有一些学者认为粗差属于离散型随机变量。

在观测过程中，系统误差和偶然误差往往是同时存在的。当观测值中有显著的系统误差时，偶然误差就居于次要地位，观测误差呈现出系统的性质；反之，呈现出偶然的性质。因此，对一组剔除了粗差的观测值，首先应寻找、判断和排除系统误差，或将其控制在允许的范围内，然后根据偶然误差的特性对该组观测值进行数学处理，求出最接近未知量真值的估值，称为最或是值；同时，评定观测结果质量的优劣，即评定精度。这项工作在测量上称为测量平差，简称平差。本章主要讨论偶然误差及其平差。

5.1.5　衡量精度的指标

（1）中误差　在等精度观测列中，各真误差平方的平均数的平方根，称为中误差，也称均方误差。即

$$m = \pm\sqrt{\frac{[\Delta\Delta]}{n}} \tag{5-4}$$

【例 5-1】　设有两组测量小组，分别对三角形内角和进行 8 次等精度观测，求其真误差分别为

第一组　$-3''$、$+3''$、$-1''$、$-3''$、$+4''$、$+2''$、$-1''$、$-4''$；

第二组　$+1''$、$-5''$、$-1''$、$+6''$、$-4''$、$0''$、$+3''$、$-1''$；

试求这两组观测值的中误差，比较哪组测量工作更精确。

【解】

$$m_1 = \pm\sqrt{\frac{(-3'')^2+(+3'')^2+(-1'')^2+(-3'')^2+(+4'')^2+(+2'')^2+(-1'')^2+(-4'')^2}{8}}$$

$$=2.9''$$

$$m_2 = \pm\sqrt{\frac{(+1'')^2+(-5'')^2+(-1'')^2+(+6'')^2+(-4'')^2+(0'')^2+(+3'')^2+(-1'')^2}{8}}$$

$$=3.3''$$

比较 m_1 和 m_2 可知，第一组观测值的精度比第二组高。

必须指出，在相同的观测条件下所进行的一组观测，由于它们对应着同一种误差分布，因此，对于这一组中的每一个观测值，虽然各真误差彼此并不相等，有的甚至相差很大，但它们的精度均相同，即都为等精度观测值。

（2）允许误差　由偶然误差的第一特性可知，在一定的观测条件下，偶然误差的绝对值不会超过一定的限值，这个限值就是允许误差或称极限误差。根据误差理论和大量的实践证明，在一系列的同精度观测误差中，真误差绝对值大于中误差的概率约为 32%；大于 2 倍中误差的概率约为 5%；大于 3 倍中误差的概率约为 0.3%。也就是说，大于 3 倍中误差的真误差实际上是不可能出现的。因此，通常以 3 倍中误差作为偶然误差的极限值。在测量工作中一般取 3 倍中误差作为观测值的允许误差，即

$$\Delta_{允} = 3|m| \tag{5-5}$$

当某观测值的误差超过了允许的 3 倍中误差时，将认为该观测值含有粗差，而应舍去不用或重测。在对精度要求较高时，常取 2 倍的中误差作为允许误差，即

$$\Delta_{允} = 2|m| \tag{5-6}$$

（3）相对误差　对于某些观测结果，有时单靠中误差还不能完全反映观测精度的高低。例如，分别丈量了 100m 和 200m 两段距离，中误差均为 ±0.02m。虽然两者的中误差相同，但就单位长度而言，两者精度并不相同，后者显然优于前者。为了客观反映实际精度，常采用相对误差。

观测值中误差 m 的绝对值与相应观测值 D 的比值称为相对误差。它是一个无名数，常用分子为 1 的分数表示，即

$$K=\frac{|m|}{D}=\frac{1}{D/|m|} \tag{5-7}$$

式中 m——中误差；

D——观测值。

上例中前者的相对中误差为 $K_1=\frac{0.02}{100}=\frac{1}{5000}$；后者的相对中误差为 $K_2=\frac{0.02}{200}=\frac{1}{10000}$，表明后者精度高于前者。

对于真误差或允许误差，有时也用相对真误差来表示。例如，距离测量中的往返测较差与距离值之比就是所谓的相对真误差，即

$$\frac{|D_{往}-D_{返}|}{D_{平均}}=\frac{1}{\frac{D_{平均}}{\Delta D}}$$

与相对误差对应，真误差、中误差、允许误差都是绝对误差。

5.2 等精度观测的最可靠值及其中误差

5.2.1 最可靠值

设在相同观测条件下，对某一未知量进行了 n 次观测，得观测值 l_1，l_2，l_3，…，l_n 则该量的最可靠值就是算术平均值 x，即

$$x=\frac{l_1+l_2+l_3+\cdots+l_n}{n}=\frac{[l]}{n} \tag{5-8}$$

若 Δ_l，Δ_2，Δ_3，…，Δ_n 为 n 次等精度观测值 l_1，l_2，l_3，…，l_n 的真误差，X 为该量的真值，则有

$$\left.\begin{aligned}\Delta_1&=X-l_1\\\Delta_2&=X-l_2\\&\cdots\\\Delta_n&=X-l_n\end{aligned}\right\} \tag{5-9}$$

将上列等式相加并除以 n 得

$$\frac{[\Delta]}{n}=X-\frac{[l]}{n}$$

根据偶然误差的第四个特性，有

$$\lim_{n\to\infty}\frac{[\Delta]}{n}=0$$

由此可得

$$X=\lim_{n\to\infty}\frac{[l]}{n}$$

即

$$\lim_{n\to\infty}x=X \tag{5-10}$$

由此可见，当观测次数 n 趋于无限多次，算术平均值就是该量的真值。但实际工作中观

测次数总是有限的，这样算术平均值就不等于真值，但它与所有观测值比较都更接近于真值。因此，可认为算术平均值是该量的最可靠值，故又称为最或然值。

5.2.2　观测值的改正数

在实际工作中，未知量的真值往往是不知道的，因此真误差 Δ_i 也无法求得，因而一般不能用真误差 Δ_i 求观测值的中误差。但未知量的最或是值 x 与观测值 l_i 之差 v_i 是可以求得的，v_i 称为观测值改正数，即

$$\left.\begin{aligned} v_1 &= x - l_1 \\ v_2 &= x - l_2 \\ &\cdots \\ v_n &= x - l_n \end{aligned}\right\}(i=1,\ 2,\ 3,\ \cdots,\ n) \tag{5-11}$$

求和得

$$[v] = nx - [l]$$

两边除以 n 得

$$\frac{[v]}{n} = x - \frac{[l]}{n}$$

由 $x = \frac{[l]}{n}$ 得

$$[v] = 0 \tag{5-12}$$

可知，对于任何一组等精度观测值，其改正数代数和等于零，这就是观测值改正数的特性。根据这一结论可检查计算的算术平均值和改正数是否正确。

5.2.3　由观测值的改正数计算观测值的中误差

根据真误差定义得

$$\left.\begin{aligned} \Delta_1 &= X - l_1 \\ \Delta_2 &= X - l_2 \\ &\cdots \\ \Delta_n &= X - l_n \end{aligned}\right\} \tag{5-13}$$

由式(5-13)与式(5-11)对应相减得

$$\left.\begin{aligned} \Delta_1 &= v_1 + (X - x) \\ \Delta_2 &= v_2 + (X - x) \\ &\cdots \\ \Delta_n &= v_n + (X - x) \end{aligned}\right\}$$

上式两边平方并相加得

$$[\Delta\Delta] = [vv] + n(X - x)^2 + 2(X - x)[v]$$

因为$[v]=0$，所以

$$[\Delta\Delta] = [vv] + n(X - x)^2$$

上式两边除以 n 得

$$\frac{[\Delta\Delta]}{n}=\frac{[vv]}{n}+(X-x)^2 \tag{5-14}$$

$(X-x)$是算术平均值的真误差，以δ表示，则

$$\begin{aligned}\delta^2 &=(X-x)^2=\left(X-\frac{[l]}{n}\right)^2=\frac{1}{n^2}(nX-[l])^2\\&=\frac{1}{n^2}(X-l_1+X-l_2+\cdots+X-l_n)^2=\frac{1}{n^2}(\Delta_1+\Delta_2+\cdots+\Delta_n)^2\\&=\frac{1}{n^2}(\Delta_1^2+\Delta_2^2+\cdots+\Delta_n^2+2\Delta_1\Delta_2+2\Delta_1\Delta_3+\cdots+2\Delta_{n-1}\Delta_n)\\&=\frac{[\Delta\Delta]}{n^2}+\frac{2}{n^2}(\Delta_1\Delta_2+\Delta_1\Delta_3+\cdots+2\Delta_{n-1}\Delta_n)\end{aligned}$$

由于Δ_1，Δ_2，…，Δ_{2n}是偶然误差，故$\Delta_1\Delta_2$，$\Delta_2\Delta_3$，$\Delta_{n-1}\Delta_n$也具有偶然误差的性质。根据偶然误差的补偿特性，当n相当大时，其总和接近于零；当n为较大有限值时，其值也远远比$[\Delta\Delta]$小，可以忽略不计。因而式(5-14)可以近似地写成

$$\frac{[\Delta\Delta]}{n}=\frac{[vv]}{n}+\frac{[\Delta\Delta]}{n^2} \tag{5-15}$$

根据中误差定义，得

$$m^2=\frac{[vv]}{n}+\frac{m^2}{n}$$

$$m=\pm\sqrt{\frac{[vv]}{n-1}} \tag{5-16}$$

式(5-16)即为利用观测值改正数计算中误差的公式，称为白塞尔公式。

5.2.4 算术平均值中误差

算术平均值x的中误差m_x，可由下式计算

$$m_x=\frac{m}{\sqrt{n}} \tag{5-17}$$

$$m_x=\sqrt{\frac{[vv]}{n(n-1)}} \tag{5-18}$$

5.3 误差传播定律及其应用

5.3.1 误差传播定律

中误差是衡量测量工作误差的指标，但在实际测量工作中，某些量的大小往往不是直接观测到的，而是通过一定的函数关系间接计算而求得的。表述观测值函数的中误差与观测值中误差之间关系的定律称为误差传播定律。

设Z为独立变量x_1，x_2，…，x_n的函数，即

$$Z=f(x_1,\ x_2,\ \cdots,\ x_n)$$

式中　Z——不可直接观测的未知量，真误差为Δ_z，中误差为m_z；

$x_i(i=1, 2, \cdots, n)$为直接观测的未知量，相应的观测值为l_i，真误差为Δ_i，中误差为m_i。

当各观测值带有真误差Δ_i时，函数也随之带有真误差Δ_z。

$$Z+\Delta_z=f(x_1+\Delta_1, x_2+\Delta_2, \cdots, x_n+\Delta_n)$$

按泰勒级数展开，取近似值

$$Z+\Delta_z=f(x_1+x_2, \cdots, x_n)+\left(\frac{\partial f}{\partial x_1}\Delta_1+\frac{\partial f}{\partial x_2}\Delta_2+\cdots+\frac{\partial f}{\partial x_n}\Delta_n\right)$$

即
$$\Delta_z=\frac{\partial f}{\partial x_1}\Delta_1+\frac{\partial f}{\partial x_2}\Delta_2+\cdots+\frac{\partial f}{\partial x_n}\Delta_n$$

若对各独立变量都测定了k次，其平方和关系式为

$$\sum_{j=1}^{k}\Delta_{zj}^2=\left(\frac{\partial f}{\partial x_1}\right)^2\sum_{j=1}^{k}\Delta_{1j}^2+\left(\frac{\partial f}{\partial x_2}\right)^2\sum_{j=1}^{k}\Delta_{2j}^2+\cdots+\left(\frac{\partial f}{\partial x_n}\right)^2\sum_{j=1}^{k}\Delta_{nj}^2+$$
$$2\left(\frac{\partial f}{\partial x_1}\right)\left(\frac{\partial f}{\partial x_2}\right)\sum_{j=1}^{k}\Delta_{1j}\Delta_{2j}+2\left(\frac{\partial f}{\partial x_1}\right)\left(\frac{\partial f}{\partial x_3}\right)\sum_{j=1}^{k}\Delta_{1j}\Delta_{3j}+\cdots$$

由偶然误差的特性可知，当观测次数$k\to\infty$时，上式中各偶然误差Δ的交叉项总和均趋于零，又

$$\frac{\sum_{j=1}^{k}\Delta_{zj}^2}{k}=m_z^2, \frac{\sum_{j=1}^{k}\Delta_{1j}^2}{k}=m_i^2$$

则

$$m_z^2=\left(\frac{\partial f}{\partial x_1}\right)^2 m_1^2+\left(\frac{\partial f}{\partial x_2}\right)^2 m_2^2+\cdots+\left(\frac{\partial f}{\partial x_n}\right)^2 m_n^2$$

或

$$m_z=\pm\sqrt{\left(\frac{\partial f}{\partial x_1}\right)^2 m_1^2+\left(\frac{\partial f}{\partial x_2}\right)^2 m_2^2+\cdots+\left(\frac{\partial f}{\partial x_n}\right)^2 m_n^2} \tag{5-19}$$

式(5-19)即为观测中误差与其函数中误差的一般关系式，称中误差传播公式。依据次关系式可以推导出下列简单函数的中误差传播公式，见表5-2。

表5-2 中误差传播公式

函数名称	函数式	中误差传播公式
倍数关系	$Z=Ax$	$m_z=\pm Am$
和差关系	$Z=x_1\pm x_2$ $Z=x_1\pm x_2\pm\cdots\pm x_n$	$m_z=\pm\sqrt{m_1^2+m_2^2}$ $m_z=\pm\sqrt{m_1^2+m_2^2+\cdots+m_n^2}$
线性关系	$Z=A_1x_1\pm A_2x_2\pm\cdots\pm A_nx_n$	$m_z=\pm\sqrt{A_1^2m_1^2+A_2^2m_2^2+\cdots+A_n^2m_n^2}$
非线性关系	$Z=f(x_1, x_2, \cdots, x_n)$	$m_z=\pm\sqrt{\left(\frac{\partial f}{\partial x_1}\right)^2 m_1^2+\left(\frac{\partial f}{\partial x_2}\right)^2 m_2^2+\cdots+\left(\frac{\partial f}{\partial x_n}\right)^2 m_n^2}$

5.3.2 误差传播定律的应用

中误差传播公式在测量中应用十分广泛，利用传播公式不仅可以求得观测值函数的中误差，还可以用来研究允许误差值的确定，以及分析观测可能达到的精度等。应用误差传播定

律的步骤如下：

1）正确列出观测值函数关系式。

2）检查观测值之间是否独立。

3）求偏微分并代入观测值确定系数。

4）套用误差传播公式求出中误差。

【例 5-2】 在 1:500 地形图上，量得两点间某线段长度为 $d=200\text{mm}$，其中误差为 $m=\pm0.2\text{mm}$，求该两点间的地面实际水平距离 D 的值及其中误差 m_D。

【解】

$$D=500d=500\times0.2\text{m}=100\text{m}$$

$$m_D=\pm500\times0.0002=\pm0.10\text{m}$$

【例 5-3】 设对某一三角形进行了观测，其中 α、β 两个角的测角中误差分别为 $m_\alpha=\pm3.5''$、$m_\beta=\pm6.2''$，试求 γ 角的中误差 m_γ。

【解】 $\gamma=180°-\alpha-\beta$

$$m_\gamma=\pm\sqrt{m_\alpha^2+m_\beta^2}=\pm\sqrt{(3.5)^2+(6.2)^2}=\pm7.1''$$

【例 5-4】 试推导出算术平均值中误差公式。

【解】 算术平均值 $x=\frac{[l]}{n}=\frac{1}{n}l_1+\frac{1}{n}l_2+\cdots+\frac{1}{n}l_n$

设 $\frac{1}{n}=k$，则 $x=kl_1+kl_2+\cdots+kl_n$

因为是等精度观测，各观测值的中误差相同，即 $m_1=m_2=\cdots=m_n$，得算术平均的中误差为

$$\begin{aligned}m_x&=\pm\sqrt{k^2m_1^2+k^2m_2^2+\cdots+k^2m_n^2}\\&=\pm\sqrt{\frac{1}{n^2}(m^2+m^2+\cdots+m^2)}=\pm\sqrt{\frac{m^2}{n}}\end{aligned}$$

所以

$$m_x=\pm\frac{m}{\sqrt{n}} \tag{5-20}$$

【例 5-5】 推导用三角形闭合差计算测角中误差公式。

【解】 设在相同观测条件下（也就是等精度观测）独立观测了 n 个三角形的三个内角 a、b、c，内角和为 $\sum i=a_i+b_i+c_i(i=1,2,\cdots,n)$ 则三角形的角度闭合差为

$$\Delta_i=\sum i-180°(i=1,2,\cdots,n)$$

$$m=\pm\sqrt{3}m_\beta$$

Δ_i 实际上就是真误差，根据中误差的计算公式

$$m=\pm\sqrt{\frac{[\Delta\Delta]}{n}}$$

因此

$$m_\beta=\pm\sqrt{\frac{[\Delta\Delta]}{3n}}$$

上式称为菲列罗公式，通常用在三角形测量中评定测角精度。

【例 5-6】 假设我们用 DS_3 水准仪进行了一段普通水准测量，求一个测站的高差中误差。

【解】 若 AB 两点间有一个测站，a、b 为水准仪在前后水准尺上的读数，读数的中误差

$m_{读} = \pm 3\text{mm}$。每站的高差为：$h = a - b$；则每个测站的高差中误差为

$$m_h = \sqrt{m_{读}^2 + m_{读}^2} = \sqrt{2}m_{读} \approx 4\text{mm}$$

若采用黑、红双面尺或两次仪器高法测定高差，并取两次高差的平均值作为每个测站的观测结果，则可求得每个测站高差平均值的中误差为

$$m_{站} = \frac{m_h}{\sqrt{2}} = m_{读} = \pm 3\text{mm}$$

若 AB 两点间距离较远，需设 n 个测站。可求得 n 站总高差的中误差 m 为

$$m = m_{站}\sqrt{n} = m_{读}\sqrt{n}$$

即水准测量高差中误差与测站数的平方根成正比。

设每个测站的距离 S 大致相等，全长 $L = n \cdot S$，将 $n = L/S$ 代入式

$$m = m_{站}\sqrt{1/S}\sqrt{L}$$

式中　$1/S$——每公里测站数；

$m_{站}\sqrt{1/S}$——每公里高差中误差，以 u 表示，则

$$m = \pm u\sqrt{L}$$

即水准测量高差的中误差与距离平方根成正比。

由此，GB 50026—2007《工程测量规范》规定，普通（图根）水准测量允许高差闭合差（单位：mm）分别为

平地　$$f_{h允} = \pm 40\sqrt{L}$$

山地　$$f_{h允} = \pm 12\sqrt{n}$$

【例 5-7】　用 DJ6 经纬仪进行测回法观测水平角，那么用盘左、盘右观测同一方向的中误差为 ±6″，试分析上下半测回水平角互差的范围。

【解】　6″级经纬仪是指一个测回方向观测的平均值中误差，不是指读数时估读到 6″。

即　$$m_{方} = \pm 6''$$

假设盘左瞄准 A 点时读数为 $A_{左}$，盘右瞄准 A 点时读数为 $A_{右}$，那么瞄准 A 方向一个测回的平均读数应为

$$A = \frac{A_{左} + (A_{右} \pm 180°)}{2}$$

因为，盘左、盘右观测值的中误差相等，所以 $m_{A左} = m_{A右} = m_A$。故 $m_{方} = \frac{m_A}{\sqrt{2}}$所以瞄准一个方向进行一次观测的中误差为 $m_A = \pm 8.5''$。

由于上半测回的水平角为两个方向值之差，$\beta_{半} = A_{右} - A_{左}$

即　$$m_{\beta半} = \sqrt{2}m_A \approx 12''$$

设上下半测回水平角的差值为

$$\Delta_{\beta半} = \beta_{上半} - \beta_{下半}$$

$$m_{\Delta\beta半} = \sqrt{2}m_{\beta半} = \pm 17''$$

考虑到其他不利因素，所以将这个数值再放大一些，取 20″作为上下半测回水平角互差，取 2 倍中误差作为允许误差，所以上下半测回水平角互差应该小于 40″。

5.4 非等精度直接观测量的最可靠值及其中误差

5.4.1 权的定义

前面所讨论的问题，是如何从 n 次等精度观测值中求出未知量的最或是值，并评定其精度。但在测量工作中，还可能经常遇到的是对未知量进行 n 次不等精度观测，那么也同样产生了如何从这些不等精度观测值中求出未知量的最或是值，并评定其精度的问题。

例如，对未知量 x 进行了 n 次不等精度的观测，得 n 个观测值 $l_i(i=1, 2, \cdots, n)$，它们的中误差为 $m_i(i=1, 2, \cdots, n)$。这时就不能取观测值的算术平均值作为未知量的最或是值了。那么对于不等精度观测，应该用什么公式来计算未知量的最或是值呢？在计算不等精度观测值的最或然值时，精度高的观测值在其中占的“比重”大一些，而精度低的观测值在其中占的“比重”小一些。这里，这个“比重”就反映了观测的精度。“比重”可以用数值表示，在测量工作中，称这个数值为观测值的“权”。显然，观测值的精度越高，即中误差越小，其权越大；反之，观测值的精度越低，即中误差越大，其权越小。

在测量的计算中，给出了用中误差求权的定义公式：设以 P_i 表示观测值 l_i 的权，则权的定义公式为

$$P_i = \frac{\mu^2}{m_i^2}(i=1, 2, \cdots, n) \tag{5-21}$$

式中　μ 是任意常数。在用式(5-21)求一组观测值的权 P_i 时，必须采用同一个 μ 值。

从式(5-21)可见，P_i 是与中误差平方成反比的一组比例数。

式(5-21)可以写为

$$\mu^2 = P_i m_i^2(i=1, 2, \cdots, n)$$

或

$$\frac{\mu^2}{m_i^2} = \frac{P_i}{1}$$

由此可见，μ 是权等于1的观测值的中误差。通常称等于1的权为单位权，权为1的观测值为单位权观测值，$\frac{\mu^2}{m_i^2}$为单位权观测值的中误差，简称为单位权中误差。

当已知一组观测值的中误差时，可以先设定 μ 值，然后按式(5-21)确定这组观测值的权。由权的定义公式(6-28)知：权与中误差的平方成反比，即精度越高，权越大；并且有

$$P_1:P_2:\cdots:P_n = \frac{1}{m_1^2}:\frac{1}{m_2^2}:\cdots:\frac{1}{m_n^2} \tag{5-22}$$

5.4.2 权的性质

1）权和中误差都是用来衡量观测值精度的指标，但中误差是绝对性数值，表示观测值的绝对精度；权是相对性数值，表示观测值的相对精度。

2）权与中误差平方成反比，中误差越小，权越大，表示观测值越可靠，精度越高。

3）权始终取正号。

4）由于权是一个相对性数值，对于单一观测值而言，权无意义。

5)权的大小随 l_i 的不同而不同，但权之间的比例关系不变。

6)在同一个问题中只能选定一个 l_i 值，不能同时选用几个不同的 μ 值，否则就破坏了权之间的比例关系。

5.4.3　加权平均值及其中误差

对某量进行不等精度独立观测，得观测值 $l_i(i=1, 2, \cdots, n)$，其中误差为 $m_i(i=1, 2, \cdots, n)$，权为 $P_i(i=1, 2, \cdots, n)$，则观测值的加权平均值为

$$x=\frac{P_1 l_1+P_2 l_2+\cdots+P_n l_n}{P_1+P_2+\cdots+P_n}=\frac{[Pl]}{[P]} \tag{5-23}$$

将式(5-23)转化为

$$x=\frac{P_1}{[P]}l_1+\frac{P_2}{[P]}l_2+\cdots+\frac{P_n}{[P]}l_n$$

应用误差传播定律得

$$m_x^2=\frac{P_1^2}{[P]^2}m_1^2+\frac{P_2^2}{[P]^2}m_2^2+\cdots+\frac{P_n^2}{[P]^2}m_n^2$$

将 $m_i^2=\frac{\mu^2}{P_i}$代入上式，得

$$\begin{aligned}m_x^2&=\frac{P_1^2}{[P]^2}\times\frac{\mu^2}{P_1}+\frac{P_2^2}{[P]^2}\times\frac{\mu^2}{P_2}+\cdots+\frac{P_n^2}{[P]^2}\times\frac{\mu^2}{P_n}\\&=\mu^2\left(\frac{P_1}{[P]^2}+\frac{P_2}{[P]^2}+\cdots+\frac{P_n}{[P]^2}\right)\\&=\mu^2\frac{1}{[P]}\end{aligned}$$

所以，加权平均值的中误差为

$$m_x=\pm\frac{\mu}{\sqrt{[P]}} \tag{5-24}$$

思考题与习题

5-1　评价观测值精度的指标有哪些?

5-2　系统误差与偶然误差的区别是什么?偶然误差的统计特性有哪些?

5-3　水准测量中，有下列各种情况使水准尺读数带有误差，是判断误差的性质：视准轴与水准管轴不平行、仪器下沉、读数误差、水准尺下沉。

5-4　测量正方形边长为 a，中误差为 m，则其周长的中误差为多少?

5-5　对某直线进行丈量了7次，观测结果为：50.03m，50.01m，49.99m，49.98m，50.00m，50.02m，49.97m。试计算观测中误差、算术平均值中误差。

5-6　函数 $z=z_1+z_2$，其中 $z_1=x+2y$，$z_2=3x-2y$，x 和 y 相互独立，其 $m_x=m_y=m$，求 m_z。

5-7　甲乙两组对某水平角进行了10次观测，试根据其真误差判断哪一组更精确。

甲：+3″，-3″，+4″，-2″，0″，+3″，-2″，+1″，-1″，0″

乙：-1″，0″，+4″，+2″，-3″，-3″，0″，+1″，-2″，-1″

5-8　试阐述权的含义。

第 6 章

全站仪与全站测量

本章重点

1. 全站仪的基本设置。
2. 应用全站仪进行角度测量、距离测量、坐标测量。
3. 应用全站仪进行放样的操作步骤。

6.1 概述

全站型电子速测仪简称全站仪，它是一种可以同时进行角度（水平角、竖直角）测量、距离（斜距、平距、高差）测量和数据处理，由机械、光学、电子元件组合而成的测量仪器。由于只需一次安置仪器，便可以完成测站上所有的测量工作，故被称为“全站仪”。

全站仪上半部分包含测量的四大光电系统，即水平角测量系统、竖直角测量系统、水平补偿系统和测距系统。以上各系统通过 I/O 接口接入总线与微处理机联系起来，通过键盘可以输入操作指令、数据和设置参数。

微处理机（CPU）是全站仪的核心部件，主要有寄存器系列（缓冲寄存器、数据寄存器、指令寄存器）、运算器和控制器组成。微处理机的主要功能是根据键盘指令启动仪器进行测量工作，执行测量过程中的检核和数据传输、处理、显示、储存等工作，保证整个光电测量工作有条不紊地进行。输入输出设备是与外部设备连接的装置（接口），输入输出设备使全站仪能与磁卡和微机等设备交互通信、传输数据。

6.2 全站仪的使用

6.2.1 全站仪的构造

全站仪构造图如图 6-1 所示。

6.2.2 全站仪的安置步骤

将仪器安装在三脚架上，精确整平和对中，以保证测量成果的精度，应使用具有专用中心固定螺旋的三脚架。

（1）安置三脚架　首先，将三脚架打开，伸长到适当高度，将脚架置于测站点上，并使脚架头大致水平后拧紧三个固定螺旋。

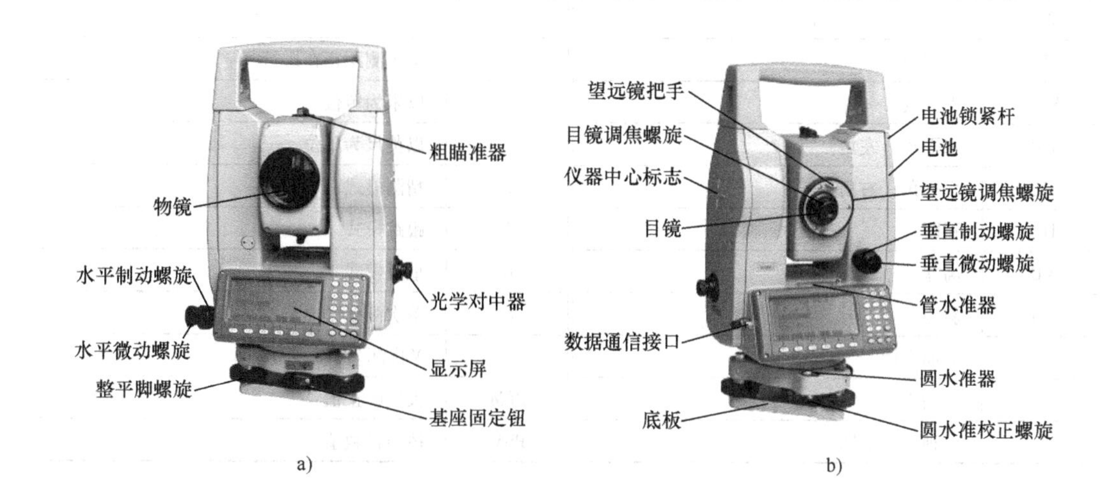

图6-1　全站仪构造图

（2）将仪器安置到三脚架上　将仪器小心地安置到三脚架上，打开电源，打开激光对中开关，移动脚架使激光束对准测站点标志中心，然后轻轻拧紧固定螺旋，踩紧脚架。

（3）利用圆水准器粗平仪器　上下伸缩脚架，使圆水准器气泡居中。

（4）利用光学对中器对中　根据观测者的视力调节光学对中器望远镜的目镜。松开中心固定螺旋、轻移仪器，将光学对中器的中心标志对准测站点，然后拧紧固定螺旋。在轻移仪器时不要让仪器在架头上有转动，以尽可能减少气泡的偏移。

（5）利用激光对中器对中（选配）　开机后按〈F4〉（对点）键，按〈F1〉键打开激光对中器。松开中心固定螺旋、轻移仪器，将激光对中器的光斑对准测站点，然后拧紧固定螺旋。在轻移仪器时不要让仪器在架头上转动，以尽可能减少气泡的偏移。按〈ESC〉键退出，激光对中器自动关闭。

（6）利用长水准器精平仪器

1）松开水平制动螺旋、转动仪器使管水准器平行于某一对脚螺旋 A、B 的连线，再旋转脚螺旋 A、B，使管水准器气泡居中。

2）将仪器绕竖轴旋转90°，再旋转另一个脚螺旋 C，使管水准器气泡居中。

3）再次旋转90°，重复1）、2）两步，直至四个位置上气泡均居中为止。

（7）最后精平仪器　按第（4）步精确整平仪器，直到仪器旋转到任何位置时，管水准器气泡始终居中为止，然后拧紧固定螺旋。

6.2.3　全站仪基本设置

1. 显示屏

一般显示屏上面几行显示观测数据，底行显示软键功能，它随测量模式的不同而变化，如图6-2所示显示符号含义见表6-1。

2. 操作键盘

全站仪操作键盘各功能区分布如图6-3所示。功能如下：

表 6-1 显示符号含义表

符号	含 义	符号	含 义
V	垂直角	*	电子测距正在进行
V%	百分度	m	以米为单位
HR	水平角（左角）	ft	以英尺为单位
HL	水平角（右角）	F	精测模式
HD	平距	T	跟踪模式
VD	高差	R	重复模式
SD	斜距	S	单次测量
N	北向坐标	N	*N* 次测量
E	东向坐标	PPM	大气改正值
Z	天顶方向坐标	PSM	棱镜常数值

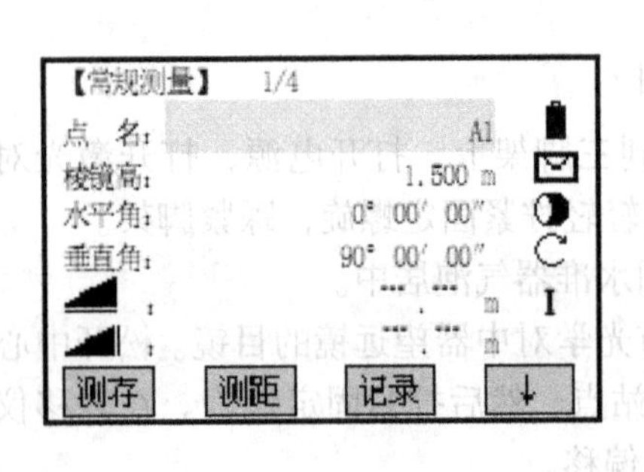

图 6-2 全站仪显示屏示例图

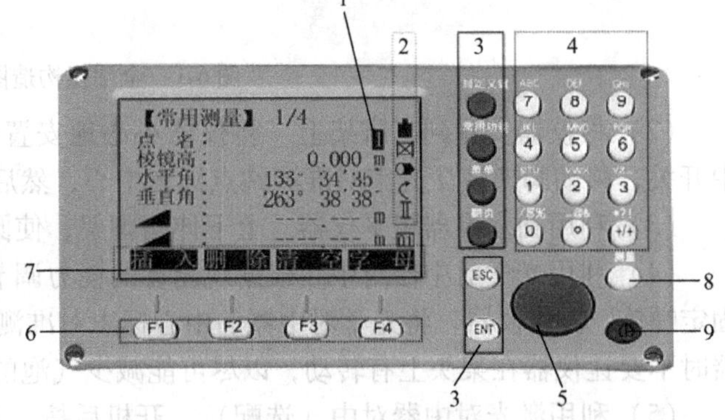

图 6-3 全站仪操作键盘

1—当前操作区 2—图标 3—固定键 4—字符数字键
5—导航键 6—软功能键 7—软功能 8—测量触发键
9—电源开关键

（1）当前操作区 当前有效的操作工作区。

（2）图标 显示窗中的图标包括测距类型状态符号、电池容量状态符号、补偿器状态符号、字符数字输入状态符号等。显示屏中图标功能见表 6-2。

表 6-2 显示屏中图标功能

图标类别	显示图标	功 能
测距类型状态符号		红外光测距，有反射棱镜作合作目标
电池容量状态符号		表示电池剩余容量的符号
补偿器状态符号		表示补偿器打开
		表示补偿器关闭

（续）

图标类别	显示图标	功　能
字符数字输入状态符号	01	数字模式
	AB	字符模式
水平度盘状态符号		水平度盘顺时针读数增大
		水平度盘逆时针读数增大
望远镜工作面状态	Ⅰ	表示望远镜（照准部）位于Ⅰ面位置
	Ⅱ	表示望远镜（照准部）位于Ⅱ面位置

（3）固定键　固定键具有相应的固定功能，详细功能见表6-3。

表6-3　固定键功能表

固定键	功　能	说　明
〈自定义〉	可定义用户	可从“常用功能”菜单中选择自定义该功能键。如照明、整平、高程传递、偏置、编码、距离单位、角度单位、隐蔽点、删除记录、跟踪、检查对边、设置等
〈常用功能〉	常用测量功能键	功能可在不同的应用程序中直接启动，功能菜单中的每项功能都可以指定给自定义键
〈菜单〉	菜单键	调用程序、设置参数、数据管理、通信参数、仪器检校、系统信息和数据传输等
〈翻页〉	翻页键	当某对话框包括几个页面时，用于翻页
〈ESC〉	退出、返回	退出对话框或退出编辑模式，保留先前值不变。返回上一菜单
〈ENT〉	确认	确认输入，进入下一输入区

（4）字符数字键　可以直接输入数字、字母、标点及符号。

（5）导航键　在编辑或输入模式中控制输入光标，或控制当前操作光标的位置。

（6）软功能键　功能随屏幕底行显示的模式相应变化，可通过软功能键将对应的功能激活。不同厂家或型号的全站仪，软功能键数量不同，一般为4～6个。每一个软功能键所代表的实际意义依赖于当前激活的应用程序及其功能。图6-4、表6-4所示为南方NTS660全站仪软功能键对应图表。

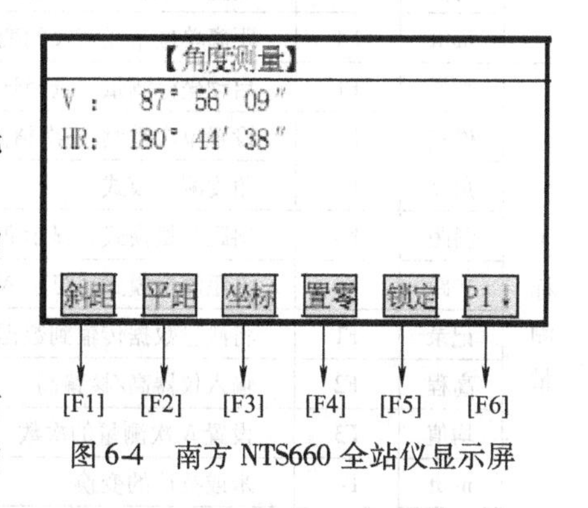

图6-4　南方NTS660全站仪显示屏

（7）软功能　显示软功能键对应的操作功能，用于启动相应功能。有的还用于启动输入数字、字符功能。现列举部分功能如表 6-5 所示。

表 6-4 南方 NTS660 全站仪软功能键对应表

模式	显示	软键	功能
角度测量	斜距	F1	倾斜距离测量
	平距	F2	水平距离测量
	坐标	F3	坐标测量
	置零	F4	水平角置零
	锁定	F5	水平角锁定
	记录	F1	将测量数据传输到数据采集器
	置盘	F2	预置一个水平角
	R/L	F3	水平角右角、左角变换
	坡度	F4	垂直角/百分度的变换
	补偿	F5	设置倾斜改正，若打开补偿功能，则显示倾斜改正值
斜距测量	测量	F1	启动斜距功能，选择连续测量/*N* 次（单次）测量模式
	模式	F2	设置单次精测/*N* 次精测/重复精测/跟踪测量模式
	角度	F3	角度测量
	平距	F4	平距测量模式，显示 *N* 次或单次测量后的水平距离
	坐标	F5	坐标测量模式，显示 *N* 次或单次测量后的坐标
	记录	F1	将测量数据传输到数据采集器
	放样	F2	放样测量模式
	均值	F3	设置 *N* 次测量的次数
	m/ft	F4	距离单位米或英尺的变换
平距测量	测量	F1	启动平距测量。选择连续测量/*N* 次（单次）测量模式
	模式	F2	设置单次精测/*N* 次精测/重复精测/跟踪测量模式
	角度	F3	角度测量模式
	斜距	F4	斜距测量模式，显示 *N* 次或单次测量后的倾斜距离
	坐标	F5	坐标测量模式，显示 *N* 次或单次测量后的坐标
	记录	F1	将测量数据传输到数据采集器
	放样	F2	放样测量模式
	均值	F3	设置 *N* 次测量的次数
	m/ft	F4	距离单位米或英尺的变换
坐标测量	测量	F1	启动坐标测量。选择连续测量/*N* 次（单次）测量模式
	模式	F2	设置单次精测/*N* 次精测/重复精测/跟踪测量模式
	角度	F3	角度测量模式
	斜距	F4	斜距测量模式，显示 *N* 次或单次测量后的倾斜距离
	平距	F5	平距测量模式，显示 *N* 次或单次测量后的水平距离
	记录	F1	将测量数据传输到数据采集器
	高程	F2	输入仪器高/棱镜高
	均值	F3	设置 *N* 次测量的次数
	m/ft	F4	米或英尺的变换
	设置	F5	预置仪器测站点坐标

表 6-5　一般软功能区功能表

按　　键	含　　义
〈测存〉	启动角度及距离测量，并将测量值记录到相应的记录设备中
〈测距〉	启动角度及距离测量，但不记录数据
〈记录〉	记录当前显示的测量数据
〈坐标〉	打开坐标输入模式
〈列表〉	显示所有可用选项的列表
〈检索〉	对已输入的点名启动搜索功能
〈EDM〉	显示 EDM 设置
〈返回〉	退回到前一个激活的对话框
〈继续〉	继续到下一个对话框
〈 I←〉	返回到第一页软按键
〈↓〉	继续到下一页软按键
〈确认〉	设置显示信息或对话框并退出对话框

（8）测量触发键　是全站仪的重要按键，可自定义设置为“测存”“测距”或“关闭”三种功能。在“系统设置”或“主要设置”菜单中可激活该键功能。

（9）电源开关键　可设定自动关机功能。

6.2.4　全站仪系统设置

全站仪系统设置的各项功能详细说明见表 6-6。

表 6-6　全站仪系统设置的各项功能

功　　能	选　　项	说　　明
对比度	1～8	液晶对比度的设置，间隔 10% 来设置显示屏对比度
测量触发键	测存/测距/关闭	测存：热键与〈测存〉键功能相同 测距：热键与〈测距〉键功能相同 关闭：热键关闭
自定义键	照明/整平/高程传递/偏置/编码/距离单位/角度单位/隐蔽点/删除记录/跟踪/检查对边/设置	可根据操作者的使用频率和使用习惯选择设置
垂直角设置	天顶距/水平零/斜度	垂直度盘的“0”位置 天顶 0：天顶 =0°，水平 =90° 水平 0：天顶 =90°，水平 =0° 斜度%：45° =100%，水平 =0°
倾斜补偿设置	单轴补偿/双轴补偿/关闭	关闭：关闭补偿器 单轴补偿：垂直角得到补偿 双轴补偿：垂直角和水平角都得到补偿
水平角改正	打开/关闭	打开：视准差改正开关打开 关闭：视准差改正开关关闭

（续）

功　能	选　项	说　明
象限声	打开/关闭	打开：打开象限声在正确的范围［0°，90°，180°，270°或100，200，300哥恩（400 Gon制）或密位（6400 Mil制）］发出蜂鸣声 关闭：关闭象限声提示
蜂鸣声	打开/关闭	打开：每次按键，蜂鸣器发出声音 关闭：每次按键，蜂鸣器不发出声音
水平角〈=〉	左角/右角	水平角增量方向： 右：设置水平角“右角测量”（顺时针方向） 左：设置水平角“左角测量”（逆时针方向）
坐标系统	数学坐标系/大地坐标系/大地经纬度	可以选择下面坐标系统 X↑→Y 数学坐标系 Y↑→X 大地坐标系 N↑→E 大地经纬度
数据输出	输出到内存/输出到串口	内存：将数据记录到全站仪的内存中 串口：通过串口向外设备发送数据，必须接上外接存储器
自动关机	打开/关闭	打开：在一定时间内仪器没有任何操作，将自动关闭电源 关闭：仪器不自动关闭电源，可一直工作，但耗电较快
角度单位	度/哥恩/密位	选择测角单位，分别为度（360°制） 哥恩（400 Gon制）或密位（6400 Mil制）
距离单位	米/美国英尺/国际英尺/英尺－英寸	m：米 ft：美制英尺 fi：国际英尺 ft－in 美制英尺－英寸
温度单位	℃/°F	℃：摄氏度 °F：华氏度
气压单位	mmHg/ inHg/ hPa/mbar	hPa：百帕 mbar：毫巴 mmHg 毫米汞柱 inHg 英寸汞柱
折光改正	关/0.14/0.20	设置大气折光和地球曲率改正，与可选择的折光系数有关（不加改正），$K=0.14$ 或 $K=0.20$
最小读数	关/开	选择最小角度读数开或关，［开：1″或关：5″］

6.2.5　气象改正参数设置

显示的距离只有经过大气比例PPM（mm/km）改正后才是正确的。这个气象比例改正数是根据测量时输入的气象参数（温度、湿度、气压等）计算所得。如果进行高精度距离测量，气象改正必须准确到1PPM，有关气象参数在测距时必须重新测定，空气温度精确到1℃，大气压力精确到3mbar。

光在空气中的传播速度并非常数，而是随空气温度和大气压力而变，一般仪器一旦设置了气象改正值即可自动对观测结果实施气象改正。当温度为15℃（59°F），气压为1013.25hPa（760mmHg或29.9inHg）标准值时，其气象改正值为0，即使仪器关机，气象改正值仍被保存。

6.2.6　反射棱镜

全站仪在进行距离测量等作业时，需在目标处放置反射棱镜。反射棱镜可通过基座连接器与基座连接，再安置到三脚架上，也可直接安置在对中杆上。棱镜组由用户根据作业需要自行配置。

使用前，应预先设置相应的棱镜常数PSM，不同厂家生产的棱镜常数需在说明书中查找。一旦设置了棱镜常数，关机后该常数将自动保存。例如，我国南方测绘及三鼎光电仪器公司生产的棱镜常数均取-30mm，日本拓普康公司生产的棱镜常数值为0mm或-30mm，德国徕卡公司生产的标准棱镜常数是0mm，360°棱镜常数是+23.1mm，微型360°棱镜常数是+30mm。棱镜组如图6-5所示。

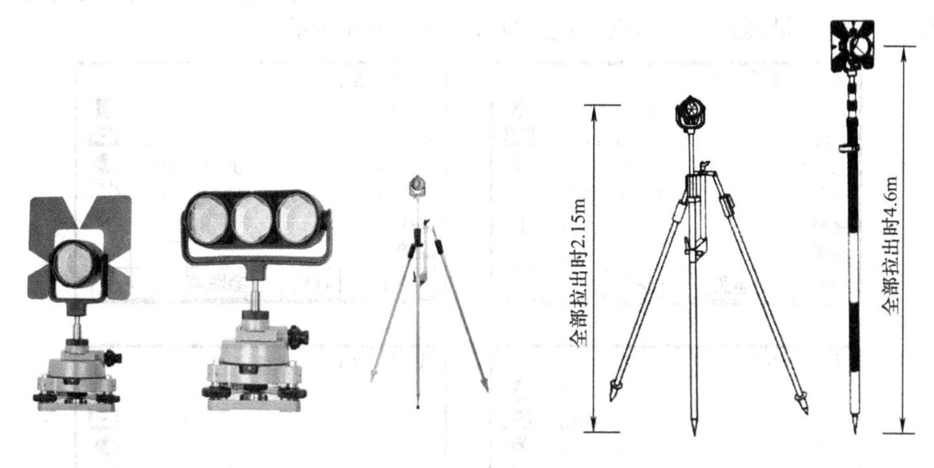

图6-5　棱镜组图

6.2.7　全站仪使用注意事项

1）日光下测量应避免将物镜直接对准太阳。建议使用太阳滤光镜以减弱这一影响。

2）避免在高温和低温下存放仪器，也应避免温度骤变（使用时气温变化除外）。

3）仪器不使用时，应将其装入箱内，置于干燥处，并注意防振、防尘和防潮。

4）若仪器工作处的温度与存放处的温度差异太大，应先将仪器留在箱内，直至适应环境温度后再使用。

5）若仪器长期不使用，应将电池卸下分开存放，并且电池应每月充电一次。

6）运输仪器时应将其装于箱内，运输过程中要小心，避免挤压、碰撞和剧烈振动。长途运输最好在箱子周围使用软垫。

7）架设仪器时，尽可能使用木脚架。因为使用金属脚架可能会引起振动影响测量精度。

8）外露光学器件需要清洁时，应用脱脂棉或镜头纸轻轻擦净，切不可用其他物品擦拭。

9）仪器使用完毕后，应用绒布或毛刷清除仪器表面灰尘。仪器被雨水淋湿后，切勿通电开机，应用干净软布擦干并在通风处放一段时间。

10）作业前应仔细全面检查仪器，确定仪器各项指标、功能、电源、初始设置和改正参数均符合要求时再进行作业。

11）若发现仪器功能异常，非专业维修人员不可擅自拆开仪器，以免发生不必要的损坏。

6.3 全站仪测量

当仪器安置架设完毕，打开电源开关，待全站仪完成自检，便可以开始测量工作。一台全站仪除能自动测距、测角外、还能快速完成一个测站所需完成的工作，包括平距、高差、高程、坐标以及放样等方面的数据计算。全站仪常规测量的三种模式是角度测量模式、距离测量模式、坐标测量模式。全站仪常规测量模式如图 6-6 所示。

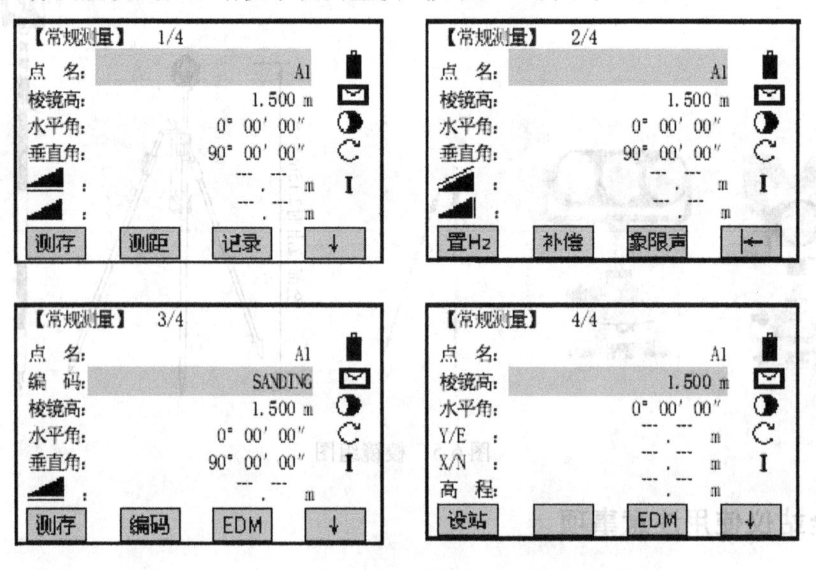

图 6-6 全站仪常规测量模式

6.3.1 角度测量

全站仪测量角度，一般采用测回法，在方向数较多的时候，可以采用方向观测法。依据测角原理，在测水平角时，为提高测量精度，需按规范要求采用多测回观测。因而每个测回必须配置度盘，即仪器在盘左状态下应进行度盘方向的设置。

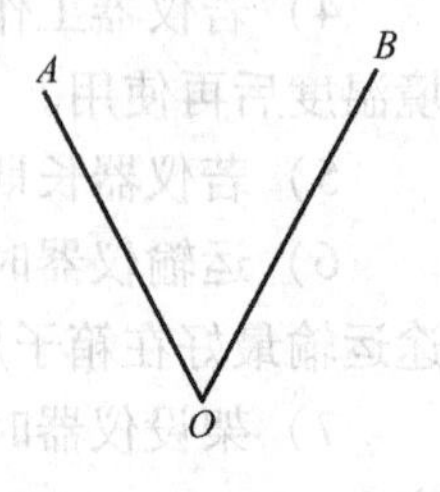

图 6-7 水平角 *AOB*

如图 6-7 所示，测量水平角 *AOB* 操作步骤如下：

1）将全站仪置于测站点 *O* 点。

2）用水平制动螺旋和水平微动螺旋精确照准后视点 *A*。

3）按〈F4〉键两次，转到第3页软按键，如图6-8a所示，此时屏幕显示某个水平角度值；按〈F1〉键（置Hz），如图6-8b所示，显示屏询问“确定将水平角置零吗?”；按〈F1〉（置零）键和〈F4〉（确认）键，如图6-8c所示，设置目标*A*的水平角读数为：0°00′00″；测量结果显示示例如图6-8d所示。

4）顺时针旋转照准部，精确照准前视点*B*，显示屏显示的水平角即为*AOB*水平角度值，如图6-8d所示的显示值为51°20′10″。

5）如需储存测量数据，按〈F1〉（测存）键，数据将保存到指定文件夹。

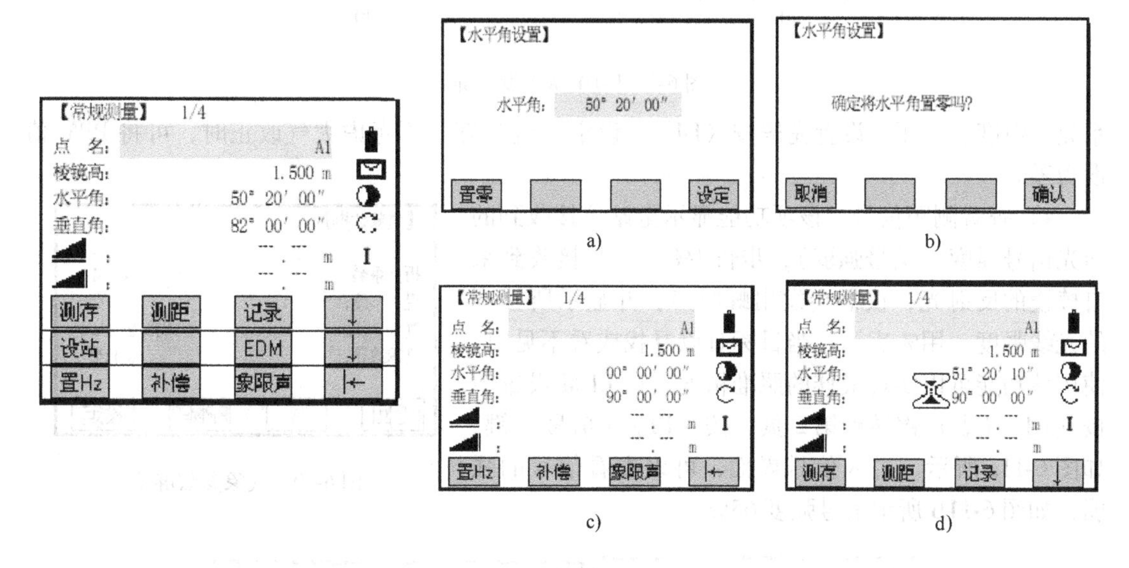

图6-8　水平角测量显示屏幕

6.3.2　距离测量

测量距离前必须做到：①电池电量充足；②度盘指标已设置好；③仪器参数已按照观测条件设置好；④气象改正数、棱镜改正数、棱镜常数改正数和测距模式EDM已设置完毕；⑤已准确照准棱镜中心，返回信号强度适宜测量。

当设置了观测次数时，仪器就会按设置的观测次数进行距离测量并显示出平均距离值。若设置次数为1或者0，则为单次观测，故不显示平均距离。仪器出厂时设置的是单次观测。

距离测量包括平距测量、斜距测量、高差测量。若要测量线段*AB*的距离，则测量步骤如下：

1）将全站仪立在测站点*A*上，棱镜调平后立在前视点*B*上。

2）选择EDM测距模式，包括精测单次/精测N次/跟踪测量。按〈F4〉（↓）键显示常规测量的第2页软按键，按〈F3〉键进入EDM设置，如图6-9a所示。当光标在EDM模式选项处时，按导航的◀▶键选择测量模式。同时选择反射体（棱镜、无棱镜及反射片），输入棱镜常数，如图6-9b所示。

3）在全站仪上设置气象参数。在EDM模式中，按〈F1〉（气象）键进入大气改正功能，如图6-9b所示。屏幕显示仪器出厂默认设置，如图6-10所示。可在此界面上修改折光

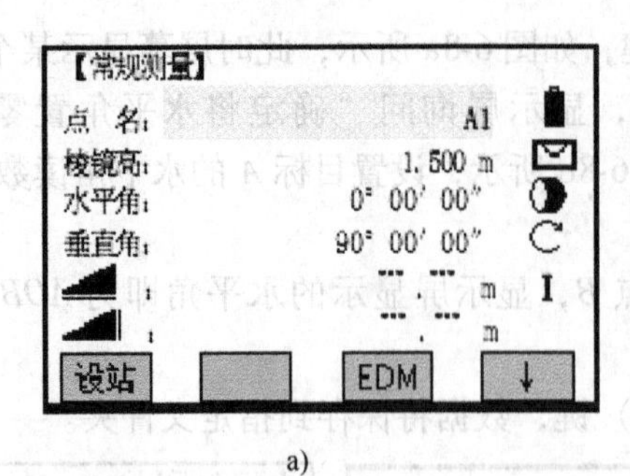

a)

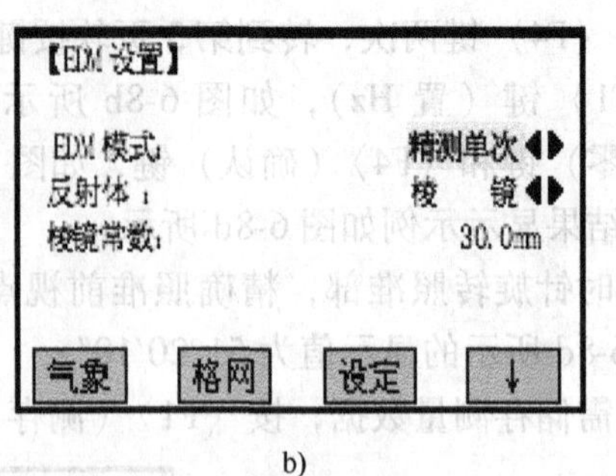

b)

图 6-9　EDM 模式设置屏幕

系数、温度、气压，设置完毕按〈F4〉（设定）键保存。不考虑大气改正时，可将 PPM 值设为零。

4）查看测距信号。该项功能显示全站仪接收到的回光信号强度（信号强弱），步长 1%。一旦接收到来自棱镜的反射光，仪器会发出蜂鸣声，并显示所接到的光线强度，用% 表示。当目标难以寻找或看不见时，使用该功能可以实现最佳的照准精度。在 EDM 设置中按〈F4〉（↓）键转到第 2 页，按〈F1〉（信号）键，如图 6-11a 所示。进入信号界面，可以查看信号的强弱，如图 6-11b 所示信号强度 65%。

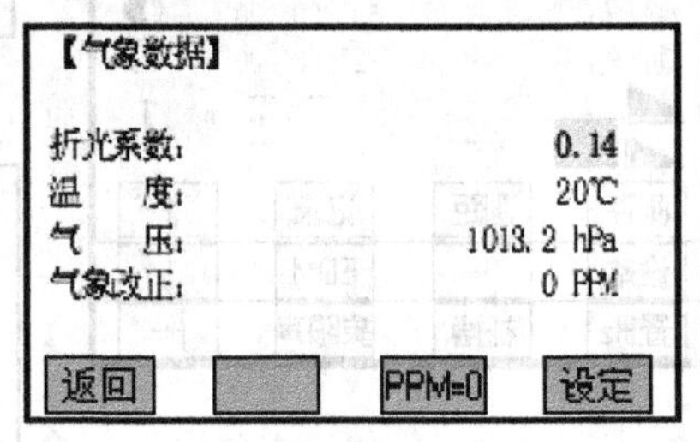

图 6-10　气象参数屏幕

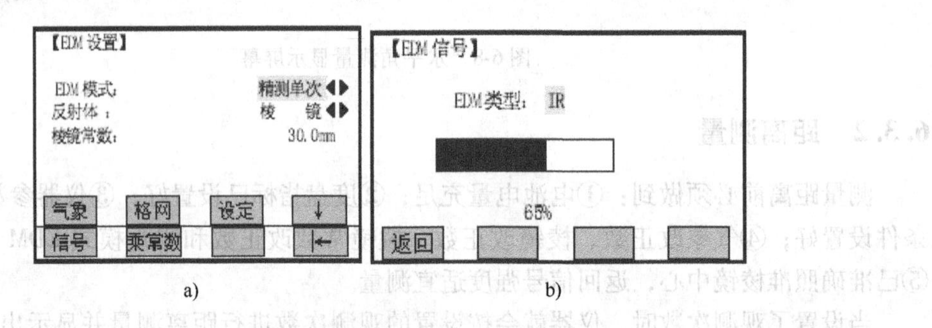

a)　　b)

图 6-11　信号强度检测屏幕

5）回到常规测量模式，旋转照准部精瞄准 B 点的棱镜中心，按下〈F1〉（测存）或〈F2〉（测距）键，屏幕会显示 AB 的平距、斜距及高差，如图 6-12 所示。

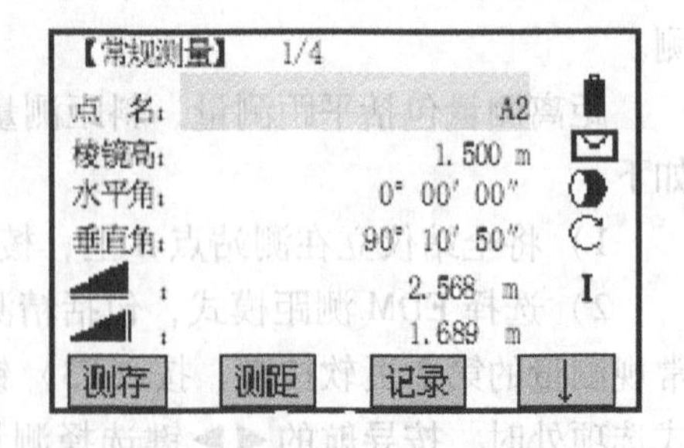

图 6-12　距离测量结果屏幕

6.3.3　坐标测量

在已知某点上，欲测定某未知点的坐标，即可采用仪器的坐标测量模式来完成。一般而言，进行坐标测量，要先设置测站点坐标、测站仪器高、棱镜高及后视方位角，便可在坐标模式下通过已知站点测量未知点的坐标。例如，已知后视点 C 坐标（x，y，H）或后视方位角（α_{AC}），并

已知测站点 A 坐标，确定前视点 B 坐标。仪器操作步骤如下：

1）将全站仪安置于已知坐标点 A 上。

2）设置测站点信息。按〈F4〉（↓）键转到第2页，按〈F1〉（设站）键进入测站设置模式，如图6-13a所示。分别在设站模式中，输入点名、坐标、仪器高，如图6-13b、c、d所示。

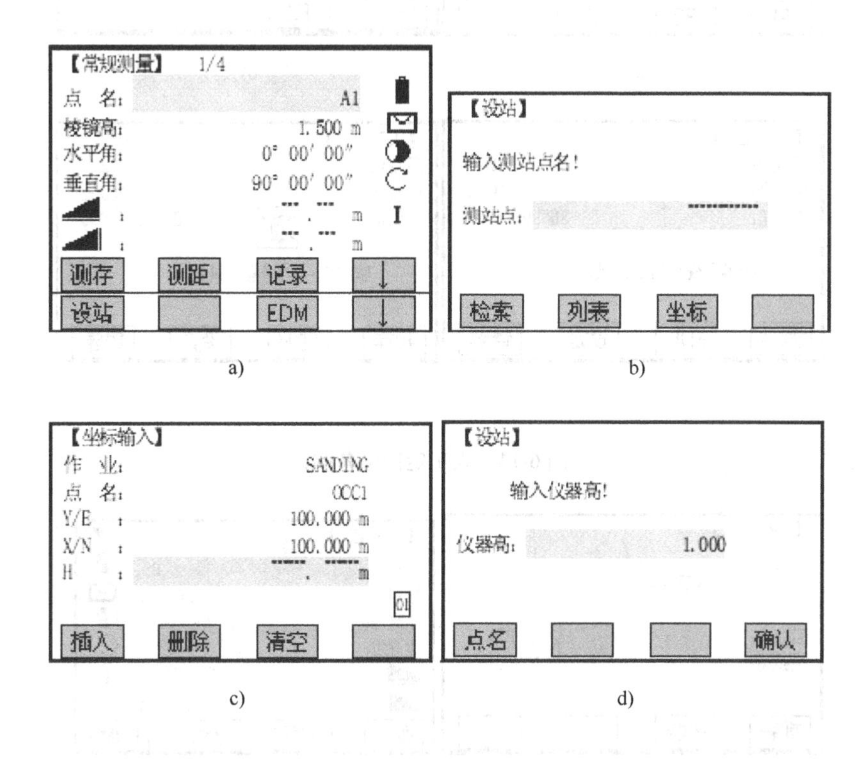

图6-13　测站设置屏幕图

3）后视点定向。输入后视方位角（α_{AC}），完成人工定向，或后视点 C 坐标（x，y，H），完成坐标定向。

①　人工定向。在测量设置中，按〈F3〉键进入定向模式，如图6-14a所示；按〈F1〉键进入人工输入模式，如图6-14b所示；移动光标输入后视方位角和棱镜高，如图6-14c所示；望远镜精瞄后视点棱镜中心，每输入完一项，按〈F2〉（EDM）键，如图6-14d所示；按〈F1〉（测存）键则启动测量，并设置定向；按〈F3〉（设定）键则设置定向，但不启动测量；按〈F4〉（置零）键则将后视方位角设置为零。

②　坐标定向。在测量设置中，按〈F3〉键进入定向模式，如图6-14a所示；按〈F2〉键进入坐标定向模式，如图6-14b所示。调出或输入后视点点名、棱镜高，每输入一项按〈EDM〉键，如图6-15a所示。程序自动搜索该点信息，若该点信息已存在，则自动调出，显示如图6-15b所示；若该名称点存在多个（大于1个），则系统提示选择，如图6-15c所示；若系统无该点信息，需手动输入6-15d所示。

4）照准部精瞄准后视 C 点处棱镜中心，确定后视点位置。

5）照准部精瞄准前后视 A 点处棱镜中心，输入前视点棱镜高，确定前视点坐标。

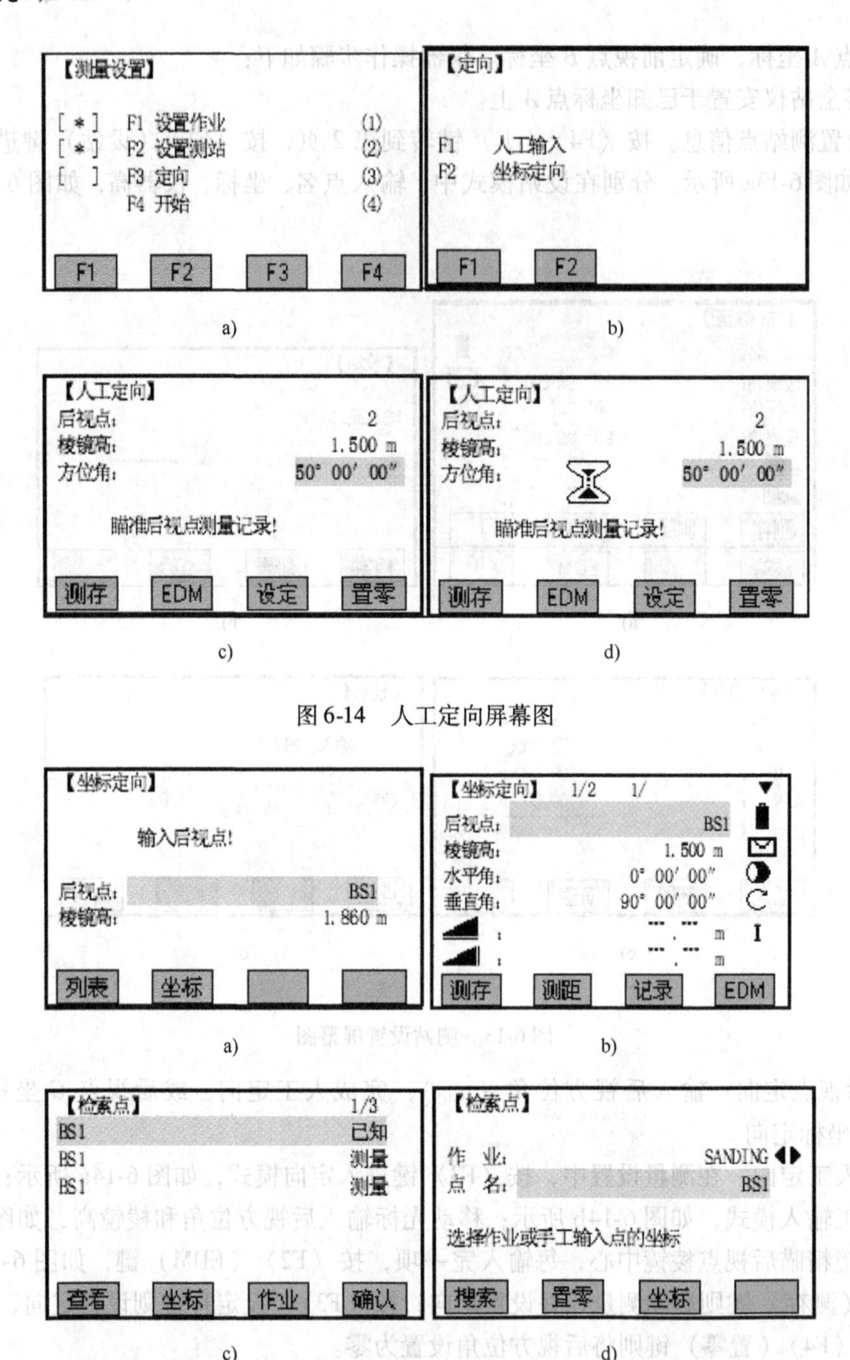

a) b)

c) d)

图 6-14 人工定向屏幕图

a) b)

c) d)

图 6-15 坐标定向屏幕图

6.3.4 放样

1. 放样工作的原理

以极坐标放样为例，放样程序可根据放样点的坐标或手工输入的角度、水平距离和高程计算放样元素。极坐标放样示意图如图 6-16 所示。放样的差值会连续显示。

2. 放样工作的步骤

（1）设置工作　设置好作业、测站以及定向方位角后，在放样设置菜单中按〈F4〉键开始放样。

（2）输入棱镜高度　按〈翻页〉键进入第2页，按〈导航〉键将光标移到棱镜高项，输入棱镜高度，如图6-17所示。

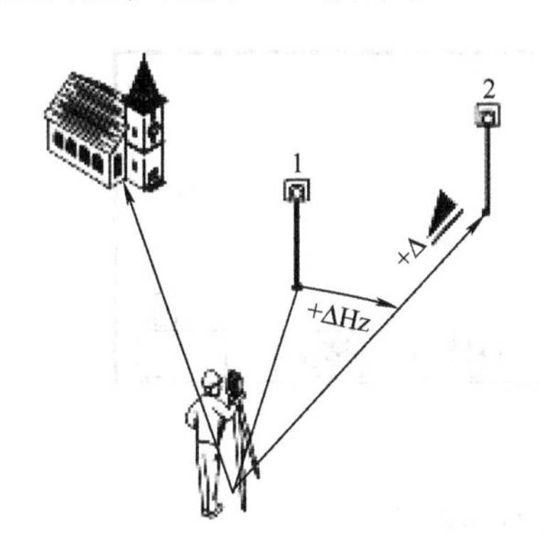

图6-16　极坐标放样示意图

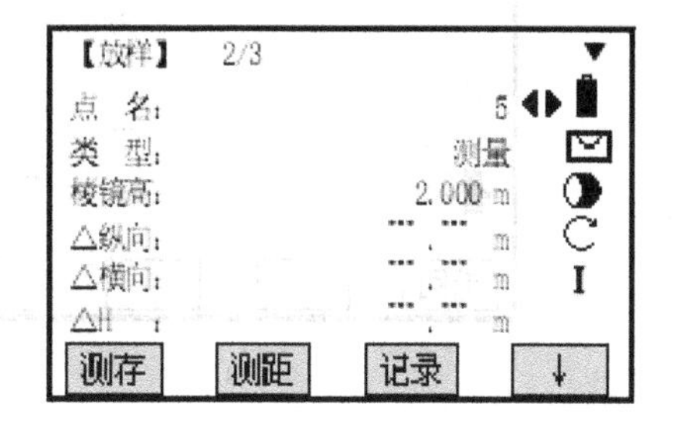

图6-17　输入棱镜高度

（3）输入放样点坐标

1）在作业中提取放样点。在搜索项输入待放样的点名，并按〈ENT〉键启动点搜索功能，如图6-18a所示。程序搜索作业中的点名，显示结果对话框，将找到的所有点名一一列

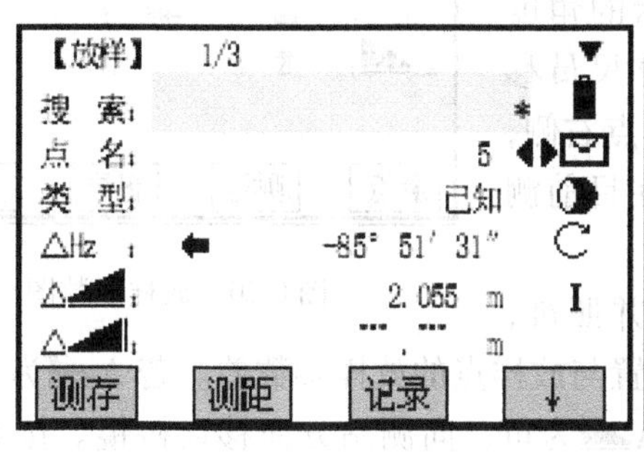

a)

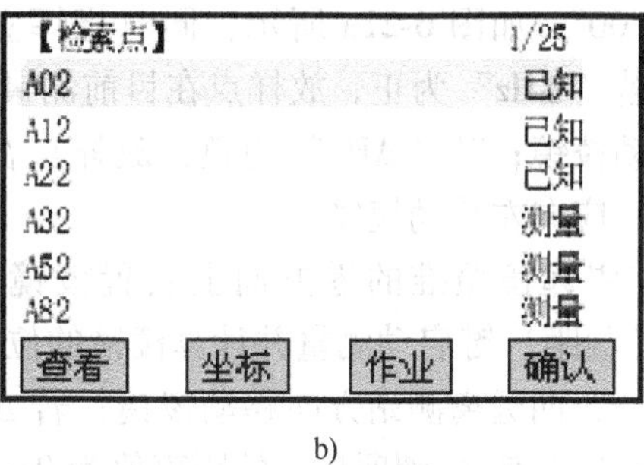

b)

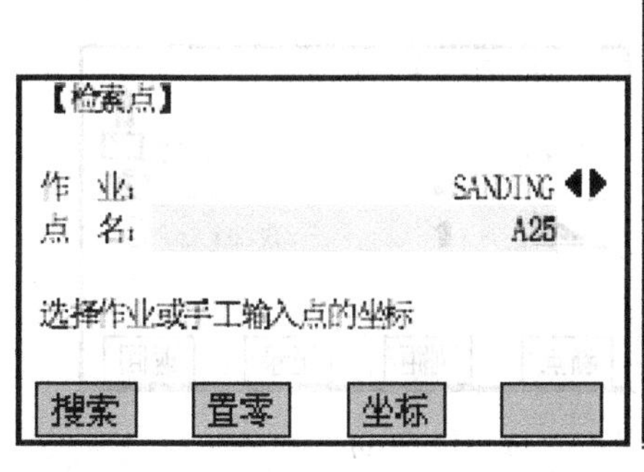

c)

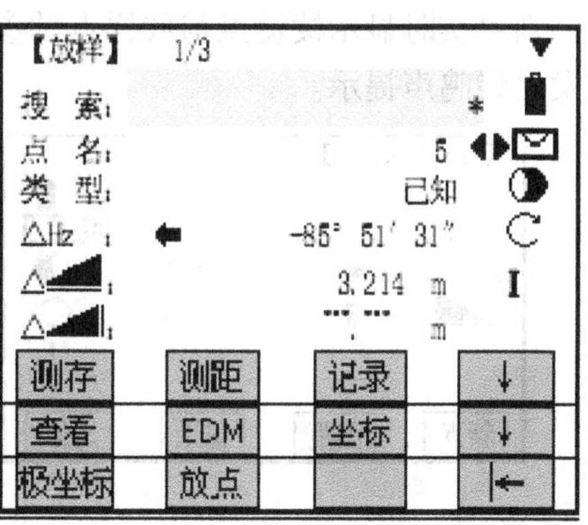

d)

图6-18　仪器调取放样点坐标屏幕图

出，如图6-18b所示。按〈F4〉键返回放样屏幕。若作业不存在输入点名，则提示用户输入该点坐标，如图6-18c所示。返回放样屏幕，如图6-18d所示。

2）手工输入放样点。按〈F4〉(↓）键两次，显示第3页软按键，如图6-18d所示；按〈F1〉（极坐标）键。输入放样点的点名、方位角以及平距。每输入完一项按〈ENT〉键将光标移到下一输入区，如图6-19所示。

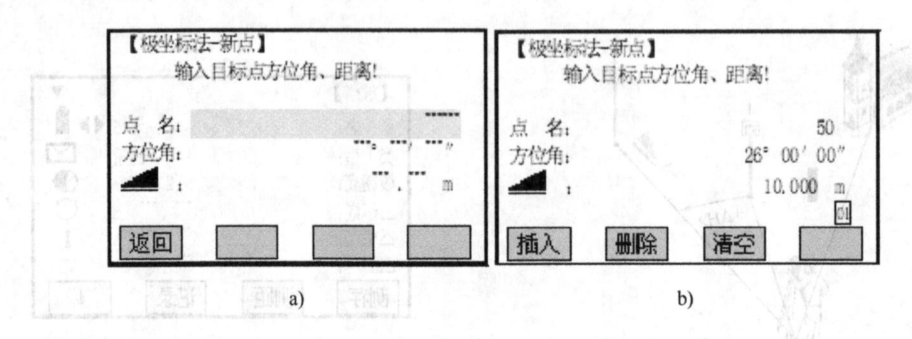

图6-19 手工输入放样点坐标屏幕图

（4）确定放样参数 照准棱镜中心，按〈F1〉（测距）键启动测量并计算显示测量点与放样点之间的放样参数差，如图6-20所示。

（5）寻找放样点 一般按照先放方向，再放距离的顺序。

1）转动仪器照准部，使“ΔHz”项显示的角度差为0°00′00″，如图6-21a所示，同时指挥立尺员移动棱镜。若“ΔHz”为正，放样点在目前测量点右侧，应向右移动棱镜；若“ΔHz”为负，放样点在目前测量点左侧，应向左移动棱镜。

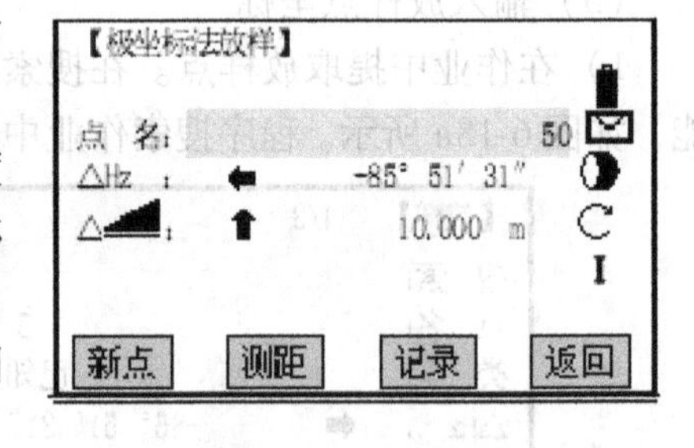

图6-20 放样参数图

2）在望远镜照准的零方向上安置棱镜并照准，按〈F2〉（测距）键启动测量并计算棱镜的位置与放样点的放样参数差。若Δ◢为正，放样点在更远处，向远离测站方向移动棱镜；若Δ◢为负，向测站方向移动棱镜。按箭头方向前后移动棱镜，使Δ◢项显示的距离值为0m，如图6-21b所示。选用重复精测或跟踪测量进行放样，则可实时显示棱镜点与放样点的参数差，十分方便。当棱镜移动到正确点位时，全站仪会发出蜂鸣声提示。

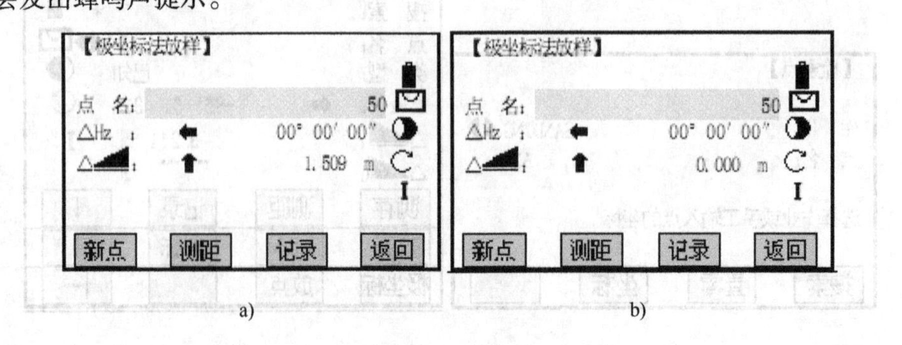

图6-21 调整棱镜位置

6.3.5　对边测量

在不搬动仪器的情况下，可测量A、B、C任意两个棱镜之间的水平距离（dHD）、斜距（dSD）和高差（dVD），其原理如图6-22所示。在测站点O上，可依次测量测站与棱镜A、B、C之间的距离S、水平角β、高差h。全站仪在对边测量的模式下，可自行算出任意两棱镜间的距离和高差。

$$dSD = \sqrt{S_1^2 + S_2^2 - 2S_1S_2\cos\beta}$$
$$h_{AB} = dVD = h_{OB} - h_{OA}$$
$$dHD = \sqrt{dSD^2 + dVD^2} \qquad (6\text{-}1)$$

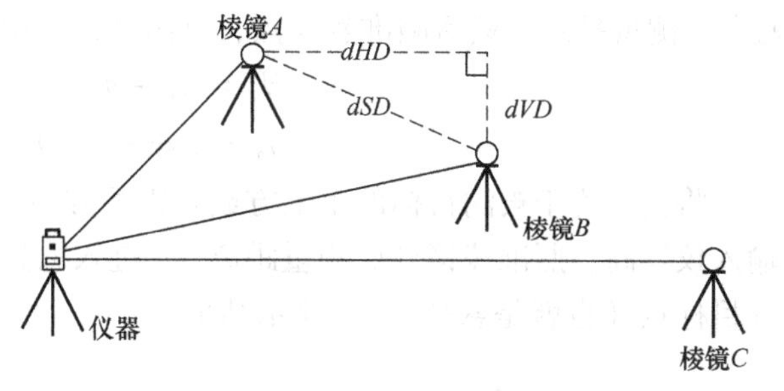

图6-22　对边测量示意图

6.3.6　偏心测量

偏心测量主要有角度偏心、距离偏心、平面偏心、圆柱偏心，如图6-23所示。当棱镜直接架设有困难时，偏心测量是十分有用的，如在树木的中心。在这种模式下，仪器到点P'（即棱镜点）的平距应与仪器到目标点的平距相同。在设置好仪器高、棱镜高后进行偏心测量，即可得到被测物中心位置的坐标。

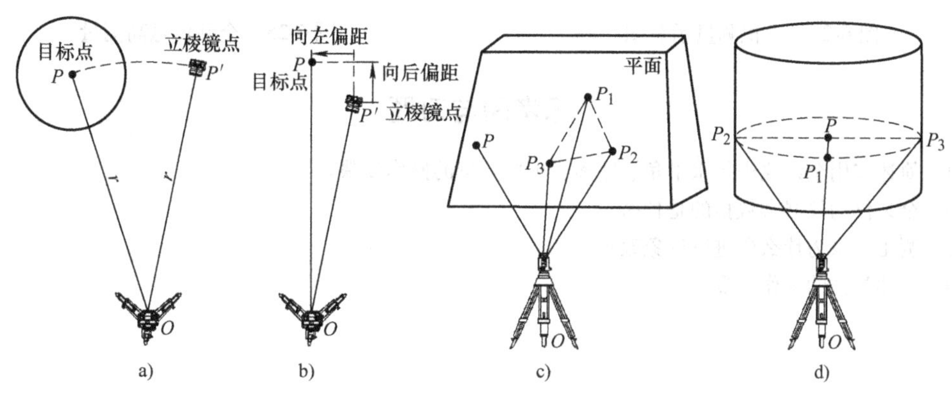

图6-23　偏心测量示意图

a）角度偏心　b）距离偏心　c）平面偏心　d）圆柱偏心

6.3.7　面积测量

全站仪可以计算地面多边形在水平面上的投影面积，多边形的顶点坐标可以通过测量获得，也可以从坐标文件中调用。这些点按顺时针方向排列，目标点的数量不受限制。

如图6-24所示，在测站点P_0处，测量多边形P_1、P_2、P_3、P_4所围成的多边形面积。在P_1、P_2、P_3、P_4处分别放置棱镜，并在仪器中输入各棱镜高度及坐标。在面积测量的模式下，顺时针旋转照准部，依次照准P_1、P_2、P_3、P_4四个棱镜中心。从起始点P_1到当前测量点间的周长，为折线长。计算得到的闭合点到起始点P_1的多边形的面积为投影到水平面上的面积。

6.3.8 悬高测量

有些棱镜不能到达的被测点，如高压电线、桥梁等，可先直接瞄准其下方的基准点上的棱镜，测量平距。然后瞄准悬高点，测出高差。由图 6-25 可知，目标高为

$$\left.\begin{aligned} H_t &= h_1 + h_2 \\ h_2 &= S\sin\theta_{z1}\cot\theta_{z2} - S\cos\theta_{z1} \end{aligned}\right\} \tag{6-2}$$

将棱镜置于被测目标的正上方或者正下方的基点，用小钢尺测读棱镜高。在测量模式下输入仪器高。照准棱镜开始测量距离 S。进入悬高测量模式，输入基点的点名、棱镜高，照准目标点（也就是悬高点），显示结果。

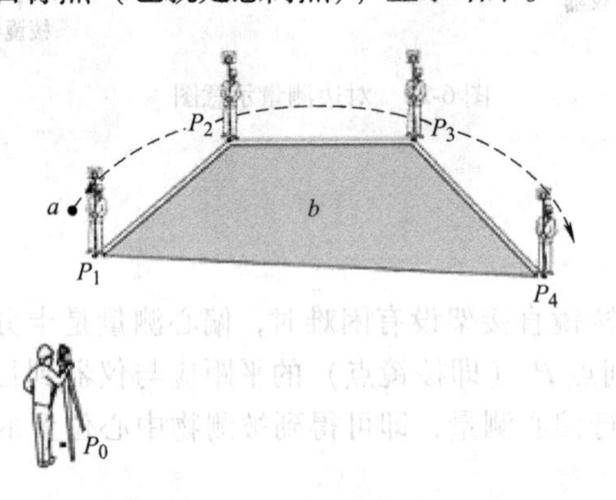

图 6-24 面积测量示意图

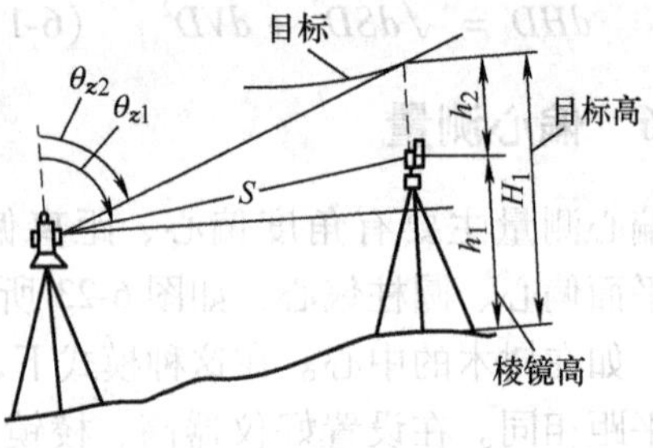

图 6-25 全站仪悬高测量

思考题与习题

6-1 简述应用全站仪进行水平角、距离、坐标测量的操作步骤。

6-2 全站仪的仪器常数指的是什么？

6-3 测距成果为什么要进行气象改正？

6-4 试述放样的操作步骤？

第 7 章

控制测量

本章重点

1. 导线测量的外业实施及内业坐标计算方法。
2. 三角高程测量的原理及方法。

7.1 概述

在一定区域内，按测量要求的精度测定一系列地面标志点（控制点）的平面坐标和高程，建立控制网，这种测量工作称为控制测量。控制网分为平面控制网和高程控制网两种。测定控制点平面位置的工作称为平面控制测量，测定控制点高程的工作称为高程控制测量。

7.1.1 平面控制测量

平面控制测量是确定控制点的平面位置。建立平面控制网的经典方法有三角测量和导线测量。图7-1所示点 A、B、C、D、E、F 组成互相邻接的三角形，观测所有三角形的内角，并至少测量其中一条边作为起算边，通过计算就可以获得它们之间的相对位置。这种三角形的顶点称为三角点，构成的网形称为三角网，进行这种控制测量称为三角测量。

图7-2所示控制点1、2、3、4、5、6用折线连接起来，依次测量各边的长度和各转折角，通过计算同样可以获得它们之间的相对位置。这种控制点称为导线点，构成的网形称为导线网，进行这种控制测量称为导线测量。

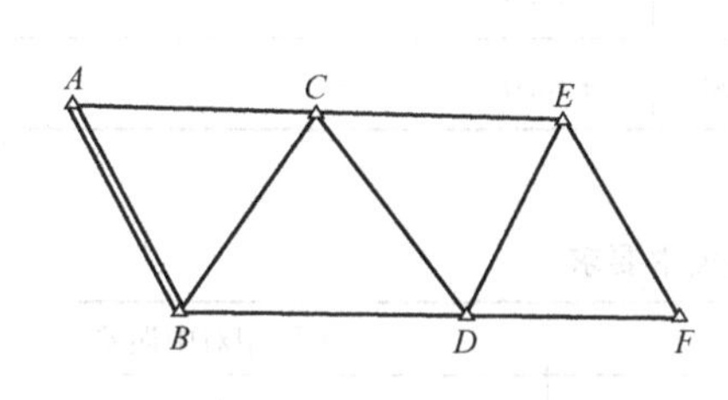

图7-1 三角网

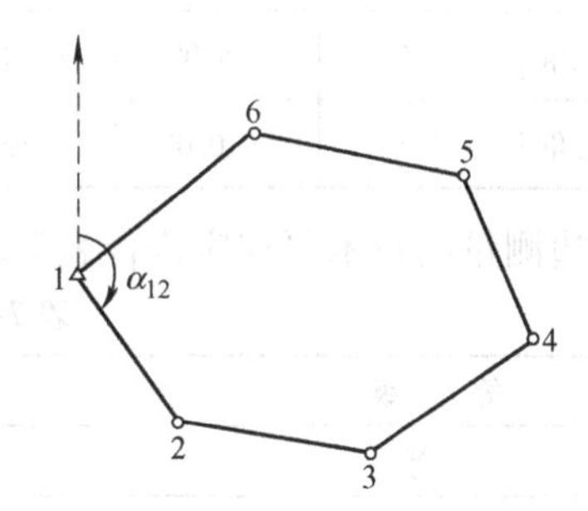

图7-2 导线网

国家平面控制网，是在全国范围内建立的控制网。它是全国各种比例尺测图和工程建设的基本控制网，也为空间科学技术和军事提供精确的点位坐标、距离、方位资料，并为研究地球大小和形状、地震预报等提供重要资料。国家控制网是用精密测量仪器和方法依照施测精度（按一、二、三、四共四个等级）建立的，由高级到低级逐级加密，低级点受高级点控制，逐级控制，分为一、二、三、四等三角测量和精密导线测量。图 7-3 所示为国家一、二等三角控制网的示意图。

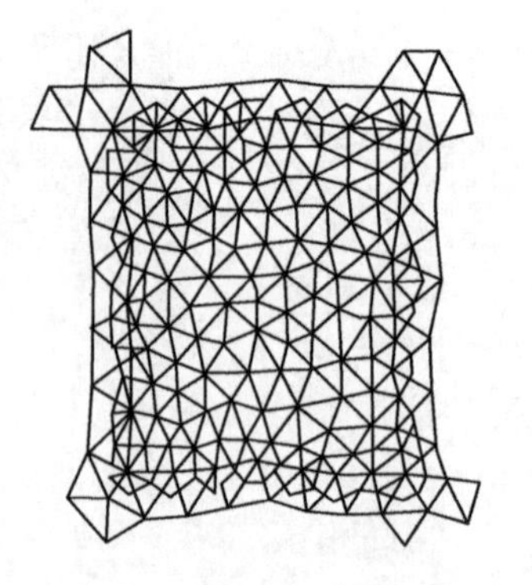

图 7-3　国家一、二等三角控制网的示意图

平面控制网的建立，可采用全球定位系统（GPS）测量、三角测量、三边测量和导线测量等方法。平面控制测量的等级，当采用三角测量、三边测量时依次为二、三、四等和一、二级小三角；当采用导线测量时依次为三、四等和一、二、三级导线。各级公路、桥梁、隧道及其他建筑物的平面控制测量等级的确定，应符合表 7-1 的规定。

表 7-1　平面控制测量等级

等　级	公路路线控制测量	桥梁桥位控制测量	隧道洞外控制测量
二等三角	—	>5000m 特大桥	>6000m 特长隧道
三等三角、导线	—	2000~5000m 特大桥	4000~6000m 特长隧道
四等三角、导线	—	1000~2000m 特大桥	2000~4000m 特长隧道
一级小三角、导线	高速公路、一级公路	500~1000m 特大桥	1000~2000m 中长隧道
二级小三角、导线	二级及二级以下公路	<500m 大中桥	<1000m 隧道
三级导线	三级及三级以下公路	—	

三角测量的技术要求应符合表 7-2 的规定。

表 7-2　三角测量的技术要求

等级	平均边长/km	测角中误差	起始边边长相对中误差	最弱边边长相对中误差	三角形闭合差	测回数		
						DJ_1	DJ_2	DJ_3
二等	3.0	±1.0″	1/250 000	1/120 000	±3.5″	12	—	—
三等	2.0	±1.8″	1/150 000	1/70 000	±7.0″	6	9	—
四等	1.0	±2.5″	1/100 000	1/40 000	±9.0″	4	6	—
一级小三角	0.5	±5.0″	1/40 000	1/20 000	±15.0″	—	3	4
二级小三角	0.3	±10.0″	1/20 000	1/10 000	±30.0″	—	1	3

三边测量的技术要求应符合表 7-3 的规定。

表 7-3　三边测量的技术要求

等　级	平均边长/km	测距相对中误差
二等	3.0	1/250 000
三等	2.0	1/150 000
四等	1.0	1/100 000
一级小三角	0.5	1/40 000
二级小三角	0.3	1/20 000

光电测距仪按精度分级见表7-4。

表7-4 光电测距仪按精度分级

测距仪精度等级	每公里测距中误差 m_D/mm
Ⅰ级	$m_D \leqslant 5$
Ⅱ级	$5 < m_D \leqslant 10$
Ⅲ级	$10 < m_D \leqslant 20$

光电测距技术要求见表7-5。

表7-5 光电测距的技术要求

平面控制网等级	测距仪精度等级	观测次数		总测回数	一测回读数较差/mm	单程各测回较差/mm	往返较差
		往	返				
二、三等	Ⅰ	1	1	6	≤5	≤7	$\pm\sqrt{2}\ (a+bD)$
	Ⅱ			8	≤10	≤15	
四等	Ⅰ	1	1	4~6	≤5	≤7	
	Ⅱ			4~8	≤10	≤15	
一级	Ⅱ	1	—	2	≤10	≤15	
	Ⅲ			4	≤20	≤30	
二级	Ⅱ	1	—	1~2	≤10	≤15	
	Ⅲ			2	≤20	≤30	

注：测回是指照准目标一次，读数2~4次的过程。

采用普通钢尺丈量基线长度时，应符合表7-6的规定。

表7-6 普通钢尺丈量基线长度的技术要求

等级	定向偏向/cm	最大高差/m	每尺段往返高差之差/mm		最小读数/mm	三组读数之差/mm	同段尺长差/mm		全长各尺之差/mm	外业手簿计算单位/mm		
			30m	50m			30m	50m		尺长	改正	高差
一级 二级	5	4	4	5	0.5	1.0	2.0	3.0	$30\sqrt{k}$	0.1	0.1	1.0

注：表中 k 为基线全长的公里数。

一级、二级导线采用普通钢尺丈量导线边长时，其技术要求应符合表7-7的规定。

表7-7 普通钢尺丈量导线边长的技术要求

等级	定线偏差/cm	每尺段往返高差之差/cm	最小读数/mm	三组读数之差/mm	同段尺长差/mm	外业手簿计算取值/mm		
						尺长	各项改正	高差
一级	5	1	1	2	3	1	1	1
二级	5	1	1	3	4	1	1	1

注：每尺段指两根同向丈量或单尺往返丈量。

城市控制测量是为大比例尺地形测量建立控制网，作为城市规划、施工放样的测量依据。城市平面控制网一般可分为二、三、四等三角网，一、二级小三角网或一、二、三级导线。城市三角网及图根三角网的主要技术要求见表7-8，城市导线及图根导线的主要技术要求见表7-9。

表 7-8　城市三角网及图根三角网的主要技术要求

等级	测角中误差	三角形最大闭合差	平均边长/km	起始边相对中误差	最弱边相对中误差	测回数		
						DJ_1	DJ_2	DJ_3
二等	±1.0″	±3.5″	9	1∶300000	1∶120000	12		
三等	±1.8″	±7.0″	5	首级 1∶200000	1∶80000	6	9	
四等	±2.5″	±9.0″	2	首级 1∶120000	1∶45000	4	6	
一级	±5″	±15″	1	1∶40000	1∶20000		2	6
二级	±10″	±30″	0.5	1∶20000	1∶10000		1	2
图根	±20″	±60″	不大于测图最大视距的 1.7 倍	1∶10000				

表 7-9　城市导线及图根导线的主要技术要求

等级	测角中误差	方向角闭合差	附合导线长度/km	平均边长/m	测距中误差/mm	全长相对中误差
一级	±5″	$\pm 10''\sqrt{n}$	3.6	300	±15	1∶14000
二级	±8″	$\pm 16''\sqrt{n}$	2.4	200	±15	1∶10000
三级	±12″	$\pm 24''\sqrt{n}$	1.5	120	±15	1∶6000
图根	±30″	$\pm 40''\sqrt{n}$				1∶2000

在小地区（面积在 $10km^2$ 以下）范围内建立的控制网，称为小地区控制网。小地区控制测量应视测区的大小建立“首级控制”和“图根控制”。首级控制是在全国测区范围内建设的精度最高的控制网，是加密图根点的依据。在已经有基本控制网的地区测绘大比例尺地形图，应该进一步加密，布设图根控制网，以测定测绘地形图所需直接使用的控制点，即图根控制点，简称图根点。测定图根点的工作，称为图根控制测量。控制点密度可按表 7-10 设置。

表 7-10　控制点密度

测图比例尺	1∶500	1∶1000	1∶2000	1∶5000
图幅尺寸	50m×50m	50m×50m	50m×50m	40m×40m
控制点个数	8	12	15	30

图根三角水平角观测的技术要求见表 7-11。

表 7-11　图根三角水平角观测的技术要求

仪器类型	半测回归零差	测回数	测角中误差	三角形最大闭合差	方位角闭合差
DJ_6	24″	1	±20″	±60″	$\pm 40''\sqrt{n}$

注：n 为测站数。

7.1.2　高程控制测量

建立高程控制网的主要方法是水准测量。在山区也可以采用三角高程测量的方法来建立高程控制网，这种方法不受地形起伏的影响，工作速度快，但其精度较水准测量低。

国家水准测量分为一、二、三、四等，逐级布设。一、二等水准测量是用高精度水准仪和精密水准测量方法进行施测，其成果作为全国范围的高程控制之用。三、四等水准测量除用于国家高程控制网的加密外，在小地区用作建立首级高程控制网。

为了城市建设的需要所建立的高程控制称为城市水准测量，采用二、三、四等水准测量及直接为测地形图所用的图根水准测量。

公路高程系统，宜采用1985国家高程基准。同一条公路应采用同一个高程系统，不能采用同一系统时，应给定高程系统的转换关系。独立工程或三级以下公路联测有困难时，可采用假定高程。公路高程测量采用水准测量。在进行水准测量确有困难的山岭地带以及沼泽、水网地区，四、五等水准测量可用光电测距三角高程测量。各级公路及构造物的水准测量等级应按表7-12选定。

表7-12 各级公路及构造物的水准测量等级

测量项目	等级	水准路线最大长度/km
4000m以上特长隧道、2000m以上特大桥	三等	50
高速公路、一级公路、1000～2000m特大桥、2000～4000m长隧道	四等	16
二级及二级以下公路、1000m以下桥梁、2000m以下隧道	五等	10

水准测量的精度应符合表7-13的规定。

表7-13 水准测量的精度

等级	每公里高差中数误差/mm		往返较差、附合或环线闭合差/mm		检测已测测段高差之差/mm
	偶然中误差 m_{Δ}	全中误差 m_W	平原微丘区	山岭重丘区	
三等	±3	±6	$\pm 12\sqrt{L}$	$\pm 3.5\sqrt{n}$或$\pm 15\sqrt{L}$	$\pm 20\sqrt{L_i}$
四等	±5	±10	$\pm 20\sqrt{L}$	$\pm 6.0\sqrt{n}$或$\pm 25\sqrt{L}$	$\pm 30\sqrt{L_i}$
五等	±8	±16	$\pm 30\sqrt{L}$	$\pm 45\sqrt{L}$	$\pm 40\sqrt{L_i}$

注：计算往返较差时，L为水准点间的路线长度（km）；计算附合或环线闭合差时，L为附合或环线的路线长度（km）；n为测站数；L_i为检测测段长度（km）。

水准测量的观测方法应符合表7-14的规定。

表7-14 水准测量的观测方法

等级	仪器类型	水准尺类型	观测方法		观测方法
三等	DS_1	因瓦	光学观测法	往	后-前-前-后
	DS_3	双面	中丝读数法	往返	后-前-前-后
四等	DS_3	双面	中丝读数法	往返、往	后-后-前-前
五等	DS_3	单面	中丝读数法	往返、往	后-前

水准测量的技术要求应符合表7-15的规定。

表 7-15　水准测量的技术要求

等级	水准仪的型号	视线长度/m	前后视较差/m	前后视累积差/m	视线离地面最低高度/m	红黑面读数差/mm	黑红面高差较差/mm
三等	DS_1	100	3	6	0.3	1.0	1.5
	DS_3	75				2.0	3.0
四等	DS_3	100	5	10	0.2	3.0	5.0
五等	DS_3	100	大致相等	—	—	—	—

7.2　导线测量

导线测量是在地面上选定一系列点连成折线，在点上设置测站，然后采用测边、测角方式来测定这些点的水平位置的方法，是建立国家大地控制网的一种方法，也是工程测量中建立控制点的常用方法。

测站点连成的折线称为导线，测站点称为导线点。从一起始点坐标和方位角出发，测量每相邻两点间的距离和每一导线点上相邻边间的夹角，用测得的距离和角度依次推算各导线点的水平位置。导线测量的技术要求见表 7-16。

表 7-16　导线测量的技术要求

等级	附合导线长度/km	平均边长/km	每边测距中误差/mm	测角中误差	导线全长相对闭合差	方位角闭合差	测回数		
							DJ_1	DJ_2	DJ_6
三等	30	2.0	13	1.8″	1/55 000	$\pm3.6''\sqrt{n}$	6	10	—
四等	20	1.0	13	2.5″	1/35000	$\pm5''\sqrt{n}$	4	6	—
一级	10	0.5	17	5.0″	1/15000	$\pm10''\sqrt{n}$	—	2	4
二级	6	0.3	30	8.0″	1/10000	$\pm16''\sqrt{n}$	—	1	3
三级	—	—	—	20.0″	1/2000	$\pm30''\sqrt{n}$	—	1	2

注：表中 n 为测站数。

7.2.1　导线的布设形式

导线测量的布设形式有以下几种：

（1）闭合导线　导线的起点和终点为同一个已知点，形成闭合多边形，如图 7-4a 所示，B 点为已知点，P_1、…、P_n 为待测点，α_{AB} 为已知方向。

（2）附合导线　布设在两个已知点之间的导线称为附合导线。如图 7-4b 所示，B 点为已知点，α_{AB} 为已知方向，经过 P_i 点最后附合到已知点 C 和已知方向 α_{CD}。

（3）支导线　从一个已知点出发不回到原点，也不附合到另外已知点的导线称为支导线，支导线也称自由导线，如图 7-4c 所示。由于支导线无法检核，故布设时应十分仔细，规范规定支导线不得超过三条边。

7.2.2　导线测量的外业工作

导线测量的外业工作包括踏勘选点及建立标志、量边、测角和连测。

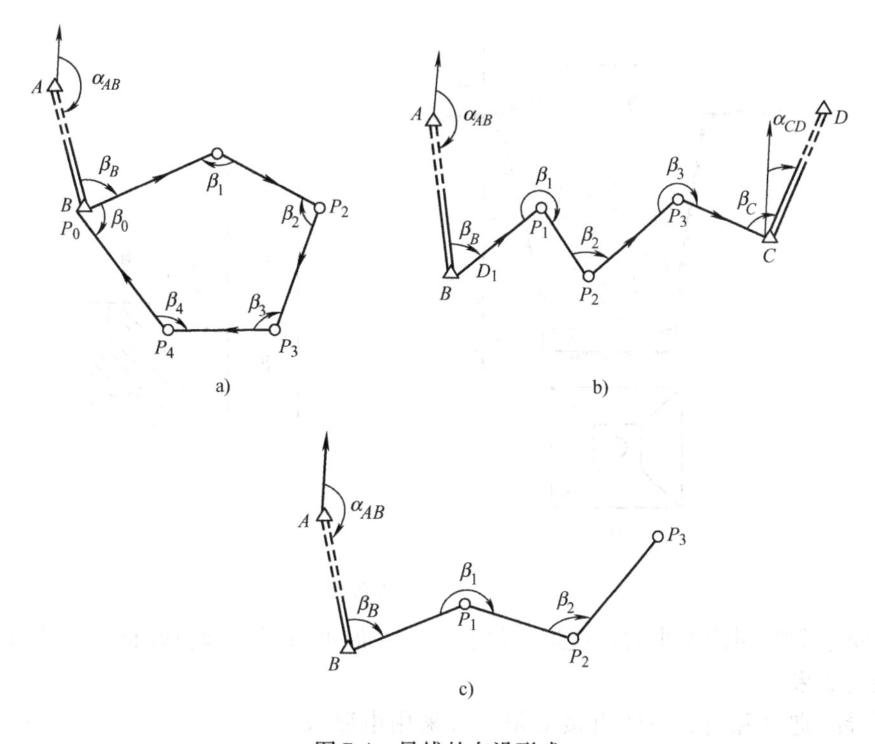

图7-4 导线的布设形式

a）闭合导线 b）附合导线 c）支导线

1. 踏勘选点及建立标志

选点前，应调查搜集测区已有地形图和高一级的控制点的成果资料，把控制点展绘在地形图上，然后在地形图上拟定导线的布设方案，最后到野外去踏勘，实地核对、修改、落实点位。如果测区没有地形图资料，则需详细踏勘现场，根据已知控制点的分布、测区地形条件及测图和施工需要等具体情况，合理地选定导线点的位置。

实地选点时，应注意下列几点：

1）相邻点间通视良好，地势较平坦，便于测角和量距。

2）点位应选在土质坚实处，便于保存标志和安置仪器。

3）视野开阔，便于测图和放样。

4）导线各边的长度应大致相等，除特殊情形外，对于二、三级导线，其边长应不大于350m，也不宜小于50m，平均边长见表7-16。

5）导线点应有足够的密度，分布较均匀，便于控制整个测区。

导线点选定后，要在每一点位上打一大木桩，其周围浇筑一圈混凝土，桩顶钉一小钉，作为临时性标志，若导线点需要保存的时间较长，就要埋设混凝土桩（图7-5b）或石桩，桩顶刻”十“字，作为永久性标志。导线点应统一编号。为了便于寻找，应量出导线点与附近固定而明显的地物点的距离，并绘一草图，注明尺寸，称为点之记，如图7-5所示。

2. 量边

导线边长可用光电测距仪测定，测量时要同时观测竖直角，供倾斜改正之用。若用钢尺丈量，钢尺必须经过检定。对于一、二、三级导线，应按钢尺量距的精密方法进行丈量。对于图根导线，用一般方法往返丈量或同一方向丈量两次，取其平均值，并要求其相对误差不

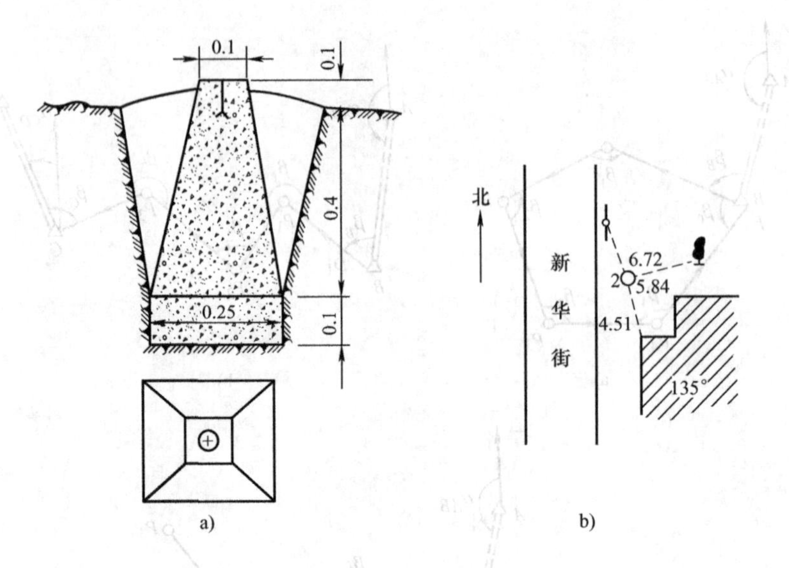

图 7-5　导线点埋置图

大于 1/3000。钢尺量距结束后，应进行尺长改正、温度改正和倾斜改正，三项改正后的结果作为最终成果。

如果导线遇到障碍，不能直接丈量，可采用电磁波测距仪（全站仪）测定。无条件时，可采用间接方法测定。如图 7-6 所示，导线边 FG 跨越河流，这时选定一点 P，要求基线 FP 便于丈量，且 $\triangle FGP$ 接近等边三角形。丈量基线长度 b，观测内角 α、β、γ。当三角形内角和与 180°之差不超过 60″时，则将闭合差反符号均分于三个内角，然后用正弦定理算出导线边长 FG。

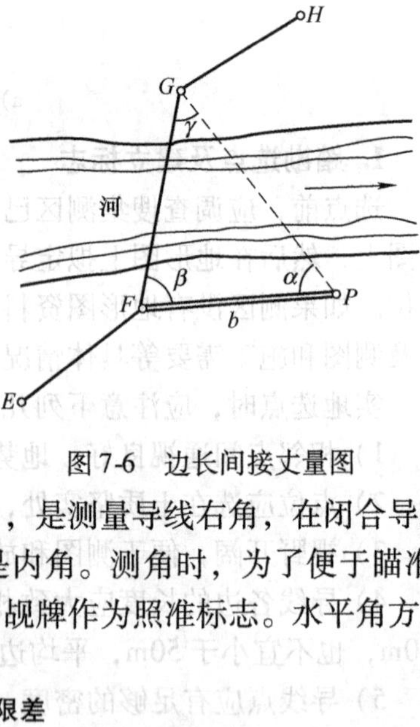

图 7-6　边长间接丈量图

3. 测角

用测回法施测导线的转折角及连接角。转折角包括左角和右角，左角是位于导线前进方向左侧的角，右角是位于导线前进方向右侧的角。一般在附合导线或支导线中，是测量导线右角，在闭合导线中均测内角。若闭合导线按顺时针方向编号，则其右角就是内角。测角时，为了便于瞄准，可在已埋设的标志上用三根竹竿吊一个大垂球，或用测钎、觇牌作为照准标志。水平角方向观测法的各项限差应符合表 7-17 的规定。

表 7-17　水平角方向观测法的各项限差

等　级	经纬仪型号	光学测微器两次重合读数差	半测回归零差	一测回中两倍照准差（2c）较差	同一方向各测回间较差
四等及以上	DJ_1	1″	6″	9″	6″
	DJ_2	3″	8″	13″	9″
一级及以下	DJ_2	—	12″	18″	12″
	DJ_6	—	18″	—	24″

注：当观测方向的垂直角超过 ±3°时，该方向的 2c 较差可按同一观测时间段内相邻测回进行比较。

4. 连测

导线与高级控制点连接，必须观测连接角，如图7-7的β_A、β_1，连接边D_{A1}，作为传递坐标方位角和坐标之用。如果附近无高级控制点，则应用罗盘仪施测导线起始边的磁方位角，并假定起始点的坐标作为起算数据。

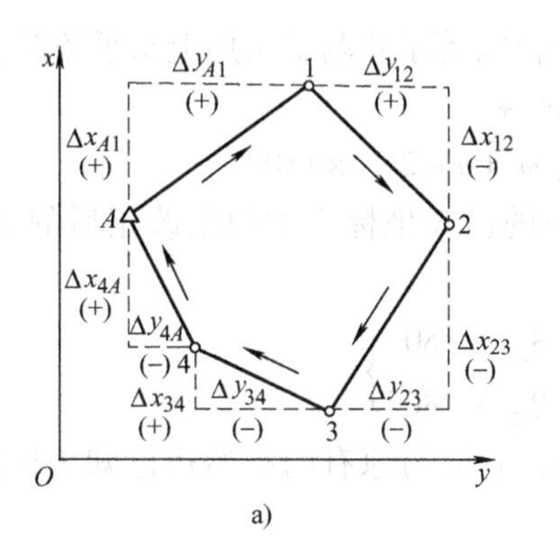

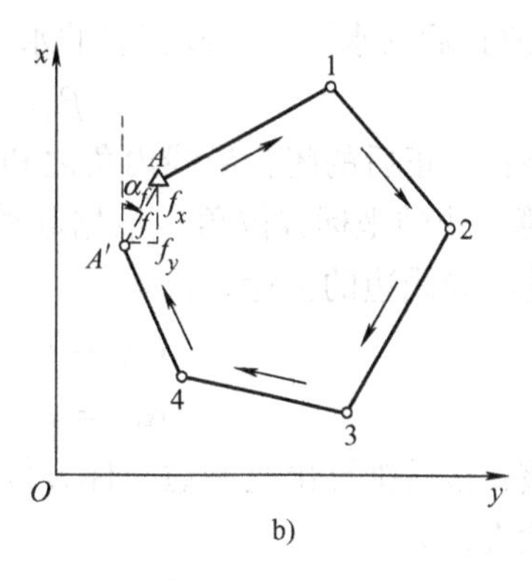

图7-7 闭合导线坐标增量及闭合差

7.2.3 导线测量的内业计算

导线测量内业计算的目的就是计算各导线点的平面坐标x、y。计算之前，应先全面检查导线测量外业记录、数据是否齐全，有无记错、算错，成果是否符合精度要求，起算数据是否准确；然后绘制计算略图，将各项数据注在图上的相应位置。

1. 闭合导线坐标计算

（1）准备工作　将校核过的外业观测数据及起算数据填入“闭合导线坐标计算表”中，见表7-18，起算数据用单线标明。

（2）角度闭合差的计算与调整

1）计算角度闭合差。如图7-7所示，n边形闭合导线内角和的理论值为

$$\sum\beta_{理}=(n-2)\times180° \tag{7-1}$$

式中　n——导线边数或转折角数。

由于观测水平角不可避免地含有误差，致使实测的内角之和不等于理论值，两者之差称为角度闭合差，用f_β表示，即

$$f_\beta=\sum\beta_{测}-\sum\beta_{理}=\sum\beta_{测}-(n-2)\times180° \tag{7-2}$$

2）计算角度闭合差的允许值。角度闭合差的大小反映了水平角观测的质量。各级导线角度闭合差的允许值$f_{\beta允}$见表7-18，其中图根导线角度闭合差的允许值$f_{\beta允}$的计算式为

$$f_{\beta允}=\pm40''\sqrt{n} \tag{7-3}$$

如果$|f_\beta|>|f_{\beta允}|$，说明所测水平角不符合要求，应对水平角重新检查或重测。

如果$|f_\beta|\leqslant|f_{\beta允}|$，说明所测水平角符合要求，可对所测水平角进行调整。

3）计算水平角改正数。如角度闭合差不超过角度闭合差的允许值，则将角度闭合差反符号平均分配到各观测水平角中，也就是每个水平角加相同的改正数v_β，计算式为

$$\nu_{\beta} = -\frac{f_{\beta}}{n} \tag{7-4}$$

计算检核：水平角改正数之和应与角度闭合差大小相等符号相反，即

$$\sum \nu_{\beta} = -f_{\beta} \tag{7-5}$$

4）计算改正后的水平角　改正后的水平角 $\beta_{i改}$ 等于所测平角加上水平角改正数 ν_{β}，即

$$\beta_{i改} = \beta_i + \nu_{\beta} \tag{7-6}$$

计算检核：改正后的闭合导线内角之和应为（$n-2$）×180°。

（3）推算各边的坐标方位角　根据起始边的已知坐标方位角及改正后的水平角，利用下式推算其他各导线边的坐标方位角

$$\left.\begin{aligned} \alpha_{前} &= \alpha_{后} + \beta_{左} - 180° \\ \alpha_{前} &= \alpha_{后} - \beta_{右} + 180° \end{aligned}\right\}$$

计算检核：最后推算出起始边坐标方位角，它应与原有的起始边已知坐标方位角相等，否则应重新检查计算。

（4）坐标增量的计算及其闭合差的调整

1）计算坐标增量。根据已推算出的导线各边的坐标方位角和相应边的边长，按下式计算各边的坐标增量

$$\left.\begin{aligned} \Delta x_{AB} &= D_{AB} \cdot \cos\alpha_{AB} \\ \Delta y_{AB} &= D_{AB} \cdot \sin\alpha_{AB} \end{aligned}\right\}$$

2）计算坐标增量闭合差。如图 7-7a 所示，闭合导线的纵、横坐标增量代数和的理论值应为零，即

$$\left.\begin{aligned} \sum \Delta x_{理} &= 0 \\ \sum \Delta y_{理} &= 0 \end{aligned}\right\} \tag{7-7}$$

实际上由于导线边长测量误差和角度闭合差调整后的残余误差，使得实际计算所得的 $\sum \Delta x$、$\sum \Delta y$ 不等于零，从而产生纵坐标增量闭合差和横坐标增量闭合差，即

$$\left.\begin{aligned} f_x &= \sum \Delta x_{测} \\ f_y &= \sum \Delta y_{测} \end{aligned}\right\}$$

3）计算导线全长闭合差 f 和导线全长相对闭合差 K_f 从图 7-7b 可以看出，由于坐标增量闭合差 f_x、f_y 的存在，使导线不能闭合，产生导线全长闭合差 f，并用下式计算

$$f = \sqrt{f_x^2 + f_y^2} \tag{7-8}$$

仅从 f 值的大小还不能说明导线测量的精度，衡量导线测量的精度还应该考虑到导线的总长。将 f 与导线全长 $\sum D$ 相比，以分子为 1 的分数表示，称为导线全长相对闭合差 K_f，即

$$K_f = \frac{f}{\sum D} = \frac{1}{\sum D / f} \tag{7-9}$$

以导线全长相对闭合差 K_f 来衡量导线测量的精度，K_f 的分母越大，精度越高。不同等级的导线，其导线全长相对闭合差的允许值见表 7-16，图根导线为 1/2000。

4）调整坐标增量闭合差。调整的原则是将 f_x、f_y 反号，并按与边长成正比的原则，分

配到各边对应的纵、横坐标增量中去。以 v_{xi}、v_{yi} 分别表示第 i 边的纵、横坐标增量改正数，即

$$\left.\begin{aligned} v_{xi} &= -\frac{f_x}{\sum D}\times D_i \\ v_{yi} &= -\frac{f_y}{\sum D}\times D_i \end{aligned}\right\} \tag{7-10}$$

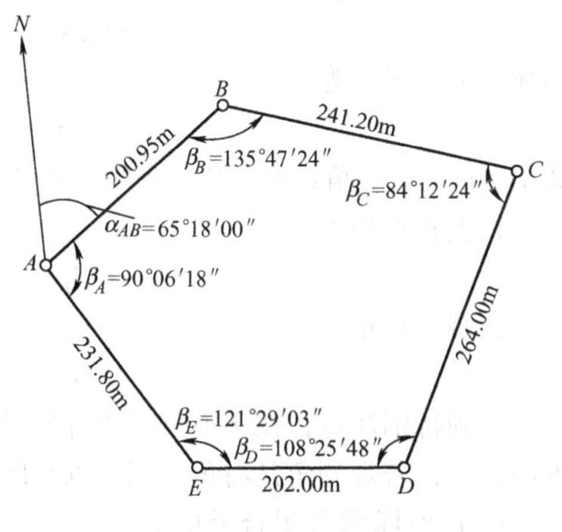

图7-8 闭合导线图

（5）坐标计算 改正后的坐标增量为改正前的坐标增量加上改正数，控制点的坐标为上一点坐标加上坐标增量，即

$$\left.\begin{aligned} \Delta x_{i改} &= \Delta x_i + v_{xi} \\ \Delta y_{i改} &= \Delta y_i + v_{yi} \end{aligned}\right\} \tag{7-11}$$

$$\left.\begin{aligned} x_{i+1} &= x_i + \Delta x_{i改} \\ y_{i+1} &= y_i + \Delta y_{i改} \end{aligned}\right\} \tag{7-12}$$

【例7-1】 如图7-8所示，已知 A 点坐标（450.00m，450.00m），试计算闭合导线点 B、C、D、E 的坐标。

【解】 计算过程及计算结果见表7-18。

表7-18 闭合导线坐标计算表

测站	角度观测值	改后角度值	方位角	导线长/m	坐标增量计算值/m		改正后坐标增量/m		坐标值/m	
					Δx	Δy	Δx	Δy	x	y
1	2	3	4	5	6		7		8	
A									450.00	450.00
			65°18′00″	200.95	(+0.05) +83.97	(0.00) +67.26	84.02	182.56		
B	(−12″) 135°47′24″	135°47′12″							534.02	632.56
			109°25′37″	241.20	(+0.06) −80.57	(−0.01) +144.68	−80.51	227.34		
C	(−11″) 84°12′24″	84°12′13″							453.51	859.90
			205°18′35″	264.00	(+0.07) −238.66	(−0.01) +187.05	−238.59	−112.87		
D	(−11″) 108°25′48″	108°25′37″							214.92	747.03
			276°52′58″	202.00	(+0.05) +24.21	(0.00) +129.60	24.26	−200.54		
E	(−11″) 121°29′03″	121°28′52″							239.18	546.49
			335°24′06″	231.80	(+0.06) +210.76	(0.00) −96.49	210.82	−96.49		
A	(−12″) 90°06′18″	90°06′06″							450.00	450.00
辅助计算	$f_\beta=\sum\beta_i-(5-2)\times180°=+57''$ $f_{\beta允}=\pm40''\sqrt{n}=\pm89''$ $\sum D=1139.95\text{m}$ $f_x=\sum\Delta x_i-0=-0.29\text{m}$ $f_y=\sum\Delta y_i-0=+0.02\text{m}$ $f=\sqrt{f_x^2+f_y^2}=0.29\text{m}$ $K=\frac{f}{\sum D}=\frac{1}{3921}<\frac{1}{2000}$									

2. 附和导线坐标计算

对于附合导线，闭合差计算公式中的 $\sum\beta_{理}$、$\sum\Delta x_{理}$、$\sum\Delta y_{理}$ 与闭合导线的不同。下面着重介绍其不同点。

（1）角度闭合差中 $\sum\beta_{理}$ 的计算 设有附合导线如图7-9所示，已知：起始边 AB 坐标方位角 α_{AB} 和终边 CD 的坐标方位角 α_{CD}。观测所有左角 β_i（包括连接角 β_B 和 β_C）。

根据方位角推算公式有

$$\alpha_{CD}=\alpha_{AB}-4\times180^\circ+\sum\beta_{理左}$$

写成一般公式，为

$$\alpha_{CD}=\alpha_{AB}-n\times180^\circ+\sum\beta_{理左}$$

式中　n 为水平角观测个数。满足上式的 $\sum\beta_{理左}$ 即为左角的理论值之和。

将上式整理可得

$$\sum\beta_{理左}=\alpha_{终}-\alpha_{始}+n\times180^\circ \tag{7-13}$$

若观测右角，得

$$\sum\beta_{理右}=\alpha_{始}-\alpha_{终}+n\times180^\circ \tag{7-14}$$

必须特别注意，在调整角度闭合差时，若观测角为左角，应以与闭合差相反符号分配角度闭合差，若观测角是右角，则应以与闭合差相同符号分配角度闭合差。

（2）坐标增量闭合差中 $\sum\Delta x_{理}$、$\sum\Delta y_{理}$ 的计算　附合导线的坐标增量代数和的理论值应等于终、始两点的已知坐标值之差，即

$$\left.\begin{aligned}\sum\Delta x_{理}&=x_{终}-x_{始}\\\sum\Delta y_{理}&=y_{终}-y_{始}\end{aligned}\right\} \tag{7-15}$$

附合导线的导线全长闭合差，全长相对闭合差和允许相对闭合差的计算，以及增量闭合差的调整，与闭合导线相同。

【例 7-2】　已知附和导线 A、B、E、F 坐标，其他测量数据如图 7-9 所示，求导线点 P_1、P_2、P_3 坐标。

【解】　计算过程和计算结果见表 7-19。

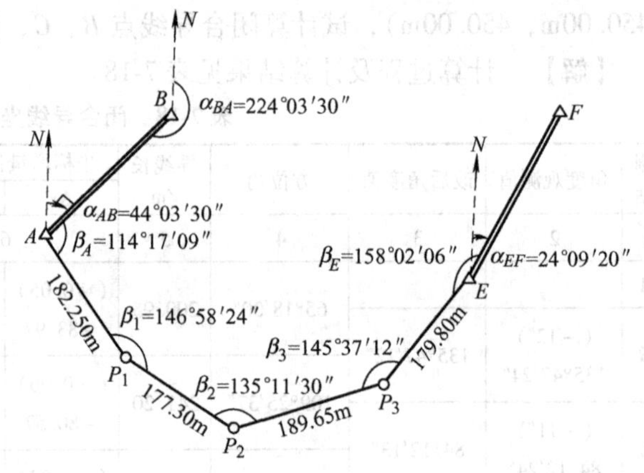

图 7-9　附合导线图

表 7-19　附合导线计算表

测站	角度观测值	改后角度值	方位角	导线长/m	坐标增量计算值/m		改正后坐标增量/m		坐标值/m	
					Δx	Δy	Δx	Δy	x	y
1	2	3	4	5	6		7		8	
B										
			224°03′30″	182.25	(−0.03) −169.38	(+0.03) +67.26	−169.41	67.29		
A	(−06″) 114°17′09″	114°17′03″							640.90	1068.74
			158°20′33″	177.30	(−0.03) −102.49	(+0.02) +144.68	−102.52	144.70		
P_1	(−06″) 146°58′24″	146°58′18″							471.49	1136.03
			125°18′51″	189.65	(−0.03) +31.29	(+0.03) +187.05	31.26	187.08		
P_2	(−07″) 135°11′30″	135°11′23″							368.97	1280.73
			80°30′14″	179.80	(−0.03) +124.62	(+0.02) +129.60	124.59	129.62		
P_3	(−06″) 145°37′12″	145°37′06″							400.23	1467.81
			46°07′20″							
E	(−06″) 158°02′06″	158°02′00″							524.82	1597.43
			24°09′20″							
F										

（续）

测站	角度观测值	改后角度值	方位角	导线长/m	坐标增量计算值/m		改正后坐标增量/m		坐标值/m	
					Δx	Δy	Δx	Δy	x	y
1	2	3	4	5	6		7		8	
辅助计算	$f_\beta=\alpha_{AB}+\sum\beta_i-5\times180°-\alpha_{EF}=+31''$　$f_{\beta允}=\pm40''\sqrt{n}=\pm89''$　$\sum D=729.00\text{m}$ $f_x=\sum\Delta x_i-(x_E-x_A)=-115.96\text{m}-(-116.08)\text{m}=+0.12\text{m}$ $f_y=\sum\Delta y_i-(y_E-y_A)=-0.1\text{m}$　$f=\sqrt{f_x^2+f_y^2}=0.16\text{m}$ $K=\frac{f}{\sum D}=\frac{1}{4556}<\frac{1}{2000}$									

3. 支导线的坐标计算

支导线中没有多余观测值，因此也没有闭合差产生，导线转折角和计算的坐标增量不需要进行改正。支导线的计算步骤为：

1）根据观测的转折角推算各边坐标方位角。

2）根据各边坐标方位角和边长计算坐标增量。

3）根据各边的坐标增量推算各点的坐标。

以上各计算步骤的计算方法同闭合导线。

7.3 小三角测量

小三角测量与导线测量相比，量边工作量大为减少。所以在山区、丘陵和城市首级控制网大多采用小三角测量建立平面控制网。三角网常用的基本图形有单三角锁、中点多边形、大地四边形、线形锁等，如图7-10所示。本节只介绍单三角锁测量。

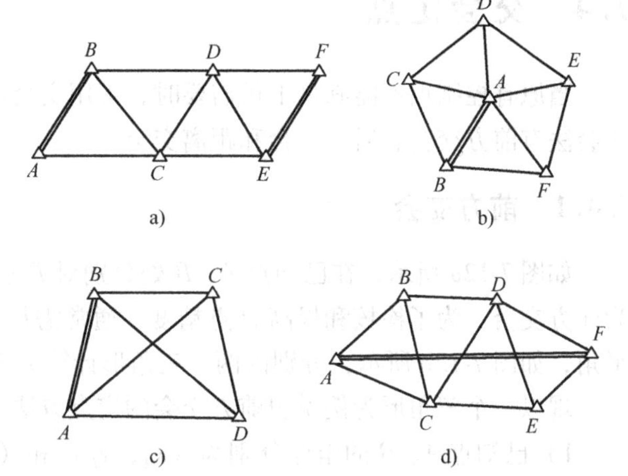

图7-10 小三角网的基本图形

a）单三角锁 b）中点多边形 c）大地四边形 d）线形锁

7.3.1 小三角测量作业

小三角测量外业工作包括踏勘选点及建立标志、角度测量和基线边测量。

1. 踏勘选点及建立标志

同导线测量，选点前要搜集测区已有的地形图和控制点成果，在图上初步拟定布网方案，再到实地踏勘选点。选点应注意以下几点：

1）基线应选在地势平坦，便于量距的地方（用电磁波测距仪测基线，不受此限制）。

2）三角点应选在地势较高、土质坚实的地方，相邻三角点应互相通视。

3）为保证推算边长的精度，三角形内角一般不应小于30°，不大于120°。

小三角点选定后，同导线测量一样应在地面上埋置标志，绘制点之记。

2. 角度测量

角度测量是小三角测量的主要外业工作，有关技术指标见表7-2。三角点照准标志一般用花杆或小标杆，底部对准三角点标志中心，标杆用杆架或三根钢丝拉紧，并保证拉杆垂直。当边长较短时，可用三个支架悬挂垂球，在垂球线上系一小花杆作照准标志，如图7-11所示。

在三角点上，当观测方向是两个时，采用测回法测角；当观测方向为三个或三个以上时，采用全圆测回法。具体测量方法见第3章。

角度测量时应随时计算各三角形角度闭合差f_i，计算式为

$$f_i = (a_i + b_i + c_i) - 180° \tag{7-16}$$

式中　i——三角形序号。

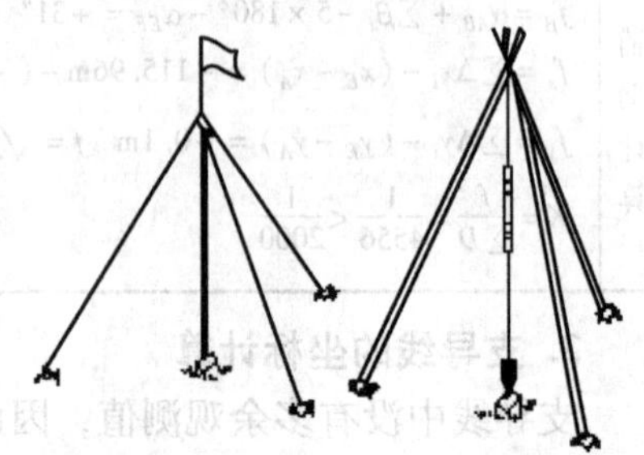

图7-11　小三角点照准标志

若f_i超出表7-2的规定，应重测。角度观测结束后，按菲列罗公式计算测角中误差m_β

$$m_\beta = \pm\sqrt{\frac{[f_i f_i]}{3n}} \tag{7-17}$$

3. 基线测量

一般采用电磁波测距测量三角网起始边的平距。若采用钢尺丈量时，要用精密丈量方法。

7.4　交会定点

当原有控制点不能满足工程需要时，可用交会法加密控制点，称为交会法定点。常用的交会法有前方交会、后方交会和距离交会。

7.4.1　前方交会

如图7-12a所示，在已知点A、B处分别对P点观测了水平角α和β，求P点坐标，称为前方交会。为了检核和提高P点精度，通常需从三个已知点A、B、C分别向P点观测水平角，如图7-12b所示，分别由两个三角形计算P点坐标。

现以一个三角形为例说明前方交会的定点方法。

1）已知点A、B的坐标分别为（x_A，x_B）和（y_A，y_B），计算已知边AB的方位角和边长为

$$\left.\begin{aligned} \alpha_{AB} &= \arctan\frac{y_B - y_A}{x_B - x_A} \\ D_{AB} &= \sqrt{(x_B - x_A)^2 + (y_B - y_A)^2} \end{aligned}\right\} \tag{7-18}$$

2）在A、B两点设站，测出水平角α、β，再推算AP和BP边的坐标方位角和边长，由图7-12a得

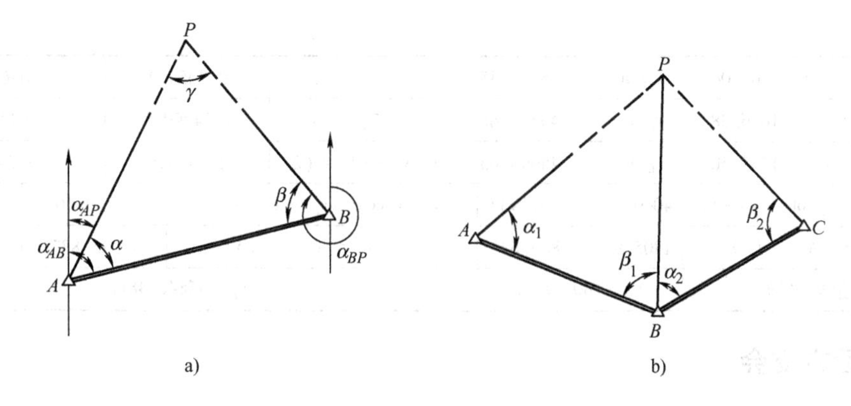

图7-12 前方交会

$$\left.\begin{aligned}\alpha_{AP} &= \alpha_{AB} - \alpha \\ \alpha_{AB} &= \alpha_{BA} + \beta\end{aligned}\right\} \tag{7-19}$$

$$\left.\begin{aligned}D_{AP} &= \frac{D_{AB}\sin\beta}{\sin\gamma} \\ D_{BP} &= \frac{D_{AB}\sin\alpha}{\sin\gamma}\end{aligned}\right\} \tag{7-20}$$

$$\gamma = 180° - (\alpha + \beta) \tag{7-21}$$

3）最后计算 P 点坐标。分别由 A 点和 B 点按下式推算 P 点坐标，并校核。

$$\left.\begin{aligned}x_P &= x_A + D_{AP}\cos\alpha_{AP} \\ y_P &= y_A + D_{AP}\sin\alpha_{AP}\end{aligned}\right\} \tag{7-22}$$

$$\left.\begin{aligned}x_P &= x_B + D_{BP}\cos\alpha_{BP} \\ y_P &= y_B + D_{BP}\sin\alpha_{BP}\end{aligned}\right\} \tag{7-22a}$$

下面介绍一种应用 A、B 坐标分别为（x_A，x_B）和（y_A，y_B）和在 A、B 两点设站，测出的水平角 α、β 直接计算 P 点坐标的公式，公式推导从略。

$$\left.\begin{aligned}x_P &= \frac{x_A\cot\beta + x_B\cot\alpha + (y_B - y_A)}{\cot\alpha + \cot\beta} \\ y_P &= \frac{y_A\cot\beta + y_B\cot\alpha - (x_B - x_A)}{\cot\alpha + \cot\beta}\end{aligned}\right\} \tag{7-23}$$

应用式（7-23）时，可以直接利用计算器，但要注意 A、B、P 的点号须按逆时针次序排列（见图7-12）。前方交会计算见表7-20。

表7-20 前方交会计算表

略图与公式	$x_P = \frac{x_A\cot\beta + x_B\cot\alpha + (y_B - y_A)}{\cot\alpha + \cot\beta}$ $y_P = \frac{y_A\cot\beta + y_B\cot\alpha - (x_B - x_A)}{\cot\alpha + \cot\beta}$	观测数据	α_1	54°48′00″
			β_1	32°51′00″
			α_2	56°23′21″
			β_2	48°30′58″

（续）

已知数据	x_A/m	1807.04	y_A/m	45719.85	（1）$\cot\alpha$	0.705422	0.66467
	x_B/m	1646.38	y_B/m	45830.66	（2）$\cot\beta$	1.5479029	0.884224
	x_C/m	1765.50	y_C/m	45998.65	（3）=（1）+（2）	2.253325	1.548894
（4）$x_A\cot\beta + x_B\cot\alpha + y_B - y_A$		4069.325	2802.937	（6）$y_A\cot\beta + y_B\cot\alpha - x_B + x_A$		103260.504	71049.513
（5）x_P =（4）/（3）		1805.920	1809.637	（7）y_P =（6）/（3）		45825.837	45871.126
P 点最后坐标		x_P = 1807.78m		y_P = 45848.48m			

7.4.2 后方交会

1. 后方交会方法

图7-13 所示中 A、B、C 为已知点，将经纬仪安置在 P 点上，观测 P 点至 A、B、C 各方向的夹角为 γ_1、γ_2。根据已知点坐标，即可推算 P 点坐标，这种方法称为后方交会。其优点是不必在多个点上设站观测，野外工作量少，故当已知点不易到达时，可采用后方交会法确定待定点。后方交会法计算工作量大，计算公式很多，这里仅介绍其中一种计算方法——全切公式法。

下面介绍具体定点方法：

1）根据已知点 A、B、C 的坐标（x_A，y_A）、（x_B，y_B）、（x_C，y_C）利用坐标反算公式计算 AB、BC 坐标方位角 α_{AB}、α_{BC} 和边长 a、c。

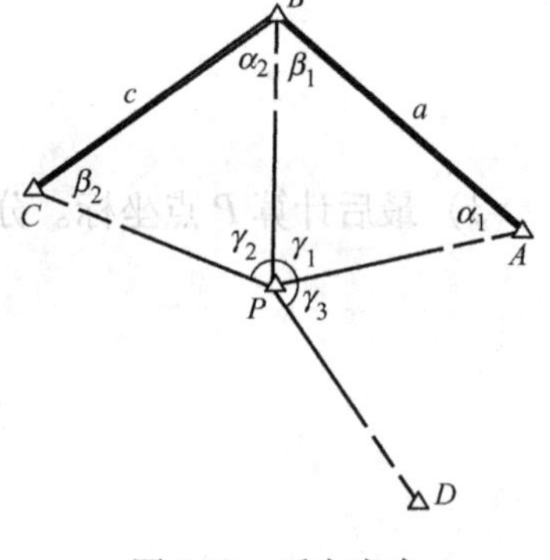

图 7-13　后方交会

2）计算 α_1、β_2。从图 7-13 可知，$\alpha_{BC} - \alpha_{BA} = \alpha_2 + \beta_1$，又因

$$\alpha_1 + \beta_1 + \alpha_2 + \beta_2 + \gamma_1 + \gamma_2 = 360°$$

$$\alpha_1 + \beta_2 = 360° - (\alpha_2 + \beta_1 + \gamma_1 + \gamma_2) = \theta \quad (7\text{-}24)$$

所以

$$\beta_2 = \theta - \alpha_1 \quad (7\text{-}25)$$

在△APB 和△BPC 中，根据正弦定理可得

$$\frac{a\sin\alpha_1}{\sin\gamma_1} = \frac{c\sin\beta_2}{\sin\gamma_2} = \frac{c\sin(\theta - \alpha_1)}{\sin\gamma_2}$$

$$\sin(\theta - \alpha_1) = \frac{a\sin\alpha_1\sin\gamma_2}{c\sin\gamma_1}$$

经过整理可得

$$\tan\alpha_1 = \frac{a\sin\gamma_2}{c\sin\gamma_1\sin\theta} + \cot\theta \quad (7\text{-}26)$$

根据式（7-25）和式（7-26）可解出 α_1、β_2。

3）计算 α_2、β_1。

$$\beta_1 = 180° - (\alpha_1 + \gamma_1) \quad (7\text{-}27)$$

$$\alpha_2 = 180° - (\beta_2 + \gamma_2) \quad (7\text{-}28)$$

利用 α_2、β_1 之和应等于 $\alpha_{BC} - \alpha_{BA}$ 作检核。

4）用前方交会式（7-23）计算 P 点坐标。为判断 P 点精度，必须在 P 点对第四个已知

点 D 进行观测，测出 γ_3。利用已计算出的 P 点坐标和 A、D 两点坐标反算 α_{PA}、α_{PD}，求出 γ_3 为

$$\begin{aligned}\gamma_3 &= \alpha_{PD} - \alpha_{PA} \\ \Delta\gamma &= \gamma_3 - \gamma_3'\end{aligned} \tag{7-29}$$

对于图根点，$\Delta\gamma$ 的允许值为 $\pm 40''$。

2. 危险圆

危险圆是指在后方交会时，如图 7-14 所示，待定点 P 和已知点 A、B、C 刚好都在一个圆上，在只测角的情况下，由于 P 点在圆周上，其余已知两点的交角是固定不变的，所以 P 点的位置不确定。后方交会存在危险圆的根本原因是因为它只测角，它通过角度来计算 P 点坐标。

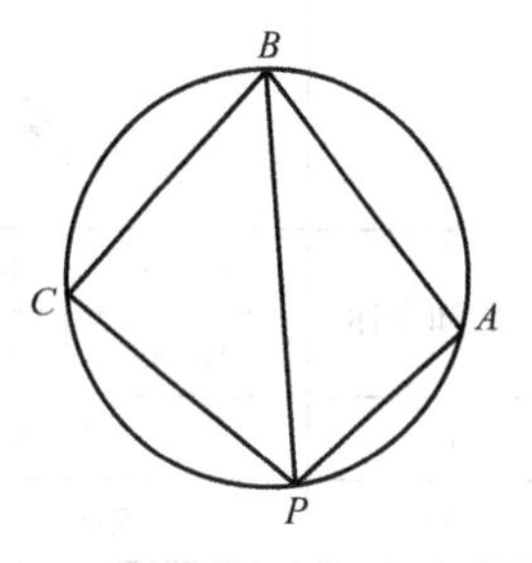

图 7-14 危险圆

危险圆并不是说测点正好落在圆上，而是落在四点共圆的一个圆环区域内，一般认为这个圆环区域的半径为 $R\pm 20\text{m}$。

7.4.3 距离交会

随着电磁波测距仪的应用，距离交会也成为加密控制点的一种常用方法。如图 7-15 所示，在两个已知点 A、B 上分别量至待定点 P_1 的边长 D_A、D_B，求解 P_1 点坐标，称为距离交会。

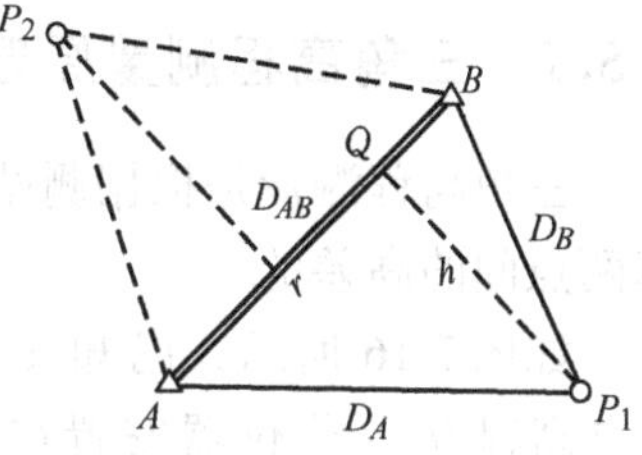

图 7-15 距离交会

下面介绍具体定点方法：

1）根据已知点 A、B 坐标（x_A，y_A）、（x_B，y_B）求方位角 α_{AB} 和边长 D_{AB}。

2）过 P_1 点作 AB 垂线交于 Q 点。垂距 P_1Q 为 h，AQ 为 γ，利用余弦定理求 A 角

$$D_B^2 = D_{AB}^2 + D_A^2 - 2D_{AB}D_A\cos A$$

$$\cos A = \frac{D_{AB}^2 + D_A^2 - D_B^2}{2D_{AB}D_A} \tag{7-30}$$

$$\left.\begin{aligned}\gamma &= D_A\cos A - \frac{1}{2D_{AB}}(D_{AB}^2 + D_A^2 - D_B^2) \\ h &= \sqrt{D_A^2 - \gamma^2}\end{aligned}\right\} \tag{7-31}$$

3）P_1 点坐标为

$$\left.\begin{aligned}x_{P_1} &= x_A + \gamma\cos\alpha_{AB} - h\sin\alpha_{AB} \\ y_{P_1} &= y_A + \gamma\sin\alpha_{AB} + h\cos\alpha_{AB}\end{aligned}\right\} \tag{7-32}$$

上式 P_1 点在 AB 线段右侧（A、B、P_1 顺时针构成三角形）。若待定点 P_2 在 AB 线段左侧（A、B、P_2 逆时针构成三角形），公式为

$$\left.\begin{aligned}x_{P_2} &= x_A + \gamma\cos\alpha_{AB} + h\sin\alpha_{AB} \\ y_{P_2} &= y_A + \gamma\cos\alpha_{AB} - h\cos\alpha_{AB}\end{aligned}\right\} \tag{7-33}$$

距离交会计算表举例见表 7-21。

表 7-21　距离交会计算表

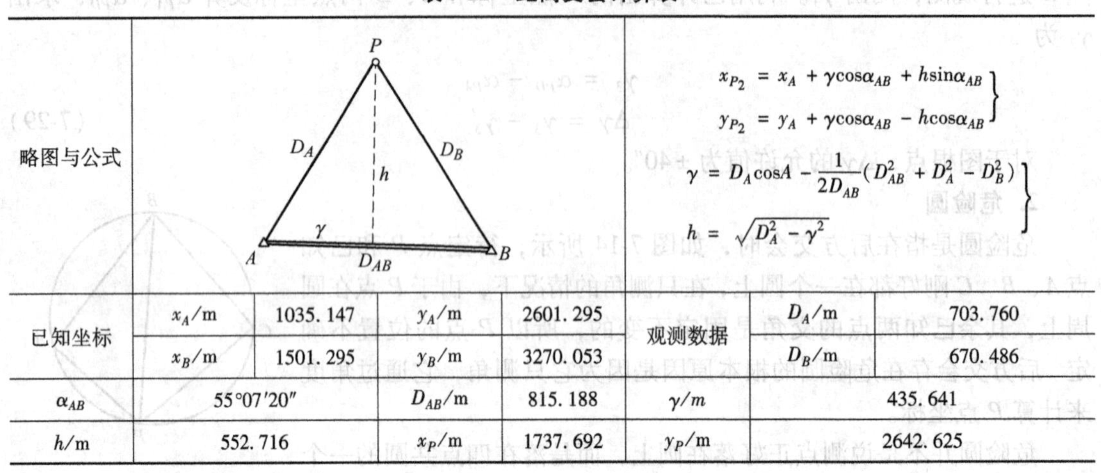

略图与公式	$x_{P_2}=x_A+\gamma\cos\alpha_{AB}+h\sin\alpha_{AB}$ $y_{P_2}=y_A+\gamma\cos\alpha_{AB}-h\cos\alpha_{AB}$ $\gamma=D_A\cos A-\frac{1}{2D_{AB}}(D_{AB}^2+D_A^2-D_B^2)$ $h=\sqrt{D_A^2-\gamma^2}$						
已知坐标	x_A/m	1035.147	y_A/m	2601.295	观测数据	D_A/m	703.760
	x_B/m	1501.295	y_B/m	3270.053		D_B/m	670.486
α_{AB}	55°07′20″		D_{AB}/m	815.188	γ/m	435.641	
h/m	552.716		x_P/m	1737.692	y_P/m	2642.625	

7.5　三角高程测量

当地面两点间的地形起伏较大而不便于水准施测时，可应用三角高程测量的方法测定两点间的高差从而求得高程。该法较水准测量精度低，常用于山区各种比例尺测图的高程控制。

7.5.1　三角高程测量原理

三角高程测量是根据测站与待测点之间的水平距离和测站向目标点所观测的竖直角来计算两点间的高差的。

如图 7-16 所示，已知 A 点高程 H_A，欲求 B 点高程 H_B。将仪器安置在 A 点，照准 B 目标顶端 M，测得竖直角 α。量取仪器高 i 和目标高 s。如果测得 AM 之间的距离 D'，则高差 h_{AB} 为

$$h_{AB}=D'\sin\alpha+i-s \tag{7-34}$$

如果两点间平距为 D，则 A、B 两点的高差为

$$h_{AB}=D\tan\alpha+i-s \tag{7-35}$$

B 点高程为

$$H_B=H_A+h_{AB}$$

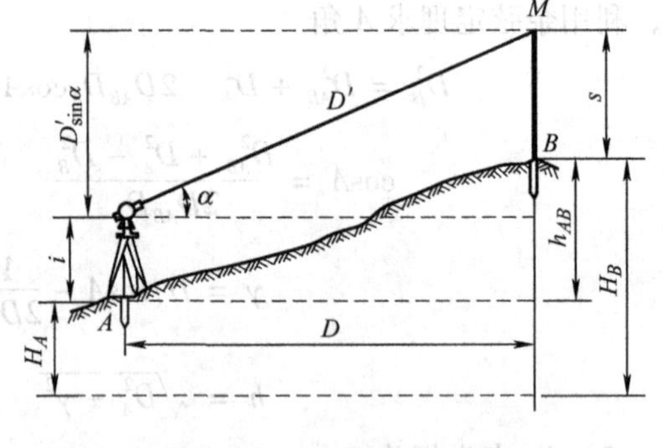

图 7-16　三角高程测量原理

7.5.2　三角高程测量的观测和计算

（1）三角高程测量的观测

1）安置经纬仪于测站上，量取仪器高 i 和目标高 s。

2）当中丝瞄准目标时，将竖盘水准管气泡居中，读取竖盘读数。必须以盘左、盘右进行观测。

3）竖直角观测测回数与限差应符合表7-22的规定。

4）用电磁波测距仪测量两点间的倾斜距离 D'，或用三角测量方法计算得两点间的水平距离 D。竖直角观测测回数及限差见表7-22。

表7-22　竖直角观测测回数及限差表

项目＼仪器＼等级	四等和一、二级小三角		一、二、三级导线	
	DJ_2	DJ_6	DJ_2	DJ_6
测回数	2	4	1	2
各测回竖直角限差	15″	25″	15″	25″

（2）三角高程测量的计算　三角高程测量往返测所得的高差之差（经两差改正后）不应大于0.1D（D为边长，以km为单位）。三角高程测量路线应组成闭合附合路线，每边均取对向观测，观测结果列于图上，其路线高差闭合差 f_h 的允许值按下式计算

$$f_{h允} = \pm 0.05\sqrt{\sum D^2} \tag{7-36}$$

若 $f_h \leqslant f_{h允}$，则将闭合差按与边长成正比分配给各高差，再按调整后的高差推算各点的高程。

思考题与习题

7-1　导线的布设形式有哪些？各适用于什么情况？

7-2　选择导线点应注意哪些问题？导线的外业工作包括哪些内容？

7-3　导线测量内业计算平差的工作有哪些？依据的原则有哪些？

7-4　什么情况下采用三角高程测量？简述其操作过程。

7-5　小三角网的布设形式有哪些？适用范围是什么？

7-6　已知直线 AB 的坐标方位角 $\alpha_{AB}=273°10'30''$，直线 BC 的反方位角为312°40′10″。计算折线 ABC 前进方向的右角。

7-7　A、B 两点的坐标为 $x_A=1237.52$m，$y_A=976.03$m；$x_B=1176.02$m，$y_B=1017.35$m。试求：①AB 水平距离；②AB 边坐标方位角。

7-8　如图7-17所示，已知 $x_A=223.456$m，$y_A=234.567$m，$x_B=154.147$m，$y_B=274.567$m，$\beta_1=254°$，$D_1=90$m，$\beta_2=70°08'56''$，$D_2=96.387$m，试求 P 点的坐标（x_P，y_P）。

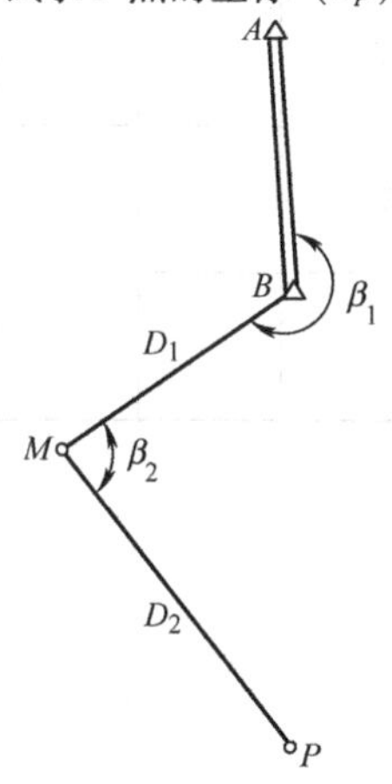

图7-17　思考题与习题7-8图

7-9　闭合导线 1-2-3-4-5-1 的已知数据及观测结果列于表 7-23 中，计算各导线点的坐标。并画出各导线点相对位置的草图。

表 7-23　闭合导线计算表

点号	右角观测值	改正后角度值	坐标方位角	边长/m	坐标增量/m		改正后坐标增量/m		坐标/m	
					Δx	Δy	Δx	Δy	x	y
1	87°51′12″								500.00	500.00
			126°45′00″	107.61						
2	150°20′12″									
				72.44						
3	125°06′42″									
				179.92						
4	87°29′12″									
				179.38						
5	89°13′42″									
				224.50						
1										

7-10　附合导线的已知数据及观测数据列于表 7-24 中，计算附合导线各点坐标，并画出各导线点的相对位置草图。

表 7-24　附合导线计算表

点号	右角观测值	改正后角度值	坐标方位角	边长/m	坐标增量/m		改正后坐标增量/m		坐标/m	
					Δx	Δy	Δx	Δy	x	y
A										
			45°00′00″							
B	120°30′00″								200.00	200.00
				297.26						
1	212°15′30″									
				187.81						
2	145°10′00″									
				93.40						
C	170°18′48″								155.37	756.06
			116°44′48″							
D										

第 8 章

地形测量及地形图的应用

本章重点

1. 比例尺及其精度。
2. 地物和地貌的表示方法。
3. 大比例尺地形图测绘方法。
4. 地形图的识读。
5. 地形图的基本应用与工程应用。

8.1 地形图的基本知识

地物是指地面上天然形成或人工建造的物体，如湖泊、河流、海洋、房屋、道路、桥梁等；地貌是指地表高低起伏的形态，如山地、丘陵和平原等，地物和地貌总称为地形。地形图是按一定的比例尺，通过综合取舍，用规定的符号表示的地物、地貌平面位置和高程的正射投影图。

8.1.1 比例尺

图上任一线段长度 d 与地上相应线段水平距离 D 之比，称为图的比例尺。常见的比例尺有两种：数字比例尺和直线比例尺。用分子为 1 的分数式来表示的比例尺，称为数字比例尺，即

$$\frac{d}{D}=\frac{1}{M}$$

式中　M——比例尺分母，表示缩小的倍数，M 越小，比例尺越大，图上表示的地物地貌越详尽。

通常把 1∶500，1∶1000，1∶2000，1∶5000 的比例尺称为大比例尺，1∶10000，1∶25000，1∶50000，1∶100000的称为中比例尺，小于 1∶100000 的称为小比例尺。不同比例尺的地形图有不同的用途。大比例尺地形图多用于各种工程建设的规划和设计，中小比例尺地图多用于国防和经济建设等。

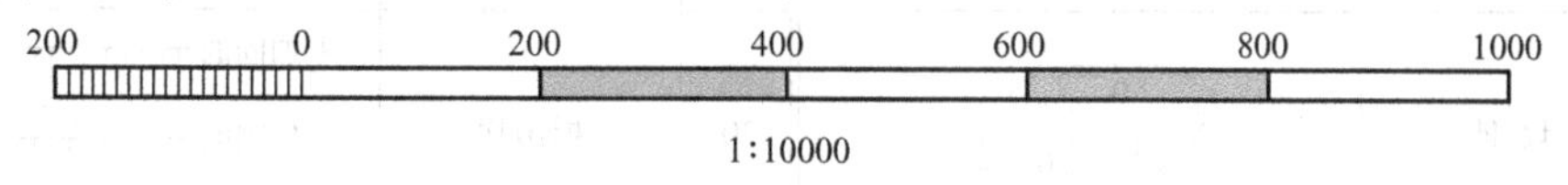

图 8-1　图示比例尺

为了用图方便，以及避免由于图样伸缩而引起的误差，通常在图上绘制图示比例尺，也称直线比例尺。图 8-1 所示为 1∶10000 的图示比例尺，在两条平行线上分成若干段 2cm 长的线段，称为比例尺的基本单位，左端一段基本单位细分成 10 等分，每等分相当于实地 20m，每一基本单位相当于实地 200m。

人眼正常的分辨能力，在图上辨认的长度通常认为 0.1mm，它在地上表示的水平距离

0.1mm × *M*，称为比例尺精度。利用比例尺精度，根据比例尺可以推算出测图时量距应准确到什么程度。例如，1∶1000 地形图的比例尺精度为0.1m，测图时量距的精度只需0.1m，小于0.1m 的距离在图上表示不出来。反之，根据图上表示实地的最短长度，可以推算测图比例尺。例如，欲表示实地最短线段长度为0.5m，则测图比例尺不得小于1∶5000。

比例尺越大，采集的数据信息越详细，精度要求就越高，测图工作量和投资往往成倍增加，因此使用何种比例尺测图，应从实际需要出发，不应盲目追求更大比例尺的地形图。

8.1.2 地形图图示

为了便于测图和用图，用各种符号将地物和地貌表示在图上，这些符号为地形图图示。图示由国家测绘部门统一颁布。地形图图示中的符号有三种：地物符号、注记符号、地貌符号，见表8-1。

表8-1 地形图图示

编号	符号名称	图 例	编号	符号名称	图 例
1	三角点	梁山 383.27 3.0	12	小三角点	3.0 狮山 125.34
2	导线点	2.0 112 41.38	13	水准点	2.0 Ⅱ蓉石8 328.903
3	普通房屋	1.5	14	高压线	4.0 1.0
4	水 池	水	15	低压线	4.0 1.0
5	村 庄	1.5 李 村	16	通信线	4.0 1.0
6	学 校	文 3.0	17	砖石及混凝土围墙	10.0
7	医 院	3.0	18	土 墙	10.0 0.5
8	工 厂	工 3.0	19	等高线	首曲线 0.15 计曲线 45 0.3 间曲线 0.15 6.0 1.0
9	坟 地	2.0 2.0	20	梯田坎	未加固的 加固的 1.5 3.0
10	宝 塔	3.5 1.0	21	垄	1.5 0.2
11	水 塔	2.0 1.0 3.5 1.0	22	独立树	阔叶 果树 针叶

（续）

编号	符号名称	图　例	编号	符号名称	图　例
23	公 路	0.15 沥 砾 0.3	34	路 堤	1.5 0.8
24	大车路	2.0 8.0 0.15 0.15	35	土 堤	1.5 3.0 45.3
25	小 路	4.0 1.0 0.3	36	人工沟渠	
26	铁 路	10.0 0.8	37	输水槽	1.5 45° 1.0
27	隧 道	45° 6.0 2.0 0.3 1.5	38	水 闸	2.0 1.5
28	挡土墙	5.0 0.3	39	河流 溪流	0.15 0.5 清 河 7.0
29	车行桥	45°	40	湖泊 池塘	塘
30	人行桥	45°	41	地类界	0.25 1.5
31	高架公路	0.3 0.5 1.0	42	经济林	3.0 梨 1.5 10.0 10.0
32	高架铁路	1.0	43	水稻田	3.0 10.0 10.0
33	路 堑	1.5 0.8	44	旱 地	1.0 2.0 10.0 10.0

1. 地物符号

(1) 比例符号　轮廓较大的地物，如房屋、运动场、湖泊、森林、田地等，凡能按比例尺把它们的形状、大小和位置缩绘在图上的，称为比例符号。这类符号表示出地物的轮廓特征。

(2) 非比例符号　轮廓较小的地物，或无法将其形状和大小按比例画到图上的地物，如三角点、水准点、独立树、里程碑、水井和钻孔等，则采用一种统一规格、概括形象特征的象征性符号表示，这种符号称为非比例符号，只表示地物的中心位置，不表示地物的形状和大小。

(3) 半比例符号　对于一些带状延伸地物，如河流、道路、通信线、管道等，其长度可按测图比例尺缩绘，而宽度无法按比例表示的符号称为半比例符号，这种符号一般表示地物的中心位置，但是城墙等的准确位置在其符号的底线上。

2. 注记符号

注记符号是对地物和地貌符号的说明和补充。为了表明地物的种类和特性，除用相应的符号表示外，还需配合一定的文字和数字加以说明。

3. 地貌符号

在大比例尺地形图上，最常用的表示地面高低起伏变化的方法是等高线法，所以等高线是常见的地貌符号。

8.1.3　等高线

1. 等高线的概念

等高线是由地面上高程相等的相邻点连接形成的闭合曲线。图 8-2 所示为一山头，设想当水面高程为 90m 时与山头相交得一条交线，线上各点高程均为 90m。若水面向上涨 5m，又与山头相交得一条高程为 95m 的交线。若水面继续上涨至 100m，又得一条高程为 100m 的交线。将这些交线垂直投影到水平面得三条闭合的曲线，这些曲线称为等高线，注上高程，就可在图上显示出山头的形状。

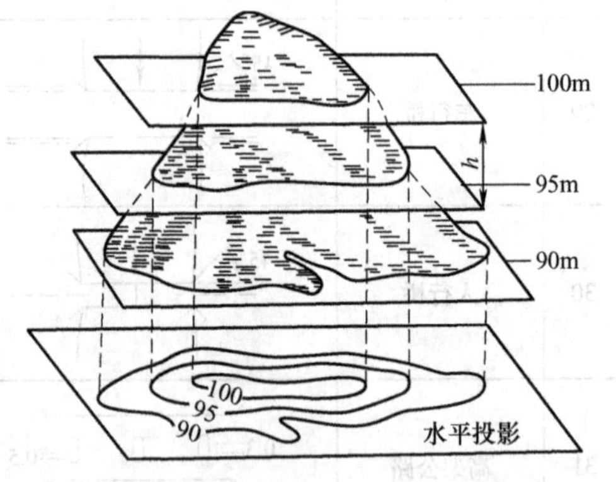

图 8-2　用等高线表示地貌的方法

2. 等高距和等高线平距

相邻等高线之间的高差 h，称为等高距或等高线间隔，在同一幅地形图上，等高距是相同的，相邻等高线间的水平距离 d，称为等高线平距。由图可知，d 越大，表示地面坡度越缓，反之越陡。坡度与平距成反比。

用等高线表示地貌，等高距选择过大，就不能精确显示地貌；反之，选择过小，等高线密集，失去图面的清晰度。因此，应根据地形和比例尺参照表 8-2 选用等高距。

3. 典型地貌的等高线

(1) 山头和洼地　图 8-3a、b 分别表示山头和洼地的等高线，它们都是一组闭合曲线，其区别在于：山头的等高线由外圈向内圈高程逐渐增加，洼地的等高线由外圈向内圈高程逐渐减小，这样就可以根据高程注记区分山头和洼地。也可以用示坡线来指示斜坡向下的方向。在山头、洼地的等高线上绘出示坡线，有助于地貌的识别。

表8-2　地形图的基本等高距

地形类别	比例尺				备注
	1:500	1:1000	1:2000	1:5000	
平地	0.5m	0.5m	1m	2m	等高距为0.5m时，特征点高程可注至cm，其余均为注至dm
丘陵	0.5m	1m	2m	5m	
山地	1m	1m	2m	5m	

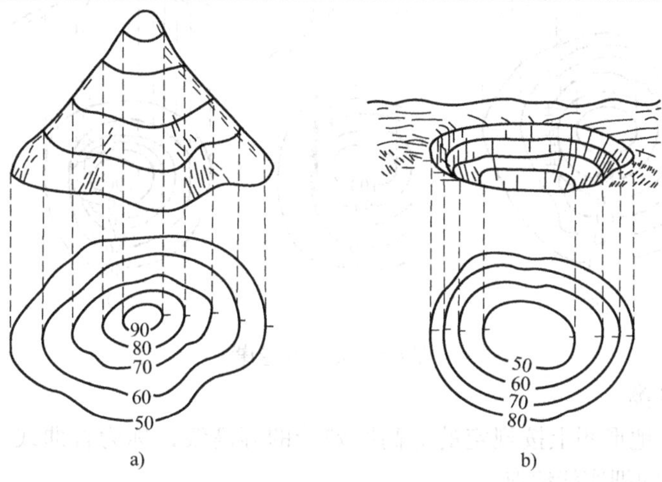

图8-3　山头和洼地

a）山头　b）洼地

（2）山脊和山谷　图8-4a所示为山脊与山谷的等高线，均与抛物线形状相似。山脊的等高线是凸向低处的曲线，各凸出处拐点的连线称为山脊线或分水线。山谷的等高线是凸向高处的曲线各凸出处拐点的连线称为山谷线或集水线。山脊或山谷两侧山坡的等高线近似于一组平行线。

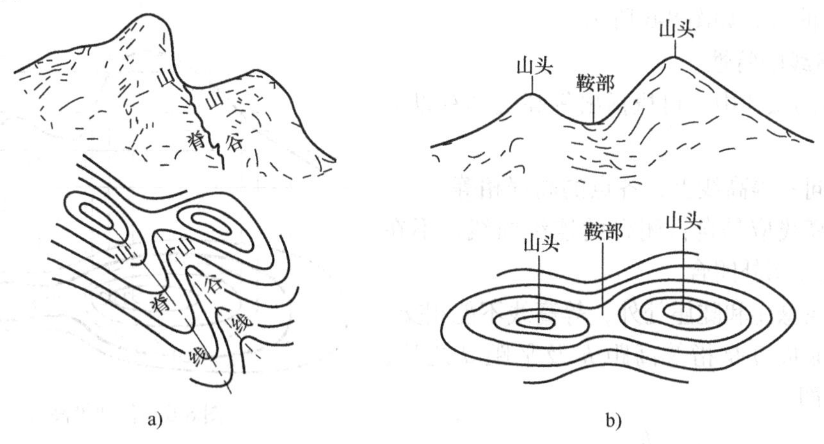

图8-4　山脊、山谷和鞍部

（3）鞍部　相邻两个山头之间呈马鞍形的低凹部分称为鞍部。鞍部是山区道路选线的重要位置。鞍部左右两侧的等高线是近似对称的两组山脊线和两组山谷线，如图8-4b所示。

（4）陡崖和悬崖　陡崖是坡度在70°以上的陡峭崖壁，有石质和土质之分。如果用等高线表示，将是非常密集或重合为一条线，因此采用陡崖符号来表示，如图8-5a、b所示。悬崖是上部凸出、下部凹进的陡崖。悬崖上部的等高线投影到水平面时，与下部的等高线相交，下部凹进的等高线部分用虚线表示，如图8-5c所示。

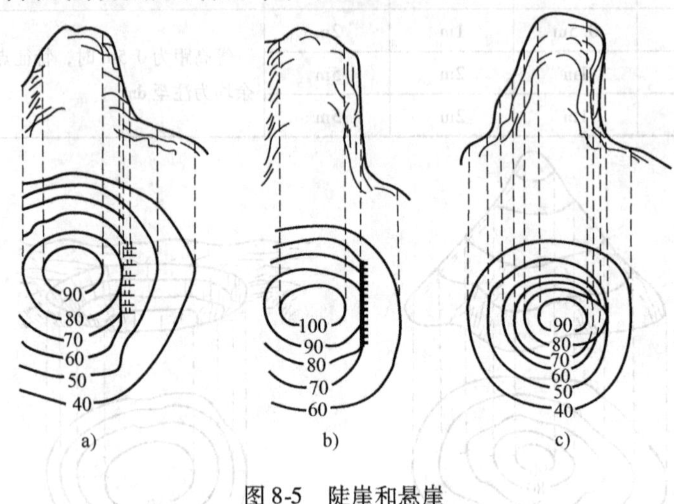

图8-5　陡崖和悬崖

4. 等高线的分类

（1）首曲线　地形图上按规定的等高距勾绘的等高线，称为首曲线或基本等高线。首曲线用0.15mm宽的细实线绘制。

（2）计曲线　从零米起算，每隔四条首曲线加粗一条等高线，该等高线称为计曲线。计曲线的高程值总是为等高距的5倍。计曲线用0.3mm宽的粗实线绘制。

（3）间曲线和助曲线　对于坡度很小的局部区域。当用基本等高线不足以反映地貌特征时，可按1/2基本等高距加绘一条等高线，该等高线称为间曲线。间曲线用0.15mm宽的长虚线绘制，可以不闭合。更加细小的变化还可用四分之一基本等高距用短虚线加密的等高线，称为助曲线，如图8-6所示。

5. 等高线的特性

从上面的叙述中，可概括出等高线具有以下几个特性：

1）在同一等高线上，各点的高程相等。

2）等高线应是自行闭合的连续曲线，不在图内闭合就在图外闭合。

3）除在悬崖和陡崖处外，等高线不能相交。

4）地面坡度是指等高距 h 及平距 d 之比，用 i 表示，即

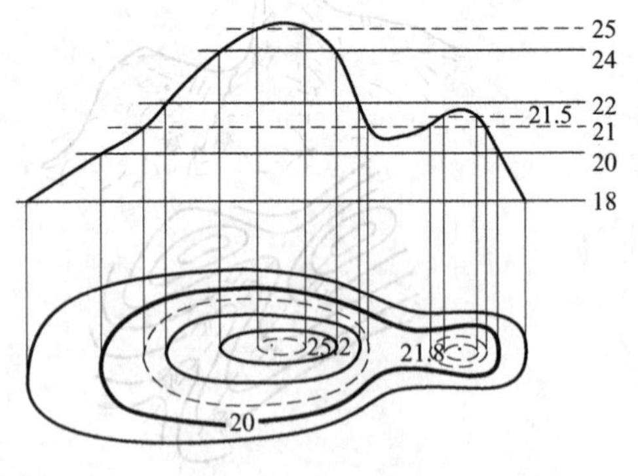

图8-6　各种等高线

$$i = \frac{h}{d}$$

在等高距 h 不变的情况下，平距 d 越小，即等高线越密，则坡度越陡。反之，如果平距 d 越大，等高线越疏，则坡度越缓。当几条等高线的平距相等时，表示坡度均匀。

5）等高线通过山脊线及山谷线，必须改变方向，而且与山脊线、山谷线垂直相交。

8.1.4　地形图的分幅与编号

为了便于地形图的管理和使用，地形图需要进行分幅和编号。中小比例尺的分幅和编号采用国际分幅（梯形分幅）和编号的方法，大比例尺图可按矩形或正方形分幅和编号的方法。

1. 国际分幅

（1）1∶1000000 地形图的分幅和编号　1∶1000000 地形图的分幅和编号是国际统一的。它是我国基本比例尺地形图分幅和编号的基础。如图 8-7 所示，从赤道向北或向南分别按纬差 4°各分成 22 个横列，各列依次用 A，B，C，…，V 表示。从经度 180°起自西向东按经差 6°分成 60 个纵行，每行依次用 1，2，3，…，60 表示。这样，每幅 1∶1000000 地形图就是由纬差 4°和经差 6°的经纬线所划分成的梯形图幅，编号方法是“横列－纵行”。例如，北京某地 A 的纬度为北纬 37°54′30″，经度为东经 117°28′06″，其所在 1∶1000000 地形图的编号为 J50。

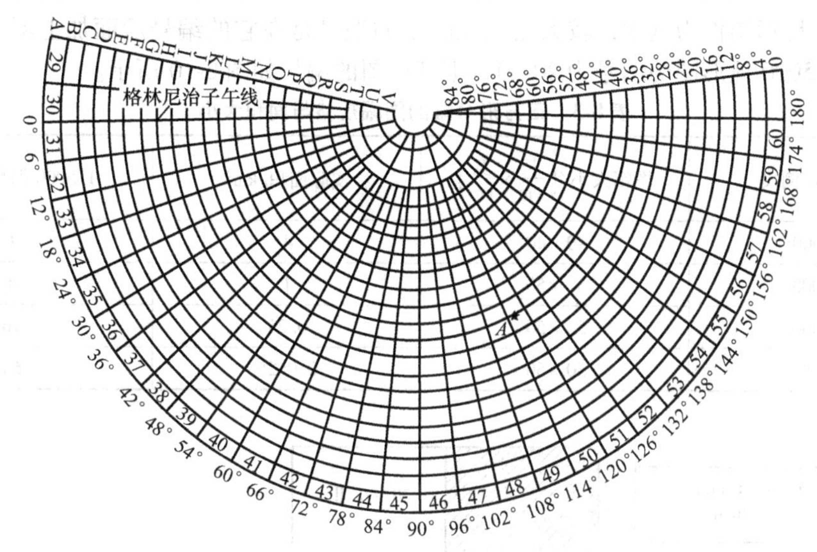

图 8-7　1∶1000000 地形图分幅与编号

（2）1∶500000～1∶5000 地形图的编号　1∶500000～1∶5000 地形图的编号均以1∶1000000 地形图编号为基础，采用行列编号方法，即将 1∶1000000 地形图按所含各比例尺地形图的经差和纬差划分成若干行和列，行从上到下、列从左到右按顺序分别用三位阿拉伯数字（数字码）表示，不足三位者前面补零，取行号在前、列号在后的排列形式标记；各比例尺地形图分别采用不同的字符作为其比例尺的代码；1∶500000～1∶5000 地形图的图号均由其所在 1∶1000000 地形图的图号、比例尺代码和各图幅的行列号共十位码组成。如图 8-8 所示。

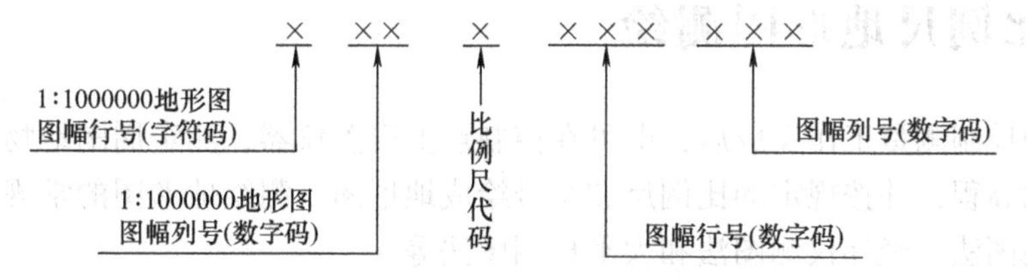

图 8-8　1∶500000～1∶5000 地形图的编号

例如，北京某地 A 的（图中灰色区域）所在 1∶250000 地形图的编号为：J50C003003，如图 8-9 所示。

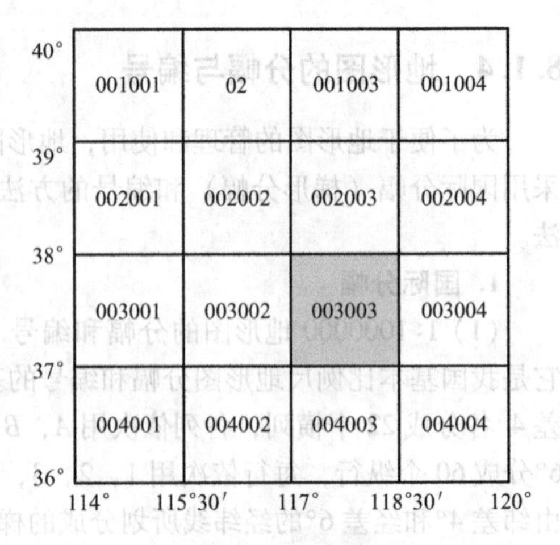

图 8-9　地形图编号

2. 地形图的正方形（或矩形）分幅与编号方法

为了适应各种工程设计和施工的需要，对于大比例尺地形图，大多按纵横坐标格网线进行等间距分幅，即采用正方形分幅与编号方法。正方形分幅的图幅规格与面积大小见表 8-3。

图幅的编号一般采用坐标编号法，由图幅西南角纵坐标 x 和横坐标 y 组成编号，1∶5000 坐标值取至 km，1∶2000、1∶1000 取至 0.1km，1∶500 取至 0.01km。例如，某幅 1∶1000 地形图的西南角坐标为 $x=6230\text{km}$、$y=10\text{km}$，则其编号为 6230.0—10.0。也可以采用基本图号法编号，即以 1∶5000 地形图作为基础，较大比例尺图幅的编号是在它的编号后面加上罗马数字。例如，一幅 1∶5000 地形图的编号为 20-60，则其他图的编号如图 8-10 所示。

表 8-3　正方形分幅的图幅规格与面积大小

地形图比例尺	图幅大小/$\left(\frac{长}{cm}\times\frac{宽}{cm}\right)$	实际面积/km^2	1∶5000 图幅包含数
1∶5000	40×40	4	1
1∶2000	50×50	1	4
1∶1000	50×50	0.25	16
1∶500	50×50	0.0625	64

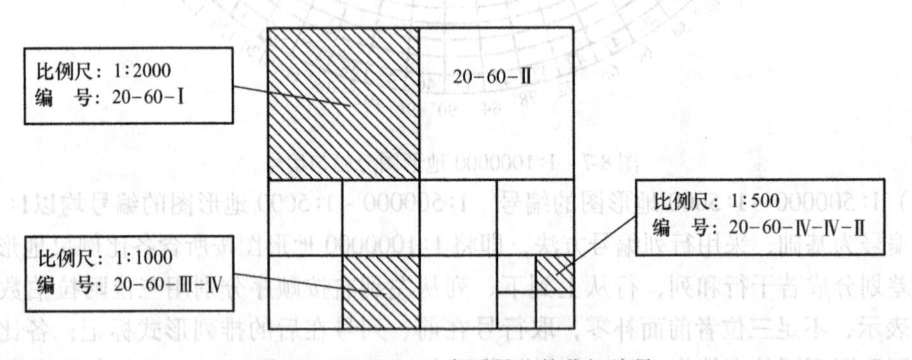

图 8-10　1∶5000 基本图号法的分幅编号

8.2　大比例尺地形图测绘

在测图的控制测量工作完成后，即可在控制点上安置仪器，测定周围地物、地貌特征点的平面位置和高程，并按规定的比例尺和符号绘成地形图。测绘地形图的常规方法有小平板联合经纬仪测图法、经纬仪测图法和大平板测图法等。

8.2.1 测图前的准备工作

1. 图纸的准备

大比例尺地形图的图幅大小一般为50cm×50cm、50cm×40cm、40cm×40cm。为保证测图的质量，应选择优质绘图纸。一般临时性测图，可直接将图纸固定在图板上进行测绘；需要长期保存的地形图，为减小图纸的伸缩变形，通常将图纸裱糊在锌板、铝板或胶合板上。目前各测绘部门大多采用聚酯薄膜代替绘图纸，它具有透明度好、伸缩性小、不怕潮湿、牢固耐用等特点。聚酯薄膜图纸的厚度为0.07~0.1mm，表面打毛，可直接在底图上着墨复晒蓝图，如果表面不清洁，还可用水洗涤，因而方便和简化了成图的工序。但聚酯薄膜易燃，易折和老化，故在使用保管过程中应注意防火防折。

2. 坐标格网的绘制

为了准确地将图根控制点展绘在图纸上，首先要在图纸上精确地绘制10cm×10cm的直角坐标格网。绘制坐标格网可用坐标仪或坐标格网尺等专用仪器工具，如无上述仪器工具，则可按下述对角线法绘制。

如图8-11所示，先在图纸上画出两条对角线，以交点M为圆心，取适当长度为半径画弧，与对角线相交得A、B、C、D点，用直线连接各点，得矩形$ABCD$。再从A、D两点起分别沿AB、DC方向每隔10cm定一点，连接各对应边的相应点，即得坐标格网。坐标格网画好后，要用直尺检查各格网的交点是否在同一直线上，如图8-11中ab直线，其偏离值不应超过0.2mm。检查10cm小方格网对角线长度（14.14cm）误差不应超过0.3mm，如超限，应重新绘制。

3. 展绘控制点

展绘控制点前，要按本图的分幅，将格网线的坐标值注在左、下格网边线外侧的相应格网线处，如图8-12所示。展点时，先要根据控制点的坐标，确定所在的方格。如控制点A的坐标$x_A=647.43$，$y_A=634.52$m，可确定其位置应在$plmn$方格内。然后按y坐标值分别从l、p点按测图比例尺向右各量取34.52m，得a、b点。同法，从p、n点向上各量取47.43m；得c、d两点。连接ab和cd，其交点即为A点的位置。同法将图幅内所有控制点展绘在图纸上，并在点的右侧以分数形式注明点号及高程（分子为点号、分母为高程），如图8-12中1、2、3、4、5点。最后用比例尺量出各相邻控制点之间的距离，与相应的实地距离比较，其差值不应超过图上0.3mm，若超过限差应查找原因，修正错误的点位。

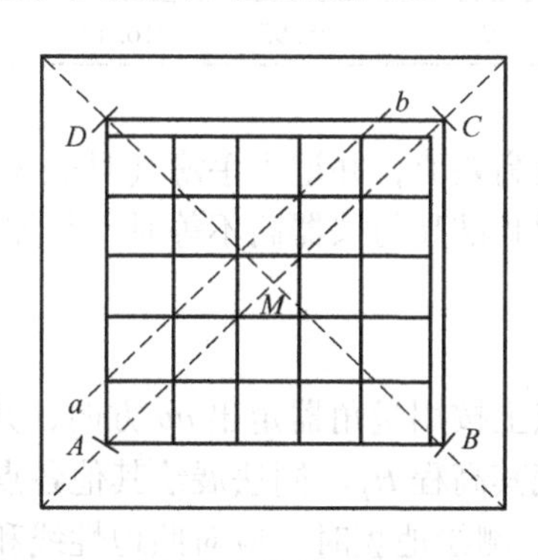

图8-11 对角线法绘制坐标格网示意图

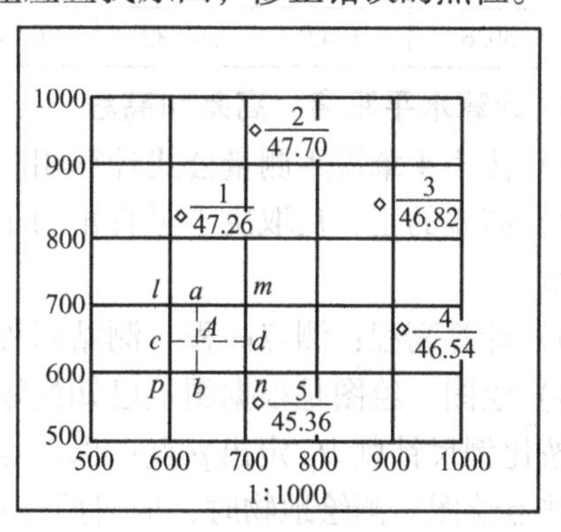

图8-12 展绘控制点示意图

8.2.2 经纬仪测图法

如图 8－13 所示，将经纬仪安置于测站点（如导线点 A）上，将测图板（不需置平，仅供作绘图台用）安置于测站旁，用经纬仪测定碎部点方向与已知（后视）方向之间的夹角，用视距测量方法测定测站到碎部点的水平距离和高差，然后根据测定数据按极坐标法，用量角器和比例尺把碎部点的平面位置展绘于图纸上，并在点位的右侧注明高程，再对照实地勾绘地形图。这个方法的特点是在野外边测边绘，优点是便于检查碎部点有无遗漏及观测、记录、计算、绘图有无错误；就地勾绘等高线，地形更为逼真。此法操作简单灵活，适用于各类地区的测图工作。经纬仪测绘法在一个测站上的作业步骤简述如下。

1. 安置仪器

1）安置经纬仪于图根控制点 A 上，对中、整平，量取仪器高 i，记入碎部测量手簿（见表 8-4）。

2）定向。将水平度盘读数置为 0°00′，后视另一个控制点 B 如图 8-13 所示，方向 AB 称为零方向（或称后视方向）。

3）测定竖盘指标差 x，记入手簿；或利用竖盘指标水准管一端的校正螺钉将 x 校正为 0。若使用竖盘指标自动安平的经纬仪，应检查自动安平补偿器的正确性。

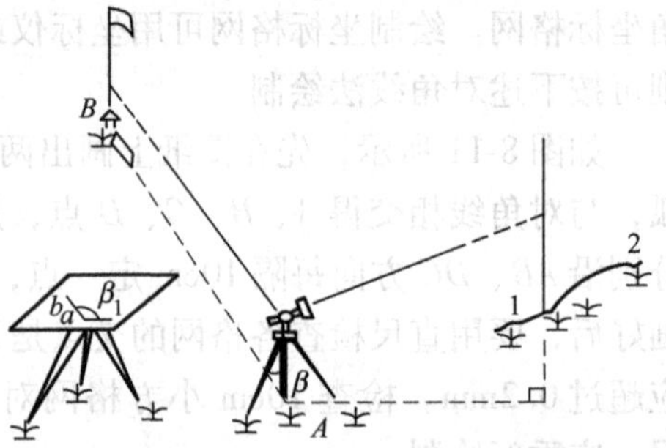

图 8-13　经纬仪测绘法示意图

2. 测定碎部点

1）立尺。立尺员依次将视距尺立在选好的地物和地貌特征点上。

2）观测。按顺序读出上、中、下三丝读数及竖直角、水平角，记入手簿（见表 8-4）。

表 8-4　地形测量手簿

测站：A4　后视点：A3　仪器高 i：1.42m　指标差 x：－1.0　测站高程 H：207.40m

点号	视距 $K\cdot l$ /m	中丝读数 v	水平角 β	竖盘读数 L	竖直角 α	高差 h /m	水平距离 D/m	高程 /m	备注
1	85.0	1.42	160°18′	85°48′	4°11′	6.18	84.55	213.58	
2	13.5	1.42	10°58′	81°18′	8°41′	2.02	13.19	209.42	水渠
3	50.6	1.42	234°32′	79°34′	10°25′	9.00	48.95	216.40	

3. 计算水平距离、高差和高程

1）按第 4 章视距测量公式计算相应的水平距离及高差值，并记入手簿（见表 8-4）。

2）高差的正、负取决于竖直角的正、负。当中丝瞄准高与仪器高不等时，须加（$i-1$）改正数。

3）计算高程：测点高程＝测站高程＋改正高差。

4）绘图。绘图是根据图上已知的零方向，在 a 点上按用量角器定出 ap 方向，并在该方向上按比例尺针刺 D_P 定出 p 点；以该点为小数点注记其高程 H_P。同法展绘其他各点，并根据这些点绘图。测绘地物时，应对照外轮廓随测随绘。测绘地貌时，应对照地性线和特殊地貌外缘点勾绘等高线和描绘特征地貌符号。勾绘等高线时，应先勾出计曲线，经对照检查无误，再加密其余等高线。

8.2.3　碎部点的选择

碎部点应选择地物和地貌特征点，即地物和地貌的方向转折点和坡度变化点。碎部点选择是否得当，将直接影响到成图的精度和速度。若选择正确，就可以逼真地反映地形现状，保证工程要求的精度；若选择不当或漏选碎部点，则将导致地形图失真，影响工程设计或施工用图。

1. 地物特征点的选择

地物特征点一般是选择地物轮廓线上的转折点、交叉点，河流和道路的拐弯点，独立地物的中心点等。连接这些特征点，便得到与实地相似的地物形状和位置。测绘地物必须根据规定的测图比例尺，按测量规范和地形图图式的要求，经过综合取舍，将各种地物恰当地表示在图上。

2. 地貌特征点的选择

最能反映地貌特征的是地性线，也称为地貌结构线。它是地貌形态变化的棱线，如山脊线、山谷线、倾斜变换线、方向变换线等。因此，地貌特征点应选在地性线上，如图 8-14 所示。例如，山顶的最高点，鞍部、山脊、山谷的地形变换点，山坡倾斜变换点，山脚地形变换点处须选定碎部点进行测量。

图 8-14　地貌特征点及地性线示意图

8.2.4　勾绘等高线

一边上点，一边参照实地情况进行勾绘。所有的地物、地貌都应按地形图图式规定的符号绘制。城市建筑区和不便于绘等高线的地方，可不绘等高线。其他地区的地貌，则应根据碎部点的高程来勾绘等高线。由于地貌点是选在坡度变化和方向变化处，相邻两点的坡度可视为均匀坡度，所以通过该坡度的等高线之间的平距与高差成正比，这就是内插等高线依据的原理。内插等高线的方法一般有计算法、图解法和目估法三种。现以图 8-15 所示 1、2 两地貌点为例，说明计算法。

如图 8-15 所示，1′、2′为地面上的点位，1、2 为其图上位置。设 1、2 两点的图上距离为 d、基本等高距为 1m，则 1、2 两点之间必有高程为 242m、243m、244m、245m 和 246m 的五条等高线通过，其在 1—2 连线上的具体通过位置 d_1、d_2、d_3、d_4 和 d_5 可按下列公式计算

$$\frac{0.5}{4.6}=\frac{d_1}{d},\quad 则\ d_1=\frac{0.5}{4.6}d=\frac{5}{46}d$$

$$\frac{1.5}{4.6}=\frac{d_2}{d},\quad 则\ d_2=\frac{1.5}{4.6}d=\frac{15}{46}d$$

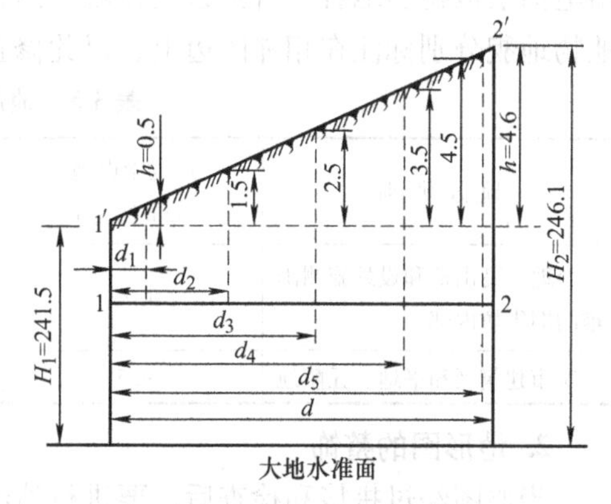

图 8-15　内插等高线原理示意图

上述方法仅说明内插等高线的基本原理，而实用时都是用目估法内插等高线的。目估法内插等高线的步骤如下：

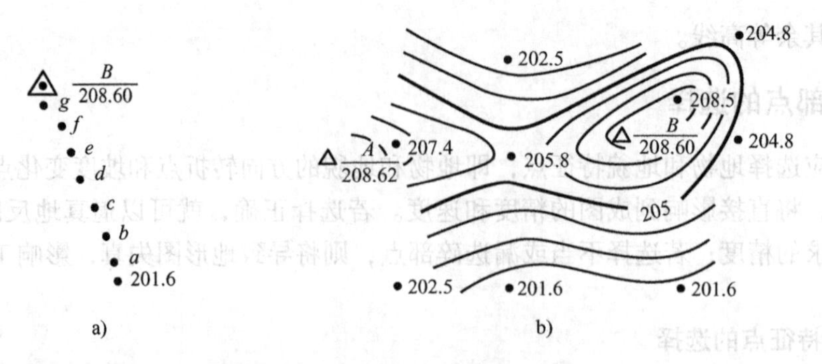

图 8-16 目估法勾绘等高线示意图

1）定有无，即确定两碎部点之间有无等高线通过。

2）定根数，即确定两碎部点之间有几根等高线通过。

3）定两端，如图 8-16 中的 a、g 点。

4）平分中间，图 8-16a 中的 b、c、d、e、f 点。

如图 8-16a 及图 8-16b 所示，设两点的高程分别为 201.6m 和 208.60m，根据目估法定出两点间有 7 根等高线通过，则 a、b、c、d、e、f、g 各点分别为 202～208m 共 7 条等高线通过的位置。用光滑的曲线将高程相等的相邻点连接起来即成等高线。

8.2.5 地形图的拼接，整饰和检查

1. 地形图的拼接

每幅图施测完后，在相邻图幅的连接处，无论是地物或地貌，往往都不能完全吻合，如图 8-17 所示，左、右两幅图边的房屋，道路、等高线都有偏差。如相邻图幅地物和等高线的偏差，不超过表 8-5规定的 $2\sqrt{2}$倍，则取平均位置加以修正。修正时，通常用宽 5～6cm的透明纸蒙在左图幅的接图边上，用铅笔把坐标格网线、地物、地貌描绘在透明纸上，然后再把透明纸按坐标格网线位置蒙在右图幅衔接边上，同样用铅笔描绘地物、地貌。若接边差在限差内，则在透明纸上用彩色笔平均配画，并将纠正后的地物地貌分别标注在相邻图边上，以此修正图内的地物、地貌。

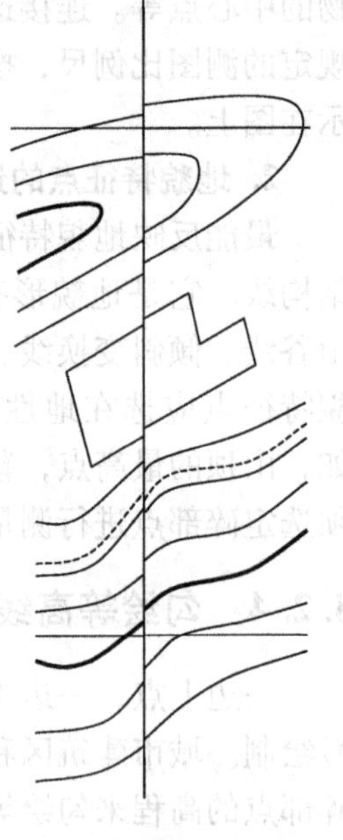

图 8-17 地形图的拼接

表 8-5 地形图接边误差允许值

地 区 类 别	点位中误差（mm 图上）	邻近地物点间距中误差（mm 图上）	等高线高程中误差（等高距）			
			平地	丘陵地	山地	高山地
山地、高山地和设站施测困难的旧街坊内部	0.75	0.6	1/3	1/2	2/3	1
城市建筑区和平地、丘陵地	9.5	0.4				

2. 地形图的整饰

当原图经过拼接和检查后，要进行清绘和整饰，使图面更加合理、清晰、美观。整饰应遵循先图内后图外，先地物后地貌，先注记后符号的原则进行。工作顺序为：内图廓、坐标格网，控制点、地形点符号及高程注记，独立物体及各种名称、数字的绘注，居民地等建筑

物，各种线路、水系等，植被与地类界，等高线及各种地貌符号等。图外的整饰包括外图廓线、坐标网、经纬度、接图表、图名、图号、比例尺，坐标系统及高程系统、施测单位、测绘者及施测日期等。图上地物以及等高线的线条粗细、注记字体的大小均按规定的图式进行绘制。

3. 地形图的检查

（1）室内检查　观测和计算手簿的记载是否齐全、清楚和正确，各项限差是否符合规定；图上地物、地貌的真实性、清晰性和易读性，各种符号的运用、名称注记等是否正确，高线与地貌特征点的高程是否符合，有无矛盾或可疑的地方，相邻图幅的接边有无问题等。如发现错误或疑点，应到野外进行实地检查修改。

（2）外业检查　首先进行巡视检查，它根据室内检查的重点，按预定的巡视路线，进行实地对照查看。主要查看原图的地物、地貌有无遗漏；勾绘的等高线是否逼真合理，符号、注记是否正确等。然后进行仪器设站检查，除对在室内检查和巡视检查过程中发现的重点错误和遗漏进行补测和更正外，对一些怀疑点，地物、地貌复杂地区，图幅的四角或中心地区，也需抽样设站检查，一般为 10% 左右。

8.3　数字测图的基本知识

8.3.1　概述

传统的地形测量是用经纬仪或平板仪测量角度、距离和高差，通过计算处理，再模拟测量数据将地物、地貌图解到图纸上，其测量的主要产品是图纸和表格。随着信息化全站型电子速测仪的广泛应用以及计算机硬件和软件技术的迅速发展，地形测量方法正在由传统的方法向全解析数字化地形测量方向变革。数字化地形测量是以计算机磁盘为载体，以数字形式表达地形特征点的集合形态的数字地图。数字地形测量的全过程，都是以仪器野外采集的数据作为电子信息，自动传输、记录、存储、处理、成图和绘图的，所以，原始测量数据的精度没有丝毫损失，从而可以获得与测量仪器精度相一致的高精度测量成果。尤其是数字地形的成果是可供计算机处理、远距离传输、各方共享的数字化地形图，使其成果用途更广，还可通过互联网实现地形信息的快速传送。这些都是传统测图方法不可比拟的。由此可见，数字化测图符合现代社会信息化的要求，是现代测绘的重要发展方向，它将成为迈向信息化时代不可缺少的地理信息系统（GIS）的重要组成部分。

目前我国数字化测图技术已日趋成熟，获得数字地形图产品的主要途径有两个：

1. 野外数字化测绘

采用全站仪或 GPS 进行实地测量，将野外采集的数据传输到电子手簿、磁卡或便携机内记录，在现场绘制地形图或在室内传输到计算机，由计算机自动生成数字地图并控制绘图仪自动绘制地形图。

2. 利用原有图样室内数字化

它是利用专业软件将原有地形图转换成数字化产品。室内数字化有两种作业方法：一是用数字化仪进行手扶跟踪数字化；二是将图样进行扫描，得出栅格图后，通过专业扫描矢量化软件进行屏幕跟踪数字化。航测数字化测图属于室内数字化的一种。

室内数字化成品的精度较低，最多能保持原有图样的精度。而野外数字化测图是利用全站仪从野外实际采集数据的，由于全站仪测量精度高，其记录、传送数据以及数据处理都是自动进行的，其成品能保持原始数据的精度，所以它在几种数字化成图中精度最高的一种方法，是当今测绘地形图、地籍图和房产分幅图的主要方法。

8.3.2 数字化测图的基本原理

全站仪数字化测图是由全站仪在野外采集数据并传输给计算机，通过计算机对野外采集的地形信息进行识别、检索、连接和调用图式符号，并编辑生成数字地形图，再发出指令由绘图仪自动绘出地形图。数字化地形测量野外采集的每一个地形点信息，必须包括点位信息和绘图信息。点位信息是指地形点点号及其三维坐标值，可通过全站仪实测获取。点的绘图信息是指地形点的属性以及测点间的连接关系。地形点属性是指地形点属于地物点还是地貌点，地物又属于哪一类，用什么图式符号表示等。测点的连接信息则是指点的点号以及连接线型。在数字化地形测量中，为了使计算机能自动识别，对地形点的属性通常采用编码方法来表示。只要确定地形点的属性编码以及连接信息，计算机就能利用绘图系统软件，从图式符号库中调出与该编码相对应的图式符号，连接并生成数字地形图。

8.3.3 全站仪数字化测图的作业模式

全站仪数字化测图根据设备的配置和作业人员的水平，一般有数字测记和电子平板测图两种作业模式。

数字测记模式用全站仪测量，电子手簿记录，对复杂地形配画人工草图，到室内将测量数据由记录器传输到计算机，由计算机自动检索编辑图形文件，配合人工草图进一步编辑、修改、自动成图。该模式在测绘复杂的地形图、地籍图时，需要现场绘制包括每一碎部点的草图，但其具有测量灵活，系统硬件对地形、天气等条件的依赖性较小，可由多台全站仪配合一台计算机、一套软件生产，易形成规模化等优点。

电子平板测图模式用全站仪测量，用加装了相应测图软件的便携机（电子平板）与全站仪通信，由便携机实现测量数据的记录，解算、建模，以及图形编辑、图形修正，实现了内外业一体化。该测图模式现场直接生成地形图，即测即显，所见即所得。但便携机在野外作业时，对阴雨天、暴晒或灰尘等条件难以适应，另外把室内编辑图的工作放在外业完成会增加测图成本。目前，具有图数采集、处理等功能的掌上计算机取代便携机的袖珍电子平板测图系统，解决了系统硬件对外业环境要求较高的问题。

8.3.4 全站仪测图的基本作业过程

1. 信息编码

地形图的图形信息包括所有与成图有关的各种资料，如测量控制点资料、解析点坐标、各种地物的位置和符号、各种地貌的形状、各种注记等。常规测图方法是随测随绘，手工逐个绘制每一个符号是一项繁重的工作。进行数字化测图时，必须对所测碎部点和其他地形信息进行编码，即先把各种符号按地形图图式的要求预先造好，并按地形编码系统建立符号库存于计算机中。使用时，只需按位置调用相应的符号，即可使其出现在图上指定的位置，如此进行符号注记，快速简便。信息编码按照 GB/T 17160—2008《1∶500、1∶1000、1∶2000 地形图数字化规范》进行。

2. 连接信息

数字化地形测量野外作业时，除采集点位信息、地形点属性信息外，还要记录编码、点号、连接点和连接线型 4 种信息。当测点是独立地物时，只要用地形编码来表明它的属性即可，而一个线状或面状地物，就需要明确本测点与何点相连，以何种线型相连。连接线型是测点与连接点之间的连线形式，有直线、曲线、圆弧和独立点 4 种形式，分别用 1、2、3、0 或空白为代码。如图 8-18所示，测量一条小路，假设小路的编码为 632，其记录格式见表8-6，表中略去了观测值，点号同时也代表测量碎部点的顺序。

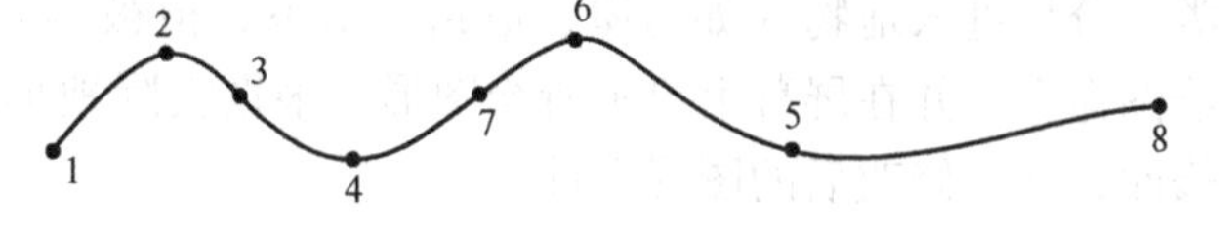

图 8-18　数字化测图的记录

表 8-6　数字化测图记录表

单元	点号	编码	连接点	连接线型
第一单元	1	632	1	2
	2	632		
	3	632		
	4	632		
第二单元	5	632	5	2
	6	632		
	7	632	4	
第三单元	8	632	5	1

3. 野外数据采集与输入

全站仪采集数据的步骤大致是：

1）在测点上安置全站仪并输入测站点坐标（x、y、H）及仪器高。

2）照准定向点并使定向角为测站点至定向点的方位角。

3）在待测点立棱镜并将棱镜高由人工输入全站仪，输入一次以后，其余测点的棱镜高则由程序默认（即自动填入原值），只有当棱镜高改变时，才需重新输入。

4）逐点观测，只需输入第一个测点的测量顺序号，其后测一个点，点号自动累加 1，一个测区内点号是唯一的，不能重复。

5）输入地形点编码，并将有关数据和信息记录在全站仪的存储设备或电子手簿上（在数字测记模式下）。在电子平板测绘模式下，则由便携机实现测量数据和信息的记录。

4. 数据处理

将野外实测数据输入计算机，成图系统首先将三维坐标和编码进行初处理，形成控制点数据、地物数据、地貌数据，然后分别对这些数据分类处理，形成图形数据文件，包括带有点号和编码的所有点的坐标文件和含有所有点的连接信息文件。

因为全站仪能实时测出点的三维坐标，在测图时某些图根点测量与碎部点测量是同步进行的，控制点数据处理软件完成对图根点的计算、绘制和注记。

地物的绘制主要是绘制符号，软件将地物数据按地形编码分类。比例符号的绘制主要依靠野外采集的信息；非比例符号的绘制是利用软件中的符号库，按定位线和定位点插入符号；半比例符号的绘制则要根据定位线或朝向调用软件的专用功能完成。

8.3.5 地形图的编辑与输出

绘图程序根据输入的比例尺、图廓坐标、已生成的坐标文件和连接信息文件，按编码分类，分层进入地物（如房屋、道路、水系、植被等）和地貌等各层，进行绘图处理，生成绘图命令，并在屏幕上显示所绘图形，根据实际地形地貌情况对屏幕图形进行必要的编辑、修改，生成修改后的图形文件。

数字化地形图输出形式可采用绘图机绘制地形图、显示器显示地形图、磁盘存储图形数据、打印机输出图形等，具体采用何种形式应视实际需要而定。

将实地采集的地物、地貌特征点的坐标和高程，经过计算机处理，自动生成不规则的三角网（TIN），建立起数字地面模型（DEM）。该模型的核心目的是用内插法求得任意已知坐标点的高程。据此可以内插绘制等高线和断面图，为水利、道路、管线等工程设计服务，还能根据需要随时取出数据，绘制任何比例尺的地形原图。

全站仪数字化测图方法的实质是用全站仪野外采集数据，计算机进行数据处理，并建立数字立体模型和计算机辅助绘制地形图，这是一种提高效率、减轻劳动强度的有效方法，是对传统测绘方法的革新。

8.4 地形图的识读

8.4.1 地形图识读的目的

地形图是工程规划设计和施工中的重要地形资料。为了正确地应用地形图，首先要能识读地形图。地形图是用各种规定的符号和注记表示地物、地貌及其他信息的资料。通过对这些符号和注记的识读，可使地形图成为展现在人们面前的实地立体模型，以判断其相互关系和自然形态，这是地形图识图的目的。

8.4.2 地形图识读的内容

1. 地形图的图廓外注记

（1）图名与图号　图名是指本图幅的名称，一般以本图幅内最重要的地名或主要单位名称来命名，注记在图廓外上方的中央。如图 8-19 所示，地形图的图名为“西三庄”。图号，即图的分幅编号，注在图名下方。如图 8-19 所示，图号为 3510. 0-220. 0，它由左下角纵、横坐标组成。

（2）接图表与图外文字说明　为便于查找、使用地形图，在每幅地形图的左上角都附有相应的图幅接图表，用于说明本图幅与相邻八个方向图幅位置的相邻关系。如图 8-19 所示，中央为本图幅的位置。文字说明是了解图件来源和成图方法的重要的资料。如图 8-19 所示，通常在图的下方或左、右两侧注有文字说明，内容包括测图日期、坐标系、高程基

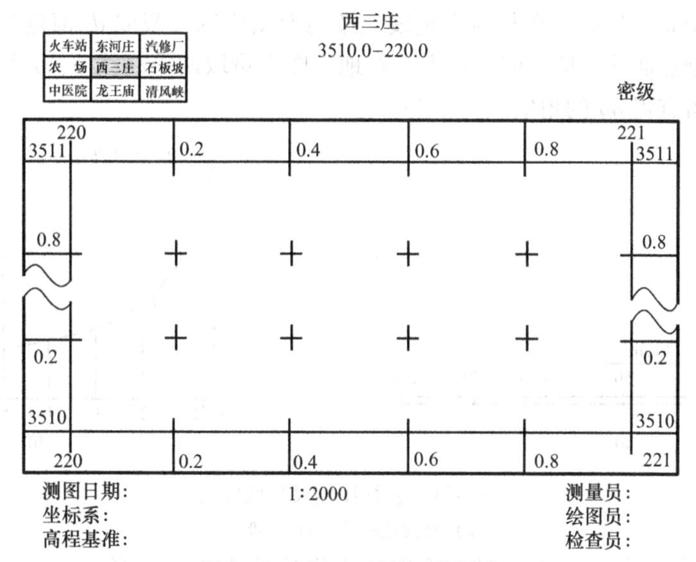

图8-19　图名、图号、接图表

准、测量员、绘图员和检查员等。在图的右上角标注其密级。

（3）图廓与坐标格网　图廓是地形图的边界，正方形图廓只有内、外图廓之分。内图廓为直角坐标格网线，外图廓用较粗的实线描绘。外图廓与内图廓之间的短线用来标记坐标值。如图8-19所示，左下角的纵坐标为3510.0km，横坐标220.0km。由经纬线分幅的地形图，内图廓呈梯形，如图8-20所示。西图廓经线为东经128°45′，南图廓纬线为北纬46°50′，两线的交点为图廓点。内图廓与外图廓之间绘有黑白相间的分度带，每段黑白线长表示经纬差1′。连接东西、南北相对应的分度带值便得到大地坐标格网，可供图解点位的地理坐标用。分度带与内图廓之间注记了以km为单位的高斯直角坐标值。图中左下角从赤道起算的5189km为纵坐标，其余的90、91等为省去了前面千百两位51的公里数。横坐标为22482km，其中22为该图所在的投影带号，482km为该纵线的横坐标值。纵横线构成了公里格网。在四边的外图廓与分度带之间注有相邻接图号，供接边查用。

（4）直线比例尺与坡度尺　直线比例尺也称图示比例尺，它是将图上的线段用实际的长度来表示，如图8-21a所示。因此，可以用分规或直尺在地形图上量出两点之间的长度，然后与直线比例尺进行比较，就能直接得出该两点间的实际长度值。为了便于在地形图上量测两条等高线（首曲线或计曲线）间两点直线的坡度，通常在中、小比例尺地形图的南图廓外绘有图解坡度尺，如图8-21b所示。坡度尺是按等高距与平距的关系 $d = h/\tan\alpha$ 制成的。如图8-21b所示，在底线上以适当比例定出0°、1°、2°、…各点，并在点上绘垂线。将相邻等高线平距 d 与各点角值 α_i 按关

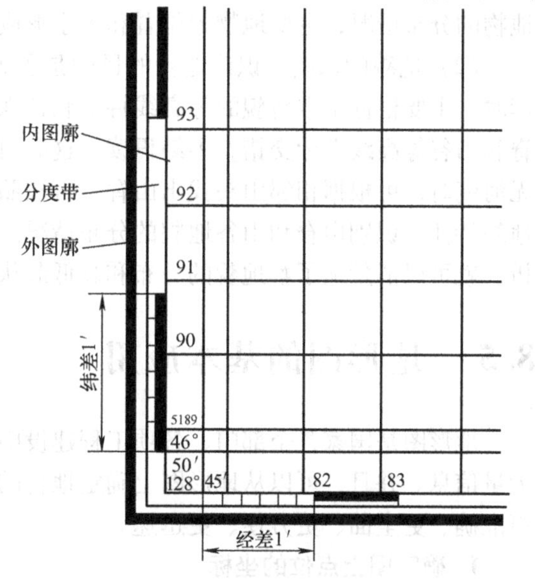

图8-20　图廓与坐标格网

系式求出相应平距 d_i。然后，在相应点垂线上按地形图比例尺截取 d_i 值定出垂线顶点，再用光滑曲线连接各顶点而成。应用时，用卡规在地形图上量取两等高线 a、b 点的平距 ab，在坡度尺上比较，即可查得 ab 的角值约为 1°45′。

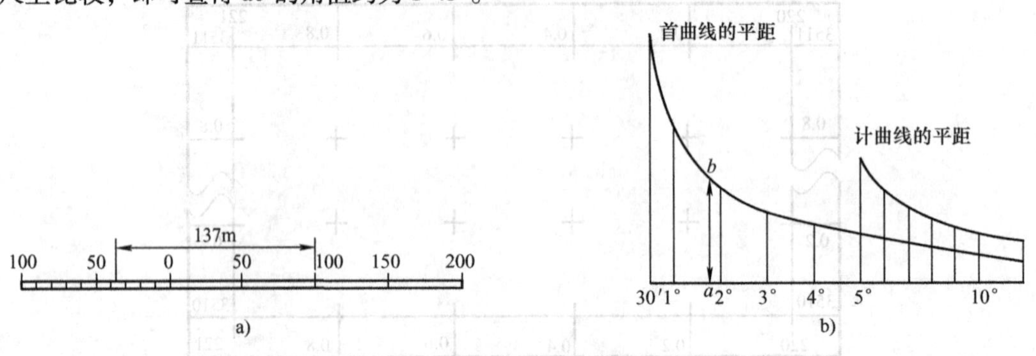

图 8-21　直线比例尺与坡度尺

a）直线比例尺　b）坡度尺

（5）三北方向　中、小比例尺地形图的南图廓线右下方，通常绘有磁子午线、真子午线和坐标纵线之间的角度关系，如图 8-22 所示。利用三北方向图，可对图上任一方向的真方位角、磁方位角和坐标方位角进行相互换算。

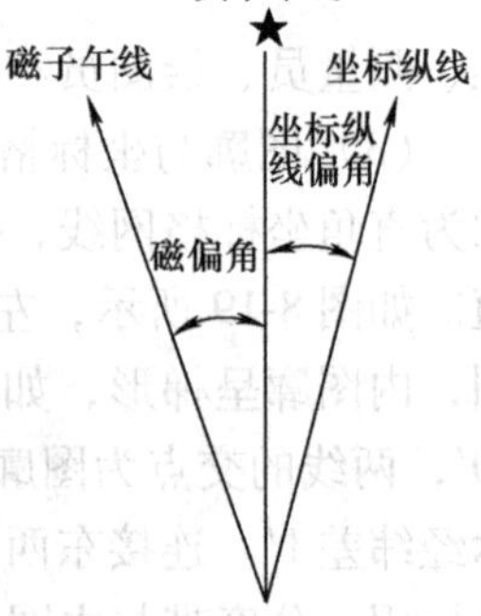

图 8-22　三北方向

2. 地物和地貌的识读

应用地形图应了解地形图所使用的地形图图式，熟悉一些常用的地物和地貌符号，了解图上文字注记和数字注记的确切含义。

（1）地物的识读　识读地物的目的是了解地物的大小种类、位置和分布情况。通过先主后次的步骤，并顾及取舍的内容与标准进行。按照地物符号先识读大的居民点、主要道路和用图需要的地物，然后再扩大到识读小的居民点、次要地物、植被和其他地物。通过分析，就会对主、次地物的分布情况，主要地物的位置和大小形成较全面的了解。

（2）地貌的识读　识读地貌的目的是了解各种地貌的分布和地面的高低起伏状况。识读时，主要根据基本地貌的等高线特征和特殊地貌符号进行。山区地貌形态复杂，尤其是山脊和山谷等高线犬牙交错，不易识读。这时可根据水系的江河、溪流找出山谷、山脊系列，无河流时，可根据相邻山头找出山脊。再按照两山谷间必有一山脊、两山脊间必有一山谷的地貌特征，识别山脊和山谷地貌的分布情况。最后结合特殊地貌符号和等高线的疏密进行分析，就可以清楚地了解地貌的分布和高低起伏情况。

8.5　地形图的基本应用

地形图是国家各个部门、各项工程建设中必需的基础资料，在地形图上可以获取所需的大量信息。并且，可以从地形图上确定地物的位置及相互关系、地貌的起伏形态等，比实地更准确、更全面、更方便、更迅速。

1. 确定图上点位的坐标

欲求图 8-23a 所示中 P 点的直角坐标，可以通过从 P 点作平行于直角坐标格网的直线，

交格网线于 e、f、g、h 点。用比例尺（或直尺）量出 ae 和 ag 两段距离，则 P 点的坐标为

$$x_P = x_a + ae = (21100 + 27)\text{m} = 21127\text{m}$$

$$y_P = y_a + ag = (32100 + 29)\text{m} = 32129\text{m}$$

为了防止图纸伸缩变形带来的误差，可以采用下列计算公式消除

$$x_P = x_a + \frac{ae}{ab} \cdot l = \left(21100 + \frac{27}{99.9} \times 100\right)\text{m} = 21127.03\text{m}$$

$$y_P = y_a + \frac{ag}{ad} \cdot l = \left(32100 + \frac{29}{99.9} \times 100\right)\text{m} = 32129.03\text{m}$$

式中　l——相邻格网线间距。

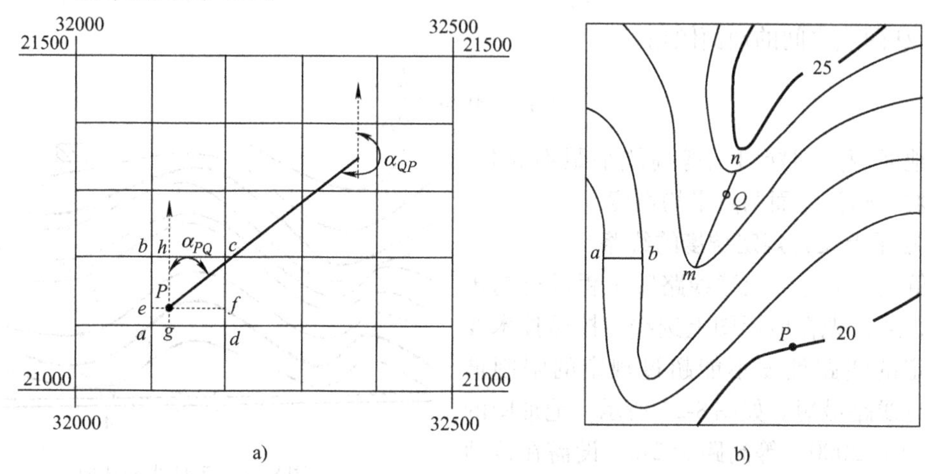

图8-23　确定点的坐标、高程、直线段的距离、坐标方位角和坡度

2. 确定图上直线段的距离

若求 PQ 两点间的水平距离，如图8-23a 所示，最简单的办法是用比例尺或直尺直接从地形图上量取。为了消除图样的伸缩变形给量取距离带来的误差，可以用两脚规量取 PQ 间的长度，然后与图上的直线比例尺进行比较，得出两点间的距离。更精确的方法是利用前述方法求得 P、Q 两点的直角坐标，再用坐标反算出两点间距离。

3. 图上确定直线的坐标方位角

如图8-23a 所示，若求直线 PQ 的坐标方位角 α_{PQ}，可以先过 P 点作一条平行于坐标纵线的直线，然后，用量角器直接量取坐标方位角 α_{PQ}。要求精度较高时，可以利用前述方法先求得 P、Q 两点的直角坐标，再利用坐标反算公式计算出 α_{PQ}。

4. 确定图上点的高程

根据地形图上的等高线，可确定任一地面点的高程。如果地面点恰好位于某一等高线上，则根据等高线的高程注记或基本等高距，便可直接确定该点高程。如图8-23b，P 点的高程为20m。当确定位于相邻两等高线之间的地面点 Q 的高程时，可以采用目估的方法确定。更精确的方法是，先过 Q 点作垂直于相邻两等高线的线段 mn，再依高差和平距成比例的关系求解。例如，图中等高线的基本等高距为1m，则 Q 点高程为

$$H_Q = H_n + \frac{mq}{mn} \cdot h = \left(23 + \frac{14}{20} \times 1\right)\text{m} = 23.7\text{m}$$

如果要确定两点间的高差，则可采用上述方法确定两点的高程，然后相减得到两点间高

差。

5. 确定图上地面坡度

由等高线的特性可知，地形图上某处等高线之间的平距越小，则地面坡度越大。反之，等高线间平距越大，坡度越小。当等高线为一组等间距平行直线时，则该地区地貌为斜平面。

如图 8-23b 所示，欲求 P、Q 两点之间的地面坡度，可先求出两点高程 H_P、H_Q，然后求出高差 $h_P = H_Q - H_P$，以及两点水平距离 d_{PQ}，再按下式计算

P、Q 两点之间的地面坡度 $i = \dfrac{h_{PQ}}{d_{PQ}}$

P、Q 两点之间的地面倾角

$$\alpha_{PQ} = \arctan \frac{h_{PQ}}{d_{PQ}}$$

当地面两点间穿过的等高线平距不等时，计算的坡度则为地面两点平均坡度。

6. 在图上设计规定坡度的线路

对管线、渠道、交通线路等工程进行初步设计时，通常先在地形图上选线。按照技术要求，选定的线路坡度不能超过规定的限制坡度，并且线路最短。如图 8-24 所示，地形图的比例尺为 1∶2000，等高距为 2m。设需在该地形图上选出一条由车站 A 至某工地 B 的最短线路，并且在该线路任何处的坡度都不超 4%。

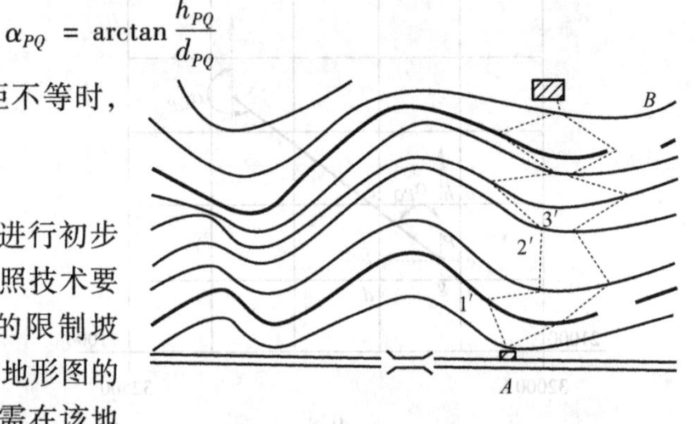

图 8-24　等坡线的选取

常见的做法是将两脚规在坡度尺上截取坡度为 4% 时相邻两等高线间的平距，也可以按下式计算相邻等高线间的最小平距（地形图上距离）

$$d = \frac{h}{M \cdot i} = \frac{2}{2000 \times 4\%}\text{mm} = 25\text{mm}$$

然后，将两脚规的脚尖设置为 25mm，把一脚尖立在点 A，以点 A 为圆心作弧，交另一等高线于 1′点，再以 1′点为圆心，另一脚尖交相邻等高线 2′点。如此继续直到 B 点。这样，由 A、1′、2′、3′至 B 连接的 AB 线路，就是所选定的坡度不超过 4% 的最短线路。

从图 8-24 中看出，如果平距 d 小于图上等高线间的平距，则说明该处地面最大坡度小于设计坡度，这时可以在两等高线间用垂线连接。此外，从 A 到 B 的线路可采用上述方法选择多条，例如，由 A、1′、2′、3′至 B 所确定的线路。最后选用哪条，则主要根据占用耕地、地质条件、施工难度及工程费用等因素决定。

8.6 地形图在工程规划中的应用

8.6.1 根据等高线绘制线路的断面图

为了解某条线路的地面起伏情况，需绘制断面图。如图 8-25a 所示，若绘制 AB 方向的

断面图，其方法步骤如下：

1）首先确定断面图的水平比例尺和高程比例尺。一般断面图上的水平比例尺与地形图的比例尺一致，而高程比例尺往往比水平比例尺大5～10倍，以便明显地反映地面起伏变化情况。

2）比例尺确定后，可在纸上绘出直角坐标轴线，如图8-25b所示，横轴表示水平坐标线，纵轴表示高程坐标线，并在高程坐标线上按高程比例尺标出各等高线的高程。

3）以图8-25a所示方向线*AB*被等高线所截各线段之长*A*1，12，23，…，9*B*的长度在横轴上截取相应的点并作垂线，使垂线之长等于各点相应的高程值，垂线的端点即是断面点，连接各相邻断面点，即得*AB*线路的纵断面图。

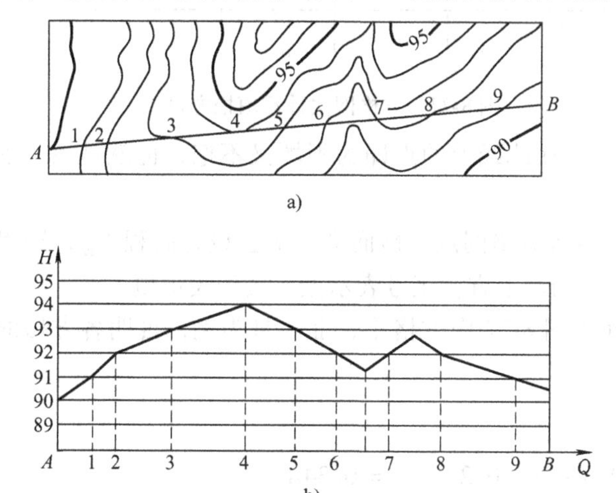

图8-25 根据等高线绘制断面图

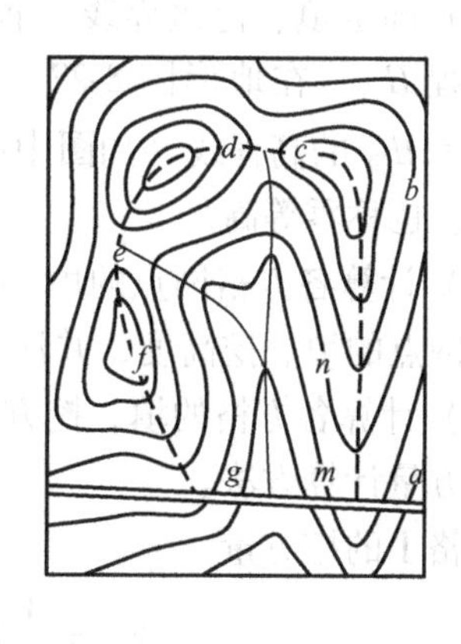

图8-26 图上确定汇水面积

8.6.2 确定汇水面积

在修建交通线路的涵洞、桥梁或水库的堤坝等工程时，需要确定有多大面积的雨水量汇集到桥涵或水库，即需要确定汇水面积，以便进行桥涵和堤坝的设计工作。这项工作通常是在地形图上进行的。汇水面积是由山脊线所构成的区域。如图8-26所示，某公路经过山谷地区，欲在*m*处建造涵洞，*cn*和*em*为山谷线，注入该山谷的雨水的汇水面积是由山脊线（即分水线）*a*、*b*、*c*、*d*、*e*、*f*、*g*及公路所围成的区域的面积。区域汇水面积可通过面积量测方法得出。另外，根据等高线的特性可知，山脊线处处与等高线相垂直，且经过一系列的山头和鞍部，它可以在地形图上直接确定。

8.6.3 土方量计算

1. 方格网法

如果地面坡度较平缓，可以将地面平整为某一高程的水平面。如图8-27所示，计算步骤如下。

（1）绘制方格网　方格的边长取决于地形的复杂程度和土石方量估算的精度要求，一般取10m或20m。然后，根据地形图的比例尺在图上绘出方格网。

(2) 求各方格角点的高程　根据地形图上的等高线，采用目估法内插出各方格角点的地面高程值，并标注于相应顶点的右上方。

(3) 计算设计高程　将每个方格角点的地面高程值相加，并除以4则得到各方格的平均高程，再把每个方格的平均高程相加除以方格总数就得到设计高程 $H_{设}$。$H_{设}$ 也可以根据工程要求直接给出。

(4) 确定填、挖边界线　根据设计高程 $H_{设}$，在地形图 8-27 上绘出高程为 $H_{设}$ 的高程线（如图中虚线所示），在此线上的点即为不填又不挖，也就是填、挖边界线，也称零等高线。

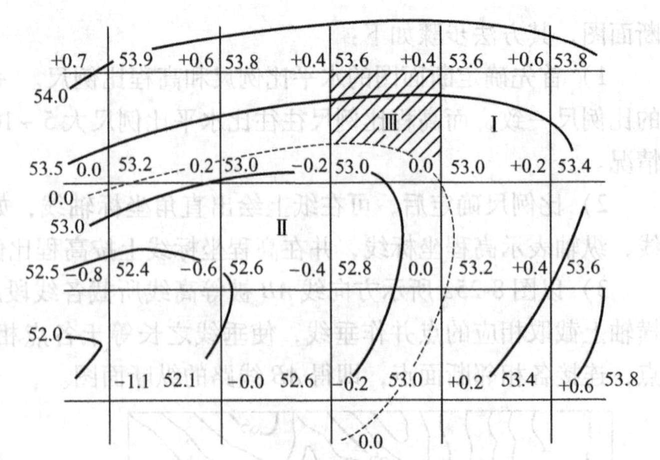

图 8-27　方格网法计算填挖方量

(5) 计算各方格网点的填、挖高度　将各方格网点的地面高程减去设计高程 $H_{设}$，即得各方格网点的填、挖高度，并注于相应顶点的左上方，正号表示挖，负号表示填。

(6) 计算各方格的填、挖方量　下面以图 8-27 中方格Ⅰ、Ⅱ、Ⅲ为例，说明各方格的填、挖方量计算方法。

方格Ⅰ的挖方量

$$V_1 = \frac{1}{4}(0.4 + 0.6 + 0 + 0.2) \cdot A = 0.34A$$

方格Ⅱ的填方量

$$V_2 = \frac{1}{4}(-0.2 - 0.2 - 0.6 - 0.4) \cdot A = -0.35A$$

方格Ⅲ的填、挖方量

$$V_3 = \frac{1}{4}(0.4 + 0.4 + 0 + 0) \cdot A_{挖} - \frac{1}{4}(0 - 0.2 - 0) \cdot A_{填} = 0.2A_{挖} - 0.05A_{填}$$

式中 A——每个方格的实际面积；

$A_{挖}$、$A_{填}$——方格Ⅲ中挖方区域和填方区域的实际面积。

(7) 计算总的填、挖方量　将所有方格的填方量和挖方量分别求和，即得总的填、挖土石方量。如果设计高程 $H_{设}$ 是各方格的平均高程值，则最后计算出来的总填方量和总挖方量基本相等。

当地面坡度较大时，可以按照填、挖土石方量基本平衡的原则，将地形整理成某一坡度的倾斜面。由图 8-27 可知，当把地面平整为水平面时，每个方格角点的设计高程值相同。当把地面平整为倾斜面时，每个方格角点的设计高程值则不一定相同，这就需要在图上绘出一组代表倾斜面的平行等高线。绘制这组等高线必备的条件是：等高距、平距、平行等高线的方向（或最大坡度线方向）以及高程的起算值。它们都是通过具体的设计要求直接或间接提供的。绘出倾斜面等高线后，通过内插即可求出每个方格角点的设计高程值。这样，便可以计算各方格网点的填、挖高度，并计算出每个方格的填、挖方量及总填、挖方量。

2. 等高线法

地形起伏较大时，可以采用等高线法计算土石方量。首先从设计高程的等高线开始，计算出各条等高线所包围的面积，然后将相邻等高线面积的平均值乘以等高距即得总的填挖方量。

如图8-28所示，地形图的等高距为5m，要求平整场地后的设计高程为492m。首先在地形图中内插出设计高程为492m的等高线（如图中虚线），再求出492m、495m、500m、503m共4条等高线所围成的面积 A_{492}、A_{495}、A_{500}，即可算出每层土石方的挖方量为

$$V_{492-495} = \frac{1}{2}(A_{492} + A_{495}) \cdot (495 - 492)$$

$$V_{495-500} = \frac{1}{2}(A_{495} + A_{500}) \cdot (500 - 495)$$

$$V_{500-503} = \frac{1}{3}A_{500} \cdot (503 - 500)$$

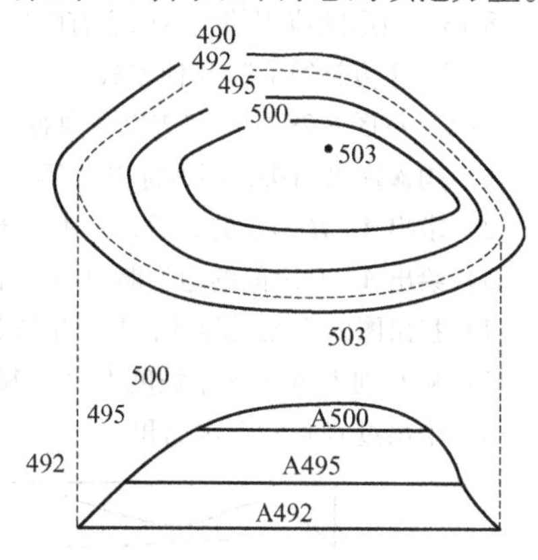

图8-28　等高线法计算填挖方量

则，总的土石方挖方量为

$$V_{总} = \sum V = V_{492-495} + V_{495-500} + V_{500-505}$$

3. 断面法

这种方法是在施工场地范围内，利用地形图以一定间距绘出地形断面图，并在各个断面图上绘出平整场地后的设计高程线；然后分别求出断面图上地面线与设计高程线所围成的面积，最后计算相邻断面间的土石方量，求其和即为总土石方量。

思考题与习题

8-1　测图前要做哪些准备工作？如何进行？

8-2　试述对角线法绘制坐标格网的方法与步骤，并举例说明展绘控制点的方法。

8-3　什么是地形图比例尺及其精度？地形图比例尺可分为哪几类？

8-4　测图时，立尺员怎样选择地物特征点和地貌特征点？

8-5　试述经纬仪测绘法在一个测站测绘地形图的作业步骤。

8-6　在进行碎部测量工作中应注意哪些事项？

8-7　地形图如何拼接？如何检查？

8-8　简述全站仪数字化测图的过程。

8-9　完成表8-7计算：

表8-7　思考题与习题8-9表

测站：A　　后视点：B　　仪器高：$i=1.42$　　测站高程：$H=46.54$m

点号	视距/m	瞄准高 l/m	竖盘读数	竖直角 $\pm\alpha$	h'/m	$i-l$/m	h/m	水平角 β	水平距离/m	高程/m	点位
1	52.7	1.42	86°10′					5°32′			房角
2	87.1	1.42	90°45′					159°18′			电杆
3	32.5	2.42	91°18′					69°40′			路边
…	…	…	…	…	…	…	…	…	…	…	…

注：1. 经纬仪的视距乘常数 $K=100$，加常数 $q=0$。

2. 望远镜视线水平时，盘左竖盘读数90°，视线向上倾斜时，盘左竖盘读数减少。

8-10　何谓地物和地貌？地形图上的地物符号分为哪几类？试举例说明。

8-11　什么是等高线？等高距？等高线平距？它们与地面坡度有什么关系？

8-12　等高线有哪些特性？

8-13　地形图应用的基本内容有哪些？如何在地形图上确定点的坐标？

8-14　土方计算有哪几种方法？

8-15　按图 8-29 所示完成以下内容：

1）用▲标出山头，用△标出鞍部，用虚线标出山脊线，用实线标出山谷线。

2）求出 A、B 两点的高程，并用图下直线比例尺求出 A、B 两点间的水平距离及坡度。

3）绘出 A、B 之间的地形断面图（平距比例尺为 1∶2000，高程比例尺为 1∶200）。

4）找出图内山坡最陡处，并求出该最陡坡度值。

5）从 C 到 D 作出一条坡度不大于 10% 的最短路线。

6）绘出过 C 点的汇水面积。

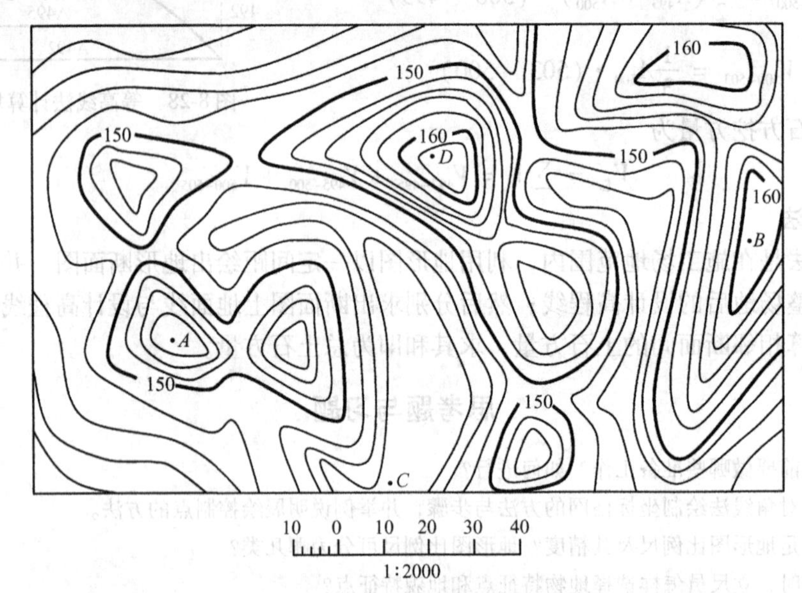

图 8-29　思考题与习题 8-15 图

第二篇　工程测量与应用

第 9 章

工程测设的基本工作

本章重点

1. 测设的基本工作。
2. 距离、角度、高程的测设方法。
3. 地面点位的测设。

9.1　概述

土木工程施工不得偏离设计的要求，故要求按照设计图样进行施工。通过测量工作把设计的建筑物和构筑物的位置和形状在实地标定出来，这个工作就称为测设或放样，其基本任务就是将设计图样上的建筑物、构筑物的平面位置和高程，按照设计要求，以一定的精度标定到实地上。

测设是直接为工程服务的，它即是施工先导，又贯穿于整个工程的过程，其特点与要求为：

1）测设是将设计的建（构）筑物由图上标定在工程作业面上，它遵循“从整体到局部、先控制后细部”的原则。通常情况下，施工控制网的精度高于测图控制网的精度；施工放样的精度高于测图的精度。测设精度要求的高低，主要取决于建筑物的大小、性质、用途和施工方法等，测设时应该根据有关规范标准选择合理的精度。

2）测设的质量关系到建筑物的正确性，所以工程测设必须建立健全检查制度。例如，在施工时熟悉图样的同时，也要核对图上分尺寸与总尺寸的一致性等，如发现问题，立即提出并加以解决；放样之前检查放样数据的正确性；放样之后复查成果的可靠性，当内业、外业的成果都无差错时，才能进行施工。

3）测设工作与工程质量及施工进度有着密切的联系，尤其目前工程的规模越来越大，进度要求更快，测设前应熟悉设计图，了解现场情况、施工方案和进度安排，制订可行的施测计划，认真做好准备工作。

9.2 测设的基本工作

测设的基本工作包括水平距离、水平角和高程的测设，点的平面位置测设，坡度线的测设等。

9.2.1 测设已知水平距离

测设已知水平距离是从地面上一已知点开始，沿着已知方向测设出给定的实地已知距离，以定出另一个端点的实地位置的工作。根据测设的精度要求、仪器的不同，一般分为两种方法。

1. 钢尺量距法

（1）一般测设方法　当测设的距离较短、精度要求不高时，可以采用此方法。当给定已知水平距离、线段起点和方向时，从起点沿所给的已知方向，用钢尺量距定出另一点。为了提高测设的精度，应进行校核，往返测设水平距离，若两次测设之差在允许范围内，取其平均位置作为终点的最终位置。

（2）精确方法　当测设的距离较长、精度要求较高时，采用精确方法进行测设。将经纬仪安置在起点 A 上，并标定给定的已知方向，沿该方向概略定出 B 点，然后量出 AB 距离 D''，并加上尺长、温度、高差改正［$D' = D'' + (\Delta L_d + \Delta L_t + \Delta L_h)$］，求出 AB 的精确水平距离 D'。若 D' 与欲测设的距离 D 不相等，则按其差值 $\Delta D = D - D'$，以 B 点为准，沿 AB 方向进行修正。当 ΔD 为正时，向外修正；反之，则向内修正，如图 9-1 所示。

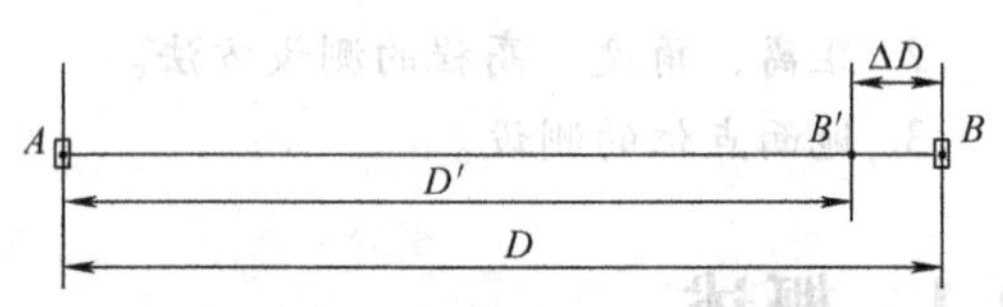

图 9-1　精确方法测设已知水平距离

【例 9-1】　测设 AB 段的水平距离 $D = 27.654\text{m}$，使用的钢尺名义长度为 30m，实际长度为 29.995m，钢尺检定的温度为 20℃，钢尺的膨胀系数为 1.25×10^{-5}，以 A、B 两点的高差 $h = 0.467\text{m}$，实测温度为 24.3℃。求放样时在地面上应量出的长度。

【解】

尺长改正为

$$\Delta L_d = \frac{\Delta L}{l_0}\cdot D = \frac{29.995 - 30}{30}\times 27.654\text{m} = -0.005\text{m}$$

温度改正为

$$\Delta L_t = \alpha(t - t_0)D = 1.25\times10^{-5}\times(24.3 - 20)\times 27.654\text{m} = 0.0015\text{m}$$

倾斜改正为

$$\Delta L_h = -\frac{h^2}{2D} = -\frac{0.467^2}{2\times 27.654}\text{m} = -0.004\text{m}$$

则放样长度为

$$D' = D - (\Delta L_d + \Delta L_t + \Delta L_h) = 27.654\text{m} - (-0.005 + 0.0015 - 0.004)\text{m} = 27.6615\text{m}$$

2. 光电测距仪器测距法

如图 9-2 所示，将仪器安置于 A 点，反光镜沿已知方向 AB 移动，使仪器显示值略大于

测设的距离 D，定出 B' 点。在 B 点处安置反光棱镜，测出反光镜棱镜的竖直角 α 及斜距 L。计算出水平距离 D'，并计算出与应测设的水平距离 D 之差的改正值 $\Delta D=D-D'$。根据 ΔD 的符号在实地沿已知方向用钢尺由 B' 点量 ΔD 至 B 点，AB 为测设的水平距离。为了检核，将反光镜安置于 B 点，实测 AB 的距离，若不符合要求，应加以改正直至符合规定限差为止。

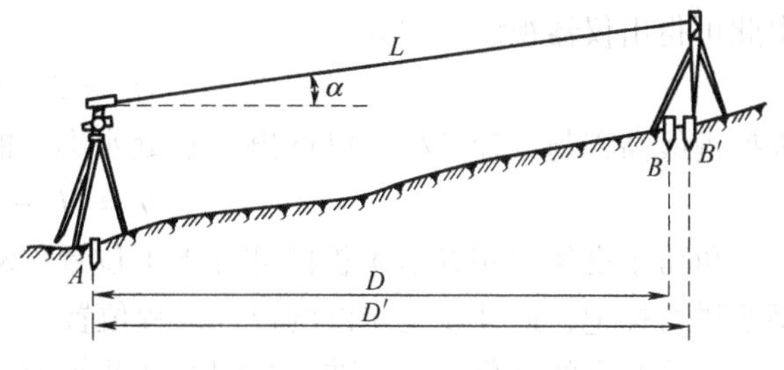

图 9-2　光电测距仪测设已知水平距离

9.2.2　测设已知水平角

测设已知水平角是根据已知方向，按照给定的水平角值，把另一方向测设到地面上。根据精度要求不同，方法有以下两种：

1. 一般测设方法

当测设的精度要求不高时，可用盘左、盘右取平均值的方法。如图 9-3 所示，设 OA 为地面上已知方向，安置仪器与 O 点，先以盘左位置找准 A 点，使水平度盘读数为 0°0′0″。转动照准部使水平度盘读数恰好为 β 值。在此视线方向上定出 B_1 点。然后再用盘右位置重复上述的步骤，测设 β 角定出 B_2 点。取 B_1 与 B_2 的中点 B，则 $\angle AOB$ 为要测设的 β 角。此方法称为“正倒镜分中法”。

2. 精确测设方法

当测设的精度要求较高时，可用精确方法测设已知水平角。如图 9-4 所示，安置仪器于 O 点，按一般方法测设出已知水平角 $\angle AOB'$，定出点 B' 位置；再对 $\angle AOB'$ 用测回法多次测回，求得平均值 β'。计算修正值。测量出 OB' 距离，并计算垂距改正值 $B'B$

$$B'B = OB'\tan\Delta\beta \approx OB'\frac{\Delta\beta}{\rho}$$

式中，$\rho=206265''$。

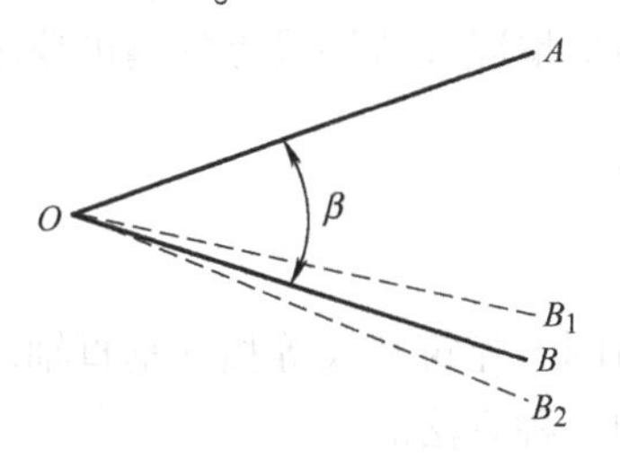

图 9-3　角度一般测设

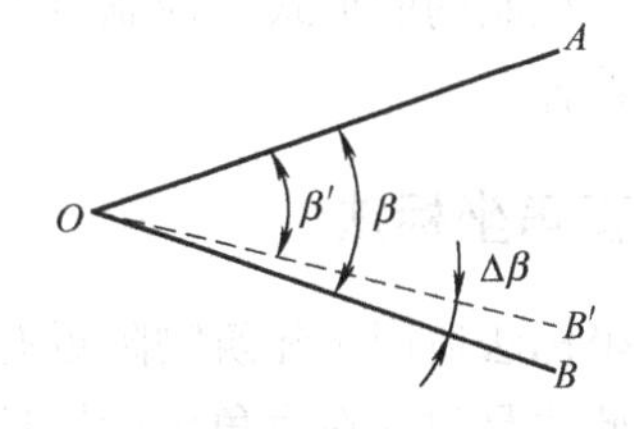

图 9-4　角度精确测量

最后，B' 点沿 OB' 的垂直方向调整垂距 $B'B$，$\angle AOB$ 即为 β 角。

9.2.3　测设已知高程

测设已知高程就是根据已知点的高程，通过引测的方法把设计高程标定在固定的位置上，如图 9-5 所示：已知高程点 A 的高程为 H_A，需要在 B 点处标出已知高程 H_B 的位置。方法如下：在 A 点和 B 点两点之间安置水准仪，首先在 A 点处立水准尺，并读取标尺读数 a，

由此可得出仪器视线高程为

$$H_i = H_A + a$$

根据视线高程与设计高程可以算出 B 点处水准尺的读数为

$$b = H_i - H_B$$

再将水准尺紧靠 B 点木桩的侧面上下位置移动，直到水准尺的读数为 b 时，方可在尺底画线进行标记，此处就是测设的设计高程位置。

若当测设的高程点与水准点之间的高差较大时，可以采用悬挂钢尺的方法进行测设设计的高程。如图 9-6 所示，欲根据地面水准点 A，在坑内测设点 B，使其高程为 H_B。把钢尺悬挂在支架上，零端向下并挂一重力相当于钢尺检定时拉力的重物，在地面与坑内分别安置水准仪，在地面安置时对 A 点尺上读数为 a_1，对钢尺的读数为 b_1；在坑内安置仪器时对钢尺的读数为 a_2。由于 $H_B = H_A + a_1 - (b_1 - a_2) - b_2$，所以可以计算出 B 点处水准尺的读数 $b_2 = H_A + a_1 - (b_1 - a_2) - H_B$。

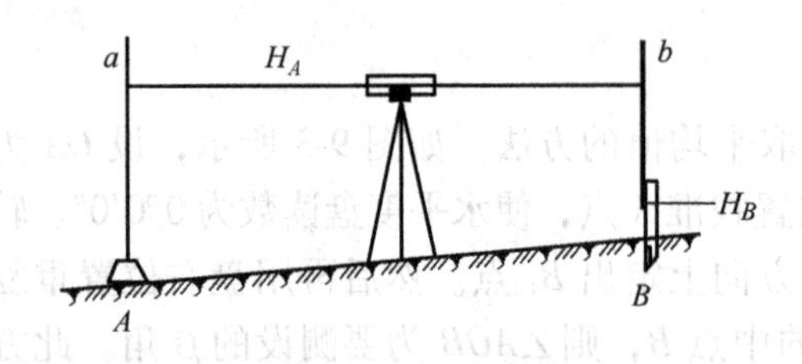

图 9-5　已知高程测设

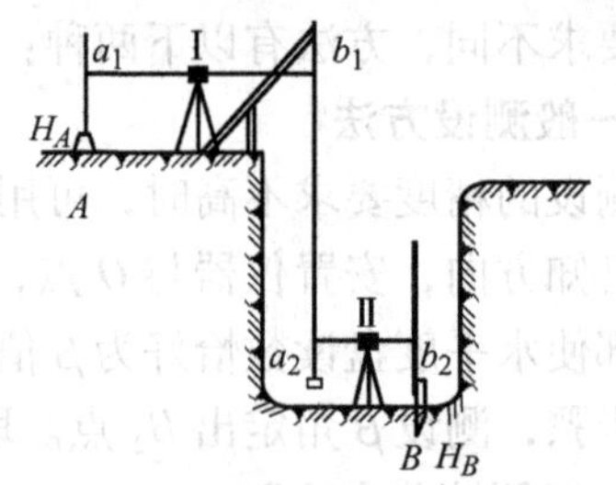

图 9-6　测设建筑基底高程

9.3　地面点平面位置的测设

点的平面位置测设是根据已布设好的控制点的坐标和待测设点的坐标，反算出测设数据，即控制点和待测设点之间的水平距离和水平角，再根据上述测设方法标定出设计点位。点的平面位置测设方法主要有直角坐标法、极坐标法、角度交会法和距离交会法等，可根据仪器设备、控制网的形式、控制点的分布、测设场地地形情况及待测设点的精度要求等条件进行合理选择。

9.3.1　直角坐标法

直角坐标法适用于建筑物附近有主轴线或建筑方格网、建筑基线等相互垂直轴线的控制网形式。此法是建立在直角坐标原理基础上测设点位的一种方法。

如图 9-7 所示，A、B、C、D 为建筑方格网或建筑基线控制点，1、2、3、4 点为待测设建筑物轴线交点，建筑方格网或建筑基线分别垂直或平行待测设建筑的轴线。根据控制点、待测设点的坐标可以计算出两者间的坐标增量。测设方法为：首先计算 A 点与 1、2 点间的坐标增量为：$\Delta x_{A1} = x_1 - x_A$、$\Delta y_{A1} = y_1 - y_A$，$\Delta x_{A2} = x_2 - x_A$、$\Delta y_{A2} = y_2 - y_A$。

测设时，安置经纬仪于 A 点，照准 C 点，沿着 AC 方向测设出水平距离 Δy_{A1} 定出 1′点，再将仪器安置于 1′点，后视点为 A 点或 C 点，转角 90°给定出视线方向，沿给定出的视线方向分别测设出水平距离 Δx_{A1} 和 Δx_{A2} 定出 1、2 两点。为提高精度，采用同种方法以盘右位置再定出1、2两点，取两次所定的1、2两点的中点为最终位置。3、4两点可用同样方法求得所在位置。

直角坐标法测设方便，精度相对较高。但要注意尽量采用近处的控制点，从建筑物较长的边开始测设，以提高测设精度。

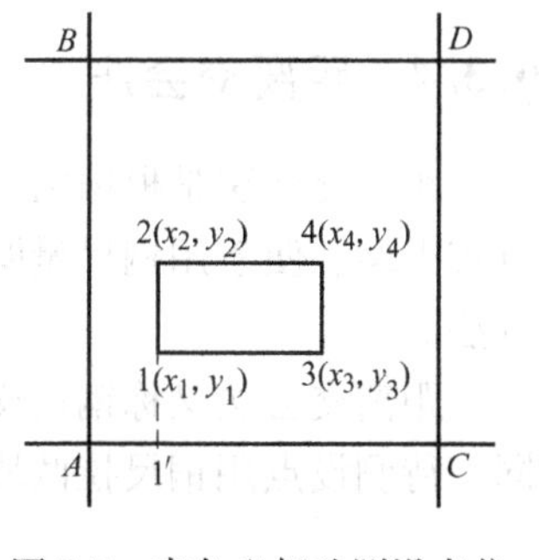

图9-7 直角坐标法测设点位

9.3.2 极坐标法

极坐标法是根据水平角、距离测设点的平面位置。可用经纬仪和钢尺进行测设或是用全站仪进行测设。在测设的距离相对比较短，且便于钢尺量距的情况下，方可采用经纬仪和钢尺进行测设。如图9-8所示，A、B两点为已知控制点，P点为待测设点。欲测设，首先根据已知点的坐标和待测点的坐标反算出长度D_{AP}和方位角，再根据方位角求出水平角β，其计算公式如下

$$D_{AP}=\sqrt{(x_P-x_A)^2+(y_P-y_A)^2}$$

$$\alpha_{AP}=\arctan\frac{y_P-y_A}{x_P-x_A}$$

$$\alpha_{AB}=\arctan\frac{y_B-y_A}{x_A-x_A}$$

$$\beta=\alpha_{AB}-\alpha_{AP}$$

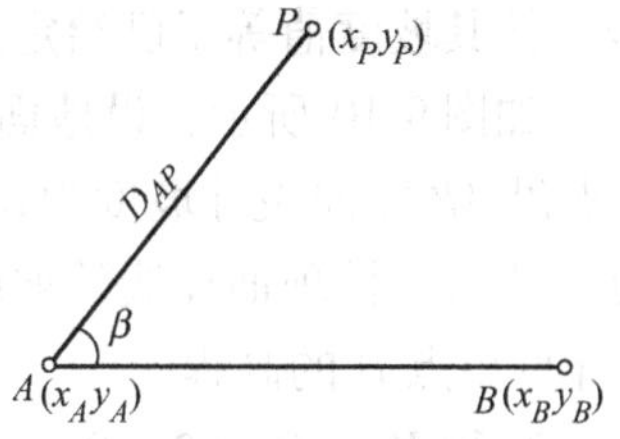

图9-8 极坐标法

测设时，将经纬仪安置在A点，照准B点，然后将水平度盘调整至零，按逆时针方向测设角β，确定AP方向，在其方向上量取长度D_{AP}，并确定P点位置。为提高测设精度，应进行校核。

若用全站仪测量时，将会有一定的优越性。首先不受地形条件的干扰，其次测设的距离可较长。特别在全站仪具有计算功能、可测设角度、又可测设长度，可以直接坐标放样。采用全站仪按极坐标法测设点位，更为方便，同时极大地发挥全站仪的功能。

9.3.3 角度交会法

角度交会法又称方向线交会法，多在待测设点位距离控制点较远或不便于量距的情况下被采用。此法是在两个控制点上分别安置经纬仪，根据其相应的水平角测设得到相应的方向，根据两个方向交会定点的一种方法。如图9-9所示，根据控制点A、B和待测点1、2的坐标，反算出测设数据角β_{A1}、β_{A2}、β_{B1}、β_{B2}的值，按照盘左盘右分中法，定出$A1$、$A2$的方向线，在其方向线上的1、2两点处分别打桩，桩上钉上钉以表示此方向。然后，在B点处安置经纬仪，同法定出$B1$、$B2$方向线。根据$A1$和$A1$、$A2$和$B2$方向线可以分别交出1、2两点。1、2两点为待测设点的位置。同时，也可以用两台经纬仪分别放置于A、B两点同时设站，测设出方向线后标定出1、2两点。校核方法，可采用丈量1、2两点之间的水平距离，与1、2两点设计坐标反算出的水平距离进行比较。

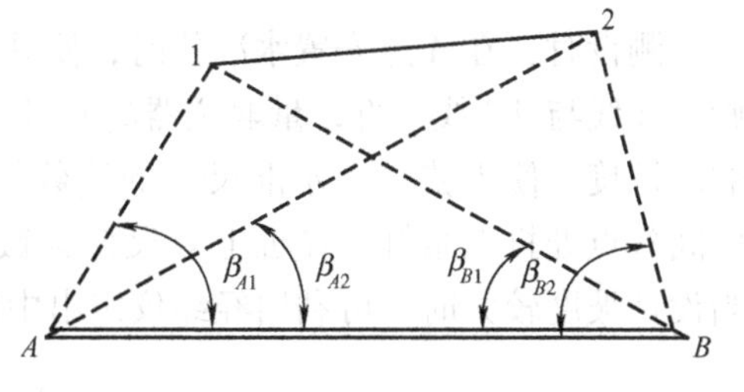

图9-9 角度交会法测设点位

9.3.4 距离交会法

距离交会法是根据两个控制点，利用两段已知距离交会点的平面位置的方法。当测试地点较平坦、便于用钢尺量距的建筑场地，且控制点与测设点又不超过一整尺的长度时常用此方法。

距离交会法又称钢尺交会法。用距离交会法测设点位的方法较为简易，在两个控制点向同一待测设点用钢尺拉两段由坐标反算得到的距离，相交处便为测设的点位。

9.4 已知坡度直线的测设

在工程施工中，常常需要测设指定的坡度线。坡度线的测设就是在地面上定出一条直线，使其坡度值等于已给定的设计坡度。

如图9-10所示，设地面上点A的高程为H_A，AB之间的水平距离为D。要求测设一条从A点沿AB方向设计坡度为δ的直线AB，即在AB方向上分别定出点A、1、2、3、4、B各桩点，使其个桩顶面连线的坡度等于设计坡度δ。具体测设时，先根据水平距离D与设计坡度δ计算出点B的高程。

高程$H_B = H_A + \delta \cdot D$，在计算时，要注意坡度的正负值，图中坡度值$\delta$为负值（坡度上升为正，反之为负）。按照前面所述测设已知高程的方法，把B点的设计高程测设到木桩上，则AB两点连线的坡度等于已知设计坡度值δ。

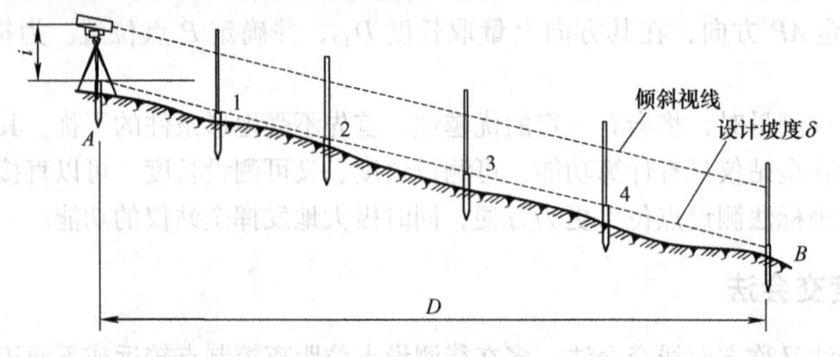

图9-10 坡度线的测设

测设时，在A点安置水准仪时，使其基座上的一个脚螺旋在AB方向线上，另两个脚螺旋的连线与AB线垂直，量取仪器高i，用望远镜瞄准B点上水准尺，同时转动在AB方向上的脚螺旋，使B点桩上水准尺上的读数等于i，这时仪器的视线为设计坡度线。然后在AB中间各点处打上木桩，在桩上立尺使读数皆为i，这样的各桩桩顶的连线就是测设坡度线。当设计坡度较大时，可利用经纬仪定出中间各点。

思考题与习题

9-1 测设有哪些基本工作？

9-2 点的平面位置测设有哪几种方法？在运用不同方法进行测设时需要注意什么？

9-3 在地面上欲测设一段47.476m的水平距离，所用钢尺的名义长度为50m，长度为49.995m，钢尺检定时温度为20℃，钢尺的膨胀系数为1.25×10^{-5}，实测温度为17℃。概量后测得两点之间的高差为$h=-0.231$m，试计算在地面上实测的长度。

9-4　在地面上欲测设36°水平角，用经纬仪对该角进行了多测回的精确观测，其平均角为35°59′42″，已知待定点距离测站85m，求改正角值时的垂距，并判断向外或向内。

9-5　设A、B为已知平面控制点，其相应坐标为A（157.23m，530.44m）、B（213.00m，450.75m），根据A、B两点测设P点的位置，P点设计坐标为P（170.00m，514.00m）。试计算应用极坐标法测设P点时的测设数据，并绘图说明测设步骤。

第10章

建筑工程施工测量

本章重点

1. 建筑施工控制测量的基本原则、工作要求及特点。
2. 民用建筑施工测量各个施工工序，测量的一些基本工作。
3. 工业建筑施工测量的工作结构，施工测量的规范。
4. 建筑物变形观测的意义和特点。

10.1 建筑施工控制测量

土木工程建设在勘测阶段已建立了测图控制网，但是由于它是为测图建立的，未考虑施工的要求，因而其控制点的范围、精度、密度都难以满足施工测量的要求。另外，平整场地时，点位极易遭到破坏，因此，在施工前必须重新建立专门的施工控制网。建筑工程施工测量同其他测量工作一样，也必须遵循“从整体到局部，先控制后碎部”的原则和程序，即在控制测量的基础上进行细部施工放样工作。

10.1.1 施工控制网的特点及布设要求

施工控制网的布设，应根据建筑总平面图和施工地区的地形条件来确定。在大中型建筑施工场地上，施工控制网多由正方形和矩形网格组成，称为建筑方格网，在面积不大又不十分复杂的建筑场地上常布设一条或几条基线，作为施工控制。

一般来说，施工阶段的测量网具有以下特点。

(1) 控制的范围小，控制点的密度大，精度要求高　工程施工的地区相对总是比较小的，因此控制网所控制的范围就比较小，如一般工业建筑物用地通常都在 $1km^2$ 以内。但在这样一个较小的范围内，各种建筑物的施工错综复杂，若没有较为密集的控制点，是无法满足施工期间放样工作的。施工测量的主要任务是放样建筑物的轴线，这些轴线的位置要求其偏差有一定的限值，其测量要求也是相对比较高的，因此施工控制网的要求也是相对较高的。

(2) 控制点使用频繁　在施工过程中，控制点常直接用于放样。随着施工层面逐级升高，需经常进行轴线点位的测量。因此，控制点位的测量是相当的频繁。从施工初期到竣工完成，这些控制点都会被使用若干次，这样一来，对于控制点的稳定性、使用时的方便性，以及点位在施工期间保存的可能性等，就提出了比较高的要求。

(3) 易受施工干扰　现代工程的施工，常采用交叉作业的施工方法，这样就使得工地上的各建筑物施工高度有时相差很大，因而妨碍了控制点间的相互通视。因此，施工控制点的位置应分布恰当，密度应比较大，以便在放样时可供选择。

据此特点，施工控制网的布设应作为整个工程施工设计的一部分。布网时，必须考虑到施工程序、方法，以及施工场地的布设情况。为防止控制点的标桩不被破坏，所布设的点位应画在施工设计总平面图上。

当施工控制网与测图控制网不一致时，（因为建筑总平面是在地形图上设计的，所以施工场地上的已有高等级控制点的坐标是测图坐标系下的坐标）应进行两种坐标系的数据换算，以便坐标统一。如图 10-1 所示，设 P 点的设计坐标为（x'_P，y'_P），换算为测量坐标（x_P，y_P）时，按下式计算

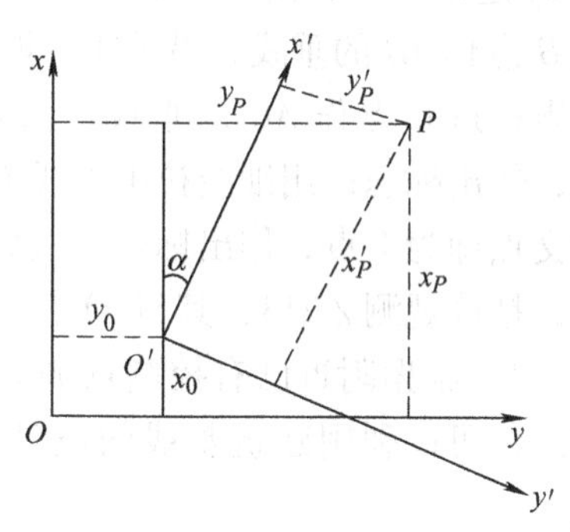

图 10-1　坐标系

$$x_P = x_0 + x'_P\cos\alpha - y'_P\sin\alpha$$

$$y_P = y_0 + x'_P\sin\alpha - y'_P\cos\alpha$$

式中　x_0、y_0——施工坐标系原点的测量坐标；

α——施工坐标轴相对于测量坐标轴的旋转角，它们一般由设计人员提供。

同样，若已知 P 点的测量坐标（x_P，y_P），要将其换算为施工坐标（x'_P，y'_P），则可按下式计算

$$x'_P = (x_P - x_0)\cos\alpha + (y_P - y_0)\sin\alpha$$

$$y'_P = -(x_P - x_0)\sin\alpha + (y_P - y_0)\cos\alpha$$

10.1.2　建筑基线

1. 建筑基线的布设形式

建筑基线是建筑场地的施工控制基准线，即在建筑场地的中央放样一条长轴线或若干条与其垂直的短轴线，它适用于总平面图布置比较简单的小型建筑场地。基线点不得少于三个，以便检查点位有无变动；基线点应便于保存，相邻点通视良好，以便于施工放样之用。常见的建筑基线布设形式如图 10-2 所示。

2. 建筑基线的布设要求

1）建筑基线应尽可能靠近拟建的主要建筑物，并与其主要轴线平行，以便使用比较简单的直角坐标法进行建筑物的定位。

2）建筑基线应尽可能与施工场地的建筑红线相联系。

3）基线点位应选在通视良好的和不易被破坏的地方，为能长期保存，要埋设永久性的混凝土桩。

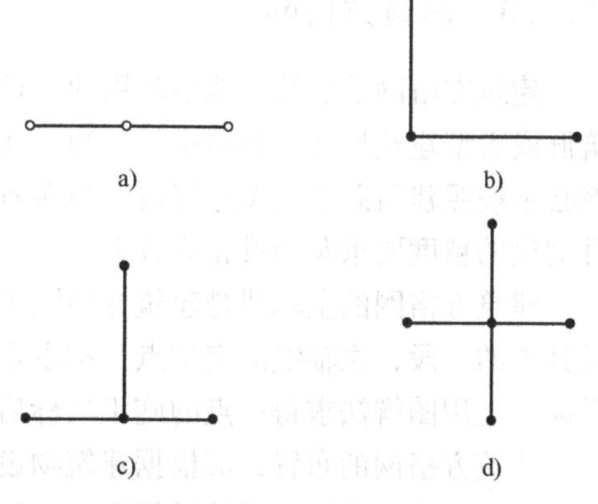

图 10-2　建筑基线布设形式

a）三点“一”字形　b）三点“L”形

c）四点“T”形　d）五点“十”形

3. 建筑基线的测设方法

根据施工场地的条件不同，建筑基线的测设方法有以下两种：

1）根据建筑红线测设建筑基线，由城市测绘部门测定的建筑用地界定基准线，称为建筑红线，在城市建设区，建筑红线可用作建筑基线测设的依据。如图10-3所示，AB、AC为建筑红线，1、2、3为建筑基线点，利用建筑红线测设建筑基线的方法如下：首先，从A点沿AB方向量取d_2定出P点，沿AC方向量取d_1定出Q点；然后，过B点作AB的垂线，沿垂线量取d_1定出2点，作出标志；过C点作AC的垂线，沿垂线量取d_2定出3点，作出标志；用细线拉出直线$P3$和$Q2$，两条直线的交点即为1点，作出标志；最后，在1点安置经纬仪，精确观测$\angle 213$，其与90°的差值应小于±20″。

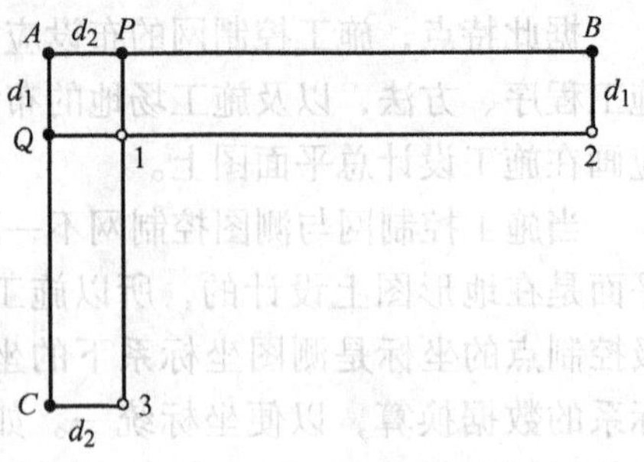

图10-3 根据建筑红线测设建筑基线

2）根据附近已有控制点测设建筑基线，在新建筑区，可以利用建筑基线的设计坐标和附近已有控制点的坐标，用极坐标法测设建筑基线。

由于存在测量误差，测设的基线点往往不在同一直线上，且点与点之间的距离与设计值也不完全相符。因此，需要精准测出直线的折角β'和距离D'，并与设计值相比较。如图10-4所示，如果$\Delta\beta=\beta'-180°$超过±15″，则应对1′、2′、3′点在与基础垂直的方向上进行等量调整，调整量按下式计算

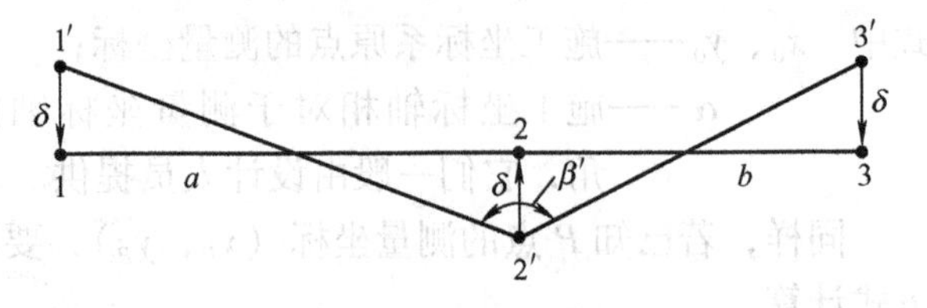

图10-4 基线点调整图

$$\delta = \frac{ab}{a+b} \times \frac{\Delta\beta}{2\rho}$$

式中 δ——各点的调整值（m）；

a、b——线段12、23的长度（m）。

如果测设距离超限，如图10-4所示，则以2点为准，按设计长度沿基线方向调整1′、3′点。

10.1.3 建筑方格网

建筑方格网是建筑场地中常用的一种控制网形式，适用于按照正方形或者矩形测设的建筑群或大型建筑场地，该网建成后测设建筑物的轴线很方便，且精度较高，但由于建筑方格网必须按照建筑总平面图进行设计与布置，其点位易被破坏，因而自身的测设工作量较大，且测设的精度要求及困难相应较大。

建筑方格网的主轴线是建筑方格网扩展的基础。当场区很大时，主轴线较长，一般只测设其中的一段，主轴线的定位点，称主点。主点的施工坐标一般由设计单位给出，也可在总平面图上用图解法求得一点的施工坐标后，再按主轴线的长度推算其他主点的施工坐标。

建筑方格网的布置，应根据建筑物设计总平面上各建筑物、构筑物、道路及各种管线的布设情况，结合现场地形情况拟定。布置时应先选定建筑方格网的主轴线，然后再布置方格网。方格网的形式可布置为正方形或矩形，当场区面积较大时，常分为两级布设，首选可采用“十”字形、“口”字形、“田”字形，然后再加密方格网，当场区面积不大时，尽量布

置成全方面方格网。

建筑方格网的布设同样要根据设计建筑物的分布、场地的地形和原有控制点的情况而定，如图10-5所示。建筑方格网适用于按矩形布置的建筑群或大型建筑场地。

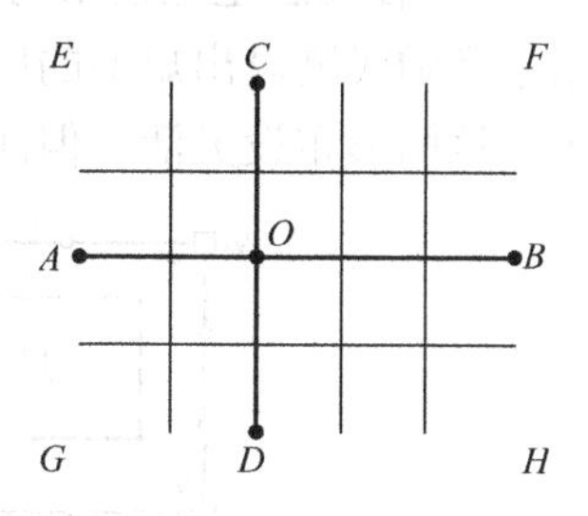

图10-5　建筑方格网

当施工坐标系与国家坐标系不一致时，在施工方格网测设之前，应把主点的施工坐标换算为测量坐标，以便求算测设数据，然后利用原勘测设计阶段所建立的高等级测图控制点将建筑方格网测设在施工场区上，建立施工控制网的第一级施工场区控制网。

建筑方格网的测设方法如下。

（1）主轴线测设　主轴线测设与建筑基线测设方法相似。首先，准备测设数据；然后，测设两条互相垂直的主轴线 *AOB* 和 *COD*，如图10-5所示。主轴线实质上是由5个主点 *A*、*B*、*O*、*C* 和 *D* 组成，最后，精确检测主轴线点的相对位置关系，并与设计值相比较，如果超限，则应进行调整。建筑方格网的主要技术要求见表10-1。

表10-1　建筑方格网技术要求

等级	边长/m	测角中误差	边长相对中误差	测角检测限差	边长检测限差
Ⅰ级	100～300	5″	1/30000	10″	1/15000
Ⅱ级	100～300	8″	1/20000	16″	1/10000

（2）方格网点测设　如图10-5所示，主轴线测设后，分别在主点 *A*、*B* 和 *C*、*D* 安置经纬仪，后视主点 *O*，向左右测设90°水平角，即可交会出“田”字形方格网点。随后做检核，测量相邻两点间的距离，看是否与设计值相等，测量其角度是否为90°，误差均应在允许范围内，并埋设永久性标志。建筑方格网的主轴线应临近主要建筑物，并与其主要轴线平行。因此，可用直角坐标进行建筑物的定位，计算简单，测设比较方便，而且精度较高。但缺点是必须按照总平面图布置，其点位易被破坏，而且测设工作量也较大。由于建筑方格网的测设工作量大，测设精度要求高，因此可委托专业测量单位进行。

（3）方格网各交点的放样　主轴线测设好后，分别在各主点上安置经纬仪，均以 *O* 点为后视方向，向左、向右精确地测出90°，即形成“田”字形方格网，然后在各交点上安置经纬仪，进行角度测量，看其是否为90°，并测量各相邻点间的距离，看其是否等于设计边长，进行检核，其误差均应在允许范围内。最后在以基本方格网为基础，加密方格网中其余各点，完成第一级场区控制网的布设。

场区控制网布设后，还需为每一个建筑物或厂房建立施工控制网的二级厂房控制网。厂房控制网是厂房施工的基本控制，厂房骨架及其内部独立设备的关系尺寸，都是根据它放样到实地上的。建立厂房控制网时，必须先依据厂房控制网的尺寸在总平面图上设计网形和各主点，然后图解出厂房控制点的坐标，最后选用适当的平面位置测设方法将其放样到施工场地上，其所用设计网形一般有基线法和轴线法两种。

1）基线法是先根据场区控制网定出矩形网的一条边作为基线，如图10-6a所示中的 S_1、S_2 边，再在基线的两端测设直角，定出矩形的两条短边，并沿着各边测设距离，埋设距离指标桩，该网形布设简单只适用于一般的中小型建筑物或小型厂房。

2）轴线法是先根据场区控制网定出厂房控制网的长轴线，由长轴线测设短轴线，再根据十字轴线测设出矩形的四边，并沿着矩形的四边测设距离，埋设距离指标桩如图 10-6b 所示，该网形布设灵活，但测设工序多，适用于大型厂房或建筑物。

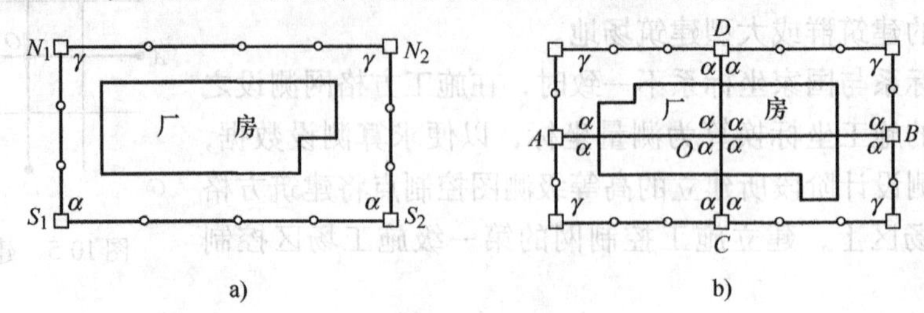

图 10-6 厂房控制网布设

a）基线法 b）轴线法

α—实测角 γ—矩形闭合角（非实测角）

10.1.4 施工高程控制

施工场地的高程施工控制网，其在点位分布和密度方面应完全满足施工时的需要，在施工期间，要求在建筑物旁边的不同高度上都必须布设临时水准点，其密度应保证放样时只设一个测站，便可将高程传递到建筑物的施工层面上。场地的水准点应布设在土质坚固、不受施工干扰且便于长期使用的地方。

高程控制网通常也分为两级布设，第一级网为布满整个施工场地的基本高程控制网，二级网为根据各施工阶段放样需要布设的加密网。对其基本高程控制网的布设，中小型建筑物可按照四等水准测量要求进行；连续生产的厂房或下水管道等工程施工场地则采用三等水准测量，一般应布设附合路线或是闭合环线网，在施工场地应布设不少于 3 个基本高程水准点；加密网可用图根水准测量或四等水准测量要求进行布设，以满足建筑施工高程测设的要求，一般在施工场地上平面控制点均应联测在高程控制网中，同时兼作高程控制点使用。高程控制网可分首级网和加密网，相应的水准点成为基本水准点和施工水准点。

（1）基本水准点　基本水准点应布设在土质坚实，不受施工影响、无振动和便于实测的地方，并埋设永久性标志。对于为连续性生产车间或地下管道测设所建立的基本水准点，需按三等水准测量的方法测定其高程。一般情况下，按四等水准测量的方法测定其高程。

（2）施工水准点　施工水准点是用来直接测设建筑物高程的，为了测设方便和减少误差，施工水准点应靠近建筑物。通常可以采用建筑物方格网的标志桩加设圆头钉作为施工水准点。为了放样方便，在每栋较大的建筑物附近，还要布设 ±0.000 水准点（一般以低层建筑物的地坪高程为 ±0.000），其位置多选在较稳定的建筑物墙、柱的侧面，用红油漆画成上顶为“▼”形，其顶端表示 ±0.000 位置。

10.2 民用建筑施工测量

民用建筑一般指住宅、学校、办公楼、食堂、医院、水塔等建筑物。民用建筑物有单层、低层（2 ~ 3 层）、多层（4 ~ 8 层）和高层（9 层以上），由于类型不同，其测设方法和精度要求也就不同，但放样过程基本相同，一般分为建筑物定位、放线、基础工程施工测量、墙体工程施工测量等。在建筑场地完成了施工控制测量工作之后，就可按照施工的各个施工工序开展放样工作，将建筑物的位置、基础、墙、柱、门、窗、楼板、顶盖等基本结构顺次测设出来，并设置标志，作为施工的依据。建筑场地施工放样的主要过程如下。

1）准备资料，如总平面图、基础图平面图、轴线平面图及建筑物的设计与说明等。

2）熟悉资料，对图样及资料进行识读，结合施工场地情况及施工组织设计方案制定施工测设方案，满足工程测量技术规范，见表10-2。

3）现场放样，按照设计方案进行实地放样，检测及调整等。

表10-2　建筑物施工放样的主要技术要求

建筑物结构特征	测距相对中误差	测角中误差	测站高差中误差/mm	施工水平面高程中误差/mm	竖向传递轴线点中误差/mm
钢结构、装配式混凝土结构、建筑物高度100~120m或跨度30~36m	1/20000	5″	1	6	4
15层房屋、建筑物高度60~100m或跨度18~30m	1/10000	10″	2	5	3
5~15层房屋、建筑物高度15~60m或跨度6~18m	1/5000	20″	2.5	4	2.5
5层房屋、建筑物高度15m或跨度6m以下	1/3000	30″	3	3	2
木结构、工业管线或公路铁路专线	1/2000	30″	5		
土工竖向整平	1/1000	45″	10		

10.2.1　民用建筑物施工前的一般工作

1. 施工放样前的准备工作

通过建筑平面图，可查取建筑物的总尺寸及内部各定位轴线间的关系。图10-7所示，为拟建的建筑物底层平面图，从中可查得建筑物的总长、宽度尺寸和内部各定位轴线尺寸，据此可得到建筑物细部放样的基础数据。

基础平面图给出了建筑物的整个平面尺寸及细部结构与各点位轴线之间的关系，以此可确定基础轴线放样的测设数据。图10-8所示为建筑物的基础布置平面图示例。

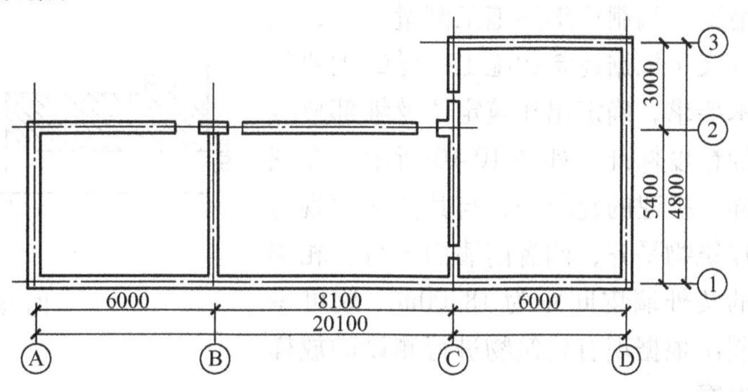

图10-7　建筑物底层平面图

基础剖面图给出了基础剖面的尺寸（边线至中轴线的距离）及其设计标高（基础与设计底层室内地坪±0.000的高差），从而可确定基础开挖边线的位置及基坑底面的高度位置，它是基础开挖与施工的依据，如图10-9所示。

另外，还可以通过其他各种立面图、剖面图、建筑物的结构图、设计基础图及土方开挖

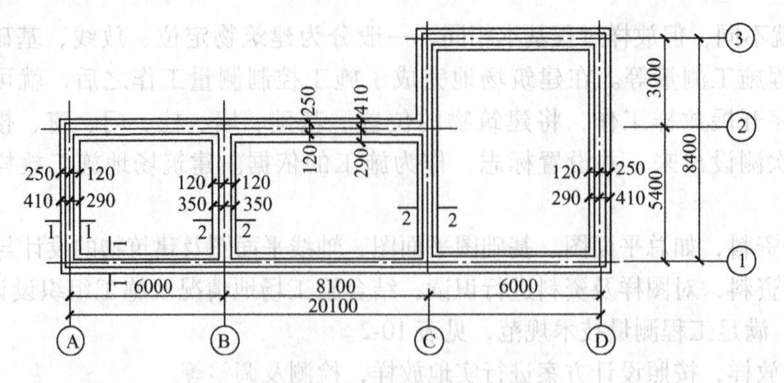

图 10-8 建筑物基础平面图

图等，查取地板、基础、楼梯、楼板等的设计高程，获得在施工建筑中所需的测设高程数据资料。

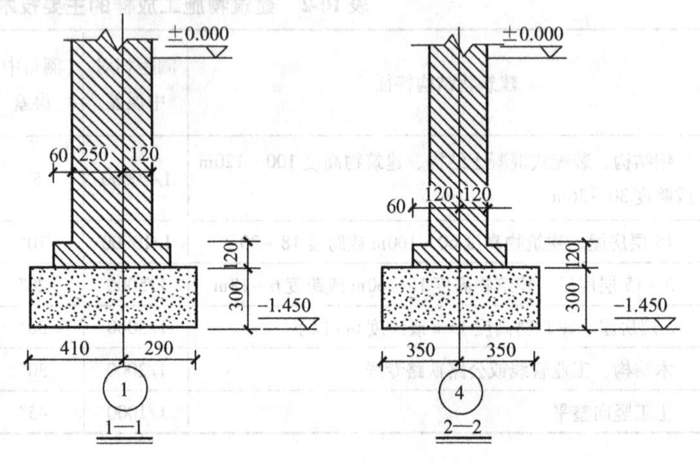

图 10-9 建筑物基础剖面图

2. 现场踏勘

现场踏勘实测，主要是为了确定施工现场的地物，地貌和测量控制点的分布情况，同时可调查与施工测设相关的一些问题。踏勘后，应对场地上的平面控制点和高程控制点进行校核，以获得正确的测设起始坐标数据和测站点位。

3. 制定测设方案

在熟悉建筑物的设计与说明的基础上，从施工组织设计中了解建筑物的施工进度计划，然后结合现场地形和施工控制网布置情况，编制详细的施工测量方案，在方案中依据建筑物施工放样的主要技术要求，确定出建筑定位及细部放线的精度标准。如图 10-10 所示，在图样上拟建的建筑物，与其左侧的现有建筑物平齐，两者南墙面平行，相邻的两外墙皮间距为 18.00m，故可编制出根据现有建筑物进行测设的放样方案。

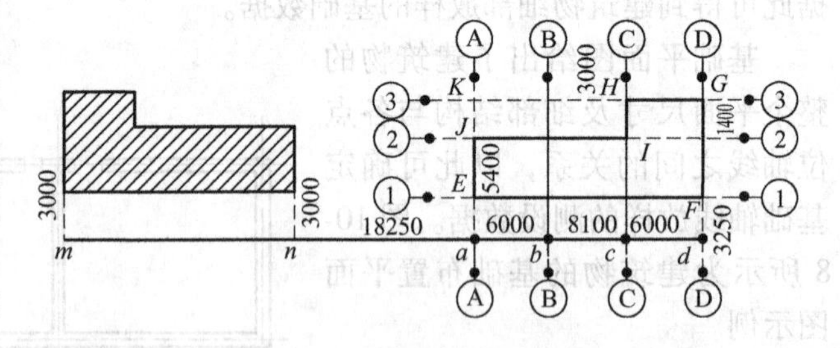

图 10-10 建筑物测设略图

4. 计算测设数据并绘制建筑物测设略图

依据设计图样计算所编制的测设方案及其对应的测设数据，绘制测设略图，并将计算数据标入图中。如图 10-8 所示，拟建的建筑物的外墙面距定位轴线为 0.250m，故拟建的建筑物的 *A*—*A* 轴距离现有的建筑物外墙的尺寸为 18.250m，1—1 轴距离测设的基线 *mn* 的间距为3.250m，按此数据进行实地测设方可满足施工后两建筑物南墙面平齐的设计要求，如图10-10所示。

10.2.2 民用建筑物定位与放样

1. 民用建筑物的定位

建筑物的定位方法，可根据施工现场情况和设计条件，采用以下几种方法：

（1）根据红线定位　建筑物或道路的规划红线点是城市规划部门所测设的城市规划用地与建设单位用地的界址线，新建建筑物的设计位置与红线的关系应得到城市规划部门的批准。因此，建筑物的设计位置应以规划红线为依据，这样在建筑物定位时，便可根据规划红线进行。

如图10-11所示，*A*、*BC*、*MC*、*EC*、*D*为城市规划道路红线点，其中*A*—*BC*、*EC*—*D*为直线段，*BC*为圆曲线起点，*EC*为圆曲线终点，*IP*为两直线段的交点，该交角为90°，*M*、*N*、*P*、*Q*为所设计的高层建筑的轴线的交点，规定*MN*轴应离红线*A*—*BC*为12m，且与红线平行；*NP*轴离红线*EC*—*D*为15m。

实地定位时，在红线上从*IP*点向*A*点量15m得到*N*′点，在测设一点*M*′点，使其与*N*′的距离等于建筑物的设计长度*MN*，然后在这两点上安置经纬仪，用直角坐标法测设轴线交点*M*、*N*，使其与红线的距离等于12m；同时在各自的直角方向上依据建筑物的设计宽度测设*Q*、*P*点。最终，再对*M*、*N*、*P*、*Q*点进行校核调整，直至定位点在限差范围内。

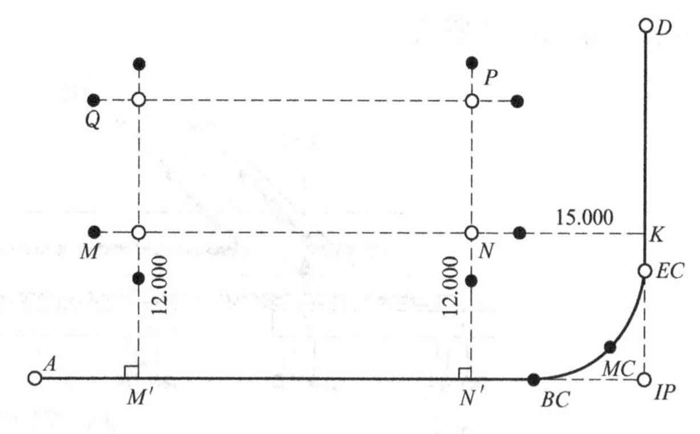

图10-11　根据红线定位

（2）根据既有建筑物定位　在建筑区新建或扩建建筑物时，一般设计图上都给出新建筑物与附近既有建筑物或道路中心线的相互关系。

如图10-12所示，图中绘有斜线的是既有建筑物，没有斜线的是拟建建筑物。拟建的建筑物轴线*MN*在既有建筑物轴线*AB*的延长线上，可用延长直线法定位。其做法是先沿既有建筑物*DA*与*CB*墙面向外量出*AA*′及*BB*′，并使*AA*′=*BB*′，在地面上定出*A*′和*B*′两点作为建筑基线。

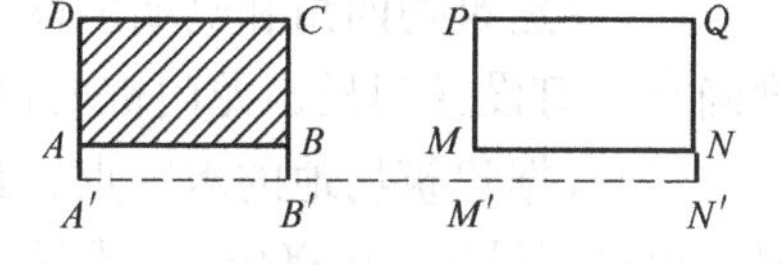

图10-12　原有建筑物的定位

在安置经纬仪于*A*′点，照准*B*′点，然后沿视线方向，根据图样上所给的*MB*和*MN*尺寸，从*B*′点用钢尺量距依次定出*M*′和*N*′两点。在安置经纬仪于*M*′和*N*′测设90°而定出*MP*和*NQ*。

如图10-13a所示，可用直角坐标法定位。先按上法做*AB*的平行线*A*′*B*′，然后安置经纬仪于*A*′点，作*A*′*B*′的延长线，用钢尺量取*B*′*M*′的距离，定出*M*′点，再将经纬仪安置于*M*′点上测设90°角，丈量*MM*′值定出*M*点，继续丈量*MN*值而定出*N*点。最后在*M*和*N*点安置经纬仪测设90°，根据建筑物的宽度而定出*P*和*Q*点。

如图10-13b所示，拟建建筑物*ABCD*与道路中心线平行，根据图示条件，主轴线的测设可用直角坐标法。测法是先用拉尺分中法找出道路中心线，然后用经纬仪作垂线，定出拟

建建筑物的轴线 $A'B'$，其余点位定位同上述方法。

2. 民用建筑物的放线

建筑物的放线是指根据定位的主轴线桩（即角桩），详细测设其他各轴线交点的位置，并用木桩（桩顶钉小钉）标定出来，称木桩为中心桩，并据此按基础宽和放坡宽用白灰线撒出基槽边界线。

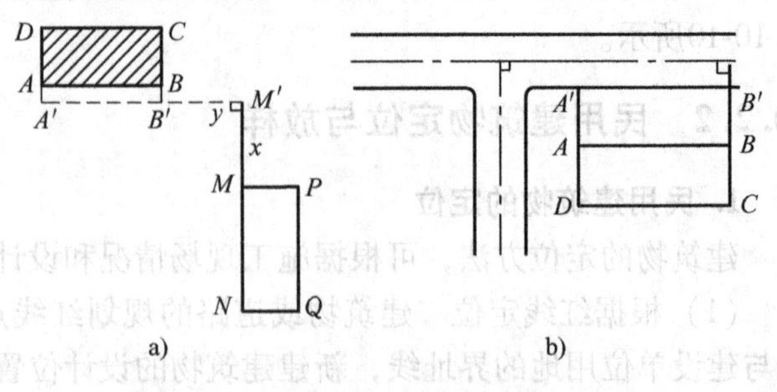

图 10-13　原有建筑物直角坐标法定位

由于施工开挖基槽时中心桩要被挖掉，因此，在基槽外各轴线延长线的两端应钉轴线控制桩，作为开槽后各阶段施工中恢复轴线的依据。控制桩一般定在槽外 2 ~ 4m 不受施工干扰并便于引测和保存桩位的地方。如附近有建筑物，也可把轴线投测到建筑物上，用红油漆做出标志，以代替控制桩。

在一般民用建筑中，为了便于施工，常在基槽开挖之前将各轴线引测至槽外的水平板上，以作为挖槽后各阶段施工恢复轴线的依据。水平板称为龙门板，固定木板的木桩称为龙门桩，如图 10-14 所示。

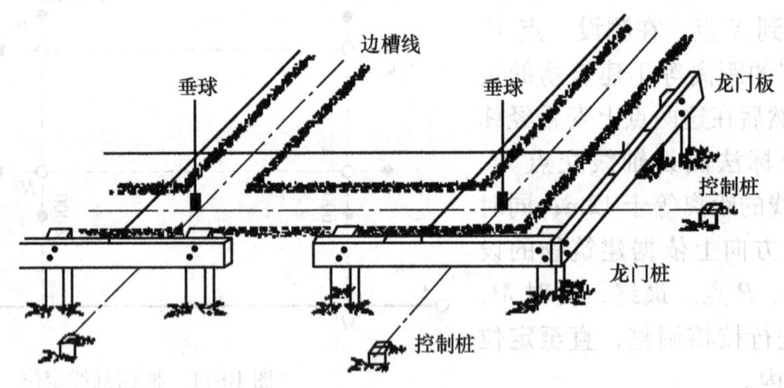

图 10-14　轴线控制桩与龙门桩

设置龙门板的步骤如下：

1）在建筑物四角和隔墙两端基槽开挖边线以外的 1.5 ~ 2m 处（根据土质情况和挖槽深度确定）钉设龙门板，龙门桩要钉得竖直、牢固，木桩侧面与基槽平行。

2）根据建筑场地的水准点，在每个龙门桩上测设 ±0.000m 标高线，在现场条件不许可时，也可测设比 ±0.000m 高或低一定数值的线。

3）在龙门桩上测设同一高程线，钉设龙门板，这样，龙门板的顶面标高就在一个水平面上了。龙门板标高测定的允许误差一般为 ±5mm。

4）根据轴线桩，用经纬仪将墙、桩的轴线投到龙门板顶面上，并钉上小钉标明，称为轴线投点，投点允许误差为 ±5mm。

5）用钢尺沿龙门板顶面检查轴线钉的间距，经检验合格后，以轴线钉为准，将墙宽、基槽宽划在龙门板上，最后根据上口宽度拉线，用石灰撒出开挖边线。

10.2.3　建筑物基础工程施工测量

在一般民用建筑物施工中，由于其基础多为条形基础或扩大基础，所以当完成建筑物轴线的定位和放线后，便可按照基础平面图上的设计尺寸，利用龙门板上所标示的基槽宽度，在地面上洒出白灰线，由施工人员进行破土开挖。

开挖边线标定之后，就可进行基槽开挖。如果超挖基底，不得以土回填，因此，必须控制好基槽的开挖深度。为了控制基础的挖深，在基槽快要挖到基底设计标高时，应在槽壁上每隔3~4m及拐角处测设水平控制桩，使木桩的上顶面距槽底的设计标高为一常数（一般为0.5m），如图10-15所示。沿着桩顶面拉线绳，即可作为清底和垫层标高控制的依据。

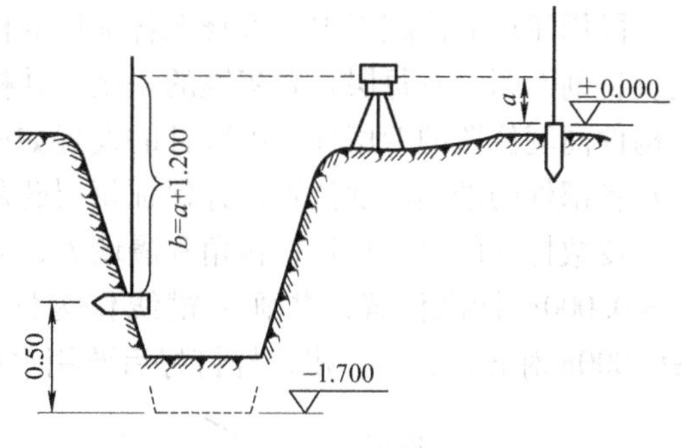

图10-15　水平桩的测设

基础垫层打好后，在龙门板上的轴线钉之间拉上线绳，用垂球线将基础轴线投测在垫层上，如图10-16所示，并用墨线将基础轴线、边线和洞口线在垫层上弹出来，作为基础施工的依据。也可在轴线控制桩上安置经纬仪来投测基础轴线。

基础的标高是用基础皮数杆控制的。基础皮数杆是一根木制的杆子，如图10-17所示，在皮数杆上事先按照设计尺寸，将砖、灰缝厚度画出线条，并标明±0.000m和防潮层等的标高位置。立皮数杆时，可先在立杆处打一木桩，用水准仪在木桩侧面定出一条高于垫层标高某一数值（如10cm）的水平线，然后将皮数杆高度与其相同的一条线与木桩上的水平线对齐，并用大钢钉把皮数杆与木桩钉在一起，作为基础墙的标高依据。

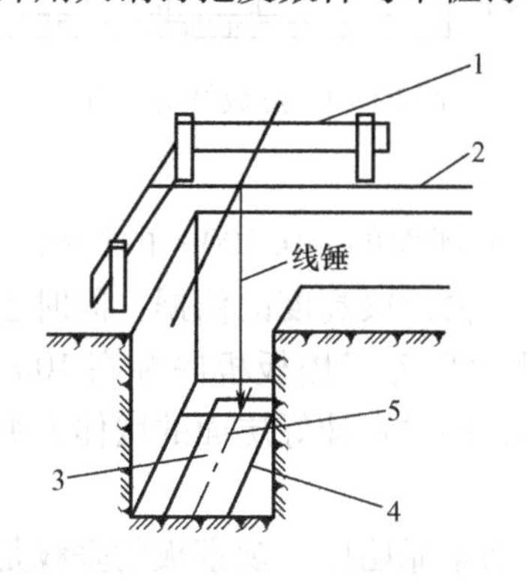

图10-16　基础轴线的投测

1—龙门板　2—细线　3—垫层

4—基础边线　5—墙中线

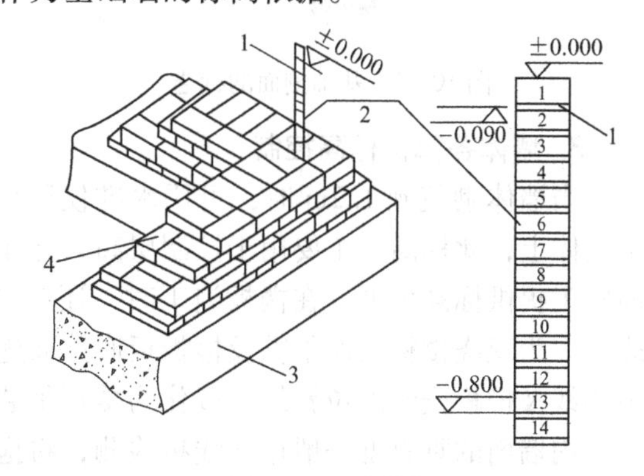

图10-17　皮数杆

1—防潮层　2—皮数杆

3—垫层　4—大放脚

基础施工结束后，应检查基础面的标高是否符合设计要求。可用水准仪测出基础面上若干点的高程与设计高程进行比较，允许误差为±10mm。

10.2.4　建筑物墙体施工测量

民用建筑物墙体施工中，主要是墙体的定位和墙体各部位的标高控制。

1. 墙体定位

在基础施工结束，对轴线控制桩进行检查复核，若无误后，可利用轴线控制桩将轴线投测到基础或防潮部位的侧面，并用红三角“▼”标志，如图10-18所示，以此确定上部砌体的轴线位置，施工人员就可以进行墙体施工。

2. 墙体皮数杆的设置

民用建筑墙体施工中，墙身上各部位的标高通常用皮数杆来控制和传递。皮数杆是根据建筑物剖面图画有每层砖和灰缝的厚度，并标有墙体上窗台、门窗洞口、过梁、雨篷、楼板等构件高度位置的专用杆，皮数杆的设置如图 10-19，在墙体施工中，使用皮数杆可以控制墙身各部件的准确高度位置，并保证每层砖灰缝厚度均匀，每层砖都处在同一水平面上。

皮数杆一般立在建筑物转角和隔墙处，立皮数杆时，先在地面上打一木桩，用水准仪测出 ±0.000m 标高位置，并画一横线作为标志，然后把皮数杆上的 ±0.000m 线与木桩上 ±0.000m对齐，钉牢。皮数杆钉好后要用水准仪进行检测，并用垂球来校正皮数杆的竖直。

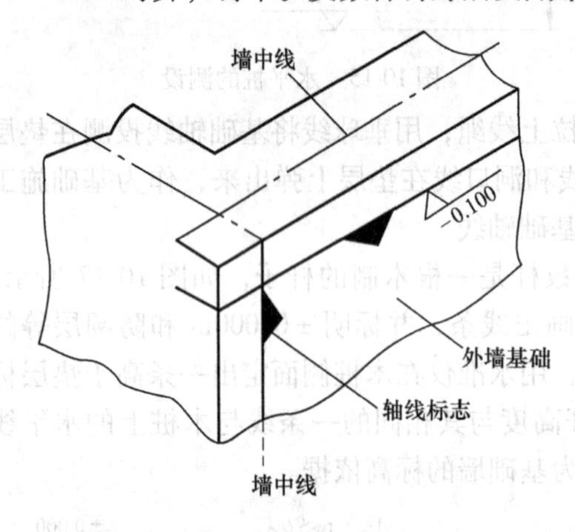

图 10-18 基础侧面的标志

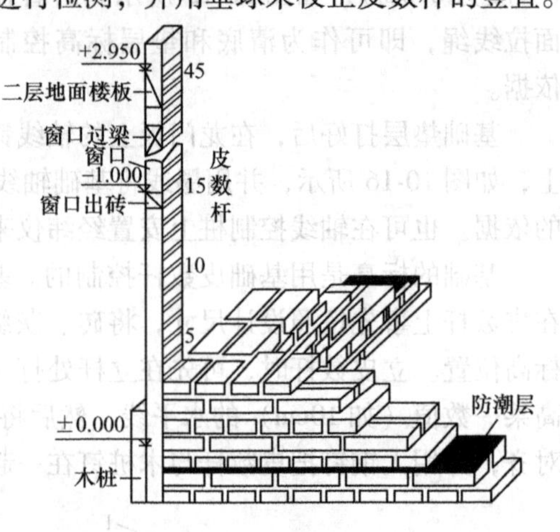

图 10-19 皮数杆的设置

3. 墙体各部位标高控制

当墙体砌筑到 1.2m 时，可用水准仪测出高出室内地坪面的 +0.500m 的标高线并标志于墙体上，此标高线主要用于控制层高，并作为设置门、窗过梁高度的依据，同时也是为后期施工提供标高依据，在楼板施工时，还应在墙体上测设出低于楼板板底标高 10m 的标高线，作为现浇楼板板面平整及楼板板底抹面施工的依据，同时在抹好层面的墙体上弹出墙的中心线及楼板安装的位置线，以作为楼板吊装的依据。

内墙面的垂直度一般用拖线板检测，将拖线板的侧面紧靠墙面，观察板的垂线是否与板的墨线一致，且每层的偏差不超过 5mm，同时应用钢角尺检测墙的阴角是否为 90°，阳角与阴角线是否为一直线。垂直角一般也用拖线板检测。

10.2.5 高层建筑物施工测量

1. 高层建筑物的特点

由于高层建筑的建筑物层数多、高度大、建筑结构复杂、设备和装修标准高，特别是高速电梯的安装要求最高，因此，在施工过程中对建筑物各部位的水平位置、垂直度及轴线位置尺寸、标高等的测量精度的要求都十分严格；对总体的建筑限差有较严格的规定，因而对质量检测的允许偏差也有严格要求。高层建筑物的施工测量，要将建筑物首层轴线准确地逐层向上投测，供各层细部控制放线；要将首层标高逐层向上传递，以便使楼板、窗户、梁等的标高符合设计要求。

高层建筑的施工方法有多种，但目前多采用如下两种：一种是滑模施工，即分层滑升逐层现浇楼板的方法；另一种是预制构件装配式施工。国家建筑施工规范中对高层建筑结构的施工质量标准有明确规定，见表10-3。高层建筑施工测量主要包括基础施工测量；高楼墙体、柱列、楼板施工测量和幕墙施工测量三项，现就其基本测量工作作简单介绍。

表10-3 高层建筑结构施工的限差要求

高层施工种类	竖向偏差限值		高程偏差限值	
	各层/mm	总累计/mm	各层/mm	总累计/mm
滑模施工	5	$H/1000$（最大50）	10	50
装配式施工	5	20	5	30

另外，由于高层建筑施工的工程量最大，且多设有地下工程，同时一般多是分期施工，工期长，施工现场变化大，因而，为保证工程的整体性和局部性施工的精密要求，进行高层建筑施工测量之前，必须谨慎地制定测设方案，选用适当的仪器，并拟出各种控制和检测的措施以确保放样精度。

2. 高层建筑施工测量的施工步骤

在高层建筑施工过程中有大量的施工测量工作，为了达到指导施工的目的，施工测量应紧密配合施工，具体步骤如下；

（1）施工控制网的布设　高层建筑必须建立施工控制网，其平面控制一般以布设建筑方格网较为常见，且使用方便，精度可以保证，自检也方便。建立建筑方格网，必须从整个施工过程考虑，打桩、挖土、浇筑基础垫层及其他施工工序的轴线测设要均能应用所布设的施工控制网。由于打桩、挖土对施工控制网的影响较大，除了经常进行控制网点的复测校核之外，最好随着施工的进行，将控制网延伸到施工影响区之外。而且，随着施工必须及时地将控制轴线投测到相应的建筑面层上，这样便可根据投测的控制轴线进行柱列轴线等细部放样，以备绑扎钢筋，立模板和浇筑混凝土之用。为了将设计的高层建筑测设到实地，同时简化设计点位的坐标计算和在现场便于建筑物细部放样，该控制网的轴系应严格平行于建筑物的主轴线或道路的中心线。施工方格网的布设必须与建筑总平面相配合，以便在施工过程中能够保存最多数量的方格控制点。

建筑方格网的实施，与一般建筑场地上所建立的控制网实施过程一样，首先在建筑总平面图上设计，然后依据高等级测图点用极坐标法或是直角坐标法测设在实地，最后，进行校核调整，保证精度在允许的限差范围之内。

在高层建筑施工中，高程测设在整个施工测量工作中所占比例较大，同时也是施工测量中的重要组成部分，能够正确地在施工现场布置水准高程控制点，可以在很大程度上保证建筑物施工的顺利进行。施工现场的高程控制点必须以精确的数据来满足施工的质量要求。

一般的建筑物施工场地上的高程控制网采用三四等水准测量，以保证高程控制点的密度，满足工程建筑的需要，所建网形一般为附合水准路线或者闭合水准路线。

（2）轴线投测　按规范规定，在多层建筑施工测量中，一般应每施工2~3层后用经纬仪投测轴线，为了保证施工质量，必须重点控制建筑物的竖向偏差，也就是说，竖向偏差不应超过5mm，全楼的累积偏差不应超过20mm。

建筑物轴线的投测，一般可应用经纬仪进行。施测时将经纬仪安置在建筑物附近设立的轴线控制桩上进行竖向投测，称为经纬仪引桩投测法，也称经纬仪竖向投测法。

在建筑物平面定位之后，一般在地面标出建筑物的各轴线，并根据建筑物的施工高度和施工现场情况，在距建筑物尽可能远的地方，引测轴线控制桩，用于后期的轴线引测，当基础工程完工后，便可利用轴线控制桩将各轴线精确地投测在建筑物基础底部，并做标记标定各投测点，然后，随着建筑物施工高度的逐层升高，可利用经纬仪逐层引测轴线。

如图 10-20a 所示，CC'和 $33'$为某建筑物的中心轴线，C、C'和 3、$3'$点为该两轴线在地面上引测的轴线控制桩，在基础工程施工完后，将经纬仪安置在控制桩 C 上，照准控制桩 C'点，用盘左、盘右行投测，并取其投测点的中点 b 作为向上引测的标记点，并标记于建筑物的基础侧面；同法得到 b'、a 和 a'标志点，同时将轴线恢复到基础面层上，施工人员依据基础轴线进行楼层施工，当施工完第一层后，由于砌筑的墙体影响了轴线控制桩之间的相互透视，因而用经纬仪进行轴线引测时，必须依据基础侧面投测的标记将轴线与基础底部投测到各楼层面上，具体投测过程为：将经纬仪分别安置在 CC'和 $33'$轴的各控制桩点上，照准基础底部侧面的标记 b、b'、a、a'，用盘左、盘右的两个盘位向上投测到楼层楼板上并取其中点作为该层中心轴线的投影点，如图 10-20 所示的 b_1b'、a_1a'，这两条线的交点 O'即为该层轴线点的投影中心。随着建筑物的逐层升高，便可将轴线点逐层向上引测。

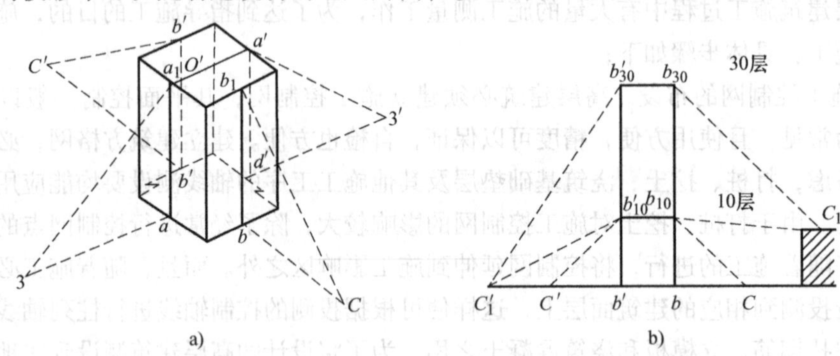

图 10-20 轴线投测

当楼层逐渐增高，而建筑控制桩距离建筑物又较近时，望远镜的仰角将较大，这样操作极不方便，同时投测精度也将随仰角的增大而降低。为此，应将原定位轴线控制桩引测到距离建筑物更远的安全地方，或者附近大楼的屋顶上。具体的操作为：将经纬仪安置在某楼层已投测好的中心轴线的交点处，照准原有的轴线控制桩 C、C'、3 和 $3'$点，将轴线重新引测到远处或附近大楼的屋顶上，如图 10-20b 所示的 C_1 和C_1'即为新的 CC'轴的控制桩点。更高的各层中心轴线的引测，可将经纬仪安置在新的引桩上，按上述的操作继续进行，如图中 b_{10}和b_{10}'点便是该建筑物第 10 层上 CC'轴引测的中心投影点同法可以引测到 30 层的中心投影点 b_{30}和b_{30}'，两引测轴线的交点即为该层的轴线投测中心。

投测时，经纬仪一定要经过严格校验才能使用，为了减小外界条件的不利影响，投测工作应在阴天且无风天气进行。

3. 轴线控制的测设方法

激光铅垂仪是一种专用的铅直定位仪器，适用于高烟筒、高塔等高层建筑的铅直定位测量。图 10-21a 所示是激光铅垂仪的示意图。仪器的竖轴是一个空心筒轴，两端有螺钉连接望远镜的套筒，将激光器安在筒轴的下端，望远镜安在上端，构成向上发射的激光铅垂仪；

也可以反向安装，成为向下发射的激光铅垂仪。使用时将仪器对中、整平后，接通激光电源，启动激光器，便可以铅直发射激光束。

为了把建筑物的平面定位轴线投测到各层上去，每条轴线至少需要两个投测点。投测点距轴线以500~800mm为宜，其平面布置如图10-21b所示。为了使激光束能从底层投测到各层楼板上，在每层楼板的投测点处，需要预留孔洞，洞口大小一般在300mm×300mm左右。有时，仅预留两个投点孔，用铅垂仪或钢丝垂线将两轴线交点投影到上层楼上，再用经纬仪或全站仪标设施工层的其他轴线。

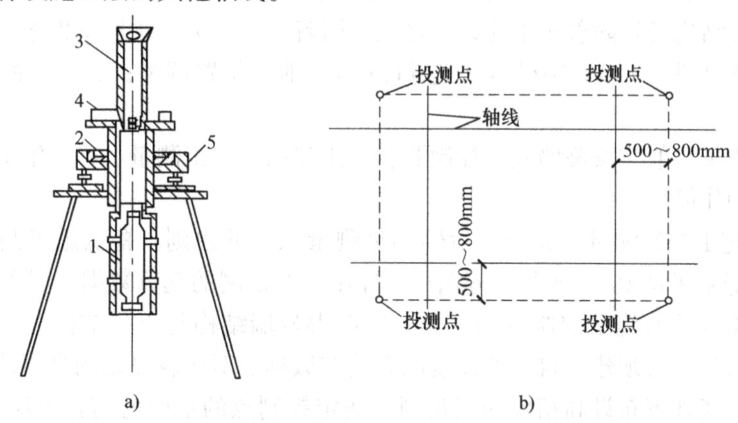

图10-21 激光铅垂仪及激光铅垂仪投测轴线示意

1—氦氖激光器 2—竖轴 3—发射望远镜 4—水准管 5—基座

4. 高层建筑物的高程传递

高层建筑施工中，要由下层楼面向上层传递高程，以使上层楼板、门窗、室内装修等工程的标高符合设计要求，楼面标高误差不超过±10mm，传递高程的方法有皮数杆法、吊钢尺法、钢尺竖直测量法、全站仪天顶测距法等。

（1）皮数杆法 在皮数杆上至±0.000标高线起，门窗、楼板、过梁等构件的标高都已标明，一层楼砌筑好后，则可从一层皮数杆起一层一层往上接，就可以把标高传递到各楼层，在接杆时要注意检查下层杆位置是否正确。

（2）吊钢尺法 根据高层建筑物的具体情况在楼梯间或电梯井悬吊钢尺，不过此时需用钢尺代替水准仪作为读数依据，从首层标高逐层向上传递。如图10-22所示，由地面已知高程点A，向建筑物楼面B传递高程，先从楼梯间悬挂一支钢尺，钢尺下端悬一垂球，观测时，为了使钢尺稳定，可将垂球浸于一盛满油的容器中，然后在地面及楼板上个安置一台水准仪，按水准测量的方法同时读取a_1、b_1和a_2读数，则可计算出楼面B上设计标高为H_b的测设数据$b_2=H_a+a_1-b_1+a_2-H_b$，据此可采用测设已知高程的测设方法放样出楼面B的标高位置。

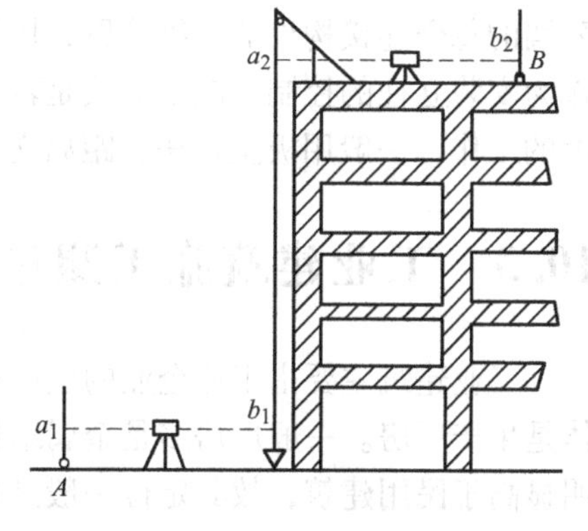

图10-22 水准仪高程传递法

（3）钢尺竖直测量法 在标高精度要求较高时，可用钢尺沿墙面或柱面竖直向上竖直测量，把高程传递过去，然后根据下面传递上来的高程立皮数杆，作为该层墙身砌筑和安装门窗、过梁及室内装修、地坪抹灰时控制标高时的依据，将首层标高逐层向上传递。

（4）全站仪天顶测距法　利用高层建筑物的电梯井或垂直孔等竖直通道，在首层架设全站仪，将望远镜指向天顶，在各层的竖直通道上安置反射棱镜，即可测得全站仪至反射棱镜的高差，从而将首层标高传递至各层。

5. 幕墙施工测量

高层建筑的幕墙是作为建筑物外部的保护层与装饰品，其施工特点是按设计尺寸在工厂加工、现场定位与装配，是属于精密金属结构的施工测量，精度要求远远高于土建结构施工要求。但是幕墙结构必须附着于土建结构之上，附着的方法为：预埋钢板作为一级附着；安装或焊接钢基座（铁马）为二级附着，它可以作三维的位置调整；铝合金的主柱和横梁作为三级附着。

幕墙施工测量一般应按幕墙施工控制测量、土建结构竣工测量、幕墙施工放线测量的程序进行，现分别作简单介绍。

（1）幕墙施工控制测量　先控制后碎部是测量工作的原则。幕墙施工测量属于精密工程测量（要求毫米级精度），尤其应遵循这一原则。控制网的起算数据（其始点的坐标与起始方向角）必须与原有施工控制网相一致，以取得幕墙结构与土建结构的最佳吻合。但是除了起始数据以外，必须建立自己的控制网系统与数据。对于较复杂的高层建筑物，平面控制网一般要在大楼外围布设高精度的三角网，测定控制点的平面与高程中误差均为 ±3mm。而一般高层建筑（立柱体的主楼，加面积较大的裙房）布设矩形或十字形控制网较为合适。高程控制可利用垂直通道，用同轴发射红外光的全站仪向天顶进行测距（用直角目镜观测），反光棱镜安放在对中钢板上。这是一种利用全站仪的性能、快速精确地测定各层高差的方法，标高误差一般不大于 ±2mm。

（2）土建结构竣工测量　由于幕墙的金属结构必须附着于土建结构之上，幕墙结构与土建结构的连接基座调节范围是有限的，因此土建结构的施工偏差为幕墙设计者所关心。根据各层的高程控制点可以测定预埋螺栓、预埋钢板等的中心位置，了解施工误差情况，如果发现施工偏差超限，可以预先采取措施，以保证幕墙结构安装的精度。

（3）幕墙施工的放线测量　在幕墙控制网的基础上，需要加密一些控制点线，放样出幕墙的每个连接构件的三维位置，用弹墨线的办法在实地标明。在墙面竖直方向拉紧钢丝，作为安装立柱的控制。施工放线是幕墙施工测量的最后一道工序，是一项细致而必须保证精度的工作，一般用极坐标法、距离交会法放样，并且必须有充分的检核。

10.3　工业建筑施工测量

工业建筑主要指工业企业的生产性建筑，如厂房、仓库、运输设备、动力设备等，其主体是生产厂房。一般厂房多是金属结构及装配式钢筋混凝土结构单层厂房，其施工测量精度明显高于民用建筑，故其定位一般是根据现场建筑方格网，其放样的工作内容与民用建筑大致相似，主要包括厂房矩形控制网的放样、厂房控制网的测设、厂房外轮廓线的线轴、厂房基础施工测量、工业厂房预制构件安装测量。

10.3.1　厂房矩形控制网的放样

同民用建筑一样，工业建筑在施工测量之前，首先必须做好准备工作，通过对设计图样的熟悉，以及对施工场地的现场踏勘，便可按照施工进度计划，制定出详细的测设方案。厂房矩形控制网是为厂房放样布设的专用平面控制网，布设时应使矩形控制网的轴线平行于厂房的外墙轴线（两中轴线的间距一般取 4～6m），并根据厂房外墙轴线交点的施工坐标和两种轴线的间距，给出矩形控制网角点的施工坐标。

对于一般中、小型工业厂房，在其基础的开挖线以外 4m 左右，测设一个与厂房轴线平行的矩形控制网，即可满足放样的需要。对于大型厂房或设备基础复杂的厂房，为了使厂房各部分精度一样，须先测设好矩形控制网的轴线，然后根据主轴线测设矩形控制网。对于小型厂房，也可采用民用建筑定位的方法进行控制。

如图 10-23a 所示，放样时，根据矩形控制网角点的施工坐标和地面建筑方格网，利用直角坐标法即可将矩形控制网的 4 个角点在地面上直接标定出来。对于大型或设备基础复杂的厂房，可选用其相互垂直的两条轴线作为主轴线，用测设建筑方格网主轴线的方法将其测设出来，然后再根据这两条主要轴线测设矩形控制网的 4 个角点，如图 10-23b 所示。

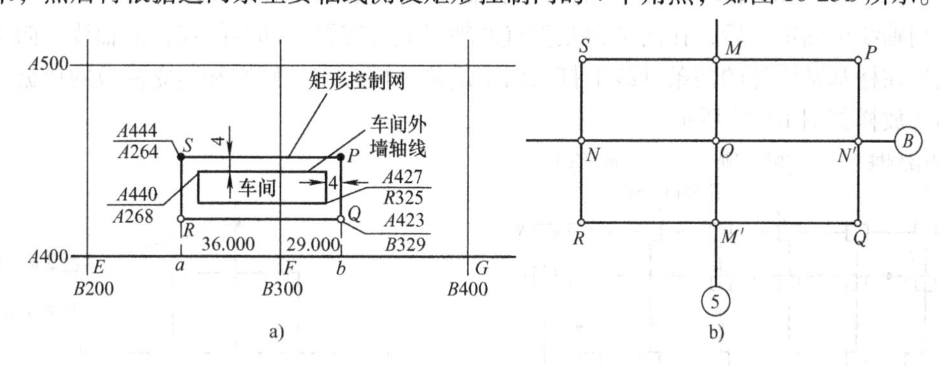

图 10-23　厂房矩形控制图测设

10.3.2　厂房矩形控制网的测设

与一般的民用建筑相比，厂房的柱子多，轴线多且施工精度要求高，因而对于每栋厂房还应在建筑方格网的基础上，再建立满足主厂房特殊精度要求的厂房矩形控制网，作为厂房施工的基本控制网。图 10-24 所示描述了建筑方格网、厂房矩形控制网以及厂房的相互位置关系。

单一厂房控制网的布设：对于中小型厂房而言，一般直接设计建立一个由四边围成的矩形控制网即可满足后期测设要求；对于大型或设备基础复杂的厂房，由于施测精度要求较高，为了保证后期测设的精度，其矩形厂房控制网的建立一般分为多步进行。厂房矩形控制网是依据已有建筑方格网按直角坐标法来建立的，其边长误差小于 1/10000，各角度误差小于 ±10″。

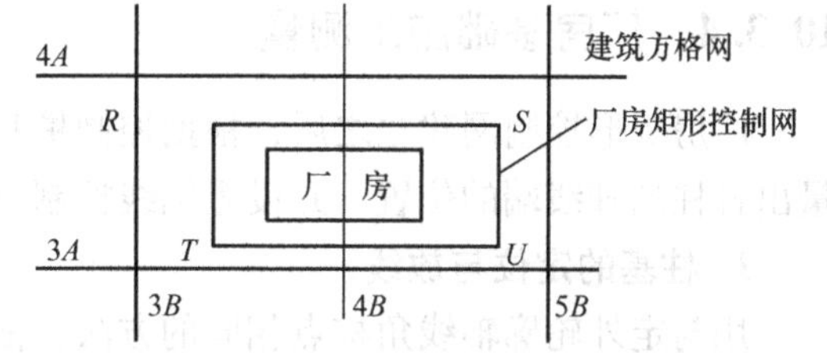

图 10-24　厂房矩形控制网

在旧厂房进行改建或扩建前，最好能找到原有厂房施工时的控制点，作为扩建与改建时进行控制测量的依据；但原有控制点必须与已有的起重机轨道及主要设备中心线联测，将实测结果提交设计部门。

若原厂房控制点已不存在，应按下列不同情况，恢复厂房控制网。

1）厂房内有起重机轨道时，应以原有起重机轨道的中心线为依据。

2）扩建与改建的厂房内的主要设备与原有设备有联动或衔接关系时，应以原有设备中心线为依据。

3）厂房内无重要设备及起重机轨道，以原有厂房柱子中心线为依据。

10.3.3 厂房外轮廓线的线轴和桩基测设

厂房矩形控制网建立后，再根据各柱列轴线间的距离在矩形边上用钢尺定出柱列轴线的位置，并设置轴线控制桩且在桩顶钉小钉，作为厂房轴线及柱基放样和厂房构件安装的依据（见图10-25），并做好标志。*A*、*C*、1、6 点即为外轮廓轴线端点；*B*、2、3、4、5 点即为柱列轴线端点。然后将两台经纬仪分别安置于外轮廓轴线端点（如 *A*、1 点）上，分别后视对应端点（*A*、1 点）即可交会出厂房的外轮廓轴线角桩点 *E*、*F*、*G*、*H*。

柱列轴线桩确定之后，在两条相互垂直的轴线上各安置一部经纬仪，沿轴线方向交会柱基。然后在柱基基坑外的两条轴线上打入四个定位小桩，作为修坑和竖立模板的依据。柱基基坑施工放样如图 10-26 所示。

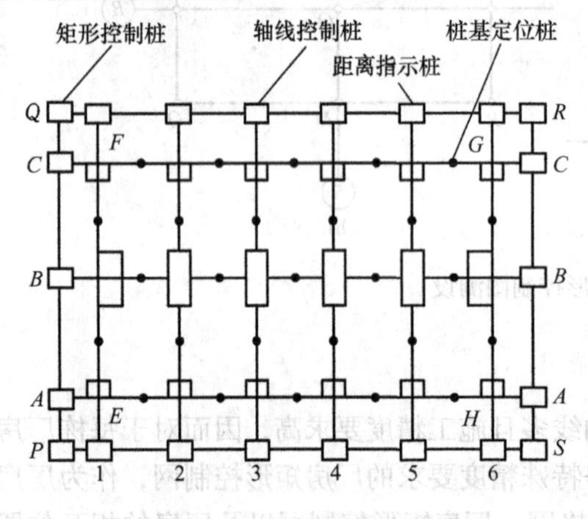

图 10-25 柱基详图及柱基定位桩

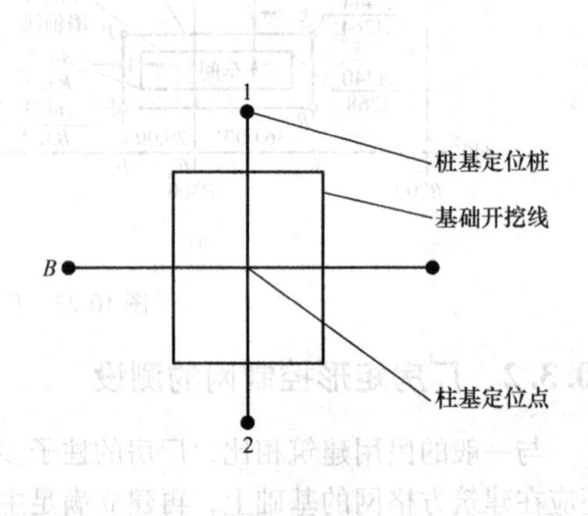

图 10-26 柱基放样

10.3.4 厂房基础施工测量

厂房矩形控制网建立之后，根据控制桩和距离指示桩，用钢尺沿矩形控制网边线逐段丈量出各柱列轴线端的位置，并设置轴线控制桩，作为柱基放样的依据。

1. 柱基的定位与放线

用与定外轮廓轴线角桩点相同的方法，依据轴线控制桩交会出各柱列轴线上柱基的中心位置，均用 4 个定位小木桩和小钉标志，然后在离柱基开挖边线 0.5～1.0m 处的轴线方向上定出四个柱基定位桩，并钉上小钉标示柱子轴线的中心线，供修坑立模之用，如图 10-27 所示，定位小木桩应设在开挖边线外比基坑深度大 1.5 倍的地方。柱基定位后用特制的角尺放出基坑开挖边线，并撒上灰线，用灰线把基坑开挖边线的实地位置标出，此项工作为柱列基线的放线。

2. 基坑抄平

当基坑开挖到一定深度，快要挖到柱基设计标高时，应在基坑的四壁或者坑底边沿打入小木桩，如图10-28所示，并用水准仪在木桩上引测同一高程的标高，以便根据标点拉线修整坑底和打垫层，标高的允许误差为±5mm。

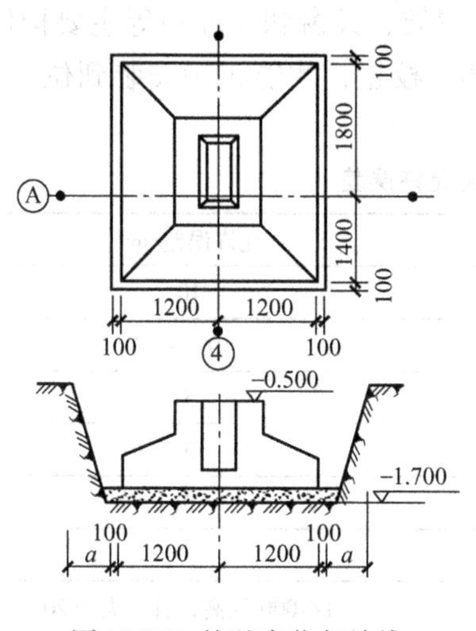

图10-27 柱基定位与放线

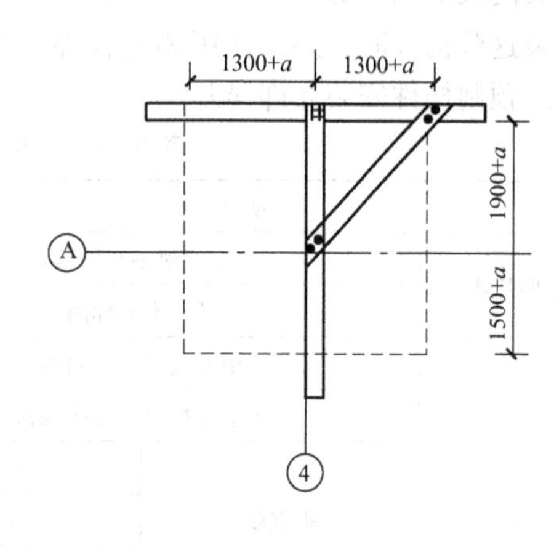

图10-28 基坑抄平

3. 立模定位

基础垫层打好后，在基础定位小木桩间拉线绳，用垂球把柱列轴线投测到垫层上弹一墨线，立模板时其模板上口还可由坑边定位桩直接拉线，用吊垂球的方法检查模板的位置是否正确竖直。然后用水准仪在模板的内壁引测基础面的设计标高，并画线标明，作为浇筑混凝土的依据。支模时还应使杯底的实际标高比其设计值低5cm，以便吊装柱子时易于找平。

4. 设备基础施工测量

设备基础施工方法一般有两种：一种是在厂房柱子基础和厂房部分建成后才进行设备基础施工。若采用此施工方法，测设前，必须将厂房外面的矩形控制网在砌筑砖墙之前，引入厂房内部，布设一个内部控制网，作为设备基础施工和设备安装放线的依据；另一种是厂房柱基与设备基础同时施工，施工后不需要建立内部控制网，一般是将设备基础主要中心线的端点测设在厂房矩形控制网上，然后在设备基础支立模板或埋设地脚螺栓时，局部架设木线板或钢线板，用以测设螺栓组中心线。

中小型设备基础内控制网的标点一般采用在柱子上预埋标板。大型设备基础内部控制网的设置，由于大型连续生产设备基础中心线及地脚螺栓组中心线很多，为便于施工放线，可将槽钢水平焊接在厂房钢柱上，然后根据厂房矩形控制网，将设备基础主要中心线的端点投测于槽钢上，以建立内部控制网。

最后进行设备基础中心线标板的埋设与投点工作，它是设备安装或砌筑时确定中心线的重要依据。标板埋设位置务必正确，且应牢固，一般按以下规定进行埋设。

1）联动设备基础的生产轴线，应埋设必要数量的中心线标板。

2）重要设备基础的主要纵、横中心线上应埋设中心线标板。

利用经纬仪采用正倒镜法，将仪器安置在厂房矩形控制网边线上的中线端点，在埋设好的标板上进行中线投点；或者将仪器安置于厂房矩形控制网边线上的中线端点桩上，照准中线上的对应端点，在标板上完成中线投点工作。

10.3.5 工业厂房预制构件安装测量

装配式单层厂房主要由柱子、梁、起重机轨道、屋架、天窗和屋面板等主要构件组成。在安装这些构件时，必须使用测量仪器进行严格检测、校正，才能正确安装到位。表 10-4 为厂房预制构件安装允许误差。

表 10-4 厂房预制构件安装允许误差

项目			允许误差/mm
杯形基础	中心线对轴线的偏移		10
	杯底安装标高		+0，-10
柱	中心线对轴线偏移		5
	上下柱接口中心线偏移		3
	垂直度	≤5m	5
		>5m	10
		≥10m 多节柱	1/1000 柱高，且不大于 20
	牛腿面和柱高	≤5m	+0，-5
		>5m	+0，-8
梁或吊车梁	中心线对轴线偏移		5
	梁上表面标高		+0，-5

一般工业厂房都采用预制构件在现场安装的方法进行施工。为了配合施工人员搞好施工，一般都要进行以下测设工作。

1. 柱子的安装测量

柱子安装测量的精度要求如下：

1）柱子的中心线与柱列轴线之间的平面尺寸允许偏差为 ±5mm。

2）柱的垂直度允许偏差为柱高的 1/1000，且不超过 20mm。

2. 柱子安装前的准备工作

1）对基础中心线及其间距，基础顶面和杯底标高进行复核，符合设计要求后，才可以进行安装工作。

2）柱子安装前，首先将柱子按轴线编号，向下用钢尺量出柱子的尺寸是否符合图样的要求并画上“▲”号的标志，以便校正时使用。

3）在柱子的三面弹出柱子的中心线，并将中心线画上、中、下三点水平标记，量出各标记间的距离。

4）在杯形基础上，由柱列轴线控制桩用经纬仪把柱列轴线投测到杯口顶面上，并弹出墨线，用油漆画上标志，作为柱子吊装时确定轴线的依据。当柱子中心线不通过柱列轴线时，还应在杯形基础顶面四周弹出柱子中心线，并画上标志，用以检查杯底标高是否符合要求，然后用砂浆水或细石混凝土抹平，使牛腿面符合设计标高，如图10-29所示。

3. 柱子安装时的轴线测量

柱子在安装时可在基础上定出柱列轴线。测设方法为：首先用钢尺在矩形格网各边上每隔柱子的设计间距（或其整数倍，如12m、24m、48m等）钉出距离指标桩，然后根据距离指标桩按柱子间距或跨距定出柱列轴线桩（或称轴线控制桩），在桩顶钉上小钉，标明柱列轴线序号，作为基坑放样的依据，如图10-30所示，*A*、*B*、*C*…和①、②、③、…轴线均为柱列轴线。

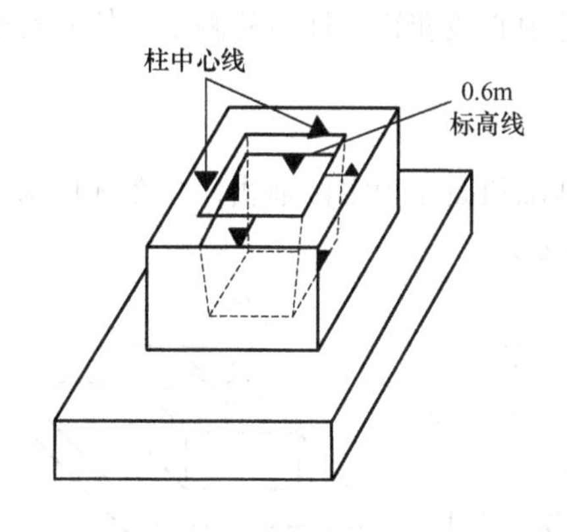

图10-29　投测柱列轴线示意图

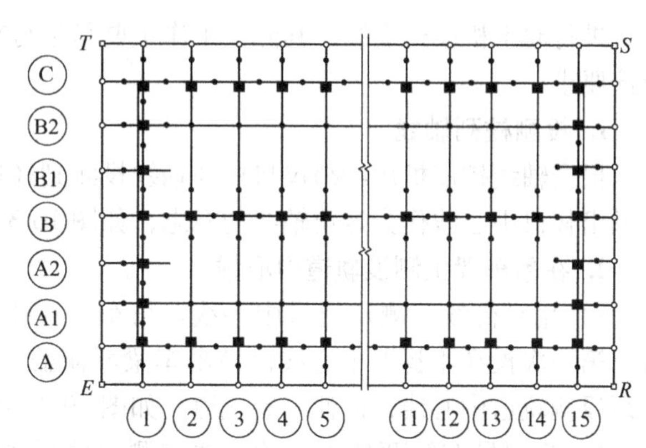

图10-30　工业厂房柱列轴线测量

10.3.6　吊车梁的安装测量

吊车梁的安装测量工作是使安置在柱子牛腿上的吊车梁的平面位置、顶面标高及梁端面中心线的垂直度均符合设计要求。

1. 吊车梁安装时的中线测设

根据厂房矩形控制网或柱中心轴线端点，在地面上定出中心线控制桩，然后用经纬仪将吊车梁中心线投测在每根柱子牛腿上，并弹以墨线，投点误差为±3mm。吊装时使梁中心线与牛腿上中心线对齐。

2. 吊车梁安装时的标高测设

吊车梁顶面标高，应符合设计要求。根据标高线，沿柱子侧面向上量取一段距离，在柱身上定出牛腿面的设计标高点，作为修平牛腿面及加垫板的依据。同时，在柱子的上端比梁顶面高5~10cm处测设一标高点，据此修平梁顶面，梁顶面置平之后，应安置水准仪于吊车梁上，以柱子牛腿上测设的标高为点依据，检测其标高是否符合设计要求，其允许误差不应超过±3~±5mm。

3. 吊车梁的安装应满足下列要求

梁顶高程与设计高程一致，梁的上下中心线应和起重机轨道的设计中心线在同一竖直面内。具体做法是：

（1）牛腿面抄平　用水准仪根据水准点检查柱子标高，如果检测误差不超过±5mm，则原标高不变，如果误差超过±5mm，则重新测设标高位置，并以此结果作为修正牛腿面的依据。

（2）吊车梁的中心线投点　根据控制桩或杯口柱列中心线，按设计数据在地面上测出吊车梁的中心线点，钉木桩标志。然后安置经纬仪于一端，后视另一端，抬高望远镜将吊车梁中心线投到每个牛腿面上，如果投测中心线与柱子吊装前所画的中心线不一致，则以新投的中心线作为定位的依据。

(3) 吊车梁的安装　在吊车梁安装前，已在梁的两端以及梁面上弹出梁中心线的位置。因此，使梁中心线和牛腿面上的中心线对齐即可。

10.3.7　起重机轨道的安装测量

进行起重机轨道安装，其测设工作主要是进行轨道中心线和轨道标高的测量，使其符合设计要求。

1. 投测柱列轴线

根据轴线控制桩用经纬仪将柱列轴线投测到杯形基础顶面作为定位轴线，并在杯口顶面上弹出杯口中心线作为定位轴线的标志，如图 10-31 所示。

2. 在吊车梁上测设轨道中心线

1）用平行线法测定轨道中心线。吊车梁在牛腿上安装好后，第一次投在牛腿上中心线已被吊车梁所掩盖，所以在梁面上须投测轨道中心线，以便安装轨道，如图 10-32 所示。

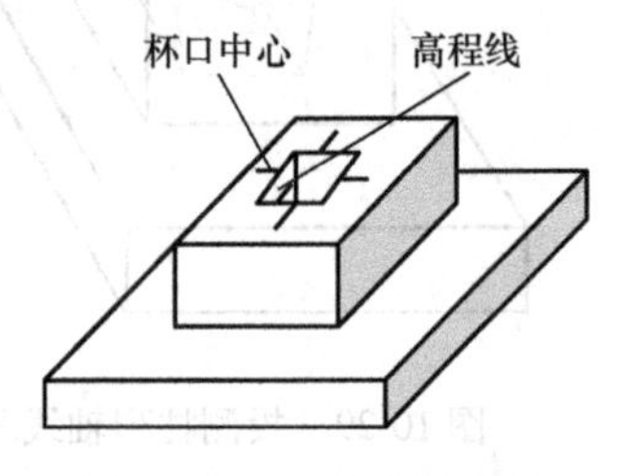

图 10-31　投测柱列轴线

2）根据吊车梁两端投测的中线点测定轨道中心线，并且根据地面上柱子中心线控制点或者厂房矩形控制网点，测设出吊车梁中心线点。然后根据此点用经纬仪在厂房两端的吊车梁面各投一点，两条吊车梁共投四点，其投点允许误差为 ±2mm。在用钢尺丈量两端所投中线点的跨距，看其是否符合设计要求，如果超过了 ±5mm，则以实测长度为准予以调整。将仪器安置于吊车梁一端中线点上，照准另一端点，在梁面上进行中线投点加密，一般每隔 18 ~24m 加密一点。若梁面过窄，不能安置三脚架，应采用特殊仪器架来安置仪器。

轨道中心线最好在屋面安装后测设，否则，当屋面安装完成后应重新检查中心线。在测设吊车梁中心线时，应将其方向引测在墙上或屋架上。

3. 起重机轨道安装时的标高测设

起重机轨道中心线安装就位后，可将水准仪安置在吊车梁上，水准尺直接放在轨道顶上进行检测，每隔 3m 测一点高程，与设计高程相比较，偏差应在 ±3mm 以内。最后还要用钢尺检查两轨道间跨距，与设计跨距相比较，偏差不得超过 ±5mm。

在轨道面上投测好中线点后，应根据中线点弹出墨线，以便安装轨道垫板。检查时，先在柱子侧面测设出一条 ±50cm 的标高线，用钢尺自标高线起沿柱身向上量至吊车梁顶面，求得标高偏差，梁面垫板标高测设时的允许误差为 ±2mm。标高和垂直度都存在偏差时，可

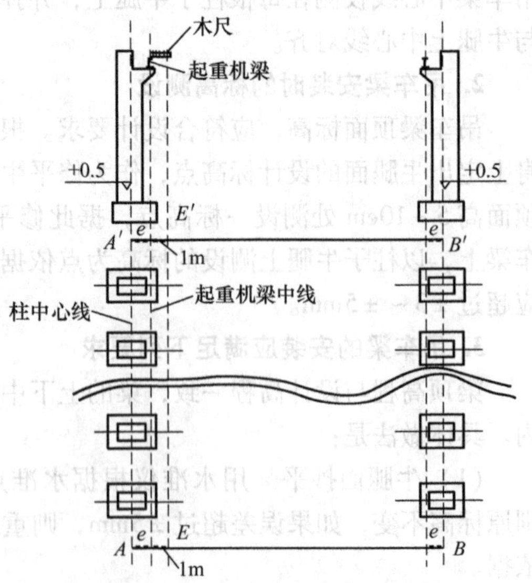

图 10-32　起重机轨道安装测量

用梁底支座处加以垫铁纠正，使其符合设计要求，以便安装轨道。

4. 起重机轨道的校核

在吊车梁安装起重机轨道以后，必须对轨道中心线进行检查和验证，以校核其是否成一直线；还应进行轨道跨距及轨顶标高的测量，看其是否符合设计要求，检查结果要记录，作为竣工验收时的资料，轨道安装竣工检验校核测量允许误差应满足以下各检查要求。

1）轨道中心线检查。安置经纬仪于吊车梁上，照准预先在墙上或屋架上引测的中心线两端点，将仪器中心移到轨道的中心点上，检查轨道的中心点是否在一条直线上，若超过，还应该予以调整，直到满足要求为止，其允许误差为 ±2mm。

2）跨距检查。在两条轨道对称点上，用钢尺精密丈量其跨距尺寸，测值与设计值相差不超过 ±3 ~ ±5mm，否则应予以调整。当安装调整后，则必须保证轨道安装中心线与起重机实际中心线偏差小于 ±10mm。

3）轨顶标高检查。起重机轨道安装后，必须根据柱子上端测设的水准点检查轨顶标高，其检测时必须在两轨接触的地方测设一点，其允许误差为 ±2mm。

10.3.8 屋架安装测量

屋架吊装前，用经纬仪或其他方法在柱顶面上放出屋架定位轴线，并应弹出屋架两端的中心线，以作为屋架定位的依据。屋架吊装就位时，应使屋架的中心线与柱顶上的定位线对准，其允许偏差为 ±5mm。

在厂房矩形控制网边上的轴线控制桩上安装经纬仪，找准柱子上的中心线，然后用望远镜来观察屋架上的中心线是否在同一竖直面内，以此来校正。若观测时有困难，可在屋架上安装三把卡尺，一把安装在屋架上弦中点附近，另外两把安置在屋架的两端，然后在地面上距屋架中心线为 1m 处安置经纬仪，观测三把尺子的 1m 刻划是否都在仪器的竖丝上，来以此判断屋架的垂直度。若屋架在竖直向偏差较大，则用机具校正，最后将屋架固定，如图 10-33 所示。

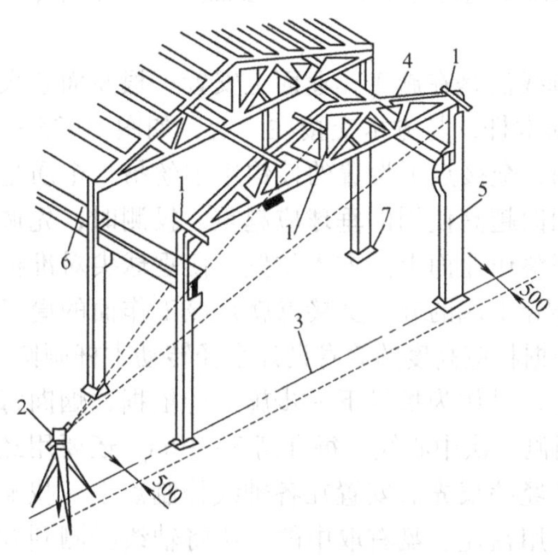

图 10-33 屋架安装测量示意图

1—卡尺 2—经纬仪 3—定位轴线 4—屋架 5—柱

6—吊木架 7—基础

10.3.9 烟囱、水塔施工测量

烟囱和水塔的形式不一样，但都有一个共性，即基础小，主体高，其对称轴通过基础圆心的铅垂线，在施工过程中要严格控制他们的中心位置，确保主体竖直。烟囱的施工测量与水塔的施工测量相近，现以烟囱为例加以说明。

1. 中心定位测量

在烟囱基础施工测量中，按照设计要求，利用与已有控制点或建筑物的尺寸关系，进行基础定位，如图10-34所示，利用场地已有的测图控制网、建筑方格网和原有建筑物，采用极坐标法和直角坐标法，先在地面上测设出基础中心点 O。然后将经纬仪安置在 O 点，测设出在 O 点正交的两条定位轴线 AB 和 CD，其方向的选择以便于观测和保存点位为准则，轴线的每一侧至少应设置两个轴线控制桩，用以施工过程中投测筒身的中心线位置，桩点至中心点 O 的距离以不小于烟囱的 1.5 倍为宜。也可多设计几个轴线控制桩，控制桩应牢固耐久，并妥善保护，以便长期使用。

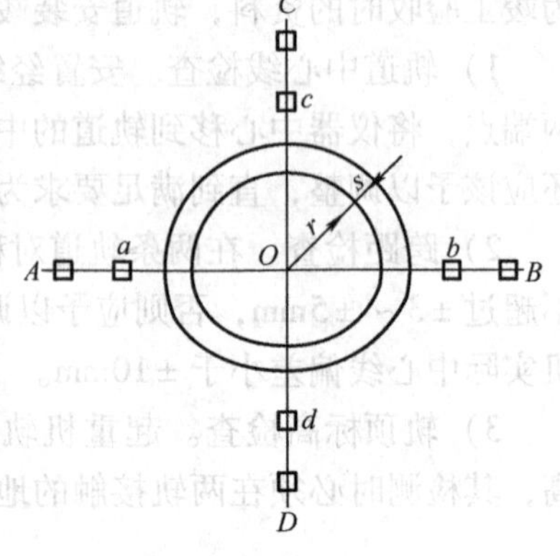

图 10-34 中心定位测量示意图

2. 基础施工放样

当基础开挖到一定深度时，应在坑壁上放样整分米水准桩，控制开挖深度，当开挖到基底时，向基底投测中心点，检查基底大小是否符合设计要求。浇筑混凝土基础时，在中心面上埋设钢桩，然后利用轴线控制桩用经纬仪将中心点投测到钢桩顶面上，然后用钢锯锯刻“+”字形中心标记，作为施工时控制垂直度和半径的依据

3. 筒身施工测量

烟囱筒身向上砌筑时，筒身中心线、半径、收坡要严格控制，不论是砖烟囱还是钢筋混凝土烟囱，筒身施工时都需要随时将中心点引测到施工作业面上，引测的方法主要有吊垂线法和激光导向法。

（1）吊垂线法　吊垂线法是在施工作业面上安置一根断面较大的方木，另设一带刻画的木杆，与方木交接在一起，如图 10-35 所示，此杆可绕交接点转动，交接点下设置的挂钩用钢丝吊一个质量为 8～12kg 的大垂球，烟囱越高使用的垂球应越重，投测时，先调整钢尺的长度，然后再调整作业面上的方木位置，使垂球尖对准标志的“十”字交点，则钢锯上端的方木交接点就是该工作面的筒身中心点。在工作面上，根据相应高度的筒身设计半径转动木杆画圆，即可检查筒壁偏差和圆度，以作为指导下一步施工的依据，烟囱每升高一步架，要用垂球引测一次中心线，每升高 5～10m，还要用经纬仪复核一次。复核时把经纬仪先后安置在各轴线控制点上，找准基准侧面上的轴线标志，用盘左、盘右取中的方法将轴线投测到施工面上，并作标志，然后按标志拉线，两线交叉点即为烟囱中心点，依经纬仪投测的中心点为准，作为继续向上施工的依据。

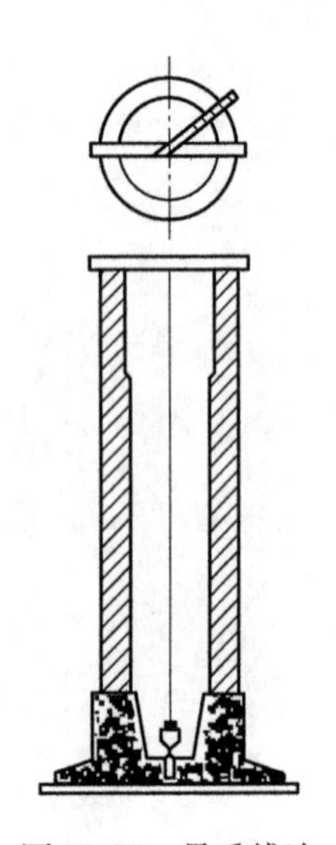
图 10-35 吊垂线法

吊垂线法是一种垂直投测的传统方法，使用简单，但易受风的

影响，有风时吊垂线发生摆动和倾斜，随着筒身增高，对中的精度会越来越低，因此，该方法仅适用于高度在100m以下的烟囱。

（2）激光导向法　高大的钢筋混凝土烟囱常采用滑升模板施工，若采用吊垂线法或经纬仪投测烟囱中心点，无论是投测精度还是投测速度，都难以满足施工要求，采用激光铅直仪投测烟囱中心点，能克服上述方法的不足。投测时，将激光铅直仪安置在烟囱底部的中心标志上，在工作台中央安置接收靶，烟囱模板滑升25～30cm浇筑混凝土，每次模板滑升前后各进行一次观测，在施工过程中，要经常对仪器进行激光束的垂直度检验和校正，以保证施工质量。

4. 标高传递

烟囱砌筑的高度，一般是先用水准仪在烟囱底部的外壁上测设出某一高度的标高线，然后以此线为准，用钢尺直接向上量取。筒身四周水平，应经常用水平尺检查上口水平，发生偏差应及时纠正。

10.4　变形测量

10.4.1　建筑物变形观测的意义和特点

对于一些重要的高大建筑物，在其施工过程和使用期间，受工程地质条件、地基处理方法、建筑物上部结构的荷载等多种因素的影响，建筑物会发生不同程度的变形，这种变形在一定的范围内，可视为正常现象，但超出某一限度就会影响建筑物的正常使用，对建筑物的安全产生严重的影响，或使建筑物发生不均匀沉降而导致倾斜、裂变、坍塌等危险。因此，为了建筑物的安全使用，在建筑物的设计、施工和运营管理期间需要进行建筑物的变形测量。

变形测量点分为控制点和观测点（变形点）。控制点包括基准点、工作基点、联系点和定向点等。基准点应设在变形影响范围以外便于长期保留的稳定位置，使用时，应做稳定线检查及检验，应以稳定或相对稳定的点作为测定变形的参考点。工作基点应选在靠近观测目标且便于联测观测点的稳定或相对稳定的位置，使用前应利用基准点或检核点对其进行稳定性检测。当基准点与工作基准点之间需要进行连接时应布设联系点，点位选择时应顾及连接的构型，位置所在处相对稳定。对需要定向的工作基点或基准点应布设定向点，并应选择稳定且符合标准要求的点位作为定向点。观测点应选设在变形体上能反映变形特征的位置，可以从工作基点或邻近的基准点和其他工作点对其进行观测。

变形测量应适当增加观测量，并提高初始值的可靠性。不同周期观测时，宜采用相同的观测网形和观测方法，并使用相同类型仪器测量，固定观测人员，选择最佳观测时段，在基本相同的环境和条件下观测。

另外，在建筑物的施工过程中，如修建高层建筑、地下车库时，往往要在场地中进行深基坑的垂直开挖，需要采用支护结构对基坑边坡土体进行支护。由于随着施工中荷载的不断增加，会使深基坑从负向受压变为正向受压，造成支护结构失稳或边坡坍塌，因此在深基坑开挖和施工中，应对深基坑的支护结构、周围的环境和建筑物的设计进行变形观测。

变形测量就是对建筑物及其地基或一定范围内岩体和土体的变形（包括水平位移、沉降、倾斜、挠度、裂变等）所进行的测量工作。进行变形观测时，一般在建筑物或基础支护结构的特征部位埋设变形监测标志，在变形影响范围之外埋设测量基础点，定期对相应基础点进行变形测量。变形测量的意义是，通过对变形体的动态监测，获得精确的观测数据，并对监测数据进行综合分析，及时对基坑或建筑物施工过程中的异常变形可能造成的危害作出预报，以便采取必要的技术措施，避免造成严重后果。

10.4.2 建筑物变形观测的内容和技术要求

1. 变形观测的内容

深基坑施工中，变形测量的内容主要包括：支护结构顶部的水平位监测，支护结构的垂直沉降监测，支护结构倾斜观测，邻近建筑物、道路、地下管网的沉降、倾斜、裂缝监测等。在建筑物主体结构施工中，建筑物变形测量的主要内容是沉降观测、倾斜观测、裂缝观测和挠度观测。

变形监测要求及时对观测数据进行分析判断，对深基坑和建筑物的变形趋势作出评价，起到指导安全施工和实现信息施工的重要作用。

2. 变形测量等级及精度要求

变形观测的等级要求，取决于建筑物设计的允许变形值的大小和进行变形观测的目的，若观测的目的是为了使变形值不超过某一允许值从而确保建筑物的安全，则观测的中误差应小于允许值的1/10～1/20；若观测的目的是为了研究其变形过程及规律，则中误差应比允许变形值小得多。

变形监测要求及时对观测数据进行分析判断，对深基坑和建筑物的变形趋势作出评价，起到指导安全施工和实现信息施工的重要作用。变形测量按不同的工程要求分为四个等级，其精度与等级要求见表10-5。

表10-5 建筑变形测量的等级及精度要求

变形测量等级	沉降观测（垂直位移）	水平位移观测	适用范围
	观测点测站高差中误差/mm	观测点坐标中误差/mm	
特级	≤0.05	≤0.3	特高精度要求的特种精密工程和重要科研项目变形观测
一级	≤0.15	≤1.0	高精度要求的大型建筑物和科研项目变形观测
二级	≤0.50	≤3.0	中等精度要求的建筑物和科研项目变形观测；重要建筑物主题倾斜观测、场地滑坡观测
三级	≤1.50	≤10.0	低精度要求的建筑物变形观测；一般建筑物主体倾斜观测、场地滑坡观测

观测的周期取决于变形值的大小、变形速度以及观测的目的，通常观测的次数应既能反映出变化的过程，又不遗漏变化的时刻。在施工过程中，观测频率应该大一些，当到了竣工阶段时，观测频率应小一些。除了系统的周期观测以外，有时还应进行临时观测。

10.4.3 建筑物的沉降观测

建筑物的沉降观测是用水准测量的方法，周期性地观测建筑物上的沉降观测点和水准基点之间的高差变化值，以测定基础和建筑物本身的沉降值。

1. 水准基点的布设、监测点的设置及高精度水准网的建立

水准基点是进行建筑物沉降观测的依据，因此水准基点的埋设要求和形式与永久性水准点相同，必须保证其稳定不变和长久保存。水准点与观测点的距离过大，为保证观测的精度，应在建筑物或构造物附近另行埋设水准基点。水准点帽头宜用铜或不锈钢制成，应注意防锈。水准点埋设须在基坑开挖前15d完成。水准基点可按实际要求，采用深埋式和浅埋式两种建筑物和构筑物沉降观测的每一区域，必须有足够数量的水准点，规定并不得少于3个。对水准基点要定期进行高程检查，防止水准点本身发生变化，以确保沉降观测的准确性。

在布设水准点时必须注意以下几点：

1）水准基点应尽量与观测点靠近，其距离不应超过100m，以保证观测的精度。

2）水准基点应布设在建筑物、构筑物基础压力影响范围外及受振动范围以外的安全地点。不受施工影响。

3）检测单独建筑物时，至少布设三个水准点，对建筑面积大于5000m^2或高层建筑，则应适当增加水准点的个数。

4）一般水准点应埋在冻土线以下0.5m处，设在墙上的水准点应埋在永久性建筑上，且离开地面高度约为0.5m。

5）离开铁路、公路和地下管道应该至少5m。

6）水准点的标志构造，必须根据埋设地区的地质条件、气候情况以及工程的重要程度进行设计。对于一般建筑物以及深基坑沉降监测，参照水准测量规范中的规定进行标志和埋设；对于高精度的变形监测，可设计专门的水准基点标志。对精度要求较低的建筑物也可按三等水准施测。

2. 观测点的布设

根据编制的工程施测方案及确定的观测周期，首次观测应在观测点设置稳固后及时进行。观测点是设置在变形体上、能反映其变形特征的点。点的位置和数量应根据地质情况、支护结构形式、基坑周围环境和建筑物（或构筑物）荷载等情况而定。通常由设计部门提出要求，具体位置由测量工程师和结构工程师共同确定。点位埋设合理，就可全面、准确地反映变形体的沉降情况。深基坑支护的沉降观测点应埋设在锁口梁上，一般20m左右埋设一点，在支护结构的阳角处和既有建筑物离基坑很近处加密设置观测点。

建筑物上的观测点可设在建筑物四角，或沿外墙间隔10～15m布设，或在柱上布点，每隔2～3根柱设一点。烟囱、水塔、电视塔、工业高炉、大型储藏罐等高耸建筑物可在基础轴线对称部位设点，每一构筑物不得少于4点。此外，在建筑物不同的分界处，人工地基和天然地基的接壤处，裂缝或沉降缝、伸缩缝两侧，新旧建筑物或高低建筑物的交接处以及大型设备基础等处也应设立观测点，即在变形大小、变形速率和变形原因不一致的地方设立观测点。

观测点应埋设稳固，不易遭受破坏，能长期保存。点的高度、朝向等要便于立尺和观测。锁口梁、设备基础上的观测点，可将直径20mm的铆钉或钢筋头（上部锉成半球状）埋设于混凝土中作为标志。墙体上或柱子上的观测点，可将直径20~22mm的钢筋按图的形式设置，如图10-36所示。

3. 沉降观测

沉降观测多用水准测量的方法，一般高层建筑物或大型厂房，应采用精密水准测量的方法，按国家二等水准技术要求实施，将各个观测点设置成闭合或附合水准路线；对小型厂房建筑物，可采用三等水准测量的方法实施。

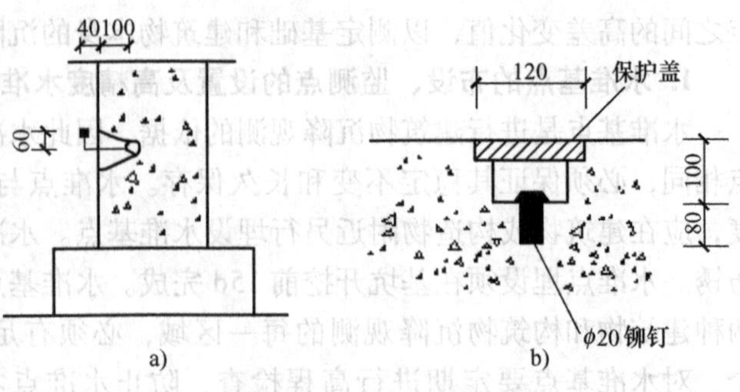

图10-36　观测点的形式

a）立墙上的观测点　b）水平基础上的观测点

沉降观测应先根据建筑物的特征、变形速率、观测精度和工程地质条件等因素综合考虑，确定沉降观测的周期，并根据沉降量的变化情况适当调整。深基坑开挖时，锁口梁会产生较大的水平位移，沉降观测周期应较短，一般每隔1~2d观测一次，如果中途停工时间较长，应在停工前或复工前各观测一次，浇筑地下室底层后，可每隔3~4d观测一次，至支护结构变形稳定。竣工后应根据沉降的快慢来确定观测，可选择每月、每季、每年来观测一次，以每次沉降量在5~10mm为限。当出现暴雨、管涌、变形急剧增大时，要增加观测次数。

沉降观测的精度要求对观测水准路线较短的闭合差一般不许超过2m，二级水准测量高差闭合差允许值为$\pm 1.0\sqrt{n}$（mm），n为测站数；三级水准测量高差闭合差允许值为$\pm 3.0\sqrt{n}$（mm）。

沉降观测点的布设数量和位置，需要全面地反映建筑物的沉降情况，点位布设既要考虑均匀性，又要保证在变形缝两侧、基础深度或地质条件变化处、荷重和纵轴墙交接处，周边每隔10~20m处均匀布点，对于工业建筑，应在房角、承重墙、柱子和设备基础点布点，沉降观测点的结构形式及埋设方式如图10-37所示。

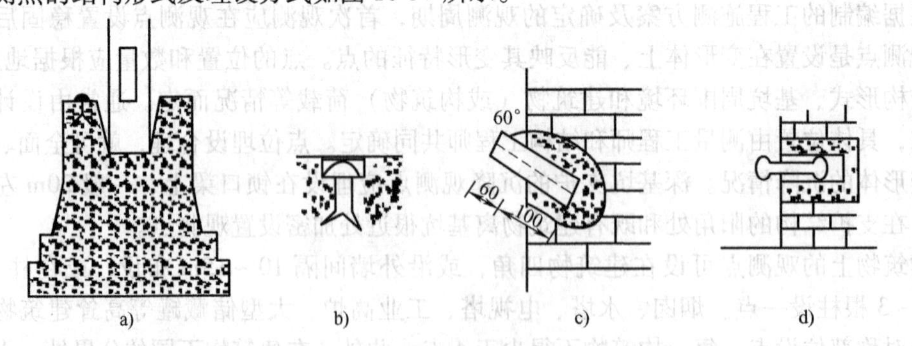

图10-37　沉降观测点的布设

4. 沉降观测的成果整理

每次观测结束后，应检查观测手簿中的数据和计算是否合理、正确，精度是否合格等。然后将各观测点的历次高程列入沉降量观测记录表中，见表10-6，计算两次观测之间的沉降量和累计沉降量，并注明观测日期或荷重（楼层）情况。为了更形象地表示沉降、荷重和时间之间的相互关系，可绘制荷重-时间沉降量关系曲线图，简称沉降曲线图，如图 10-38 所示。

表 10-6　沉降量观测记录表

观测点	第一次			第二次			第三次			第四次			第五次		
	2005 年 5 月 24 日			2005 年 7 月 24 日			2005 年 9 月 24 日			2006 年 3 月 24 日			2006 年 9 月 24 日		
	高程/m	沉降量/mm	累计沉降/mm	高程/m	沉降量/mm	累计沉降/mm	高程/m	沉降量/mm	累计沉降/mm	高程/m	沉降量/mm	累计沉降/mm	高程/m	沉降量/mm	累计沉降/mm
1	.756			.746	-10		.739	-7	-17	.736	-3	-20	.734	-2	-22
2	.774			.763	-11		.757	-6	-17	.754	-3	-20	.753	-1	-21
3	.775			.764	-11		.757	-7	-18	.754	-3	-21	.753	-1	-22
4	.777			.766	-11		.759	-7	-18	.756	-3	-21	.755	-1	-22
5	.747			.735	-12		.732	-3	-15	.731	-1	-16	.731	0	-16
6	.740			.729	-11		.725	-4	-15	.723	-2	-17	.722	-1	-18
7	.763			.753	-10		.745	-8	-18	.741	-4	-22	.740	-1	-23
8	.754			.743	-11		.737	-6	-17	.735	-2	-19	.734	-1	-20

注：表中高程为简化注记，整数部分为 138m。

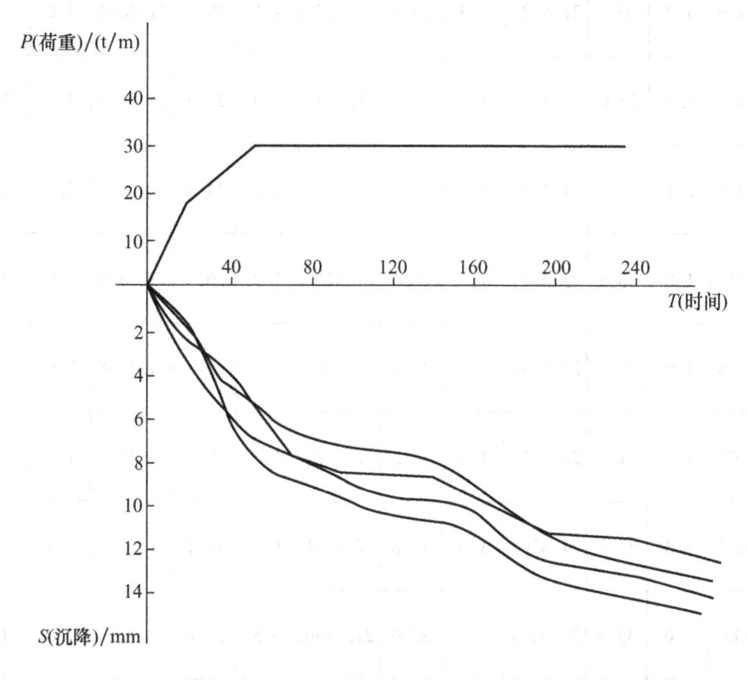

图 10-38　沉降曲线图

由于观测存在误差，有时会使沉降量出现正值，应正确分析原因，判断沉降是否稳定，通常当三个观测周期的累计沉降量小于观测精度时，可作为沉降稳定的限值，观测结果示例见表 10-7。

表 10-7 建筑物沉降观测成果表

观测点		CT-1			CT-2			CT-3			CT-4				
次数	观测日期	高程/m	本次沉降/mm	累计沉降/mm	高程/m	本次沉降/mm	累计沉降/mm	高程/m	本次沉降/mm	累计沉降/mm	高程/m	本次沉降/mm	累计沉降/mm	施工进展	荷重/(t/m^2)
1	04-9-1	21.5386	0.0	0.0	21.5623	0.0	0.0	21.5472	0.0	0.0	21.5846	0.0	0.0	1层楼完	3.0
2	04-9-16	21.5373	1.3	1.3	21.5607	1.6	1.6	21.5457	1.5	1.5	21.5832	1.4	1.4	3层楼完	8.0
3	04-10-1	21.5352	2.1	3.4	21.5589	1.8	3.4	21.5433	2.4	3.9	21.5815	1.7	3.7	5层楼完	13.0
4	04-10-16	21.5319	3.3	6.7	21.5562	2.7	6.1	21.5405	2.8	6.7	221.5781	3.4	6.5	7层楼完	18.0
5	04-11-1	21.5262	5.7	12.4	21.5516	4.6	10.7	21.5358	4.7	11.4	21.5739	4.2	10.7	9层楼完	23.0
6	04-11-16	21.5218	4.4	16.8	21.5472	4.4	15.1	21.5319	3.9	15.3	21.5698	4.1	14.8	11层楼完	28.0
7	04-12-1	21.5186	3.2	20.0	21.5429	4.3	19.4	21.5278	4.1	19.4	21.5662	3.6	18.4	13层楼完	33.0
8	04-12-16	21.5156	3.0	23.0	21.5397	3.2	22.6	21.5249	2.9	22.3	21.5635	2.7	21.1	15层楼完	38.0
9	05-1-1	21.5135	2.1	25.1	21.5378	1.9	24.5	21.5227	2.2	24.5	21.561	2.5	23.6	17层楼完	43.0
10	05-1-16	21.5117	1.8	26.9	21.5359	1.9	26.4	21.5208	1.9	26.4	21.5594	1.6	25.2	18层封顶	47.0
11	05-3-15	21.5098	1.9	28.8	21.5338	2.1	28.5	21.5185	2.3	28.7	21.5568	2.6	27.8	2个月后	47.0
12	05-5-15	21.5076	2.2	31.0	21.5320	1.8	30.3	21.5167	1.8	30.5	21.5555	1.3	29.1	4个月后	47.0
13	05-7-15	21.5063	1.3	32.3	21.5305	1.5	31.8	21.5151	1.6	32.1	21.5517	1.8	30.9	6个月后	47.0
14	05-9-15	21.5053	1.0	33.3	21.5294	1.1	32.9	21.5146	0.5	32.6	21.5527	1.0	31.9	8个月后	47.0
15	05-10-15	21.5049	0.4	33.7	21.5291	0.3	33.2	21.5142	0.4	33.0	21.5525	0.2	32.1	竣工	47.0

在高精度沉降观测中，还广泛采用了液体静力水准测量方法，它是利用静力水准仪，根据静力的液体在重力作用下保持在同一水准面的基本原理，来测定观测点的高程变化，从而得到沉降量，其测量精度不低于国家二等测量。

10.4.4 建筑物的水平位移观测

建筑物的水平位移观测是指对位于特殊岩土地区的建筑物的地基基础、受高层建筑物基础施工影响的建筑物及工程设施等在规定平面上的位移进行观测，目前，根据施工现场的地形条件，一般可选用基准线法、小角法等。

1. 基准线法

在基坑的开挖或打桩过程中，常需对施工区周边的水平位移进行监测。基准线法的原理是在与水平位移垂直的方向上建立一个固定不变的铅垂面，测定各观测点相对该铅垂面的距离变化，从而求得水平位移。基准线法适用于直线形建筑物。

在基坑监测中，如图 10-39 所示，在支护结构的锁口梁轴线两端基坑的外侧分别设立两个稳定的工作点 A 和 B，两工作点的连线即为基准线的方向。锁口梁上的变形监测点应埋设在基准线的铅垂面上，偏离的位置不大于 2cm。观测点标志可埋设在 16～18mm 的钢筋上，画上“+”字标号，一般每隔 8～10m 设置一个变形监测点。观测时，将精密经纬仪安置于一端的工作点 B，此视线方向为基准线方向，通过量测观测 P 点偏离视线的距离，即可得到监测点水平位移偏距，通过两次偏距的比较发现该点的水平位移量。

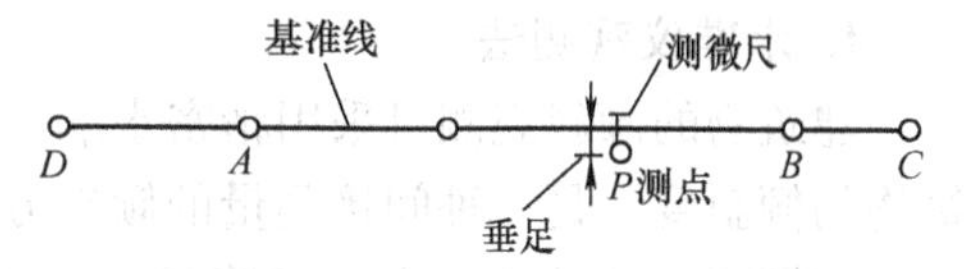

图 10-39 基准线法测位移

该方法直观方便，但要求仪器架设在变形区外，并且测站与位移监测点距离不宜太远。

2. 小角法

小角法测量水平位移的原理同基准线法相类似，也是沿基坑周边建立一条轴线，如图 10-40 所示。通过测量固定方向与测站至变形监测点方向的小角变化 $\Delta\beta$，并测得测站至变形位移点的距离 D，从而求出监测点的位移量，即

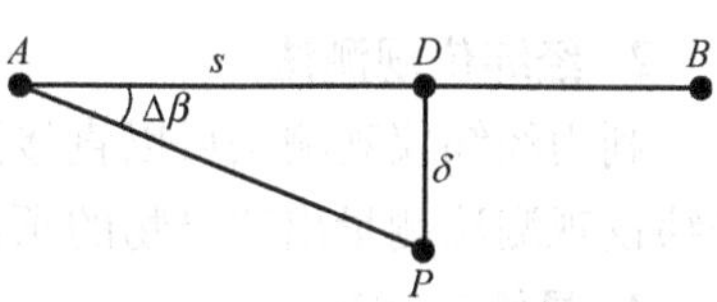

图 10-40 小角法测量水平位移

$$\delta = \frac{\Delta\beta}{\rho''}s$$

工作基点在观测期间也会发生位移，因此，工作基点应尽可能远离开挖边线，同时，两工作基点延长线上应分别设置后视点。为减少中误差，必要时工作基点可做成混凝土台，在台上安置强制对中设备。此法也要求仪器架设在变形区外，并且测站与位移监测点距离不宜太远。

当工程场地受环境限制时，不能采用小角法和基准线法，可用其他类似控制测量的方法测定水平位移。首先在场地上建立水平位移监测控制网，然后用控制测量的方法测出各测点坐标，将每次测出的坐标值与前一次坐标值进行比较，即可得到水平位移在 x 轴和 y 轴方向的位移分量（Δx，Δy），则水平位移量为 $\delta = \sqrt{\Delta x^2 + \Delta y^2}$，位移的方向根据 Δx，Δy 求出的坐标方位角来确定。x、y 轴最好与建筑物轴线垂直或平行，这样便于以 Δx，Δy 来判定位移方向。

当需要动态监测建筑物的水平位移时，可用 GPS 卫星定位测量的方法来观测点位坐标的变化情况，从而求出水平位移。还可用最新研制成功的全站式扫描测量仪，对建筑物全方

位扫描之后，将获得建筑物的空间位置情况，并生成三维景观图。将不同时刻的建筑物三维景观图进行对比，即可得到建筑物变形值。

10.4.5 建筑物的倾斜观测

建筑物的倾斜观测是指对建筑物的倾斜度进行观测。建筑物主体倾斜观测，应测定建筑物顶部相对于底部或各层间上层相对于下层水平位移与高差，分别计算整体或分层的倾斜度、倾斜方向以及倾斜速度。建筑物产生倾斜的原因主要是地基承载力的不均匀、建筑物体型复杂形成不同荷载及受外力风荷、地震等的影响引起的建筑物基础不均匀沉降。倾斜观测一般是利用水准仪、经纬仪、垂球或其他专用仪器来测量建筑物的倾斜度 α。

1. 水准仪观测法

建筑物的倾斜观测可采用精密水准仪进行监测，其原理是通过测量建筑物基础来确定建筑物的倾斜度，是一种间接测量的倾斜方法。

定期测出基础两端点的沉降量，并计算出沉降量的差 Δh，在根据两点间的距离 L，即可计算出建筑物基础的倾斜度 α。若知道建筑物的高度 H，同时可以计算出建筑物顶部的倾斜位置 Δ，如图10-41所示。

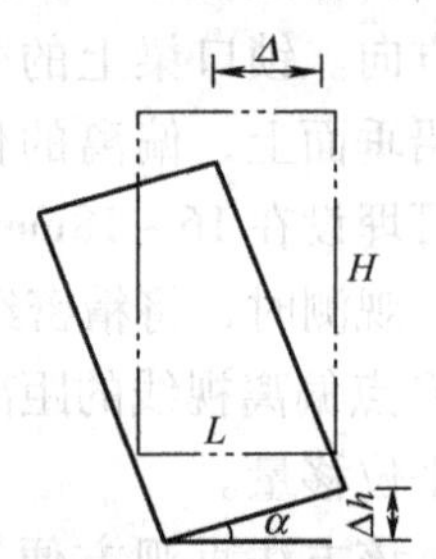

图 10-41 基础倾斜观测

$$\alpha = \Delta / H = \Delta h / L$$

$$\Delta = \alpha \cdot H = H \Delta h / L$$

2. 经纬仪观测法

利用经纬仪观测法可以直接测出建筑物的倾斜度，其原理是用经纬仪观测法测量出建筑物的顶部倾斜位移值 Δ，则可以计算出建筑物的倾斜度 α。

3. 悬挂垂球法

悬挂垂球法是直接测量建筑物倾斜的最简单的方法，适合于内部有垂直通道的建筑物。从建筑物的上部悬挂垂球，根据上下应在同一位置上的点，直接量出建筑物的倾斜位移值 Δ，最后计算出倾斜度 α。

10.4.6 建筑物的挠度和裂缝观测

1. 挠度观测

建筑物在应力作用下产生弯曲和扭曲时，应进行挠度观测。对于平置的构件，在两端及中间设置三个沉降点进行沉降观测，通过三个点在某时间段内的沉降量 h_a、h_b、h_c，则该构件的挠度值为

$$\tau = \frac{1}{2}(h_a + h_c - 2h_b) \cdot \frac{1}{s_{ac}}$$

式中 h_a，h_c——构件两端点的沉降量；

h_b——构件中间点的沉降量；

s_{ac}——两端点间的平距。

对于直立的构件，要设置上、中、下三个位移观测点进行位移观测，利用三点的位移量求出挠度大小。在这种情况下，我们把建筑物垂直面内各不同高程点相对于底点的水平位移称为挠度。

挠度观测的方法常采用正垂线法，即从建筑物顶部悬挂一根铅垂线，直通至底部或基岩上，在铅垂线的不同高程上设置观测点，借助光学或机械式的坐标仪器量测出各点与铅垂线最低点之间的相对位移。如图10-42所示，任意点N的挠度S_N按下式计算

$$S_N = S_0 - S'_N$$

式中 S_0——铅垂线最低点与顶点之间的相对位移；

S'_N——任一点N与顶点之间的相对位移。

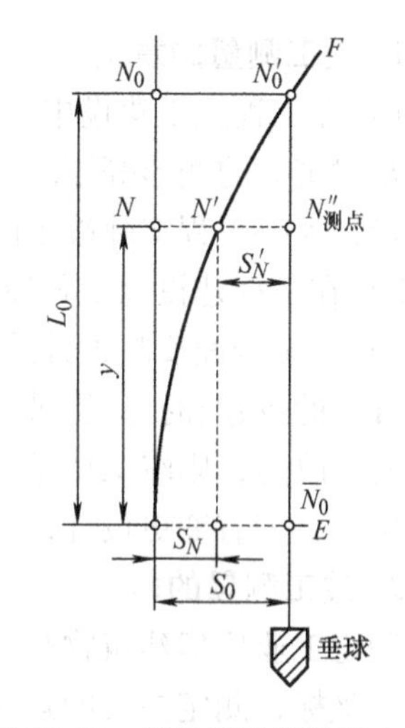

图10-42 铅垂线法测量直立构件的挠度

2. 裂缝观测

当基础挠度过大时，建筑物就会出现剪切破坏而产生裂缝，当建筑物发生裂缝之后，应进行裂缝观测。裂缝观测通常是测定建筑物某一部位裂缝发展情况，观测时，应先在裂缝的两侧各设置一个固定标志，然后定期量取两标志的间距，间距的变化即为裂缝的变化。通常使用两块大小不同的白皮金属片钉在裂缝的两侧，并将两金属片自由端的端线相互投到另一金属片上，并用红油漆标志出来。有时还要观测裂缝的走向与长度。

可在墙面上的裂缝两端设置石膏薄片，使其与裂缝两端固连牢靠，当裂缝裂开或加大时，石膏裂开，监测时可测定其裂口的变化和大小。还可采用两金属片，平行固定在裂缝两侧，使一片搭在另一片，保持密贴，其密贴部分涂上红色油漆，露出部分涂白色，如图10-43所示，这样即可定期测定两金属片错开的距离，以监视裂缝的变化。对于比较平整的裂缝，则可用千分尺直接量取裂缝的变化。

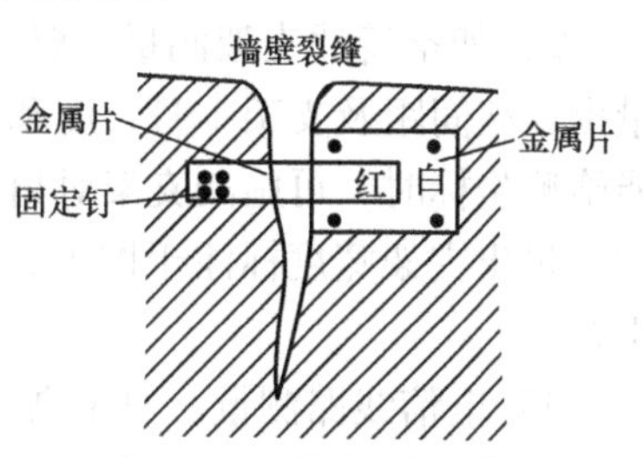

图10-43 设置两金属片测裂缝

裂缝观测应测定建筑物上裂缝的分布位置、走向、长度、宽度及其变化程度。观测裂缝的数量视要求而定，主要变化处的裂缝应进行观测。对需要观测的裂缝应进行统一的编号，每条裂缝至少布设两组观测标志，一组在裂缝最宽处，另一组在裂缝末端。每组标志由裂缝两侧各一个标志组成。

对于数量不多易于量测的裂缝，可视标志类型不同，用比例尺、小钢尺、游标卡尺或读数显微镜等工具测量标志间的距离，求得裂缝的变化值。对于面积较大且不便人工测量的裂缝，宜采用近景摄影测量的方法。

10.4.7 竣工测量

竣工测量是指各种建设工程竣工验收时所进行的测绘工作。竣工测量的最终成果就是竣工总平面图，它反映工程竣工时的地形现状、地上与地下各种建筑物、构筑物以及各类管线的平面位置与高程的总现状地形图和各类专业图等。竣工总平面图是对设计总平面图在工程施工后的实际情况的全面反映，是工程验收的重要依据，也是竣工后工程维修、改扩建的重要基础技术资料。因此，工程单位必须十分重视竣工测量。竣工测量包括室外测量工作和室内竣工总平面图编绘工作。

1. 竣工测量的意义

1）在工程施工建设中，一般都是按照设计总图进行，但是，由于设计的更改、施工的误差及建筑物的变形等原因，使工程实际竣工位置与设计位置完全不一样，因而需要进行竣工测量，反映工程实际竣工的位置。

2）在工程建设和工程竣工后，为了检查和验收工程施工的质量，需要进行竣工测量。

3）为了全面反映设计总图经过施工以后的实际情况，并且为竣工后工程的维修、运营以及日后的改建和扩建提供重要的技术资料，在竣工测量的基础上编制竣工总平面图。若没有所要修改的，则竣工测量结果一般都与其设计的数据吻合，吻合程度的好坏反映了施工定位的优劣，若有变更设计，要附加上变更设计资料。

2. 竣工测量的内容

测定工业厂房建筑物和构筑物的墙角，铁路和公路、地下管网、架空管网等线路的重要的物点坐标，测定主要的建筑物室内的地坪，上下水管道等的高程，编制竣工总平面图、分类图和高程明细表等。具体内容如下：

1）主要厂房及一般建筑物、构筑物墙角和厂区边界围墙角的测量。对于较大的矩形建筑物要测四个主要房角坐标，小型房屋可测其长边两个房角坐标，并测量其房宽标注于图上。圆形建筑物应测其中心坐标，并在图上注明其半径。

2）架空管线支架测量。要求测出起点、终点、转点支架中心坐标，直线段支架用钢尺量出支架间距及支架本身长度和宽度等尺寸，在图上绘出每一个支架位置。如果支架中心不能施测坐标时，可施测支架对角两点的坐标，然后取其中数确定，或测支架一长边的两角坐标，量出支架宽度标注于图上，如果管线在转弯处无支架，则要求测出临近两支架中心的坐标。

3）电信线路测量。对于高压、照明及通信线路需要测出起点、终点坐标及转点杆位坐标，高压铁塔要测出基础两对角点的坐标，直线部分的电杆可用交会法确定其点位。

4）地下管线测量。上水管线应施测起点、终点、弯头三通点和四通点的中心坐标，下水道应施测起点、终点及转点井位中心坐标及井底高程，地下电缆及电缆沟应施测其起点、终点、转点的中心坐标。

5）交通运输线路测量。厂区铁路应施测起点、终点、道岔中心、进厂房点和曲线交点的坐标，同时要求标出曲线元素，包括半径 R、偏差 I、切线长 T 和曲线长 L。厂区和生活区主要干道应施测交叉路口中心坐标，公路中心线则按铺装路面量取。对于生活区建筑物一般可不测坐标，只在图上表示位置即可。

3. 竣工总平面图的编绘

编绘竣工总平面图的室内工作主要包括竣工总平面图、专业分图和附表等的编绘。竣工总平面图的编绘应遵守以下原则：

1）总平面图既要表示地面、地下和架空的建筑物、构筑物平面位置，还要表示细部点坐标、高程和各种元素数据，图面相当密集。因此，比例尺的选择以能够在图面上清楚地表达出这些要素、用图者易于阅读、查找为原则，一般选用 1/1000 的比例尺，对于特别复杂的厂区可采用 1/500 的比例尺。

2）对于一个生产流程系统，如炼钢厂、轧钢厂等，应尽量放在一个图幅内，如果一个生产流程的工厂面积过大，也可以分幅，分幅时应尽量避免主要生产车间被切割。

3）对于设施复杂的大型企业，若将地面、地下、架空的建筑物、构筑物反映在同一个图面上，不仅难以表达清楚，而且给阅读、查找带来很多不便，尤其现代企业的管理是各有分工的，如排水系统、供电系统、铁路运输系统等。因此，除反映全貌的总图外，还要绘制详细的专业分图。

4）竣工总平面图上应包括建筑方格网点、水准点、厂房、辅助设施、生活福利设施、架空与地下管线、铁路等建筑物或构筑物的坐标和高程，以及厂区内空地和未建区的地形。有关建筑物、构筑物的符号应与设计图例相同，有关地形的图例应与国家地形图图式符号一致。

5）总图可以采用不同的颜色表示出图上的各种内容，例如，厂房、车间、铁路、仓库、住宅等以黑色表示，热力管线用红色表示，高、低压电缆线用黄色表示，通信线用绿色表示，而河流、池塘、水管用蓝色表示等。

6）在已编绘的竣工总平面图上，要有工程负责人和编图者的签字，并附有①测量控制点布置图、坐标及高程成果表；②每项工程施工期间测量外业资料，并装订成册；③对施工期间进行的测量工作和各个建筑物沉降和变形观测的说明书。

思考题与习题

10-1 建筑场地平面控制网的布设形式有哪几种？分别适合于什么场合？

10-2 施工高程控制网应如何布设？

10-3 民用建筑施工测量工作主要包括哪些内容？

10-4 已知AB为施工场地的两控制点，其坐标方位角为$\alpha_{AB}=20°00'00''$，A点的坐标为（14.22m，86.71m）。现将仪器安置于A点，用极坐标法测设P（42.34m，85.00m）点，试计算所需的测设数据，并说明测设过程。

10-5 某建筑场地有一水准点A，其高程$H_a=39.317$m，预测设高程为40.000m的室内地坪（±0.000）标高，设水准仪在水准点A所立的水准尺中丝读数为1.134m，试绘图说明其测设方法，并计算其相应的测设数据。

10-6 在工业建筑的定位放线中，现场已布设好建筑方格网作为控制网，为何还要测设厂房矩形控制网？

10-7 试述起重机轨道的吊装测量过程，具体有哪些检查测量工作？

10-8 为什么要进行建筑物变形测量？变形测量主要包括哪些内容？

10-9 建筑物沉降观测时，如何布设水准基点和观测点？

第11章

道路工程测量

本章重点

1. 道路圆曲线和缓和曲线测设方法。
2. 道路纵横断面测量的基本方法。
3. 基平测量和中平测量方法。

道路工程一般由路基、路面、桥涵、隧道及各种附属设施等构成。在道路的勘测设计和施工中所进行的测量工作称为道路工程测量，其工作程序也应遵循“先控制后碎部”的原则，一般为先进行道路工程控制测量和沿路线走向的带状地形图测绘，再进行道路工程的勘测设计。道路勘测分为初测和定测。初测阶段的任务是：在指定范围内布设导线，测量各方案路线的带状地形图和纵断面图，收集沿线水文、地质等有关资料，为纸上定线、编制比较方案等初步设计提供依据。定测阶段的任务是在选定方案的路线上进行中线测量、纵断面测量、横断面测量以及局部地区的大比例尺地形图测绘等，为路线纵坡设计、工程量计算等道路技术设计提供详细的测量资料。

技术设计经批准后，即可施工。在施工前、施工中以及竣工后，还应进行道路工程的施工测量。

11.1 道路中线测量

道路作为一个三维空间的工程结构物，它的中线是一条空间曲线，在水平面上的投影就是平面线形，它受自然条件（沿线的地形、地质、水文、气候等）的制约需要改变路线方向。为了满足行车要求，在转折处需要用适当的曲线把前后直线连接起来，这种曲线称为平曲线。平曲线包括圆曲线和缓和曲线。道路平面线形由直线、圆曲线、缓和曲线三要素组成，如图11-1所示。圆曲线是具有一定曲率半径的圆弧。缓和曲线是在直线和圆曲线之间或两不同半径的圆曲线之间设置的曲率连续变化的曲线。我国公路、铁路缓和曲线的线形采

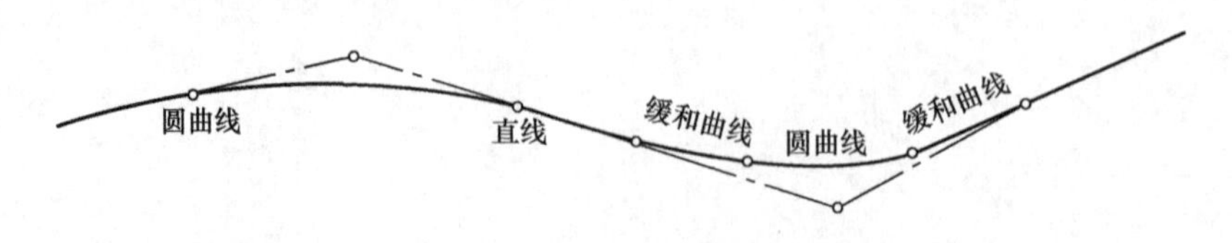

图11-1 道路平面线形

用回旋线。道路工程中线测量是通过直线和曲线的测设，将道路中线的平面位置敷设到地面上，并标定其里程，供设计和施工使用。

11.1.1　交点和转点的测设

1. 交点的测设

交点是指路线改变方向时相邻两直线的延长线相交的转折点，它是中线测量的主要控制点。在路线测设时，首先要选定出交点。当公路设计采用一阶段的施工图时，交点的测设可采用现场标定的方法，即根据已定的技术标准，结合地形、地质等条件，在现场反复测设比较，直接定出路线交点的位置。这种方法不需测地形图，比较直观，但只适合技术简单、方案明确的低等级公路。

当公路设计采用两阶段的初步设计和施工图时，应采用先纸上定线，再实地放线确定交点的方法。对于高等级公路或地形、地物复杂的情况，要先在实地布设导线，测绘大比例地形图（通常为 1∶1000 或 1∶2000 地形图），在地形图上定线，然后再到实地放线，把交点在实地标定出来，一般有放点穿线法、拨角放线法、坐标放样法等方法。

（1）放点穿线法　放点穿线法是纸上定线放样时常用的方法，它是以初测时测绘的带状地形图上就近的导线点为依据，按照地形图上设计的路线与导线之间的角度和距离关系。在实地将路线中线的直线段测设出来，然后将相邻直线延长相交，定出交点桩的位置。具体测设步骤如下：

1）放点。简单易行的放点方法有支距法和极坐标法两种。在地面上测设路线中线的直线部分，只需定出直线上若干个点，就可确定这一直线的位置。如图 11-2 所示，欲将纸上定出的两段直线 JD_3—JD_4 和 JD_4—JD_5 测设于地面，只需在地面上定 1、2、3、4、5、6 等临时点即可。这些临时点可选择支距点，即垂直于初测导线边垂足为导线点的直线与纸上所定路线的直线相交的点，如 1、2、4、6 点；也可选择初测导线边与纸上所定路线的直线相交的点，如 3 点；或选择能够控制中线位置的任意点，如 5 点，为便于检查核对，一条直线应选择三个以上的临时点。这些点一般应选在地势较高通视良好、距初测导线点较近、便于测设的地方。临时点选定之后，即可在地形图上用比例尺和量角器量取点所用的距离和角度，如图 11-2 中距离 l_1、l_2、l_3、…、l_6 和角度 β。然后，绘制放点示意图（表明点位和数据）作为放点的依据。

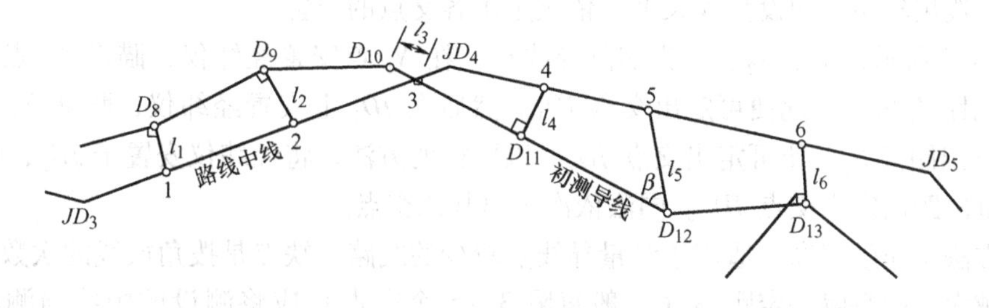

图 11-2　初测导线与纸上所定路线

放点时，在现场找到相应的初测导线点。临时点如果是支距点，可用支距法放点，步骤为：用经纬仪和方向架定出垂线方向，再量出支距 l 定出点位。如果是任意点则用极坐标法放点，步骤为：将经纬仪安置在相应的导线点上，拨角 β 定出临时点方向，再量出支距 l 定出点位。

2）穿线。由于图解数据和测量误差的影响，在图上同一直线上的各点放到地面后，一般均不能准确位于同一直线上。图 11-3 所示为在图样中某一直线段上选取的 1、2、3、4 点，放样到现场的情况，显然这 4 个点是不共线的。这时可根据实地情况，采用目估或经纬仪法穿线，通过比较和选择定出一条尽可能多地穿过或靠近临时点的直线 AB，在 A、B 或其方向线上打下两个或两个以上的方向桩，随即取消临时点，这种确定直线位置的工作称为穿线。

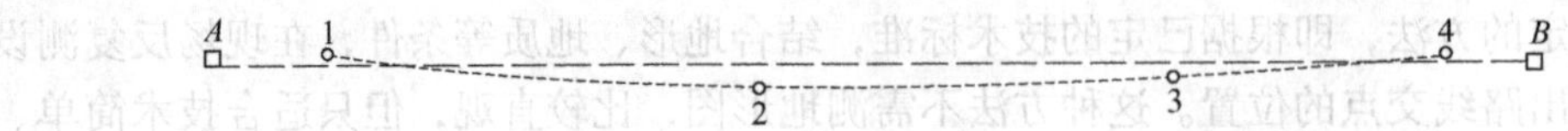

图 11-3　穿线

3）交点。当相邻两直线 AB、CD 在地面上定出后，即可延长直线进行交会定出交点（JD）。如图 11-4 所示，按下述操作步骤进行：

① 将经纬仪安置于 B 点，盘左瞄准 A 点，倒转望远镜沿视线方向，在交点（JD）的概略位置前后，打下两个木桩，俗称“骑马桩”，并沿视线方向用铅笔在两桩顶上分别标出 a_1 和 b_1。

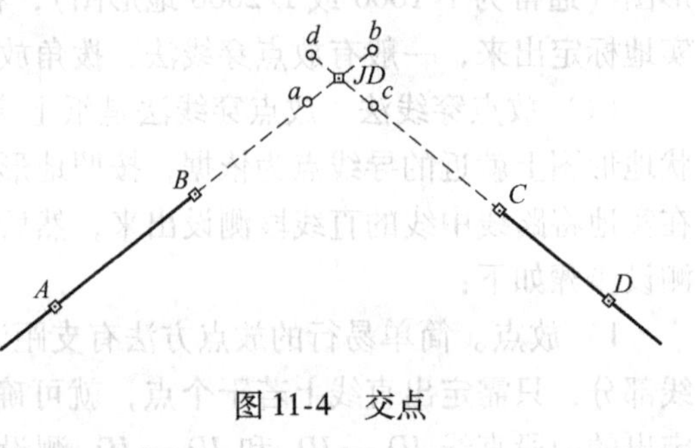

图 11-4　交点

② 盘右仍瞄准 A 点后，再倒转望远镜，用与上述相同的方法在两桩顶上又标出 a_2 和 b_2 点。

③ 分别取 a_1 与 a_2、b_1 与 b_2 的中点并钉上小钉得 a 和 b 两点。

④ 用细线将 a、b 两点连接。

这种以盘左、盘右两个盘位延长直线的方法称为正倒镜分中法。

⑤ 将仪器置于 C 点，瞄准 D 点，仍按上述①、②、③步定出 c 和 d 两点，拉上细线。

⑥ 在两条细线（ab、cd）相交处打下木桩，并在桩顶钉以小钉，便得到交点（JD）。

（2）拨角放线法　这种方法是先在地形图上测量计算出纸上所定路线的交点坐标，反算相邻交点间的直线长度、坐标方位角及转折角；然后在野外将仪器置于中线起点或已确定的交点上，拨出转角，测设直线长度，依次定出各交点的位置。

如图 11-5 所示，N_1、N_2、…为初测导线点，在 N_1 点安置经纬仪，瞄准 N_2 点，拨水平角 β_1，量出距离 S_1，由此便可定出交点 JD_1。然后在 JD_1 上安置经纬仪，瞄准 N_1 点，拨水平角 β_2，量出距离 S_2，便可定出交点 JD_2。以同样的方法，将经纬仪安置于 JD_2，瞄准 JD_1，拨水平角量出距离定出交点 JD_3。同法依次定出其他交点。

这种方法工作效率高，适用于测量导线点较少的线路，缺点是拨角放线的次数越多，误差累计也越大，故每隔一定距离（一般每隔 3～5 个交点）应将测设的中线与测图导线联测，以检查拨角放线的质量，然后重新以初测导线点开始放出以后的交点。检查满足要求，可继续观测，否则应查明原因予以纠正。

（3）坐标放样法　交点坐标在地形图上确定以后，利用测图导线按全站仪坐标放样法将交点直接放样到地面上，这种方法施工速度快，而且由于利用测图导线放点，所以不会出

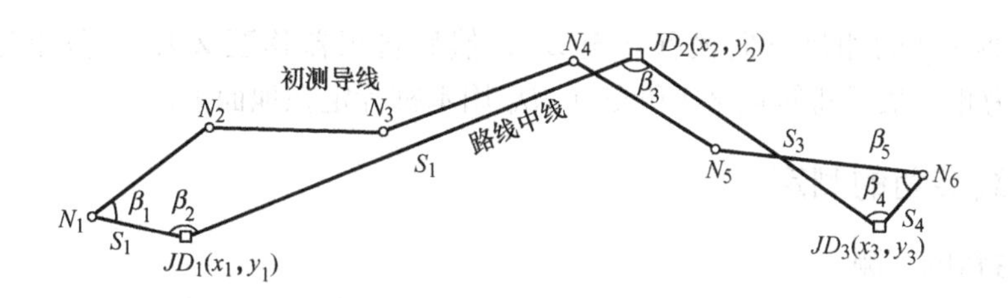

图 11-5　拨角放线法定线

现误差累积的现象。

2. 转点的测设

转点是指路线测量过程中，相邻两交点间互不通视时，在其连线或延长线上定出一点或数点，以供交点测角、量距或延长直线时瞄准使用的点。测设方法如下：

（1）在两交点间设转点　如图 11-6 所示，设 JD_5、JD_6 为互不通视的两相邻交点，ZD'为目估定出的转点位置。将经纬仪置于 ZD' 上，用正倒镜分中法延长直线 JD_5—ZD'至 JD'_6，如 JD'_6与 JD_6 重合或偏差 f 在路线允许移动的范围内，则转点位置即为 ZD'，此时应将 JD_6 移至 JD'_6并在桩顶钉上小钉表示交点位置。

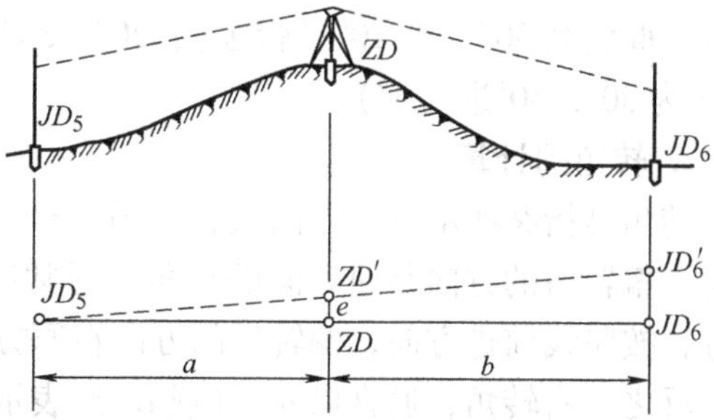

图 11-6　两不通视交点间设置转点

当偏差 f 超过允许范围或 JD_6 为死点，不许移动时，则需重新设置转点。设 e 为 ZD'应横向移动的距离，仪器在 ZD'处，用视距测量方法测出距离 a、b，则

$$e = \frac{a}{a+b}f \tag{11-1}$$

将 ZD'沿偏差 f 的相反方向横移 e 至 ZD。将仪器移至 ZD，延长直线 JD_5—ZD 看是否通过 JD_6 或偏差 f 是否小于允许值。如果仍不满足要求，则应再次设置转点，直至符合要求为止。

（2）在两交点延长线设转点　如图 11-7 所示，设 JD_8、JD_9 互不通视，ZD' 为其延长线上转点的目估位置。仪器置于 ZD'处，盘左瞄准 JD_8，在 JD_9 附近标出一点，盘右在瞄准 JD_8，在 JD_9 附近处又标出一点，取两次所标点的中点得 JD'_9。若 JD'_9和 JD_9 重合或偏差 f 在允许范围内，即可将 JD'_9代替 JD_9 作为交点，ZD'即作为转点。若偏差 f 超出允许范围或 JD_9 为死点，不许移动，则应调整 ZD'的位置。

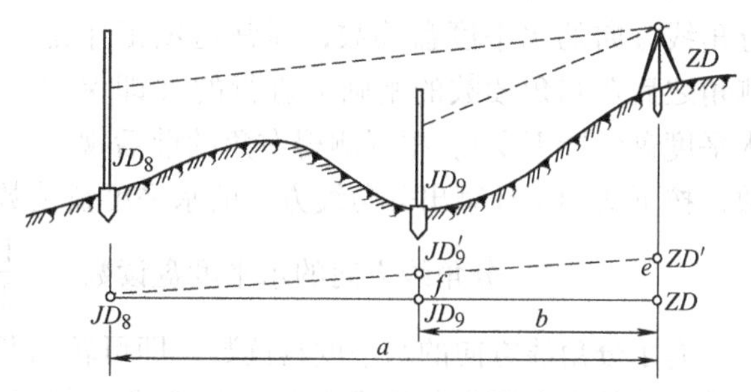

图 11-7　两不通视交点延长线上设置转点

$$e = \frac{a}{a-b}f \tag{11-2}$$

将 ZD'沿偏差 f 的相反方向横移 e 至 ZD，然后将仪器移至 ZD，重复上述方法，直至 f 小于允许值为止，最后将转点 ZD 和交点 JD_9 用木桩标定在地面上。

11.1.2 路线转角的测定

1. 路线右角的观测

按路线的前进方向，以路线中心线为界，在路线右侧的水平角称为右角，通常以 β 表示，如图 11-8 所示的 β_5、β_6。在中线测量采用测回法测定。

上、下两个半测回所测角值的不符值视公路等级而定：高速公路、一级公路限差为 ±20″，满足要求取平均值，取位至 1″；二级及二级以下的公路限差为 ±60″，满足要求取平均值，取位至 30″（即 10″（舍去），20″、30″、40″取为 30″，50″进为 1′）。

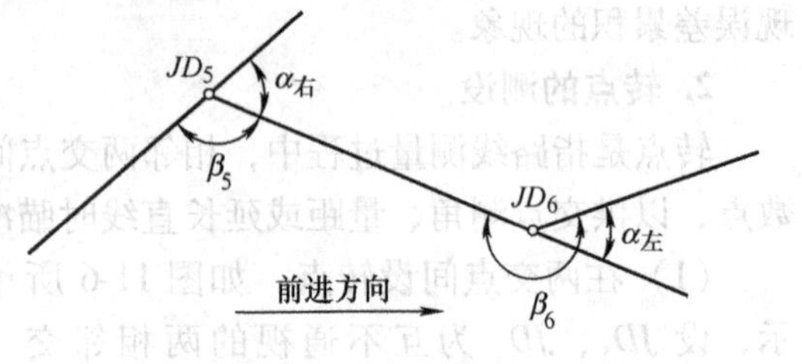

图 11-8 路线的右角和转角

2. 转角的计算

转角是指路线由一个方向偏转为另一个方向时，偏转后的方向与原方向的夹角，通常以 α 表示，如图 11-8 所示。转角有左转、右转之分，按路线前进方向，偏转后的方向在原方向的左侧称为左转角，通常以 $\alpha_左$（或 α_Z）表示；反之为右转角，通常以 $\alpha_右$（或 α_Y）表示。转角是设置平曲线的必要元素，通常是通过测定路线的右角 β 计算求得的。

$$\left.\begin{array}{l}若\beta > 180° 为左转角,则\ \alpha_左 = \beta - 180° \\ 若\beta < 180° 为右转角,则\ \alpha_右 = 180° - \beta\end{array}\right\} \tag{11-3}$$

3. 曲线中点方向桩的钉设

为便于设置曲线中点桩，在测角的同时，需将曲线中点方向桩（即分角线方向桩）钉设出来，如图 11-9 所示。分角线方向桩离交点距离应尽量大于曲线外距，以利于定向插点。一般转角越大，外距也越大，这样分角桩就应设置得远一点。

用经纬仪定分角线方向，首先就要计算出分角线方向的水平度盘读数，通常这项工作是测角之后在测角读数的基础上进行的（即保持水平度盘位置不变），根据测得右角的前后视读数，按下式即可计算出分角线方向的水平度盘读数

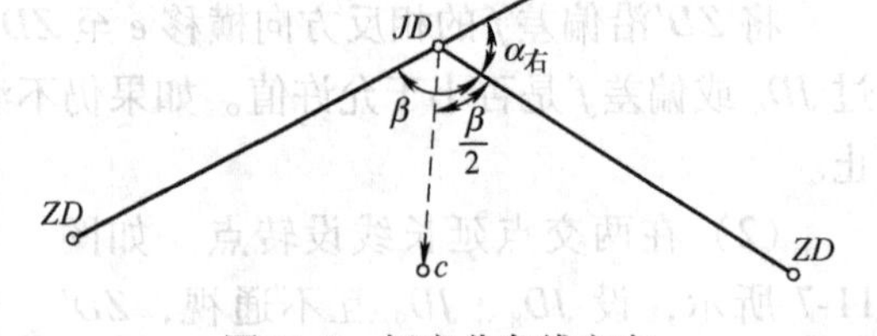

图 11-9 标定分角线方向

$$分角线方向的水平度盘读数 = \frac{1}{2}(前视读数 + 后视读数)$$

有了分角线方向的水平度盘读数，即可转动照准部使水平度盘读数为这一读数，此时望远镜照准的方向即为分角线方向（分角线方向应设在设置曲线的一侧，如果望远镜指向相反一侧，只需倒转望远镜）。沿视线指向插杆钉桩，即为曲线中点方向桩。

4. 视距测量

观测视距的目的，是用视距法测出相邻交点间的直线距离，以便提交给中桩组，以校核实际丈量距离。

视距测量的方法通常有两种：一种是利用测距仪或全站仪测量，这种方法是分别在交点和相邻交点（或转点）上安置棱镜和仪器，采用仪器的距离测量功能，从读数屏上直接读出两点间的平距；另一种是利用经纬仪和标尺进行测量，它是在交点和相邻交点（或转点）上分别安置经纬仪和标尺（水准尺或塔尺），采用视距测量的方法计算两点间的平距。这里应指出的是：用测距仪或全站仪测得的平距可用来计算交点桩号，而用经纬仪所测得的平距，只能用作参考来校核在中线测设中有无丢链现象（即校核链距）。当交点间距离较远时，为了保证测量精度，可在中间加点采取分段测距方法。

5. 磁方位角观测与计算方位角校核

观测磁方位角的目的，是为了校核测角组测角的精度和展绘平面导线图时检查展线的精度。路线测量规定，每天作业开始与结束须观测磁方位角，至少各一次，以便根据观测值推算方位角校核，其误差不得超过2°，若超过规定，必须查明发生误差的原因，并及时予以纠正。若符合要求，则可继续观测。磁方位角通常用森林罗盘仪观测，也可用附有指北装置的仪器直接观测。

6. 路线控制桩位的固定

为便于以后施工时恢复路线及放样，对于路线控制桩，如路线起点桩、终点桩、交点桩、转点桩，大中桥位桩以及隧道起、终点桩等重要桩志，均须妥善固定和保护，以防止丢失和破坏。为此应主动与当地政府联系协商保护桩志措施，并积极向当地群众宣传保护测量桩志的重要性，协助共同维护好桩志。

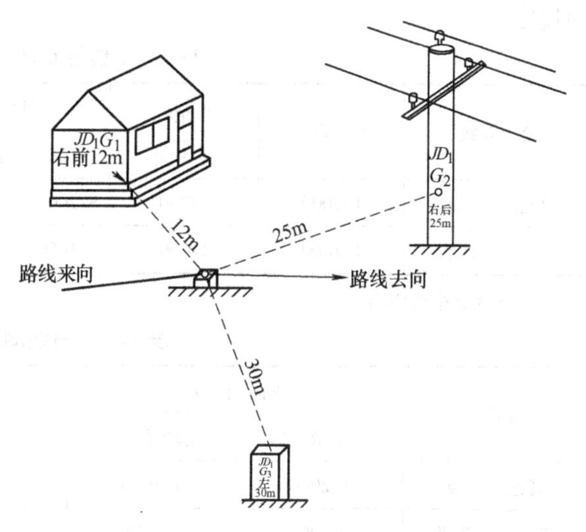

图 11-10　距离交会法定位

桩志固定应因地制宜，可埋土堆、垒石堆、设护桩（也称栓桩）。护桩方法很多，如距离交会法、方向交会法、导线延长法等，具体采用什么方法应根据实际情况灵活掌握。公路工程测量通常多采用距离交会法定位。护桩一般设三个，护桩间夹角不宜小于60°，以减少交会误差，如图11-10所示。

护桩应尽可能利用附近固定的地物点，如房基墙角、电杆、树木、岩石等设置。如无此条件可埋混凝土桩或钉设大木桩。护桩位置的选择，应考虑不致为日后施工或车辆行人所毁坏。在护桩或在作为控制的地物上用红油漆画出标记和方向箭头，写明所控制的固定桩志名称、编号，以及距桩志的斜向距离，并绘出示意草图，记录在手簿上，供日后编制“路线固定护桩一览表”。

11.1.3　里程桩的设置

在路线交点、转点及转角测定后，即可进行道路中线测量，经过实地量距设置里程桩，以标定道路中线的具体位置。

1. 道路中线测量的基本要求

道路中线的边长测量要求同导线测量。中线上设有里程桩，也称为中桩，桩上写有桩号，表示该桩至路线起点的水平距离。例如，桩号记为K1 +125.45，表示该桩至路线起点的水平距离为1125.45m。

中桩的设置应按规定满足其桩距及精度的要求，直线上的桩距l_0一般为20m，地形平坦时不应大于50m；曲线上的桩距一般为20m，且与圆曲线半径大小有关。中桩桩距应按表11-1的规定。

表11-1　中桩桩距表

直线/m		曲线			
平原微丘区	山岭重丘区	不设超高曲线	$R>60$	$60\geqslant R\geqslant 30$	$R<30$
≤50	≤25	25	20	10	5

注：表中R为平曲线半径（m）。

中线量距精度及桩位限差，不得超过表11-2的规定。曲线测量闭合差，应符合表11-3的规定。

表11-2　中线量距及中桩桩位限差表

公路等级	距离限差	视距校链限差	桩位纵向误差/m		桩位横向误差/cm	
			平原微丘区	山岭重丘区	平原微丘区	山岭重丘区
高速、一级	1/2000	1/200	S/2000 +0.05	S/2000 +0.1	5	10
二、三、四级	1/1000	1/100	S/1000 +0.10	S/1000 +0.1	10	15

注：S为路中线距离。

表11-3　曲线测量闭合差

公路等级	纵向闭合差		横向闭合差/cm		曲线偏角闭合差
	平原微丘区	山岭重丘区	平原微丘区	山岭重丘区	
高速、一级	1/2000	1/1000	10	10	60″
二、三、四级	1/1000	1/500	10	15	120″

2. 里程桩的类型

里程桩可分为整桩和加桩两种。

（1）整桩　在公路中线中的直线段上和曲线段上，按相应规定要求的桩距而设置的桩称为整桩。它的里程桩号均为整数，且为要求桩距的整倍数。JTG/T C10—2007《公路勘测规范》规定：路线中桩桩距，不应大于表11-1的规定。在实测过程中，为了测设方便，里程桩号应尽量避免采用零数桩号，一般宜采用20m或50m及其倍数。当量距至每百米及每公里时，要钉设百米桩及公里桩。

（2）加桩　加桩又分为地形加桩、地物加桩、曲线加桩、地质加桩、断链加桩、行政区域加桩和改、扩建公路加桩等。加桩单位精度应取位至米，特殊情况下可取位至0.1m。

1）地形加桩。沿路线中线在地面起伏突变处，横向坡度变化处以及天然河沟处等均应设置的里程桩。

2）地物加桩。沿路线中线在有人工构造物处（如拟建桥梁、涵洞、隧道、挡土墙等构造物处；路线与其他公路、铁路、渠道、高压线、地下管道等交叉处，拆迁建筑物处、占用耕地及经济林的起终点处）均应设置的里程桩。

3）曲线加桩。曲线上设置的起点、中点、终点桩等。

4）地质加桩。沿路线在土质变化处及地质不良地段的起、终点处要设置的里程桩。

5）断链加桩。由于局部改线或事后发现距离错误或分段测量中由于假设起点里程等原因，致使路线的里程不连续，桩号与路线的实际里程不一致，这种现象称为“断链”，为说明该情况而设置的桩，称为断链加桩。测量中应尽量避免出现“断链”现象。

6）行政区域加桩。在省、地（市）县级行政区分界处应加桩。

7）改、扩建公路加桩。在改、扩建公路地形特征点、构造物和路面面层类型变化处应加的桩。

3. 里程桩的书写及钉设

对于中线控制桩，如路线起、终点桩、公里桩、转点桩、大中桥位桩以及隧道起终点等重要桩，一般采用尺寸为5cm×5cm×30cm的方桩；其余里程桩一般多用（1.5～2）cm×5cm×25cm的板桩。

（1）里程桩的书写　所有中桩均应写明桩号和编号，在桩号书写时，除百米桩、公里桩和桥位桩要写明公里数外，其余桩可不写。另外，对于交点桩、转点桩及曲线基本桩还应在桩号之前标明桩名（一般标其缩写名称）。目前，我国公路工程上桩名采用汉语拼音的缩写名称，见表11-4所列。

表11-4　路线主要标志桩名称表

标志桩名称	简称	汉语拼音缩写	英文缩写	标志桩名称	简称	汉语拼音缩写	英文缩写
转角点	交点	*JD*	*IP*	公切点	—	*GQ*	*CP*
转点	—	*ZD*	*TP*	第一缓和曲线起点	直缓点	*ZH*	*TS*
圆曲线起点	直圆点	*ZY*	*BC*	第一缓和曲线终点	缓圆点	*HY*	*SC*
圆曲线中点	曲中点	*QZ*	*MC*	第二缓和曲线起点	圆缓点	*YH*	*CS*
圆曲线终点	圆直点	*YZ*	*EC*	第二缓和曲线终点	缓直点	*HZ*	*ST*

桩志一般用红色油漆或记号笔书写（在干旱地区或马上施工的路线也可用墨汁书写），书写字迹应工整醒目，一般应写在桩顶以下5cm范围内，否则将被埋于地面以下无法判别里程桩号。

（2）钉桩　新线桩志打桩，不要露出地面太高，一般以5cm左右能露出桩号为宜。钉设时将写有桩号的一面朝向路线起点方向，如图11-11所示。对起控制作用的交点桩、转点桩以及一些重要的地物加桩，如桥位桩、隧道

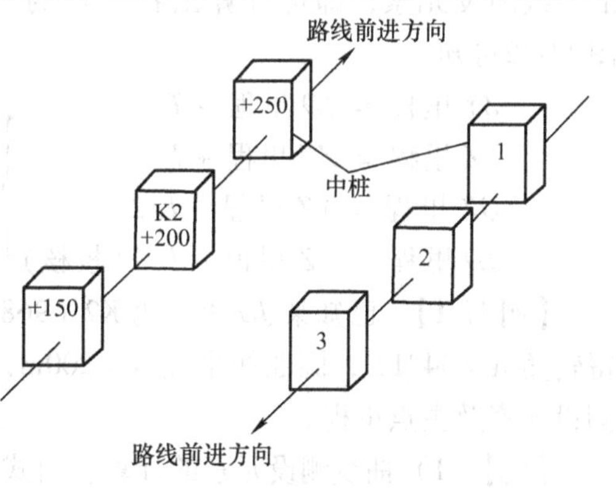

图11-11　桩号和编号方向

定位桩等均应钉设方桩，将方桩钉至与地面齐平，桩顶钉一小钢钉表示点位。在距方桩20cm左右设置指示桩，上面书写桩的名称和桩号，字面朝向方桩。

改建桩志位于旧路上时，由于路面坚硬，不宜采用木桩，此时常采用大帽钢钉。钉桩时一律打桩至与地面齐平，然后在路旁一侧打上指示桩，桩上注明距中线的横向距离及其桩号，并以箭头指示中桩位置。在直线上，指示桩应钉在路线的同一侧；交点桩的指示桩应在圆心和交点连线方向的外侧，字面朝向交点；曲线主点桩的指示桩均应钉在曲线的外侧，字面朝向圆心。

遇到岩石地段无法钉桩时，应在岩石上凿刻"⊕"标记，表示桩位并在其旁边写明桩号、编号等。在潮湿或有冲蚀地区，特别是近期不施工的路线，对重要桩位（如路线起、终点、交点、转点等）可改埋混凝土桩，以利于桩的长期保存。

11.1.4 圆曲线的测设

圆曲线是指具有一定半径的一段圆弧线，是路线转向常用的一种曲线形式。圆曲线的测设一般分以下两步进行：首先测设曲线的主点，称为圆曲线主点的测设，即测设曲线的起点（称为直圆点，*ZY*表示）、中点（称为曲中点，以*QZ*表示）和终点（称为圆直点，以*YZ*表示）。然后在已测定的主点之间进行加密，按规定桩距测设曲线上的其他各桩点，称为曲线的详细测设。

1. 圆曲线主点的测设

（1）圆曲线测设元素的计算　如图11-12所示，设交点（*JD*）的转角为α，单位为rad，圆曲线半径为R，则曲线的测设元素可按下列公式计算

$$\left.\begin{aligned}&\text{切线长}\quad T=R\cdot\tan\frac{\alpha}{2}\\&\text{曲线长}\quad L=R\cdot\alpha\\&\text{外距}\quad E=\frac{R}{\cos\frac{\alpha}{2}}-R=R\left(\sec\frac{\alpha}{2}-1\right)\\&\text{切曲线}\quad D=2T-L\end{aligned}\right\}\tag{11-4}$$

（2）主点里程的计算　交点（*JD*）的里程由中线丈量中得到，根据交点的里程和计算的曲线测设元素，即可计算出各主点的里程。由图11-12可知

$$\left.\begin{aligned}&ZY\text{里程}=JD\text{里程}-T\\&YZ\text{里程}=ZY\text{里程}+L\\&QZ\text{里程}=YZ\text{里程}-L/2\\&JD\text{里程}=QZ\text{里程}+D/2\text{(校核)}\end{aligned}\right\}\tag{11-5}$$

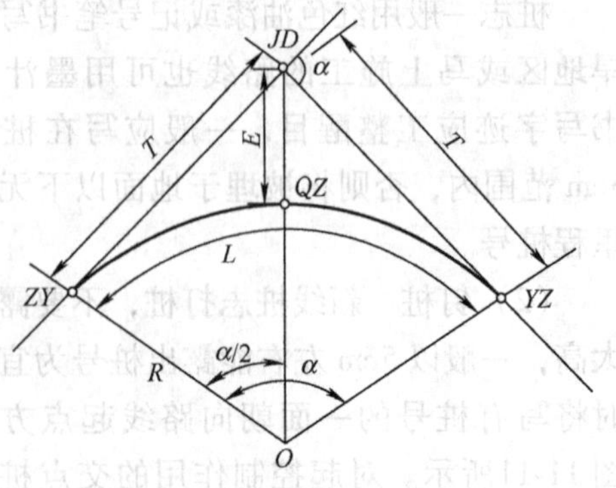

图11-12　圆曲线主点的测设

【例11-1】　已知某*JD*里程为K2+968.43，测得转角$\alpha=34°12'$，圆曲线半径$R=200\text{m}$，求曲线测设元素及主点里程。

【解】　1）曲线测设元素的计算。由式（11-4）代入数据计算得：$T=61.53\text{m}$；$L=119.38\text{m}$；

$E = 9.25\text{m}$；$D = 3.68\text{m}$。

2）主点里程的计算。由式（11-5）得

JD 里程	K2 + 968.43
$-T$	−61.53
ZY 里程	K2 + 906.90
$+L$	+119.38
YZ 里程	K3 + 026.28
$-L/2$	−59.69
QZ 里程	K2 + 966.59
$+D/2$	+1.84
JD 里程	K2 + 968.43

（3）主点的测设　计算出圆曲线的测设元素和主点里程后，便可按下述步骤进行主点测设。

1）ZY 的测设。测设 ZY 时，将仪器置于交点 JD_i 上，转动望远镜照准后一交点 JD_{i-1} 或此方向上的转点，沿望远镜视线方向量取切线长 T，得 ZY，先插一测钎标志。然后用钢尺丈量 ZY 至最近一个直线桩的距离，如两桩号之差等于所丈量的距离或相差在允许范围内，即可在测钎处打下 ZY 桩。如超出允许范围，应查明原因，重新测设，以确保桩位的正确性。

2）YZ 的测设。在 ZY 点测设完成后，转动望远镜照准前一交点 JD_{i+1} 或此方向上的转点，往返丈量切线长 T，得 YZ 点，打下 YZ 桩。

3）QZ 的测设。可自交点 JD_i 沿分角线方向往返丈量外距 E，打下 QZ 桩。

2. 圆曲线的详细测设

在圆曲线的主点设置后，即可进行详细测设，其桩距 l_0 应符合表 11-1 的规定。按桩距 l_0 在曲线上设桩，通常有整桩号法和整桩距法两种方法。整桩号法是将曲线上靠近起点（ZY）的第一个桩的桩号凑整成为 l_0 倍数的整桩号，且与 ZY 点的桩距小于 l_0，然后按桩距 l_0 连续向曲线终点 YZ 设桩。这样设置的桩的桩号均为整桩。整桩距法是从曲线起点 ZY 和终点 YZ 开始，分别以桩距 l_0 连续向曲线中点 QZ 设桩。由于这样设置的桩的桩号一般为零数桩号，因此，在实测中应注意加设百米桩和公里桩。目前公路中线测量中一般均采用整桩号法。

圆曲线的详细测设方法很多，下面仅介绍偏角法和切线支距法这两种常用方法。

（1）偏角法　偏角法是以曲线起点（ZY）或终点（YZ）至曲线上待测设点 P_i 的弦线于切线之间的弦切角（这里称为偏角）Δ_i 和弦长 c_i 来确定 P_i 点的位置。如图 11-13 所示，根据几何原理，偏角 Δ_i 等于相应弧长所对的圆心角 α_i 的一半，即 $\Delta_i = \alpha_i/2$。考虑到式（11-4），则

$$\Delta_i = \frac{l_i}{2R}(\text{rad}) = \frac{l_i}{R}\frac{90°}{\pi} \tag{11-6}$$

式中　l_i——P_i 点至 ZY 点（或 YZ 点）的曲线长度。

弦长 c 可按下式计算

$$c = 2R\sin\frac{\alpha_i}{2} = 2R\sin\Delta_i \tag{11-7}$$

【例 11-2】　仍以【例 11-1】为例，采用偏角法按整桩号设桩，计算各桩的偏角和弦长。

设曲线由 ZY 点向 YZ 点测设，计算内容及结果见表 11-5。

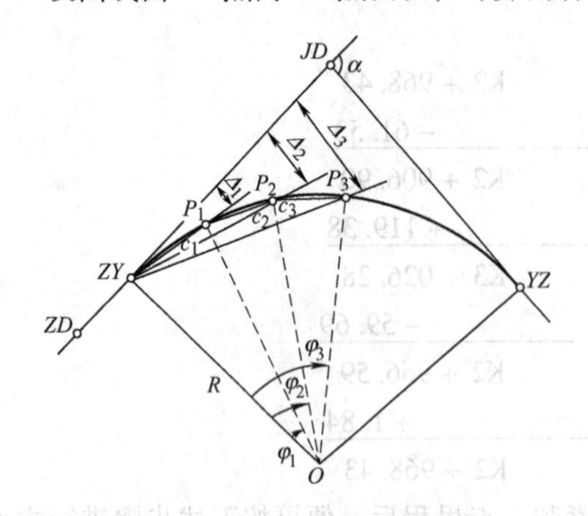

图 11-13　偏角法详细测设圆曲线

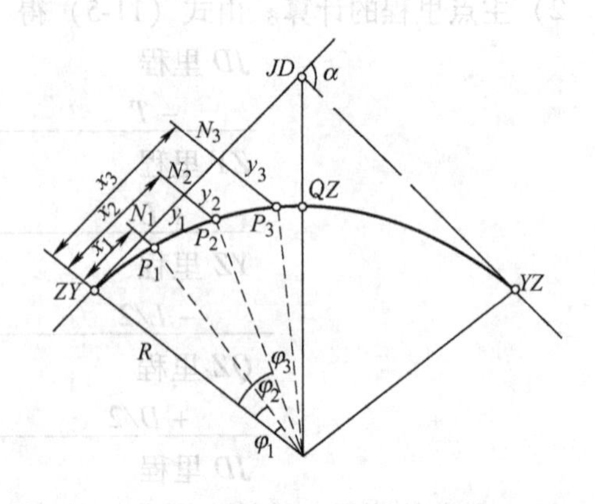

图 11-14　切线支距法详细测设圆曲线

表 11-5　偏角法详细测设圆曲线测设数据计算表

桩号	桩点至 ZY 点的曲线长 l_i/m	偏角值 Δ_i	长弦 C_i/m	短弦 c_i/m
ZY 桩：K2 +906.90	0.00	00°00′00″	0	0
+920	13.10	1°52′35″	13.10	13.10
+940	33.10	4°44′28″	33.06	19.99
+960	53.10	7°36′22″	52.94	19.99
QZ 桩：K2 +966.59	59.69	8°33′00″	59.47	6.59
+980	73.10	10°28′15″	72.69	13.41
K3 +000	93.10	13°20′08″	92.26	19.99
+020	113.10	16°12′01″	111.60	19.99
YZ 桩：K3 +026.28	119.38	17°06′00″	117.62	6.28

注：1. 用公式 $\Delta_i=\frac{l_i}{2R}$（rad）计算的偏角单位为弧度，应将其换算为度、分、秒。

2. 表中长弦指桩点至曲线起点（ZY）的弦长。

3. 短弦指相邻两桩点间的弦长。

测设方法如下：用偏角法详细测设圆曲线上各桩点，因测设距离的方法不同，分为长弦偏角法和短弦偏角法两种。前者测量测站至各桩点的距离（长弦 C_i），适合用于全站仪；后者测量相邻各桩点之间的距离（短弦 c_i），适合用于经纬仪、钢尺。

仍按上例，具体测设步骤如下：

1）安置经纬仪（或全站仪）于曲线起点（ZY）上，盘左瞄准交点（JD），将水平盘读数设置为 0°00′00″。

2）转动照准部，使水平度盘读数为：+920 桩的偏角值 Δ_1 = 1°52′35″，然后从 ZY 点开始，沿望远镜视线方向量测出长弦 C_1 = 13.10m，定出 P_1 点，即为 K2 +920 的桩位。

3）再继续转动照准部，使水平度盘读数为：+940 桩的偏角值 Δ_2 = 4°44′28″，从 ZY 点开始，沿望远镜视线方向量测长弦 C_2 = 33.06m，定出 P_2 点；或从 P_1 测设短弦 c_2 = 19.99m

与水平度盘读数为偏角 Δ_2 时的望远镜视线方向相交而定出 P_2 点。依此类推，测设 P_3、P_4、…，直至 YZ 点。

4）测设至曲线终点（YZ）作为检核，继续水平转动照准部。使水平度盘读数为 $\Delta_{YZ}=17°06'00''$，从 ZY 点开始，沿望远镜视线方向量测出长弦 $C_{YZ}=117.62$m，或从 K3+020 桩测设短弦 $c=6.28$m，定出一点。如果此点与 YZ 不重合，其闭合差应符合表 11-3 中的规定。

【例 11-3】 中路线为右转角，当路线为左转时，由于经纬仪的水平度盘注记为顺时针增加，则偏角增大，而水平度盘的读数是减小的。此时应查表 10-5 的数据，采用经纬仪角度反拨的方法，即经纬仪安置于 ZY 点上，瞄准 JD，使水平度盘的读数为 00°00′00″（可理解为 360°00′00″），则瞄准 +920 桩时，需拨偏角 $\Delta_1=01°52'35''$，此时水平度盘的读数应为 358°07′25″（由 360°00′00″−01°52′35″而得到），此拨角法称为角度反拨。依此类推拨出其他桩的偏角，进行测设。

偏角法不仅可以在 ZY 点上安置仪器测设曲线，也可在 YZ 或 QZ 上安置仪器进行测设，还可以将仪器安置在任一点上测设。这是一种测设精度较高，适用性较强的常用方法。但在用短弦偏角法时存在测点误差累积的缺点，所以宜采取从曲线两端向中点或自中点向两端测设曲线的方法。

（2）切线支距法　切线支距法又称直角坐标法，是以曲线 ZY 点（对于前半曲线）或 YZ 点（对于后半曲线）为坐标原点，以过 ZY 点或 YZ 点的切线为 x 轴，过原点的半径为 y 轴，按曲线上各点坐标 x、y 设置曲线上各点的位置。如图 11-14 所示，设 P_i 为曲线上欲测设的点位，该点 ZY 点或 YZ 点的弧长为 l_i，α_i 为 l_i 所对的圆心角，R 为圆曲线半径，则 P_i 点的坐标按下式计算

$$\left.\begin{aligned} x_i &= R\cdot\sin\alpha_i \\ y_i &= R\cdot(1-\cos\alpha_i) = x_i\cdot\tan\frac{\alpha_i}{2} \end{aligned}\right\} \tag{11-8}$$

【例 11-4】 在例［11-1］中，若采用切线支距法，并按整桩号设桩，试计算各桩坐标。例［11-1］中已计算出主点里程（ZY 里程、QZ 里程、YZ 里程），在此基础上按整桩号法列出详细测设的桩号，并计算其坐标。具体计算见表 11-6。

表 11-6　切线支距法坐标计算表

桩号	桩点至曲线起（终）点的弧长 l/m	横坐标 x_i/m	纵坐标 y_i/m
ZY 桩：K2+906.90	0	0	0
+920	13.10	13.09	0.43
+940	33.10	32.95	2.73
+960	53.10	52.48	7.01
QZ 桩：K2+966.59	59.69	58.81	8.84
+980	46.28	45.87	5.33
K3+000	26.28	26.20	1.72
+020	6.28	6.28	0.10
YZ 桩：K3+026.28	0	0	0

切线支距法详细测设圆曲线，为了避免支距过长，一般是由 ZY 点和 YZ 点分别向 QZ 点施测，其测设步骤如下：

1）从 ZY 点（或 YZ 点）用钢尺或皮尺沿切线方向量取 P_i 点的横坐标 x_i 得垂足 N_i。

2）在垂足点 N_i 上，用方向架或经纬仪定出切线的垂直方向，沿垂直方向量出 y_i，即得到待测定点 P_i。

3）曲线上各点测设完毕后，应量取相邻各桩之间的距离，并与相应的桩号之差比较，若较差均在限差之内，则曲线测设合格，否则应查明原因，予以纠正。

这种方法适用于平坦开阔地区，具有测点误差不累积的优点。

11.1.5 缓和曲线的测设

汽车在行驶过程中驶过一条曲率连续变化的曲线，这条曲线称为缓和曲线。它是为了使路线的平面线形更加符合汽车的行驶轨迹、离心力的逐渐变化，确保行车的安全和舒适，而在直线与圆曲线之间插入的一段曲率半径由无穷大逐渐变化到圆曲线半径的过渡性曲线。

缓和曲线的作用是使曲率连续变化，便于车辆行驶，保证行车安全；车辆离心加速度逐渐变化，有利于旅客的舒适。曲线上超高和加宽的逐渐过渡，可以使行车平稳和路容美观；与圆曲线配合适当的缓和曲线，可提高驾驶员的视觉平稳性，增加线形美观。带有缓和曲线的平曲线，其最基本形式由三部分组成，如图 11-15 所示，即由直线终点到圆曲线起点的缓和段，称为第一缓和段；由圆曲线起点到圆曲线终点的单曲线段；以及由圆曲线终点到下一段直线起点的缓和段，称为第二缓和段。因此，带有缓和曲线的平曲线的基本线形的主点有直缓点（ZH）、缓圆点（HY）、曲中点（QZ）、圆缓点（YH）和缓直点（HZ），见表（11-4）。

JTG B01—2003《公路工程技术标准》中规定：缓和曲线采用回旋曲线，也称辐射螺旋线。下面介绍带有缓和曲线的平曲线的基本线形测设数据计算与测设方法。

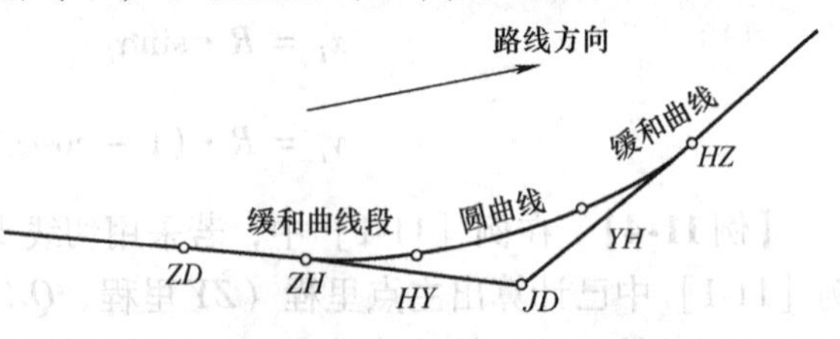

图 11-15 带有缓和曲线的平曲线基本线形

1. 缓和曲线公式

（1）基本公式 如图 11-16 所示，缓和曲线采用的回旋曲线是曲率半径 ρ 随曲线长度 l 的增大而成反比地均匀减小的曲线，即在回旋线上任一点的曲率半径 ρ 为

$$\rho = \frac{c}{l} \text{或} c = \rho \cdot l \tag{11-9}$$

式中 c——常数，表示回旋曲线的曲率半径 ρ 的变化率，与行车速度有关。目前我国公路采用 $c = 0.035v^3$（v 为计算行车速度，以 km/h 为单位）。

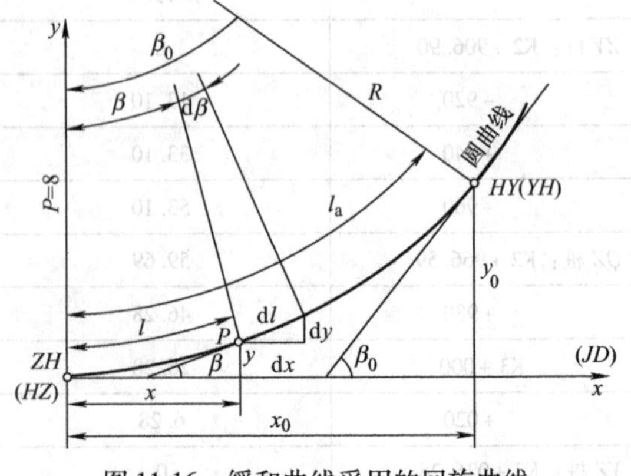

图 11-16 缓和曲线采用的回旋曲线

而在曲线上，c 值又可按以下方法确定，在第一缓和曲线终点即 HY 点（或第二缓和曲线起点 YH 点）的曲率半径等于圆曲线半径 R，即 $\rho = R$，该点的曲线长度即是缓和曲

线的全长 l_s，由式（11-9）可得

$$c = R \cdot l_s \tag{11-10}$$

故有缓和曲线的全长为

$$l_s = \frac{0.035v^3}{R} \tag{11-11}$$

《公路工程技术标准》中规定：当公路平曲线半径小于设超高的最小半径时，应设缓和曲线。缓和曲线采用回旋曲线。缓和曲线的长度应根据其计算行车速度 v 求得，并尽量采用大于表 11-7 所列数值。

表 11-7　各级公路缓和曲线最小长度

公路等级	高速公路				一		二		三		四	
计算行车速度/（km/h）	120	100	80	60	100	60	80	40	60	30	40	20
缓和曲线最小长度/m	100	85	70	50	85	50	70	35	50	25	35	20

（2）回旋曲线切线角公式　缓和曲线上任一点 P 处的切线与曲线的起点（ZY）或终点（HZ）切线的交角 β 与缓和曲线上该点至曲线起点或终点的曲线长所对的中心角相等。为求切线角 β（单位为 rad）可在曲率半径为 ρ 的 P 点处取一微分弧段 $\mathrm{d}l$，其所对应的中心角 $\mathrm{d}\beta$ 为

$$\mathrm{d}\beta = \frac{\mathrm{d}l}{\rho} = \frac{l \cdot \mathrm{d}l}{c}$$

积分得

$$\beta = \frac{l^2}{2c} = \frac{l^2}{2Rl_s} \tag{11-12}$$

当 $l = l_s$ 时，则缓和曲线全长 l_s 所对应中心角即为缓和曲线的切线角，也称为缓和曲线角 β_0，即

$$\beta_0 = \frac{l_s}{2R}$$

以角度表示为

$$\beta_0 = \frac{l_s}{2R} \cdot \frac{180°}{\pi} \tag{11-13}$$

（3）参数方程　如图 11-16 所示，设以缓和曲线的起点（ZH 点）为坐标原点，过 ZH 点的切线为 x 轴，半径方向为 y 轴，缓和曲线上任意一点 P 的坐标为 x、y，仍在 P 点处取一微分弧段 $\mathrm{d}l$，由图 11-16 可知，微分弧段在坐标轴上的投影为

$$\left.\begin{aligned} \mathrm{d}x &= \mathrm{d}l \cdot \cos\beta \\ \mathrm{d}y &= \mathrm{d}l \cdot \sin\beta \end{aligned}\right\} \tag{11-14}$$

将式中 $\cos\beta$、$\sin\beta$ 按级数展开为

$$\cos\beta = 1 - \frac{\beta^2}{2!} + \frac{\beta^4}{4!} - \cdots$$

$$\sin\beta = \beta - \frac{\beta^3}{3!} + \frac{\beta^5}{5!} - \cdots$$

考虑到式（11-12），则式（11-14）可写成

$$\mathrm{d}x=\left[1-\frac{1}{2}\left(\frac{l^2}{2Rl_s}\right)^2+\frac{1}{24}\left(\frac{l^2}{2Rl_s}\right)^4-\cdots\right]\mathrm{d}l$$

$$\mathrm{d}y=\left[\frac{l^2}{2Rl_s}-\frac{1}{6}\left(\frac{l^2}{2Rl_s}\right)^3+\frac{1}{1200}\left(\frac{l^2}{2Rl_s}\right)^5-\cdots\right]\mathrm{d}l$$

积分后略去高次项得

$$\left.\begin{aligned}x&=l-\frac{l^5}{40R^2l_s^2}\\y&=\frac{l^3}{6Rl_s}-\frac{l^7}{336R^3l_s^3}\end{aligned}\right\}\tag{11-15}$$

式（11-15）称为缓和曲线的参数方程。

当 $l=l_s$ 时，则第一缓和曲线的终点（HY）的直角坐标为

$$\left.\begin{aligned}x_0&=l_s-\frac{l_s^3}{40R^2}\\y_0&=\frac{l_s^2}{6R}-\frac{l_s^4}{336R^3}\end{aligned}\right\}\tag{11-16}$$

2. 带有缓和曲线的平曲线的主点测设

（1）内移值 p 和切线增长值 q 的计算　如图 11-17 所示，当圆曲线加设缓和曲线段后，为使缓和曲线起点与直线段的终点相衔接，必须将圆曲线向内移动一段距离 p（称为内移值），这时曲线发生变化，使切线增长距离 q（称为切线增长值）。

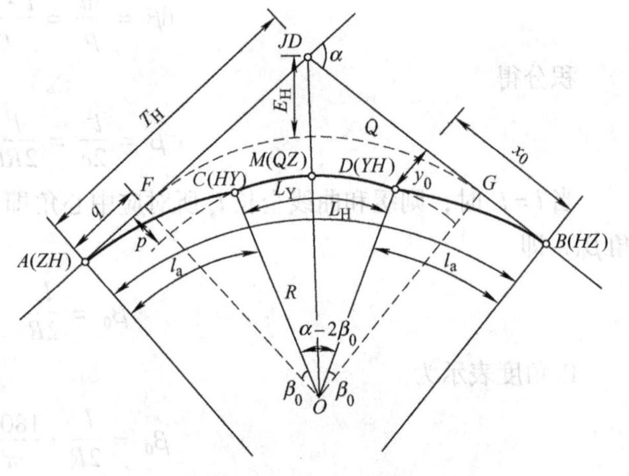

图 11-17　主点测设

圆曲线内移有两种方法：一种是圆心不动，半径相应减小；另一种是半径不变，而改变圆心的位置。目前公路工程中，一般采用圆心不动，半径相应减小的平行移动方法，即未设缓和曲线时的圆曲线为 FG，其半径为（$R+p$）插入两段缓和曲线 AC 和 DB 后，圆曲线内移，保留部分为 CDM 段，半径为 R，该段所对的圆心角为（$\alpha-2\beta_0$），在图 11-17 中由几何关系可知

$$R+p=y_0+R\cdot\cos\beta_0$$

$$q+R\cdot\sin\beta_0=x_0$$

即

$$\left.\begin{aligned}p&=y_0-R(1-\cos\beta_0)\\q&=x_0-R\cdot\sin\beta_0\end{aligned}\right\}\tag{11-17}$$

将式（11-17）中的 $\cos\beta_0$、$\sin\beta_0$ 展开为级数，略去积分高次项并将式（11-13）中 β_0 和式（11-16）中的 x_0、y_0 代入后整理可得

$$\left.\begin{aligned} p &= \frac{l_s^2}{24R} \\ q &= \frac{l_s}{2} - \frac{l_s^3}{240R^2} \end{aligned}\right\} \tag{11-18}$$

（2）测设元素的计算　在圆曲线上增设缓和曲线后，要将圆曲线与缓和曲线作为一个整体考虑。如图11-17所示，当通过测算得到转角 α，并确定圆曲线半径 R 与缓和曲线长 l_s 后，即可按式（11-13）和式（11-18）求得切线角 β_0、内移值 p 和切线增长值 q，此时必须有 $\alpha \geqslant 2\beta_0$，否则无法设置缓和曲线，应重新调整 R 或 l_s，直至满足 $\alpha \geqslant 2\beta_0$，然后按下式计算测设元素

$$\left.\begin{aligned} &\text{切线长} && T_H = (R+p)\cdot\tan\frac{\alpha}{2} + q \\ &\text{曲线长} && L_H = R(\alpha - 2\beta_0)\frac{\pi}{180^\circ} + 2l_s \\ &\text{其中圆曲线长} && L_Y = R(\alpha - 2\beta_0)\frac{\pi}{180^\circ} \\ &\text{外距} && E_H = (R+p)\cdot\sec\frac{\alpha}{2} - R \\ &\text{切曲差} && D_H = 2T_H - L_H \end{aligned}\right\} \tag{11-19}$$

（3）主点里程计算与测设　根据交点里程和曲线的测设元素值，计算各主点里程

$$\left.\begin{aligned} &\text{直缓点}:ZH\text{ 里程} = JD\text{ 里程} - T_H \\ &\text{缓圆点}:HY\text{ 里程} = ZH\text{ 里程} + l_s \\ &\text{圆缓点}:YH\text{ 里程} = HY\text{ 里程} + L_Y \\ &\text{缓直点}:HZ\text{ 里程} = YH\text{ 里程} + l_s \\ &\text{曲中点}:QZ\text{ 里程} = HZ\text{ 里程} - L_H/2 \\ &\text{交点}:JD\text{ 里程} = QZ\text{ 里程} + D_H/2(\text{校核}) \end{aligned}\right\} \tag{11-20}$$

主点 ZH、HZ、QZ 的测设方法与圆曲线主点测设方法相同。HY、YH 点是根据缓和曲线终点坐标（x_0、y_0）用切线支距法测设。

3. 带有缓和曲线平曲线的详细测设

（1）偏角法　用偏角法详细测设带有缓和曲线的平曲线时，其偏角应分为缓和曲线段上的偏角与圆曲线段上的偏角两部分进行计算。

1）缓和段上各点测设。对于测设缓和曲线段上的各点，可将经纬仪安置于缓和曲线的 ZH 点（或 HZ 点）上进行测设，如图11-18所示，设缓和曲线上任一点 P 的偏角值为 δ，则

$$\tan\delta = \frac{y}{x} \tag{11-21}$$

式中　x、y——P 点的直角坐标，可由曲线参数方程式（11-15）求得，由此求得

$$\delta = \arctan\frac{y}{x} \tag{11-22}$$

在实测中，因偏角 δ 较小，一般取

$$\delta \approx \tan\delta = \frac{y}{x} \tag{11-23}$$

将曲线参数方程式（11-15）中 x、y 代入上式得（取第一项）

$$\delta = \frac{l^2}{6Rl_s} \tag{11-24}$$

在上式中，当 $l=l_s$ 时，得 HY 点或 YH 点的偏角值 δ_0，称为缓和曲线的总偏角，即

$$\delta_0 = \frac{l_s}{6R} \tag{11-25}$$

由于 $\beta_0=\frac{l_s}{2R}$，所以得

$$\delta_0 = \frac{1}{3}\beta_0 \tag{11-26}$$

由式（11-24）和式（11-25）并顾及到式（11-26）可得

$$\delta = \left(\frac{l}{l_s}\right)^2\delta_0 = \frac{1}{3}\left(\frac{l}{l_s}\right)^2\beta_0 \tag{11-27}$$

在按式（11-24）或式（11-27）计算出缓和曲线上各点的偏角值后，采用与偏角法测设圆曲线同样的步骤进行缓和曲线的测设。由于缓和曲线上弦长 $c=l-\frac{l^5}{90R^2l_s^2}$，近似地等于相应的弧长，因而在测设时，弦长一般就取弧长值。

2）圆曲线段上各点测设。圆曲线段上各点的测设，应将仪器安置于 HY 或 YH 点上进行。这时只要定出 HY 或 YH 点的切线方向，就可按前述无缓和曲线的圆曲线的测设方法进行。如图 11-18 所示，关键是计算 b_0，显然有

$$b_0 = \beta_0 - \delta_0 = \frac{2}{3}\beta_0 \tag{11-28}$$

将 b_0 求得后，将仪器安置于 HY 点上，瞄准 ZH 点，将水平度盘读数配置为 b_0（当曲线右转时，应配置为 $360°-b_0$）后，旋转照准部，使水平度盘的读数为 00°00′00″后倒镜，此时视线方向即为 HY 点的切线方向，然后按前述偏角法测设圆曲线段上各点。

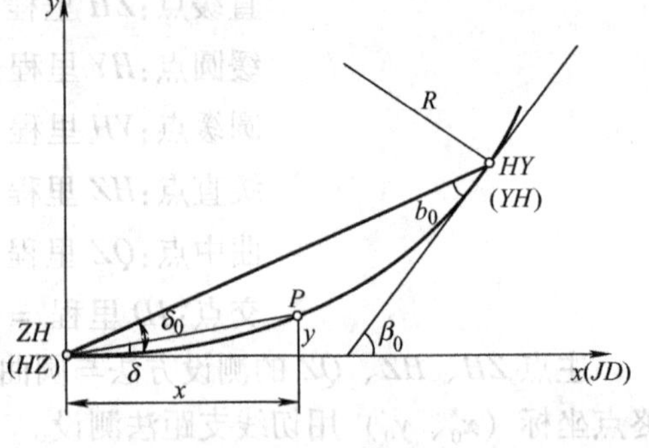

图 11-18　偏角法

（2）切线支距法　切线支距法是以 ZH 点或 HZ 点为坐标原点，以过原点的切线为 x 轴，过原点的半径为 y 轴，利用缓和曲线段和圆曲线段上的各点的坐标（x、y）测设曲线。在缓和曲线段上各点坐标（x、y）可按式（11-15）缓和曲线的参数方程求得。

在圆曲线上各点的坐标可由图 11-19 按几何关系求得为

$$\begin{aligned} x &= R\cdot\sin\varphi + q \\ y &= R(1-\cos\varphi) + p \\ \varphi &= \frac{l-l_s}{R}\frac{180}{\pi} + \beta_0 \end{aligned} \tag{11-29}$$

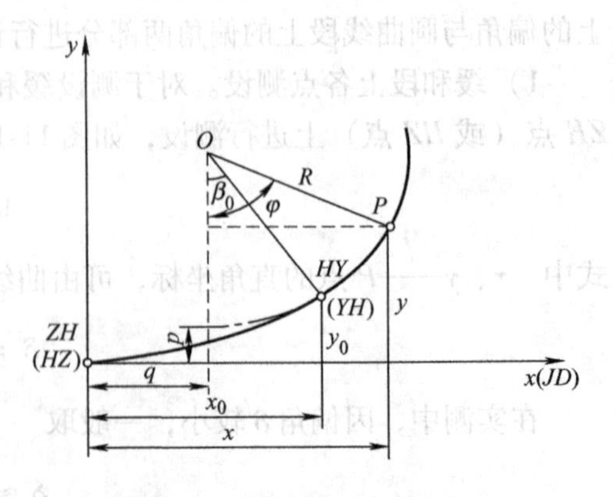

图 11-19　圆曲线上点的坐标

式中　l——该点至 ZH 点或 HZ 点的曲线长。

在计算出缓和曲线段上和圆曲线段上各点的坐标（x、y）后，即可按用切线支距法测设圆曲线的同样方法进行测设。

另外，圆曲线上各点也可以缓圆点 HY 或圆缓点 YH 为坐标原点，用切线支距法进行测设。此时只要将 HY 或 YH 点的切线定出。如图 11-20 所示，计算出 T_d 之长度后，HY 或 YH 点的切线即可确定。T_d 可由下式计算

$$T_d = x_0 - \frac{y_0}{\tan\beta_0} = \frac{2}{3}l_s + \frac{l_s^3}{360R^2} \qquad (11\text{-}30)$$

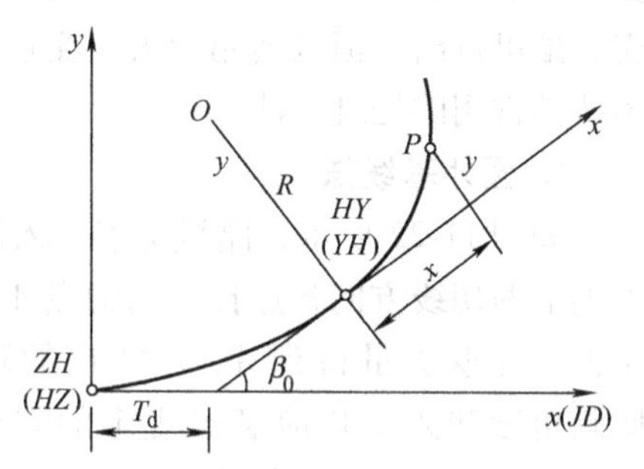

图 11-20　HY 或 YH 点的切线方向

（3）极坐标法　由于全站仪在公路工程中的广泛使用，极坐标法已成为曲线测设的一种简便、迅速、精确的方法。用极坐标法测设带有缓和曲线的平曲线时，首先设定一个直角坐标系：一般以 ZH 或 HZ 点为坐标原点。以其切线方向为 x 轴，并且正向朝向交点 JD，自 x 轴正向顺时针旋转 90°为 y 轴正向。这时，曲线上任一点 P 的坐标（x_P、y_P）仍可按式（11-15）和式（11-29）计算。但当曲线位于 x 轴正向左侧时，y_P 应为负值。

具体测设按下述方法进行：

如图 11-21 所示，在待测设曲线附近选择一视野开阔，便于安置仪器的点 A，将仪器安置于坐标原点 O 上，测定 OA 的距离 S 和 x 轴正向顺时针至 A 点的角度 α_{OA}（即直线 OA 在设定坐标系中的方位角），则 A 点的坐标为

$$\begin{aligned} x_A &= S \cdot \cos\alpha_{OA} \\ y_A &= S \cdot \sin\alpha_{OA} \end{aligned} \qquad (11\text{-}31)$$

直线 AO 和 AP 在设定的坐标系中的方位角为

$$\left.\begin{aligned} \alpha_{AO} &= \alpha_{OA} \pm 180° \\ \alpha_{AP} &= \arctan\frac{y_P - y_A}{x_P - x_A} \end{aligned}\right\} \qquad (11\text{-}32)$$

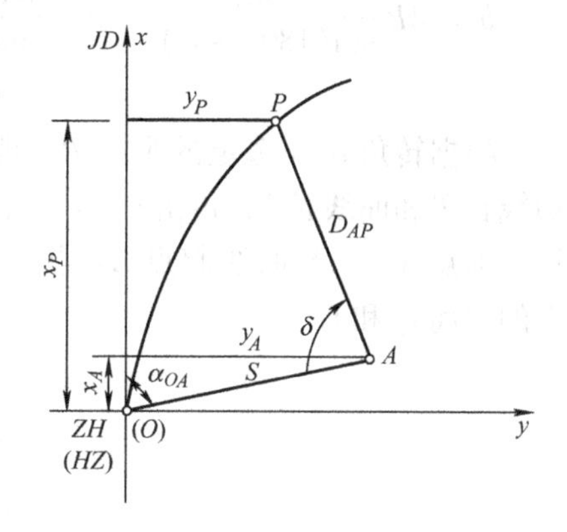

图 11-21　极坐标法

则

$$\left.\begin{aligned} \delta &= \alpha_{AP} - \alpha_{AO} \\ D_{AP} &= \sqrt{(x_P - x_A)^2 + (y_P - y_A)^2} \end{aligned}\right\} \qquad (11\text{-}33)$$

在按上述算式计算出曲线上各点测设角度和距离后，将仪器安置在 A 点上，后视坐标原点，并将水平度盘配制为00°00′00″，然后转动照准部，拨水平角 δ，便得到 A 点至 P 点的方向线，沿此方向线，测定距离 D_{AP} 即得待测点 P 的地面位置，按此方法便可将曲线上各点的位置测定。

11.1.6　虚交的测设

曲线测设中，往往因地形复杂、地物障碍，不能按常规方法进行，如交点、曲线起点不

能安置仪器，视线受阻等，必须根据现场情况具体解决。虚交是道路中线测量中常见的一种情形。它是指路线的交点（JD）落入水中或遇建筑物等不能设桩或安置仪器处不能设桩，更无法安置仪器（如交点落入河中、深谷中、峭壁上和建筑物上等）时的处理方法。有时交点虽可钉出，但因转角很大，交点远离曲线或遇地形地物等障碍，也可改成虚交。下面介绍两种常用的处理方法。

1. 圆外基线法

如图 11-22 所示，路线交点落入河里不能设桩，这样便形成虚交点（JD），为此在曲线外侧沿两切线方向各选择一辅助点 A、B，将经纬仪分别安置在 A、B 两点测算出 α_A 和 α_B，用钢尺往返丈量得到 A、B 两点的距离 $\overline{AB}$，所测角度和距离均应满足规定的限差要求。由图 11-22 可知：在由辅助点 A、B 和虚交点（JD）构成的三角形中，应用边角关系及正弦定理可得

$$\left.\begin{aligned} \alpha &= \alpha_A + \alpha_B \\ a &= \overline{AB}\frac{\sin\alpha_B}{\sin(180° - \alpha)} = \overline{AB}\frac{\sin\alpha_B}{\sin\alpha} \\ b &= \overline{AB}\frac{\sin\alpha_A}{\sin(180° - \alpha)} = \overline{AB}\frac{\sin\alpha_A}{\sin\alpha} \end{aligned}\right\} \tag{11-34}$$

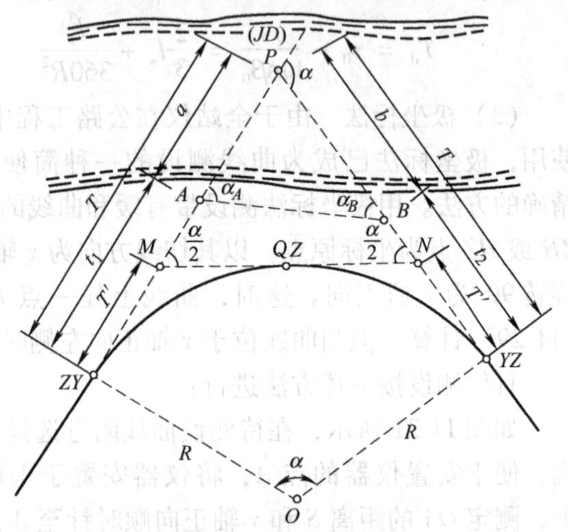

图 11-22　圆外基线法

根据转角 α 和选定的半径 R，即可算得切线长 T 和曲线长 L，再由 a、b、T，分别计算辅助点 A、B 至曲线起点 ZY 点和终点 YZ 点的距离 t_1 和 t_2

$$\left.\begin{aligned} t_1 &= T - a \\ t_2 &= T - b \\ T &= R \cdot \tan\frac{\alpha_A + \alpha_B}{2} \end{aligned}\right\} \tag{11-35}$$

如果计算出的 t_1 和 t_2 出现负值，说明曲线的 ZY 点或 YZ 点位于辅助点与虚交点之间。根据 t_1 和 t_2 即可定出曲线的 ZY 点和 YZ 点。A 点的里程得出后，曲线主点的里程也可算出。

曲中点 QZ 的测设，可采用以下方法

如图 11-22 所示，设 MN 为 QZ 点的切线，则

$$T' = R \cdot \tan\frac{\alpha}{4} \tag{11-36}$$

测设时由 ZY 和 YZ 点分别沿切线量出 T'得 M 点和 N 点，再由 M 点和 N 点沿 MN 或 NM 方向量出 T'得 QZ 点。

【例 11-5】　如图 11-22 所示，测得 $\alpha_A = 15°18'$，$\alpha_B = 18°22'$，$\overline{AB} = 54.68\text{m}$，选定半径 $R = 300\text{m}$，A 点的里程桩号为 K9 +048.53。试计算测设主点的数据及主点的里程桩号。

【解】　由 $\alpha_A = 15°18'$，$\alpha_B = 18°22'$得 $\alpha = \alpha_A + \alpha_B = 33°40' = 33.667°$。

根据 $\alpha = 33.667°$，$R = 300\text{m}$，计算 T 和 L

$$T = R \cdot \tan\frac{\alpha}{2} = 300\text{m} \times \tan\frac{33.667^\circ}{2} = 90.77\text{m}$$

$$L = R \cdot \alpha \cdot \frac{\pi}{180^\circ} = 300\text{m} \times 33.667^\circ \times \frac{\pi}{180^\circ} = 176.28\text{m}$$

又

$$a = \overline{AB} \cdot \frac{\sin\alpha_B}{\sin\alpha} = 54.68\text{m} \times \frac{\sin 18.367^\circ}{\sin 33.667^\circ} = 31.08\text{m}$$

$$b = \overline{AB} \cdot \frac{\sin\alpha_A}{\sin\alpha} = 54.68\text{m} \times \frac{\sin 15.3^\circ}{\sin 33.667^\circ} = 26.03\text{m}$$

因此

$$t_1 = T - a = (90.77 - 31.08)\text{m} = 59.69\text{m}$$
$$t_2 = T - b = (90.77 - 26.03)\text{m} = 64.74\text{m}$$

为测设 QZ 点，计算 T' 如下

$$T' = R \cdot \tan\frac{\alpha}{4} = 300\text{m} \times \tan\frac{33.667^\circ}{2} = 44.39\text{m}$$

计算主点里程如下：

A 点里程	K9 +048.53
$-t_1$	−59.69
ZY 点里程	K8 +988.84
$+L$	+176.28
YZ 点里程	K9 +165.12
$-L/2$	−88.14
QZ 点里程	K9 +076.98

曲线三主点测定后，即可进行曲线的详细测设，在此不再赘述。

2. 切基线法

与圆外基线法比较，切基线法计算较简单，而且容易控制曲线的位置，是解决虚交问题的常用方法。

如图 11-23 所示，设定根据地形需要，曲线通过 GQ 点（GQ 点为公切点），则圆曲线被分为两个同半径的圆曲线，其切线长分别为 T_1 和 T_2，过 GQ 点的切线 AB 称为切基线。

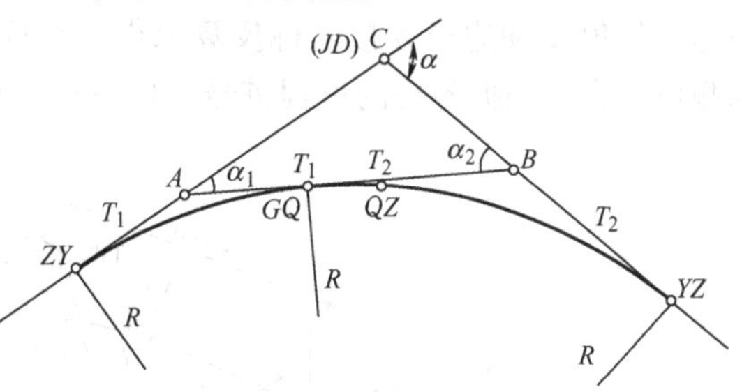

图 11-23　切基线法

现场施测时，应根据现场的地形和路线的最佳位置，在两切线方向上选取 A、B 两点，构成切基线 AB。并量测 A、B 两点间的长度 $\overline{AB}$，观测计算出角度 α_1 和 α_2。

因

$$T_1 = R \cdot \tan\frac{\alpha_1}{2}, \quad T_2 = R \cdot \tan\frac{\alpha_2}{2} \tag{11-37}$$

则

$$\overline{AB} = T_1 + T_2$$

整理得

$$R=\frac{T_1+T_2}{\tan\frac{\alpha_1}{2}+\tan\frac{\alpha_2}{2}}=\frac{\overline{AB}}{\tan\frac{\alpha_1}{2}+\tan\frac{\alpha_2}{2}} \tag{11-38}$$

由式（11-38）求得 R 后，即可根据 R、α_1 和 α_2，利用式（11-37）求得 T_1、T_2 和 L_1、L_2，将 L_1 与 L_2 相加即得到圆曲线的总长 L。

测设主点时，在 A 点安置仪器，分别沿两切线方向量测长度 T_1 得到 ZY 点和 GQ 点；在 B 点安置仪器，分别沿两切线方向量测长度 T_2 得到 YZ 点和 GQ 点，以 GQ 点进行校核。

曲中点 QZ 可在 GQ 点处用切线支距法测设。由图 11-23 可知 GQ 点与 QZ 点之间的弧长。当 QZ 点在 GQ 点之前时，弧长 $l=L/2-L_1$；当 QZ 点在 GQ 点之后时，弧长 $l=L/2-L_2$。

在运用切基线法测设时，当求得的曲线半径 R 不能满足规定的最小半径或不适合于地形时，说明切基线位置选择不当，可把已定的 A、B 点作为参考点进行调整，使其满足要求。

曲线三主点定出后，即可采用前述的方法进行曲线的详细测设。

11.1.7 道路中线逐桩坐标计算与测设

1. 道路中线逐桩坐标计算

逐桩坐标的测量和计算方法是按“从整体到局部”的原则进行的。

（1）测定和计算导线点坐标　采用两阶段勘测设计的路线或一阶段设计但遇地形困难的路线工程，一般都要先做平面控制测量，而路线的平面控制测量多采用导线测量的方法。在有条件时可优先采用 GPS 卫星全球定位系统测量控制点的坐标。

（2）计算交点坐标　当导线点的坐标得到后，将导线点展绘在图纸上测绘地形图。在测出地形图之后，即可进行纸上定线，交点坐标可以在地形图上量取；受条件限制或地形方案较简单，也可采用现场定线，交点坐标则可用红外测距仪或全站仪测量、计算获得。

（3）计算逐桩坐标　如图 11-24 所示，交点 JD 的坐标 X_{JD}、Y_{JD} 已经测定，路线导线的坐标方位角 A 和边长 S 按坐标反算求得。在选定各圆曲线半径 R 和缓和曲线长度 l_s 后，计算测设元素，根据各桩的里程桩号，按下述方法即可求出相应的坐标值 X、Y。

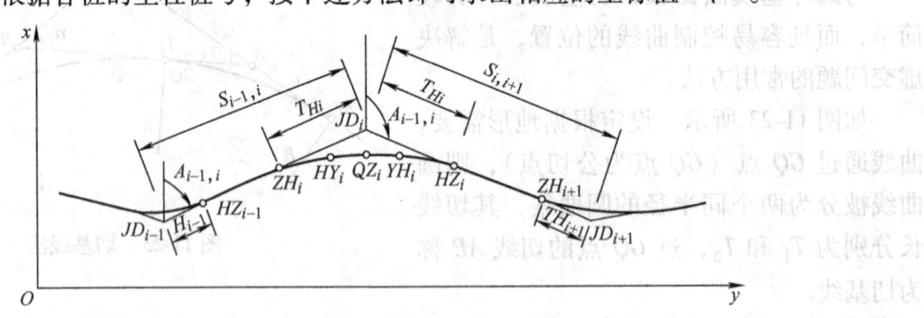

图 11-24　中桩坐标计算示意图

1）HZ 点（包括路线起点）至 ZH 点之间的中桩坐标计算。如图 11-24 所示，此段为直线，桩点的坐标按下式计算

$$\left.\begin{aligned}X_i&=X_{HZ_{i-1}}+D_i\cos A_{i-1,i}\\Y_i&=Y_{HZ_{i-1}}+D_i\sin A_{i-1,i}\end{aligned}\right\} \tag{11-39}$$

式中 $A_{i-1,i}$——路线导线 JD_{i-1} 至 JD_i 的坐标方位角；

D_i——桩点至 HZ_{i-1} 点的距离，即桩点里程与 HZ_{i-1} 点里程之差；

$X_{HZ_{i-1}}$、$Y_{HZ_{i-1}}$——HZ_{i-1} 的坐标，由下式计算

$$\left.\begin{aligned} X_{HZ_{i-1}} &= X_{JD_{i-1}} + T_{H_{i-1}}\cos A_{i-1,i} \\ Y_{HZ_{i-1}} &= Y_{JD_{i-1}} + T_{H_{i-1}}\sin A_{i-1,i} \end{aligned}\right\} \tag{11-40}$$

式中 $X_{JD_{i-1}}$、$Y_{JD_{i-1}}$——交点 JD_{i-1} 的坐标；

$T_{H_{i-1}}$——切线长。

ZH 点为直线的终点，除可按式（11-40）计算外，也可按下式计算

$$\left.\begin{aligned} X_{ZH_i} &= X_{JD_{i-1}} + (S_{i-1,i} - T_{H_i})\cos A_{i-1,i} \\ Y_{ZH_i} &= Y_{JD_{i-1}} + (S_{i-1,i} - T_{H_i})\sin A_{i-1,i} \end{aligned}\right\} \tag{11-41}$$

式中 $S_{i-1,i}$——路线导线 JD_{i-1} 至 JD_i 的边长。

2）*ZH* 点至 *YH* 点之间的中桩坐标计算。此段包括第一缓和曲线及圆曲线，可按切线支距公式先算出切线支距坐标 x、y，然后通过坐标变换将其转换为测量坐标 X、Y。坐标变换公式为

$$\begin{Bmatrix} X_i \\ Y_i \end{Bmatrix} = \begin{Bmatrix} X_{ZH_i} \\ Y_{ZH_i} \end{Bmatrix} + \begin{bmatrix} \cos A_{i-1,i} & -\sin A_{i-1,i} \\ \sin A_{i-1,i} & -\cos A_{i-1,i} \end{bmatrix} \begin{Bmatrix} x_i \\ y_i \end{Bmatrix} \tag{11-42}$$

在运用式（11-42）计算时，当曲线为左转角时，应以 $y_i = -y_i$ 代入。

3）*YH* 点至 *HZ* 点之间的中桩坐标计算。此段为第二缓和曲线，仍可按切线支距公式先算出切线支距坐标，再按下式转换为测量坐标

$$\begin{Bmatrix} X_i \\ Y_i \end{Bmatrix} = \begin{Bmatrix} X_{HZ_i} \\ Y_{HZ_i} \end{Bmatrix} - \begin{bmatrix} \cos A_{i,i+1} & -\sin A_{i,i+1} \\ \sin A_{i,i+1} & -\cos A_{i,i+1} \end{bmatrix} \begin{Bmatrix} x_i \\ y_i \end{Bmatrix} \tag{11-43}$$

当曲线为右转角时，应以 $y_i = -y_i$ 代入。

【例 11-6】 路线交点 JD_2 的坐标：$X_{JD_2}=2588711.270\text{m}$，$Y_{JD_2}=20478702.880\text{m}$；$JD_3$ 的坐标：$X_{JD_3}=2591069.056\text{m}$，$Y_{JD_3}=20478662.850\text{m}$；$JD_3$ 的坐标：$X_{JD_4}=2594145.875\text{m}$，$Y_{JD_4}=20481070.750\text{m}$。$JD_3$ 的里程桩号为 K6+790.306，圆曲线半径 $R=2000\text{m}$，缓和曲线长 $l_s=100\text{m}$。

【解】 1）计算路线转角。

$$\tan A_{32} = \frac{Y_{JD_2} - Y_{JD_3}}{X_{JD_2} - X_{JD_3}} = \frac{+40.030}{-2357.3786} = -0.016977792$$

$$A_{32} = 180° - 0°58'21.6'' = 179°01'38.4''$$

$$\tan A_{34} = \frac{Y_{JD_4} - Y_{JD_3}}{X_{JD_4} - X_{JD_3}} = \frac{+2407.900}{+3076.819} = 0.78259397$$

$$A_{34} = 38°02'47.5''$$

右角 $\beta = 179°01'38.4'' - 38°02'47.5'' = 140°58'50.9''$

$$\beta < 180°\text{（右转角）}$$

转角 $\alpha = 180° - 140°58'50.9'' = 39°01'09.1''$

2）计算曲线测设元素。

$$\beta_0 = \frac{l_s}{2R} \cdot \frac{180°}{\pi} = 1°25'56.6''$$

$$p = \frac{l_s^2}{24R} = 0.208\text{m}$$

$$q = \frac{l_s}{2} - \frac{l_s^3}{240R^2} = 49.999\text{m}$$

$$T_H = (R + p)\tan\frac{\alpha}{2} + q = 758.687\text{m}$$

$$L_H = R(\alpha - 2\beta_0)\frac{\pi}{180°} + 2l_s = 1462.027\text{m}$$

$$L_Y = R(\alpha - 2\beta_0)\frac{\pi}{180°} = 1262.027\text{m}$$

$$E_H = (R + p) \cdot \sec\frac{\alpha}{2} - R = 122.044\text{m}$$

$$D_H = 2T_H - L_H = 55.347\text{m}$$

3）计算曲线主点里程。

$$ZH = JD_3 - T_H = \text{K6} + 790.306 - 758.687 = \text{K6} + 031.619$$
$$HY = ZH + l_s = \text{K6} + 031.619 + 100 = \text{K6} + 131.619$$
$$YH = HY + L_Y = \text{K6} + 131.619 + 1262.027 = \text{K7} + 393.646$$
$$HZ = YH + l_s = \text{K7} + 393.646 + 100 = \text{K7} + 493.646$$
$$QZ = HZ - L_H/2 = \text{K7} + 493.646 - 731.014 = \text{K6} + 762.632$$
$$JD_3 = QZ + D_H/2 = \text{K6} + 762.632 + 27.674 = \text{K6} + 790.306(\text{校核})$$

4）计算曲线主点及其他中桩坐标。

① ZH 点的坐标

$$S_{23} = \sqrt{(X_{JD_3} - X_{JD_2})^2 + (Y_{JD_3} - Y_{JD_2})^2} = 2358.126\text{m}$$
$$A_{23} = A_{32} + 180° = 359°01'38.4''$$
$$X_{ZH_3} = X_{JD_2} + (S_{23} - T_{H_3})\cos A_{23} = 2590310.479\text{m}$$
$$Y_{ZH_3} = Y_{JD_2} + (S_{23} - T_{H_3})\sin A_{23} = 20478675.729\text{m}$$

② 第一缓和曲线上的中桩坐标的计算。如中桩 K6 +100 的支距法坐标为

$$x = l - \frac{l^5}{40R^2 l_s^2} = 68.380\text{m}, y = \frac{l^3}{6Rl_s} = 0.266\text{m}$$

按式（11-42）转换坐标

$$X = X_{ZH_3} + x\cos A_{23} - y\sin A_{23} = 2590378.854\text{m}$$
$$Y = Y_{ZH_3} + x\sin A_{23} + y\cos A_{23} = 20478674.834\text{m}$$

③ 圆曲线部分的中桩坐标计算。如中桩 K6 +500 的切线支距法坐标为

$$x = R\sin\varphi + q = 465.335\text{m}, y = R(1 - \cos\varphi) + p = 43.809\text{m}$$

代入式（11-42）得 K6 +500 的坐标：

$$X = X_{ZH_3} + x\cos A_{23} - y\sin A_{23} = 2590776.491\text{m}$$
$$Y = Y_{ZH_3} + x\sin A_{23} + y\cos A_{23} = 20478711.632\text{m}$$

QZ 点坐标为（同 K6 +500 计算相同）

$$X_{QZ}=2591030.257\text{m}, Y_{QZ}=20478778.562\text{m}$$

HZ 点的坐标为

$$X_{HZ_3}=X_{JD_3}+T_{H_3}\cos A_{34}=2591666.530\text{m}$$
$$Y_{HZ_3}=Y_{JD_3}+T_{H_3}\sin A_{34}=20479130.430\text{m}$$

YH 点的支距法坐标与 *HY* 点完全相同，$x_0=99.994\text{m}$，$y_0=0.833\text{m}$。按式（11-43）转换坐标，并顾及曲线为右转角，$y=-y_0$ 代入

$$X_{YH_3}=X_{HZ_3}-x_0\cos A_{34}-y_0\sin A_{34}=2591587.270\text{m}$$
$$Y_{YH_3}=Y_{HZ_3}-x_0\sin A_{34}-(-y_0)\cos A_{34}=20479069.460\text{m}$$

④ 第二缓和曲线上的中桩坐标计算。如中桩 K7 +450 的支距法坐标为 $x=43.646\text{m}$，$y=0.069\text{m}$。按式（11-43）转换坐标，y 以负值代入得

$$X=2591632.116\text{m}, Y=20479103.585\text{m}$$

⑤ 直线上的中桩坐标计算。如 K7 +600，$D=106.354\text{m}$，代入式（11-41）得

$$X=X_{HZ_3}+D\cos A_{34}=2591750.285\text{m}$$
$$Y=X_{HZ_3}+D\sin A_{34}=20479195.976\text{m}$$

2. 极坐标法测设中桩

极坐标法测设中线的基本原理是以控制导线为依据，以角度和距离定点。如图 11-25 所示，在导线点 G_i 安置仪器，后视 G_{i+1}，待放点为 P。已知 G_i 的坐标（X_i，Y_i），G_{i+1}的坐标（X_{i+1}，Y_{i+1}），P 点的坐标（X_p，Y_p），由此求出坐标方位角 A、A_0，则

$$J=A_0-A \tag{11-44}$$

$$D=\sqrt{(X_P-X_i)^2+(Y_P-Y_i)^2} \tag{11-45}$$

当仪器瞄准 G_{i+1}定向后，根据夹角 J 找到 P 点的方向，从 G_i 沿此方向量取距离 D，即可定出 P 点。

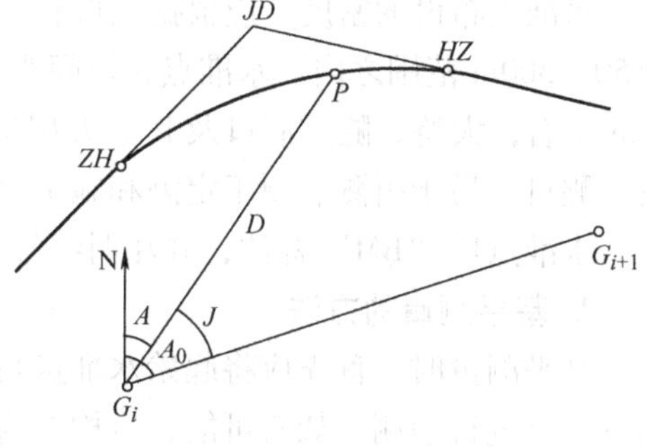

图 11-25 极坐标法测设中桩

若利用全站仪的坐标放样功能测设点位，只需输入有关的坐标值即可，现场不需做任何手工计算，而是由仪器内的计算机自动完成有关数据计算。具体操作可参照全站仪操作手册。

另外，对于通视条件较差的路线，也可用 GPS 卫星全球定位系统进行中桩定位。

11.2 道路纵、横断面测量

路线纵断面测量又称中线高程测量，它的任务是在道路中线测定之后，测定中线各里程桩的地面高程，供路线纵断面图绘地面线和设计纵坡之用。横断面测量是测定路中线各里程桩两侧垂直于中线方向的地面高程，供路线横断面图绘出地面线、路基设计、土石方数量计算以及施工边桩放样等使用。

路线纵断面测量采用水准测量。为了保证测量精度和有效地进行成果检核，应按照

“从整体到局部”的测量原则。纵断面测量可分为基平测量和中平测量。一般先是沿路线方向设置水准点，建立路线高程控制测量，即为基平测量；再根据基平测量测定的水准点高程，分段进行水准测量，测定路线各里程桩的地面高程，称为中平测量。

11.2.1 基平测量

基平测量工作主要是在沿线设置水准点，测定其高程，建立路线高程控制测量，作为中平测量、施工放样及竣工验收的依据。

1. 路线水准点设置

路线水准点是用水准测量方法建立的路线高程控制点，在道路设计、施工及竣工验收阶段都要使用。因此，根据需要和用途不同，道路沿线可布设永久性水准点和临时性水准点。在路线的起终点、大桥两岸、隧道两侧以及一些需要长期观测高程的重点工程附近均应设置永久性水准点，在一般地区也应每隔适当距离设置一个。永久性水准点应为混凝土桩，也可在牢固的永久性建筑物顶面突出处位置，点位用红油漆画上“×”记号；山区岩石地段的水准点桩可利用坚硬稳定的岩石并用金属标志嵌在岩石上。混凝土水准点桩顶面的钢筋应锉成球面。为便于引测及施工放样方便，还需沿线布设一定数量的临时水准点。临时性水准点可埋设大木桩，顶面钉入大钢钉作为标志，也可设在地面突出的坚硬岩石或建筑物墙角处，并用红油漆标记。

水准点布设的密度，应根据地形和工程需要而定。水准点沿路线布设宜设于道路中线两侧50~300m范围之内。水准点布设间距宜为1~1.5km；山岭重丘区可根据需要适当加密为1km左右；大桥、隧道洞口及其他大型构造物两端应按要求增设水准点。水准点应选在稳固、醒目、易于引测、便于定测和施工放样，且不易被破坏的地点。

水准点用“BM”标注，并注明编号、水准点高程、测设单位及埋设的年月。

2. 基平测量的方法

基平测量时，首先应将起始水准点与附近国家水准点进行联测，以获取绝对高程，并对测量结果进行检测。如有可能，应构成附合水准路线。当路线附近没有国家水准路线或引测困难时，则可参考地形图或用气压表选定一个与实际高程接近的高程作为起始水准点的假定高程。

我国公路水准测量的等级，高速、一级公路为四等，二、三、四级公路为五等。公路有关构筑物的水准测量等级应按有关规定执行。点的高程测定，应根据水准测量的等级选定水准仪及水准尺，通常采用一台水准仪在水准点间作往返观测，也可用两台水准仪作单程观测。具体观测及计算方法也可参阅水准测量一章。

基平测量时，采用一台水准仪往返观测或两台水准仪单程观测所得高差不符值应符合水准测量的精度要求，且不得超过允许值。

高速、一级公路：平原、微丘区$f_{h允}=\pm20\sqrt{L}$；山岭重丘区$f_{h允}=\pm0.6\sqrt{n}$或$f_{h允}=\pm25\sqrt{L}$。

二、三、四级公路：平原、微丘区$f_{h允}=\pm30\sqrt{L}$；山岭重丘区$f_{h允}=\pm45\sqrt{L}$。

式中符号含义及单位见表7-13。

当测段高差不符值在规定允许闭合差之内，取其高差平均值作为两水准点间的高差，超出限差则必须重测。

11.2.2 中平测量

中平测量主要是利用基平测量布设的水准点及高程，引测出各桩的地面高程，作为绘制路线纵断面地面的依据。

1. 中平测量的方法

中平测量的实施如图11-26所示，水准仪安置于Ⅰ站，后视水准点 BM_1，前视转点 ZD_1，将两读数分别记入表11-8中相应的后视、前视栏内。然后观测 BM_1 和 ZD_1 间的中间点K0+000、+020、+040、+060，并将读数分别记入相应的中视栏，并按公式（11-46）分别计算 ZD_1 和各中桩点的高程，第一个测站的观测与计算完成。再将仪器搬至Ⅱ站，后视转点 ZD_1，前视转点 ZD_2，将读数分别记入相应后视、前视栏。然后观测两转点间的各中间点，将读数分别记入相应的中视栏，并计算 ZD_2 和各中桩点的高程，第二个测站的观测与计算完成。按上述方法继续向前观测，直至附合于水准点 BM_2。前视点高程及中桩处地面高程应用式（11-46），按所属测站的视线高进行计算，参考表11-8。

$$\left.\begin{aligned}&\text{测站视线高} = \text{后视点高程 } H_A + \text{后视读数 } a\\&\text{前视转点 } B \text{ 的高程 } H_B = \text{视线高} - \text{前视读数 } b\\&\text{中桩高程 } H_K = \text{视线高} - \text{中视读数 } k\end{aligned}\right\} \qquad (11\text{-}46)$$

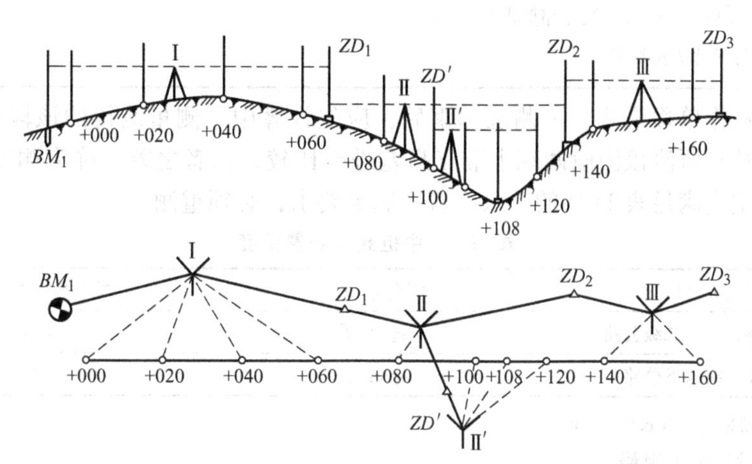

图11-26 中平测量

表11-8 中平测量记录计算表

工程名称：________ 日期：________ 观测员：________

仪器型号：________ 天气：________ 记录员：________

测点	水准尺度数/m			视线高/m	测点高程/m	备 注
	后视 a	中视 k	前视 b			
BM_1	2.317			106.573	104.256	基平测得
K0+000		2.16			104.41	
+020		1.83			104.74	
+040		1.20			105.37	
+060		1.43			105.14	

（续）

测点	水准尺度数/m			视线高/m	测点高程/m	备　注
	后视 a	中视 k	前视 b			
ZD_1	0.744		1.762	105.555	104.811	
+080		1.90			103.66	
ZD_2	2.116		1.405	106.266	104.150	沟内分开测
+140		1.82			104.45	
+160		1.79			104.48	
ZD_3			1.834		104.432	基平测得 BM_2 点高程为：104.795m
…	…	…	…	…	…	
K1+480		1.26			104.21	
BM_2			0.716		104.754	

复核：$\Delta h_{测}$ =（104.754 − 104.256）m = 0.498m

$\sum a - \sum b$ =（2.317 + 0.744 + 2.116 + …）m −（1.762 + 1.405 + 1.834 + … + 0.716）m = 0.498m

说明高程计算无误。

f_h =（104.754 − 104.795）m = −0.041m = −41mm

$f_{h允} = 50\sqrt{L} = 50\sqrt{1.48} = 61$（按三级公路要求）

显然 $f_h < f_{h允}$，说明满足精度要求。

中平测量只作单程观测。一测段结束后，应先计算中平测量测得的该段两端水准点高差。并将其与基平所测该测段两端水准点高差进行比较，二者之差，称为测段高差闭合差。测段高差闭合差应满足表11-9的要求。若不满足要求，必须重测。

表11-9　中桩高程测量精度

公路等级	闭合差/mm	两次测量之差/cm
高速公路，一、二级公路	$\leqslant 30\sqrt{L}$	≤5
三级及三级以下公路	$\leqslant 50\sqrt{L}$	≤10

注：L 为高程测量的路线长度（km）。

2. 跨越沟谷中平测量

中平测量遇到跨越沟谷时，由于沟坡和沟底钉有中桩，且高差较大，按中平测量一般方法进行，要增加许多测站和转点，以致影响测量的速度和精度。为避免这种情况，可采用以下方法进行施测。

（1）沟内沟外分开测　如图11-27所示，当采用一般方法测至沟谷边缘时，仪器置于测站Ⅰ，在此测站，应同时设两个转点，用于沟外侧的 ZD_{16} 和用于沟内侧的 ZD_A。施测时后视 ZD_{15}，前视 ZD_{16} 和 ZD_A，分别求得 ZD_{16} 和 ZD_A 的高程。此后以 ZD_A 进行沟内中桩点高程的测量，以 ZD_{16} 继续沟外测量。

测量沟内中桩时，仪器下沟安置于测站Ⅱ，后视 ZD_A，观测沟谷内两侧的中桩并设置转点 ZD_B。再将仪器迁至测站Ⅲ，后视转点 ZD_B，观测沟底各中桩，至此沟内观测结束。然后仪器置于测站Ⅳ，后视转点 ZD_{16}，继续前测。

这种测法使沟内、沟外高程传递各自独立，互不影响。沟内的测量不会影响到整个测段

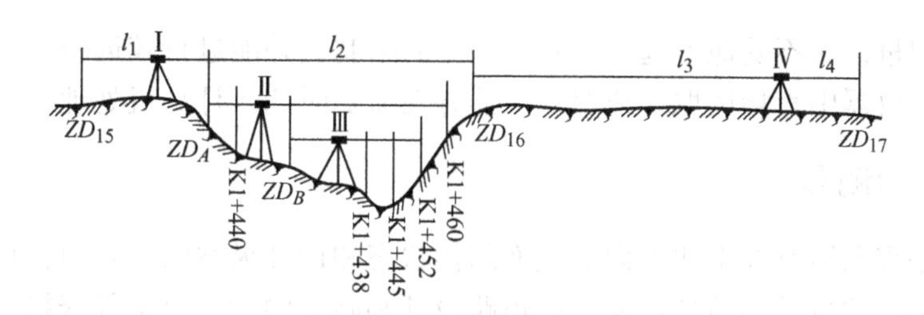

图 11-27　跨越沟谷中平测量

的闭合，但由于沟内的测量为支水准路线，缺少检核条件，故施测时应倍加注意。另外，为了减少Ⅰ站前、后视距不等所引起的误差，仪器置于Ⅳ站时，尽可能使 $l_3=l_2$、$l_4=l_1$ 或者 $l_3+l_1=l_2+l_4$。

（2）接尺法　中平测量遇到跨越沟谷时，若沟谷较窄、沟边坡度较大，个别中桩处高程不便测量，可采用接尺的方法进行测量，如图 11-28 所示，用两根水准尺，一人扶 A 尺，另一人扶 B 尺，从而把水准尺接长使用。必须注意此时的读数应为从望远镜内的读数加上接尺的数值。

利用上述方法测量时，沟内、沟外分开测时，测量结果须分别记录；接尺要加以说明。以利于计算和检查，否则容易发生混乱和误会。

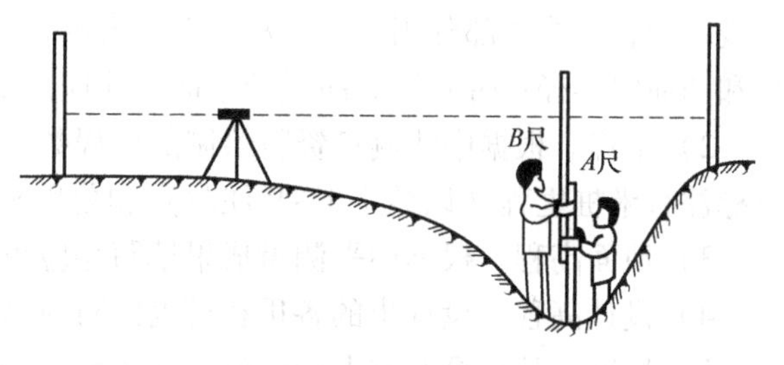

图 11-28　接尺法

3. 用全站仪进行中平测量

传统的中平测量方法是用水准仪测定中桩处地面高程，施测过程中测站多，特别是在地形起伏较大的地区测量，工作量相当繁重。全站仪由于具有三维坐标测量的功能，在中线测量中可以同时测量中桩高程（中平测量）。

全站仪中平测量是在中线测量时进行。仪器安置于控制点，利用坐标测设中桩点。在中桩位置定出后，即可测出该桩的地面高程。

如图 11-29 所示，设 A 点为已知控制点，B 点为待测高程的中桩点。将全站仪安置在已知高程的 A 点，棱镜立于待测高程的中桩点 B 点上，量出仪器高 i 和棱镜高 l，全站仪照准棱镜测出视线倾角 α。则 B 点的高程 H_B 为

$$H_B = H_A + S \cdot \sin\alpha + i - l \qquad (11\text{-}47)$$

式中　H_A——已知控制点 A 点高程；

H_B——待测高程的中桩点 B 点高程；

i——仪器高；

S——仪器至棱镜斜距离；

α——视线倾角。

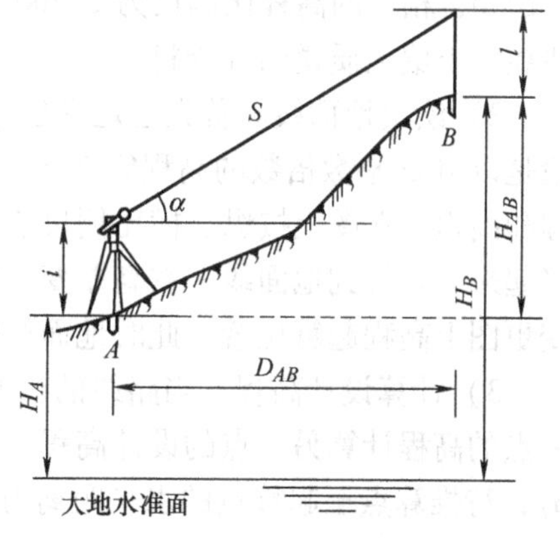

图 11-29　高程测量原理

在实际测量中，只需将安置仪器的 A 点高程 H_A、仪器高 i、棱镜高 l 及棱镜常数直接输入全站仪，就可测得中桩 B 点高程 H_B。

该方法的优点是在中桩平面位置测设过程中直接

完成中桩高程测量，而不受地形起伏及高差大小的限制，并能进行较远距离的高程测量。高程测量数据可从仪器中直接读取，或存入仪器并在需要时调入计算机处理。

11.2.3 纵断面测量

纵断面图是表示沿路线中线方向的地面起伏状态和设计纵坡的线状图，它反映出各路段纵坡的大小和中线位置处的填挖尺寸，是道路设计和施工中的重要文件资料。

1. 纵断面图

如图 11-30 所示，在图的上半部，从左至右有两条贯穿全图的线。一条是细的折线，表示中线方向的实际地面线，它是以里程为横坐标、高程为纵坐标，根据中平测量的中桩地面高程绘制的。另一条是粗线，是包含竖曲线在内的纵坡设计线，是在设计时绘制的。此外，图上还注有水准点的位置和高程，桥涵的类型、孔径、跨数、长度、里程桩号和设计水位，竖曲线示意图及其曲线元素，同公路、铁路交叉点的位置、里程及有关说明。

图的下部注有有关测量及纵坡设计的资料，主要包括以下内容：

1）直线与曲线。根据中线测量资料绘制的中线示意图。图 11-30 中路线的直线部分用直线表示；圆曲线部分用折线表示，上凸表示路线右转，下凹表示路线左转，并注明交点编号和圆曲线半径；带有缓和曲线的平曲线还应注明缓和段的长度，在图中用梯形折线表示。

2）里程。根据中线测量资料绘制的里程数。为使纵断面清晰起见，图上按里程比例尺只标注百米桩里程（以数字 1 ~9 注写）和公里桩的里程（以 K*i* 注写，如 K9、K10）。

3）地面高程。根据中平测量成果填写相应里程桩的地面高程数值。

4）设计高程。设计出的各里程桩处的对应高程。

5）坡度。从左至右向上倾斜的直线表示上坡（正坡），向下倾斜的表示下坡（负坡），水平的表示平坡。斜线或水平线上面的数字是以百分数表示的坡度的大小，下面的数字表示坡长。

6）土壤地质说明。标明路段的土壤地质情况。

2. 纵断面图的绘制

纵断面图的绘制一般可按下列步骤进行：

1）按照选定的里程比例尺和高程比例尺（一般对于平原微丘区里程比例尺常用 1:5000 或 1:2000，相应的高程比例尺为 1:500 或 1:200；山岭重丘区里程比例尺常用 1:2000 或 1:1000，相应的高程比例尺为 1:200 或 1:100），打格制表，填写里程、地面高程、直线与曲线、土壤地质说明等资料。

2）绘出地面线。首先选定纵坐标的起始高程，使绘出的地面线位于图上适当位置。一般是以 10m 整数倍数的高程定在 5cm 方格的粗线上，便于绘图和阅图。然后根据中桩的里程和高程，在图上按纵、横比例尺依次点出各中桩的地面位置，再用直线将相邻点一个个连接起来，就得到地面线。在高差变化较大的地区，如果纵向受到图幅限制时，可在适当地段变更图上高程起算位置，此时地面线将形成台阶形式。

3）计算设计高程。当路线的纵坡确定后，即可根据设计纵坡和两点间的水平距离，由一点的高程计算另一点的设计高程。设计坡度为 i，起算点的高程为 H_0，待推算点的高程为 H_P，待推算点至起算点的水平距离为 D，则

$$H_P = H_0 + i \cdot D$$

式中，上坡时 i 为正，下坡时 i 为负。

4）计算各桩的填挖尺寸。同一桩号的设计高程与地面高程之差，即为该桩处的填土高度（正号）或挖土深度（负号）。在图上填土高度应写作相应点纵坡设计线之上，挖土深度则相反。也有在图中专列一栏注明填挖尺寸的。

5）在图上注记有关资料，如水准点、桥涵、竖曲线等。

需要说明的是，目前在工程设计中，由于计算机应用的普及，路线纵断面图基本采用计算机绘制。

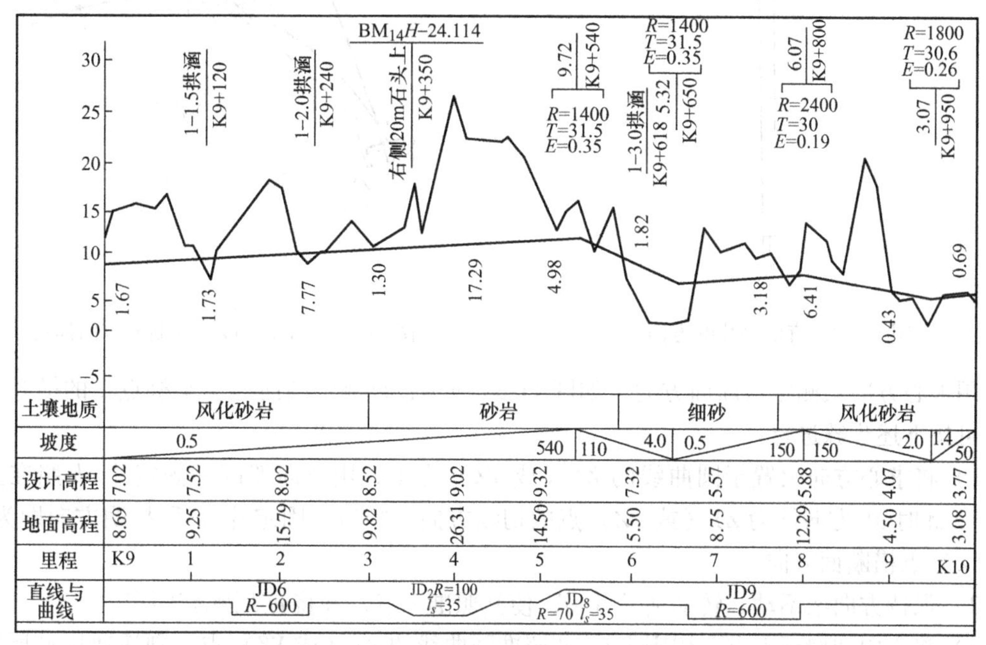

图 11-30　路线设计纵断面图

11.2.4　横断面测量

路线横断面测量是测定各中桩处垂直于中线方向上的地面起伏情况，然后绘制成横断面图，供路基、边坡、特殊构造物的设计、土石方的计算和施工放样之用。横断面测量的宽度由路基宽度和地形情况确定，一般应在公路中线两侧各测 15～50m。进行横断面测量首先要确定横断面的方向，然后在此方向上测定中线两侧地面坡度变化点的距离和高差。

1. 横断面方向的标定

由于公路中线是由直线段和曲线段构成的，而直线段和曲线段上的横断面标定方法是不同的，现分述如下：

（1）直线段上横断面方向的测定　直线段横断面方向与路线中线垂直，一般采用方向架测定。如图 11-31 瞄准所示，将方向架置于待标定横断面方向的桩点上，方向架上有两个相互垂直的固定片，用其中一个固定片瞄准该直线段上任意一中桩，另一个固定片所指方向即为该桩点的横断面方向。

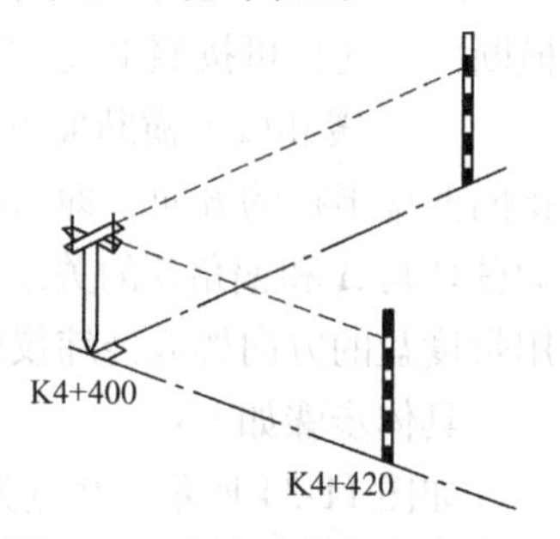

图 11-31　用方向架标定直线段上横断面方向

（2）圆曲线段上横断面方向的测定　圆曲线段上中桩点的

横断面方向为垂直于该中桩点切线的方向。由几何知识可知，圆曲线上一点横断面方向必定沿着该点的半径方向。测定时一般采用求心方向架法，即在方向架上安装一个可以转动的活动片，并有一固定螺旋可将其固定，如图 11-32 所示。

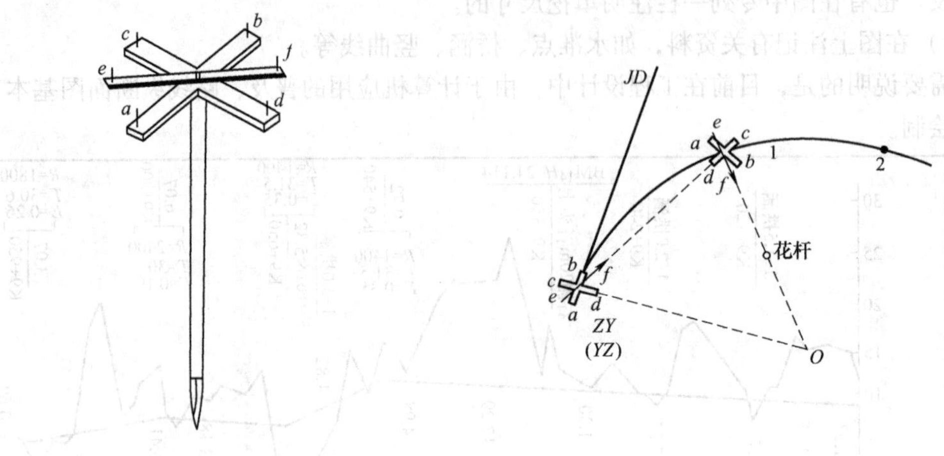

图 11-32 有活动片的方向架

图 11-33 圆曲线段上横断面方向标定

用求心方向架测定横断面方向，如图 11-33 所示，欲测定圆曲线上某桩点 1 的横断面方向，可按下述步骤进行：

1）将求心方向架置于圆曲线的 *ZY*（或 *YZ*）点上，用方向架的一固定片 *ab* 照准交点（*JD*）。此时 *ab* 方向即为 *ZY*（或 *YZ*）点的切线方向，则另一固定片 *cd* 所指明方向即为 *ZY*（或 *YZ*）点横断面方向。

2）保持方向架不动，转动活动片 *ef*，使其照准 1 点，并将 *ef* 用螺旋固定。

3）将方向架搬至 1 点，用固定片 *cd* 照准圆曲线的 *ZY*（或 *YZ*）点，则活动片 *ef* 所指方向即为 1 点的横断面方向，标定完毕。

在测定 2 点横断面方向时，可在 1 点的横断面方向上插一花杆，以固定片 *cd* 照准花杆，*ab* 片的方向即为切线方向，此后的操作与测定 1 点横断面方向时完全相同，保持方向架不动，用活动片 *ef* 瞄准 2 点并固定之。将方向架搬至 2 点，用固定片 *cd* 瞄准 1 点，活动片 *ef* 方向即为 2 点的横断面方向。

如果圆曲线上桩距相同，在定出 1 点横断面方向后，保持活动片 *ef* 原来位置，将其搬至 2 点上，用固定片 *cd* 瞄准 1 点，活动片 *ef* 即为 2 点的横断面方向，圆曲线上其他各点的横断面方向也可按照上述方法进行标定。

（3）缓和段上横断面方向的标定　缓和曲线段上一中桩点处的横断面方向是通过该点指向曲率半径的方向，即垂直于该点切线的方向。可采用下述方法进行标定：利用缓和曲线的弦切角 Δ 和偏角 δ 的关系：$\Delta=2\delta$，定出中桩点处曲率切线的方向，有了切线方向，即可用带度盘的方向架或经纬仪标定出法线（横断面）方向。

具体步骤如下：

如图 11-34 所示，*P* 点为待标定横断面方向的中桩点。

1）按式 $\delta=\left(\frac{l}{l_s}\right)^2$，$\delta_0=\frac{1}{3}\left(\frac{l}{l_s}\right)^2\beta_0$，计算出偏角 δ，并由 $\Delta=2\delta$ 计算弦切角 Δ。

2）将带度盘的方向架或经纬仪安置于 P 点。

3）操作方向架的定向杆或经纬仪的望远镜，照准缓和曲线的 ZH 点，同时使度盘读数为 Δ。

4）顺时针转动方向架的定向杆或经纬仪的望远镜，直至度盘的读数为90°（或270°）。此时，定向杆或望远镜所指方向即为横断面方向。

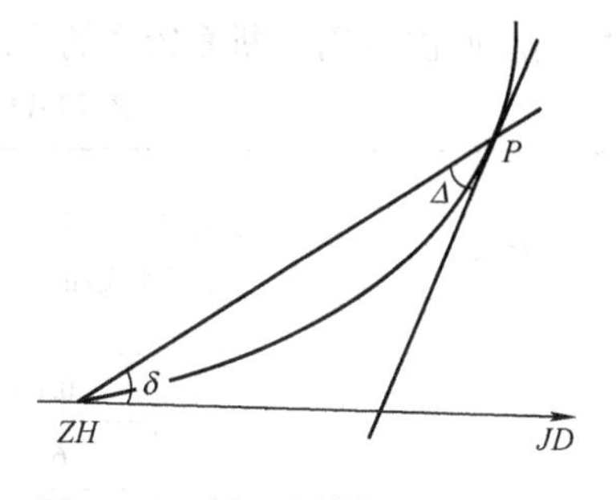

图11-34 缓和段横断面方向标定

2. 横断面的测量方法

横断面测量中的距离、高差的读数取位至0.1m，即可满足工程的要求。因此横断面测量多采用简易的测量工具和方法，以提高工作效率，下面介绍几种常用的方法。

（1）标杆皮尺方法（抬杆法） 标杆皮尺法（抬杆法）是用一根标杆和一卷皮尺测定横断面方向上的两相邻变坡点的水平距离和高差的一种简易方法。如图11-35所示，要进行横断面测量，根据地面情况选定变坡点1、2、3…。将标杆竖立于1点上，皮尺靠在中桩地面拉平，量出中桩点至1点的水平距离，而皮尺截于标杆的红白格数（通常每格为0.2m）即为两点间的高差。测量员报出测量结果，以便绘图或记录，报数时通常省去“水平距离”四字，高差用“低”或“高”报出。例如，图11-35所示中桩点与1点间，报为“6.0m低1.6m”记录如表11-10所列。同法可测得1点与2点、2点与3点、…的距离和高差。表中按路线前进方向分左、右侧，以分数形式表示各测段的高差和距离，分子表示高差，正号为升高，负号为降低；分母表示距离。自中桩由近及远逐段测量与记录。

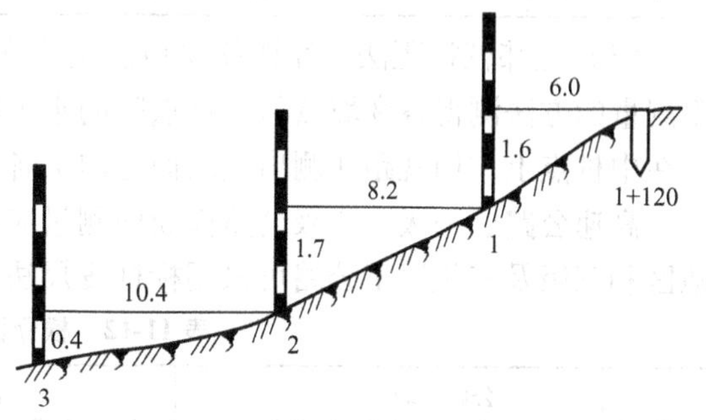

图11-35 抬杆法测横断面

表11-10 抬杆法横断面测量记录表

左 侧	里程桩号	右 侧
… $\frac{-0.4}{10.4}$ $\frac{-1.7}{8.2}$ $\frac{-1.6}{6.0}$	K1+120	$\frac{+1.0}{4.8}$ $\frac{+1.4}{12.5}$ $\frac{-2.2}{8.6}$ …
…	…	…

（2）水准仪皮尺法 水准仪皮尺法是利用水准仪和皮尺，按水准测量的方法测定各变坡点与中桩点间的高差，用皮尺丈量两点的水平距离的方法。如图11-36所示，水准仪安置后，以中桩点为后视点，在横断面方向的变坡点上立尺进行前视读数，并用皮尺量出各变坡点至中桩的水平距离。水准尺读数准确到厘米，水平距离准确到分米，记录格式如表11-11

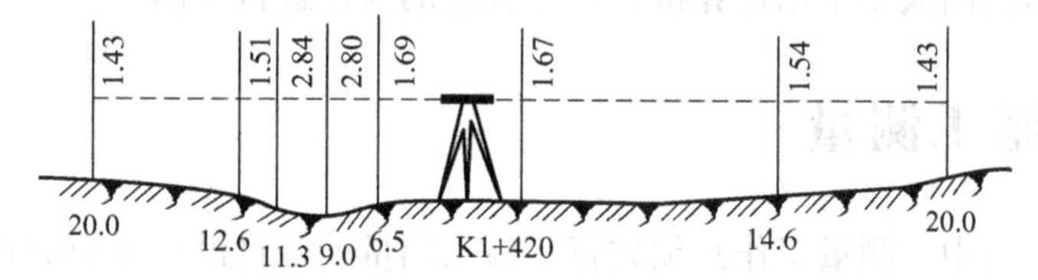

图11-36 水准仪皮尺法测横断面

所列。此法适用于断面较宽的平坦地区，其测量精度较高。

表 11-11 水准仪皮尺法横断面测量记录计算表

桩号	各变坡点至中桩点的水平距离/m		后视读数/m	前视读数/m	各变坡点与中桩点间的高差/m	备注
K1 +420	左侧	0.00	1.67	—	—	
		6.5		1.69	-0.02	
		9.0		2.80	-1.13	
		11.3		2.84	-1.17	
		12.6		1.51	+0.15	
		20.0		1.43	+0.24	
	右侧	14.6		1.54	+0.13	
		20.0		1.43	+0.24	

（3）经纬仪视距法　经纬仪视距法是指在地形复杂、山坡较陡的地段采用经纬仪按视距测量的方法测得各变坡点与中桩点间的水平距离和高差的一种方法。施测时，将经纬仪安置在中桩点上，用视距法测出横断面方向上各变坡点至中桩的水平距离和高差。

高速公路、一级、二级公路横断面测量应采用水准仪皮尺法、经纬仪视距法，特殊困难地区和三级及三级以下公路可采用标杆皮尺法。检测限差应符合表 11-12 的规定。

表 11-12 横断面检测互差限差

公路等级	距离/m	高差/m
高速公路、一、二级公路	$L/100+0.1$	$h/100+L/200+0.1$
三级及三级以下公路	$L/50+0.1$	$h/50+L/100+0.1$

注：表中的 L 为测站点至中桩点的水平距离（m）；h 为测点至中桩的高差。

3. 横断面图的绘制

横断面图一般采取在现场边测边绘，这样既可省略记录工作，也能及时在现场核对，减少差错。如遇不便现场绘图的情况，须做好记录工作，带回室内绘图，再到现场核对。

横断面图的比例尺一般是 1:200 或 1:100，横断面图绘在厘米方格纸上，图幅为 350mm ×500mm，每厘米有一细线条，每 5cm 有一粗线条，细线间一小格是 1mm。

绘图时以一条纵向粗线为中线，以纵线、横线相交点为中桩位置，向左右两侧绘制。先标注中桩的桩号，再用铅笔根据水平距离和高差，将变坡点标在图纸上，然后用小三角板将这些点连接起来，就得到横断面的地面线。显然一幅图上可绘多个断面图，一般规定，绘图顺序是从图纸左下方起，自下而上、由左向右，依次按桩号绘制。

目前，横断面绘图大多采用计算机，选用合适的软件进行绘制。

11.3 道路施工测量

在公路工程建设中，测量工作必须先行，施工测量就是将设计图中的各项元素按规定的精度要求准确无误地测设于实地，作为施工的依据；并在施工过程中进行一系列的测量工作，以保证施工按设计要求进行。施工测量俗称“施工放样”。

施工测量是保证施工质量的一个重要环节，公路施工测量的主要任务包括：

1）研究设计图并勘察施工现场。根据工程设计的意图及对测量精度的要求，在施工现场找出定测时的各控制桩或点（交点桩、转点桩、主要的里程桩以及水准点）的位置，为施工测量做好充分准备。

2）恢复公路中线的位置。公路中线定测后，一般情况要过一段时间才能施工，在这段时间内，部分标志桩被破坏或丢失，因此，施工前必须进行一次复测工作，以恢复公路中线的位置。

3）测设施工控制桩。由于定测时设立的及恢复的各中桩在施工中都要被挖掉或掩埋，为了在施工中控制中线的位置，需要在不受施工干扰，便于引用，易于保存桩位的地方测设施工控制桩。

4）复测、加密水准点。水准点是路线高程控制点，在施工前应对破坏的水准点进行恢复定测，为了施工中测量高程方便，在一定范围内应加密水准点。

5）路基边坡桩的放样。根据设计要求，施工前应测设路基的填筑坡脚边桩和路堑的开挖坡顶边桩。

6）路面施工放样。路基施工后，应测出路基设计高度，放样出铺筑路面的标高，作为路面铺设依据。在路面施工中，讲究层层放线，层层抄平。层层放线是指每施工一层路面结构层都要放出该层的路面中心线和边缘线，有时为了精确做出路拱，还要放出路面左右标高各1/4的宽度线桩；层层抄平是指每施工一层路面结构层都要对各控制的断面在其放样的标高控制位置处进行高程测定，以控制各层的施工标高。

另外，还包括对排水设施、附属设施等工程的放样。主要应放出边沟、排水沟、截水沟、跌水井、急流槽、护坡、挡土墙等的位置和开挖或填筑断面线等。

为做到放样尽可能地准确，上述放样工作仍应遵循测量工作“先控制、后碎部、步步有校核”的基本原则。

11.3.1 道路中线恢复

从路线勘测到开始施工经常会出现由于时间过长而引起的丢桩现象，所以施工前要根据设计文件进行道路中桩的恢复，并对原有中线进行复核，保证施工的准确性。恢复中线的方法与路线中线测量方法基本相同。此外，对路线水准点也应进行复核，必要时应增加一些水准点以满足施工的需求。常用的方法有延长线法、平行线法。延长线法是在道路转弯处的中线延长线上以及曲线中点至交点的延长线上，测设施工控制桩。平行线法是在线路直线段路基以外测设两排平行于中线的施工控制桩。控制桩的间距一般为20m。

11.3.2 路基边桩的放样

路基边桩的放样就是在地面上将每一个横断面的设计路基边坡线与地面相交的点测设出来，并用桩标定下来，作为路基施工的依据。常用的有以下几种方法：

1. 图解法

直接在路基设计的横断面图上，量出中心桩至边桩的距离。然后到现场直接量取距离，定出边桩位置，此法一般用在填挖不大的地区。

2. 解析法

根据路基设计的填挖高度、边坡率、路基宽度和横断面地形情况，先计算出路基中心桩至边桩的距离，然后到实地沿横断面方向量出距离，定出边桩的位置。对于平原地区和山区来说，其计算和测设方法是不同的，现分述如下：

（1）平坦地区路基边桩的测设　填方路基称为路堤，如图 11-37a 所示，路堤边桩至中心桩的距离为

$$D = \frac{B}{2} + m \cdot h \tag{11-48}$$

挖方路基称为路堑，如图 11-50b 所示。路堑边桩至中心桩的距离为

$$D = \frac{B}{2} + s + m \cdot h \tag{11-49}$$

式中　B——路基设计宽度；

m——为边坡率；1∶m 为路基边坡坡度；

h——填（挖）方高度；

s——路堑边沟顶宽。

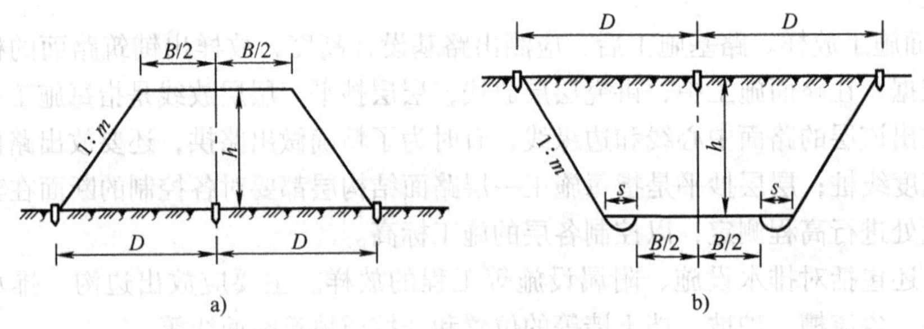

图 11-37　平坦地区路基边桩的测设

a）路堤　b）路堑

（2）山区地段路基边桩的测设　在山区地面倾斜地段，路基边桩至中心桩的距离随着地面坡度的变化而变化。如图 11-38a 所示，路堤边桩至中心桩的距离为

$$\left.\begin{aligned} \text{斜坡下侧}\quad D_{下} &= \frac{B}{2} + m(h_{中} + h_{下}) \\ \text{斜坡上侧}\quad D_{上} &= \frac{B}{2} + m(h_{中} - h_{上}) \end{aligned}\right\} \tag{11-50}$$

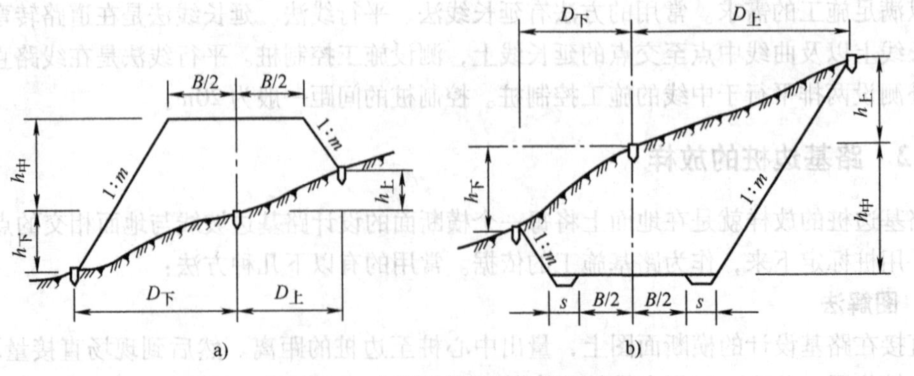

图 11-38　山区地段路基边桩的测设

如图11-38b所示，路堑边桩至中心桩的距离为

$$\left.\begin{aligned} \text{斜坡下侧}\quad D_{下} &= \frac{B}{2} + s + m(h_{中} - h_{下}) \\ \text{斜坡上侧}\quad D_{上} &= \frac{B}{2} + s + m(h_{中} + h_{上}) \end{aligned}\right\} \tag{11-51}$$

式中 $D_{上}$、$D_{下}$——斜坡下、上侧边桩至中桩的平距；

$h_{中}$——中桩处的地面填挖高度，也为已知设计值；

$h_{上}$、$h_{下}$——斜坡上、下侧边桩处与中桩处的地面高差（均以其绝对值代入），在边桩未定出之前为未知数。

在实际放样过程中应采用逐渐趋近法测设边桩。先根据地面实际情况，并参考路基横断面图，估计边桩的位置。然后测出该估计位置与中桩的平距$D_{上}$、$D_{下}$以及高差$h_{上}$、$h_{下}$并以此代入式（11-50）或式（11-51），若等式成立或在允许误差范围内，说明估计位置与实际位置相符，即为边桩位置。否则应根据实测资料重新估计边桩位置，重复上述工作，直至符合要求为止。

11.3.3 边坡放样

有了边桩后，即可确定边坡的位置。可按下述方法测定：

（1）路堤边坡放样　当填土高度较小（如填土小于3m）时，可用长木桩、木板或竹竿标记填土高度，然后用细绳拉起，即为路堤外廓形，如图11-39a所示。当路堤填土较高时，可采用分层填土，逐层挂线的方法进行边坡的放样，如图11-39b所示。

（2）路堑边坡放样　路堑边坡放样一般采用两边桩外侧钉设坡度样板的方法，如图11-39c所示。

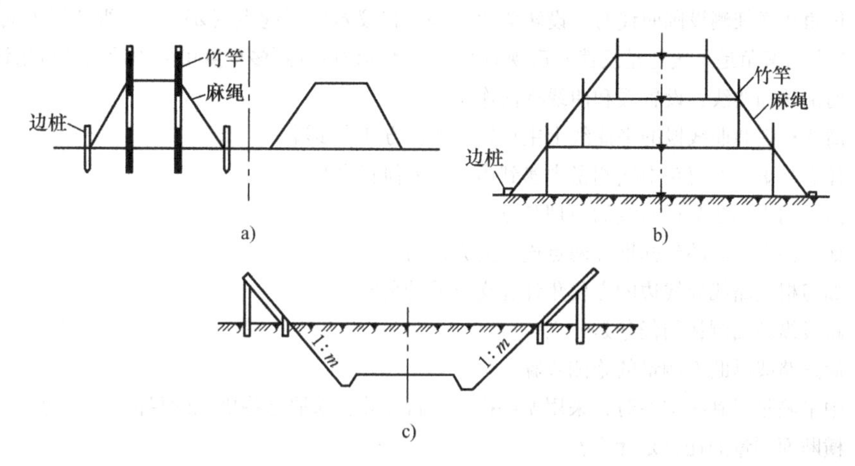

图11-39　路基边坡放样

11.3.4 路面结构层的放样

为了便于测量，通常在施工之前，将线路两侧的导线点和水准点引测到路基上，以便施工时就近对路面进行标高复核。引测的导线点与水准点和高一级的水准点进行附合或者闭合导线。

施工阶段的测量放样工作依然包括恢复中线、测量边线以及放样高程。路面基层施工测量方法与路面垫层施工测量方法相同，但高程控制值不同。需要计算该路面面层上3个标高控制点分别是：路面中心线的中桩标高、路面面层左右边缘处的标高、路面面层左右行车道边缘处的标高。路面各结构层的施工放样测量工作依然是先恢复中线，然后由中线控制边线，再放样高程控制各结构层的标高。除面层外，各结构层的路拱横坡按直线形式放样，要注意的是路面的加宽和超高。路基顶精加工验收的内容包括路基中线高程、边线高程、路基横坡度、路基宽度、路基压实度、路基的弯沉值等。根据设计图放出路线中心线及路面边线；在路线两旁布设临时水准点，以便施工时就近对路面进行标高复核。引测的导线点和水准点要和高一级的水准点进行附合或闭合导线。常用机具设备有蛙式打夯机、柴油式打夯机、手推车、筛子、铁锹等；大型机械有自卸汽车、推土机、压路机及翻斗车等。

思考题与习题

11-1　道路中线测量的主要任务是什么？

11-2　简述放点穿线法测设交点的步骤。

11-3　什么是正倒镜分中法？简述正倒镜分中法延长直线的操作方法。

11-4　什么叫道路中线测量中的转点？它与水准测量的转点有何不同？

11-5　什么是路线的右角？什么是路线的转角？它们之间有何关系？如何区分左偏还是右偏？

11-6　何谓里程桩？在中线的哪些地方应设置里程桩？

11-7　怎样推算圆曲线的主点里程？圆曲线主点位置是如何测定的？

11-8　何谓整桩号法设桩？何谓整桩距法设桩？各有什么特点？

11-9　切线支距法详细测设圆曲线的原理是什么？简述其操作步骤。

11-10　简述偏角法测设圆曲线的操作步骤。

11-11　偏角法详细测设圆曲线时，设转角为左偏，将仪器置于起点（ZY），后视切线方向（JD），此时测设曲线上点的偏角是正拨还是反拨？后视时水平度盘读数设置到多少度可使以后点的偏角计算更简便？

11-12　何谓缓和曲线？设置缓和曲线有何作用？

11-13　简述有缓和曲线段的平曲线上主点桩的测设方法和步骤。

11-14　什么是虚交？道路中线测量中遇到虚交应如何解决？

11-15　简述用坐标法测设曲线的原理和方法。

11-16　如何根据两点的坐标推算两点连线的方位角？

11-17　如何根据路线导线边的方位角计算交点的转角？

11-18　路线纵断面测量的任务是什么？

11-19　简述路线纵断面测量的施测步骤。

11-20　中平测量遇到跨沟谷时，采用哪些措施进行施测？采取这些措施的目的是什么？

11-21　横断面测量的任务是什么？

11-22　如何用求心方向架测定圆曲线上任意中桩处横断面方向？

11-23　横断面测量的施测方法有哪几种？

11-24　横断面测量的记录有何特点？

11-25　横断面的绘制方法是怎样的？

11-26　已知点的平面位置测设有哪几种常用方法？

11-27　简述路基边坡放样的方法步骤。

11-28　一测量员在路线交点 JD_6 上安置仪器，观测右角，测得后视读数为 42°18′24″，前视读数为

174°36′8″。问该弯道的转角是多少？是左转还是右转？若观测完毕后仪器度盘不动，分角线方向读数应是多少？

11-29 已知弯道 JD_{10} 的桩号为 K5 + 119.99，右角 $\beta = 136°24'$，圆曲线半径 $R = 300$m，试计算圆曲线主点元素和主点里程，并叙述测设曲线上主点的操作步骤。

11-30 在道路中线测量中，已知交点的里程桩号为 K3 + 318.46，测得转角 $\alpha_{左} = 15°28'$，圆曲线半径 $R = 600$m，若采用切线支距法并按整桩号法设桩，试计算各桩坐标。并说明测设方法。

11-31 在道路中线测量中，设某交点 JD 的桩号为 K4 + 182.32，测得右偏角 $\alpha_{右} = 38°32'$，设计圆曲线半径 $R = 500$m，若采用偏角法按整桩号设桩，试计算各桩的偏角及弦长，并说明步骤。

11-32 在道路中线测量中，已知交点的里程桩号为 K19 + 318.46，转角 $\alpha_{左} = 38°28'$，圆曲线半径 $R = 300$m，缓和曲线长 l_s 采用 75m，试计算该曲线的测设元素、主点里程，并说明主点的测设方法。

11-33 某山岭区二级公路，已知 JD_1、JD_2、JD_3 的坐标分别为（40961.914m，91066.103m），（40433.528m，91250.097m），（40547.416m，91810.392m），JD_2 处的里程桩号为 K2 + 200.000，$R = 150$m，缓和曲线长为 40m，计算此曲线的主点坐标。

11-34 在中平测量中有一段跨沟谷测量如图 11-40 所示，试根据图上的观测数据设计表格完成中平测量的记录和计算。已知 ZD_2 的高程为 347.426m。

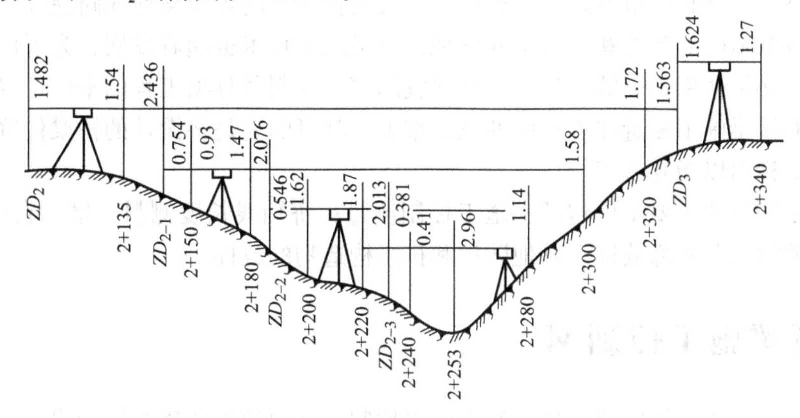

图 11-40 思考题与习题 11-34

第12章

桥梁施工测量

本章重点

1. 桥位控制测量。
2. 桥轴线纵断面测量。
3. 桥梁墩台中心定位方法。

如今铁路、公路和城市道路等交通运输业飞速发展，高等级交通线路建设日新月异，跨越河流、山谷等障碍的各种新桥型不断涌现，桥梁施工技术也随着发展，为了使桥梁施工质量得到保证，必须采用正确的测量方法和适宜的精度控制各分项工程的平面位置、高程和几何尺寸。因而桥梁施工测量在工程中的意义重大，其目的就是将设计的桥梁位置、高程及几何尺寸在实地标出以指导施工。

桥梁施工测量的主要工作包括：施工控制测量；桥轴线长度测量；墩、台中心的定位；墩、台细部放样以及梁部放样；其他防护和排水构造物的放样。

12.1 桥梁施工控制网

桥梁的中心线称为桥轴线，桥轴线在两岸控制点之间的距离称为桥轴线长度。对于跨越无水河道的直线小桥，桥轴线长度可以直接测定，墩、台位置也可直接利用桥轴线的两个控制点测设，无需建立平面控制网。但跨越有水河道的大型桥梁，墩、台无法直接定位，必须在施工前布设平面控制网和高程控制网以确保其精度，便于施工放样，必要时还应该对控制网进行加密或修改。

12.1.1 桥梁平面控制网

选定桥梁中线之后，在桥头两侧埋设两个控制点，定位时要以这两个控制点为依据，桥轴线长度的精度直接影响到墩、台定位的精度。

桥梁平面控制网一般采用三角网，其基本图形为大地四边形和三角形，应用时多使用基本图形的组合。图12-1a所示为双三角形，适用于一般桥梁的施工放样；图12-1b所示为大地四边形，适用

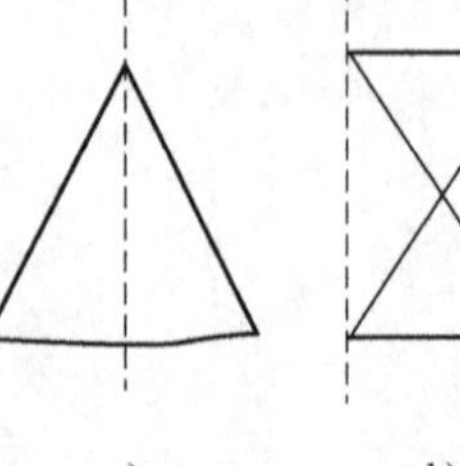
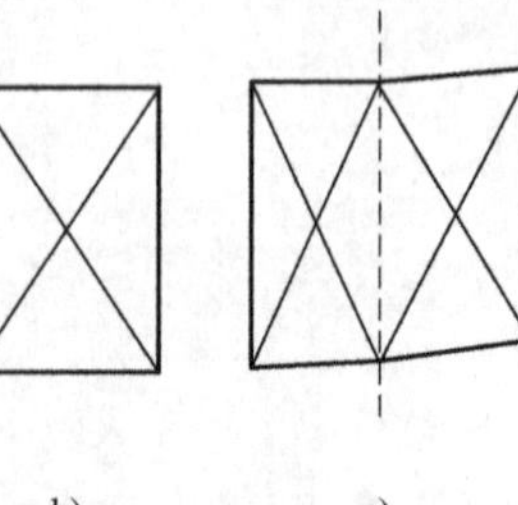
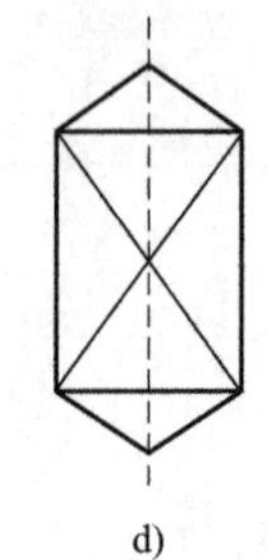

a)　b)　c)　d)

图12-1　桥梁施工控制网

于一般中、大型桥梁施工测量；图12-1c所示为桥轴线两侧各布设一个大地四边形，适用特大桥的施工放样。

桥梁三角网的布设，除满足GB/T 17942—2000《国家三角测量规范》规定的技术要求之外，三角点应选在地质条件稳定、视野开阔、不易受施工干扰的地方。为了提高精度，在选择控制点时应尽可能使基线与轴线正交，桥轴线应与基线一端连接，成为三角网的一条边。基线长度一般不小于桥轴线的0.7倍，困难地段不得小于0.5倍，对于桥轴线长度可用测距仪直接测量。

桥梁控制网也可采用精密光电导线测量或全球定位系统（GPS）测量技术建立。

12.1.2　高程控制网

通常桥位的高程控制是在勘测阶段建立，一般在桥址的两岸各设置若干个水准基点，数量视河宽及桥的大小而定，当桥长在200m以上时，每岸至少设置三个水准基点。桥梁高程控制网的起算数据是由桥址附近的国家水准点或其他已知水准点引入，但控制网仍是一个自由网，不受已知高程点的约束，以保证其本身的精度。为了施工时便于使用，还可设置若干个施工水准点。

高程控制点测量精度是墩台放样重要的影响因素，因此高程控制网必须符合相关规范规定的技术要求。《公路桥涵施工技术规范》规定：2000m以上的特大桥一般为三等，1000m~2000m的桥梁为四等，1000m以下的桥梁为五等。桥梁有时需要进行变形观测。桥梁高程控制网应用精密方法联测。水准基点和施工水准点应定期检测，以保证测量的准确性。

当跨越较长河流、海湾、湖泊时，两岸水准点的高程应采用光电测距三角高程测量或跨河水准测量。跨河水准跨越的宽度大于500m时，必须参照GB/T 12898—2009《国家三、四等水准测量规范》，采用精密水准仪观测。

12.2　桥梁墩、台中心定位

桥梁施工测量中一项主要工作就是桥梁墩、台定位测量，桥梁墩、台定位所根据的资料为桥轴线控制点的里程和墩、台中心的设计里程。这项工作是以桥轴线控制点和平面控制点为依据，准确地测设出墩、台中心位置和纵横轴线，以固定墩、台位置和方向。若为曲线桥梁，其墩、台中心有的位于线路中线上，有的位于路线中线外侧，此时应考虑设计资料、曲线要素和主点里程等因素。下面以直线桥梁墩、台中心定位为例讲述其定位方法，直线桥梁墩、台中心定位一般可采用直接测距法、角度交会法、光电测距法。

1. 直接测距法

当跨越冰冻的深水河道或者河床干涸、浅水，用钢尺可以跨越测量时，可用直接测距法。如图12-2所示，用检定过的钢尺，考虑尺长、温度、倾斜三项改正，根据计算出的距离，从桥轴线的一个端点开始，逐个测设出墩、台中心，并附合于桥轴线的另一个端点上。若在限差范围之内，则依各端距离的长短按比例调整已测设出的距离。在调整好的位置上钉一小钉，即为测设的点位。

2. 角度交会法

有时桥墩所在位置无法直接测量，且不易安放反光镜，这就需要根据建立的三角网，采用角度交会法测量，根据施工控制网中的控制点的数据，采用坐标反算方法计算出测设交会角。交会角的大小是角度交会精度的重要影响因素，在选择基线和布网时应注意。

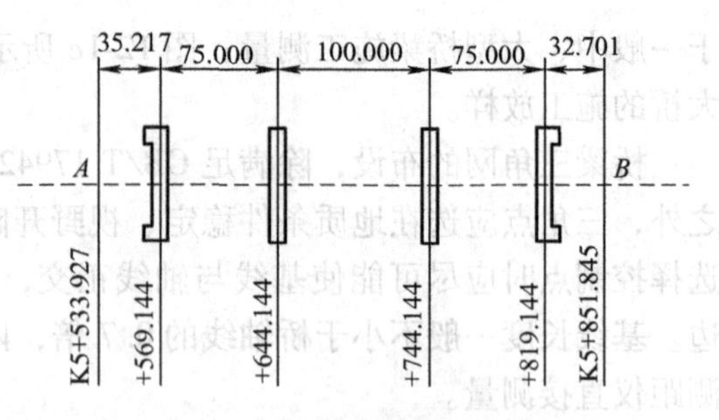

图 12-2　直接测距法

测量时，如图 12-3 所示，在 C、D 两点各安置一台经纬仪，分别自 CA、DA 测出角，两方向的交点就是桥墩中心位置。为了检核精度及避免错误，通常还利用桥轴线 AB 方向，用三个方向交会出 E 点。有时，由于测量误差的影响，从 C、、D 两站拨角定出的两条方向线与桥轴线未能交会于一点，构成图 12-4 所示误差三角形。若误差三角形在桥轴线方向的边长在限差范围（墩、台基础时不应大于 25mm，墩身时不应大于 15mm。）内，取交点 E' 在桥轴线上的投影 E 作为桥墩的中心位置。

在桥墩施工过程中，其中心位置的放样需反复进行，以保证施工的精度。为了快速而准确地测设，应在第一次测定 E 后，将 CE、DE 方向线延长到对岸，并设定瞄准标志，之后若需测设交会点，只要分别在 C、D 两点瞄准对岸的标志即可。

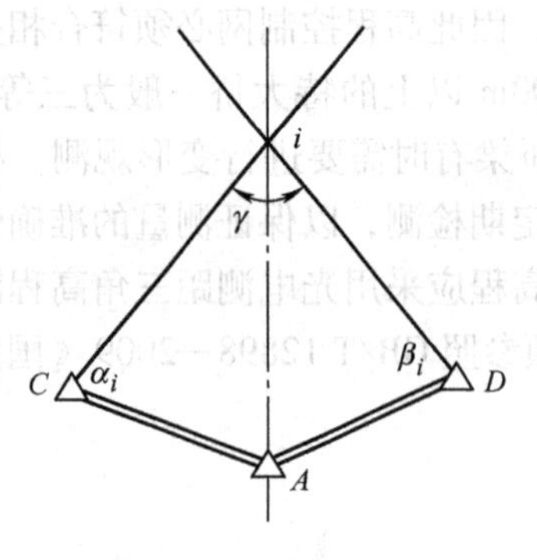

图 12-3　角度交会法

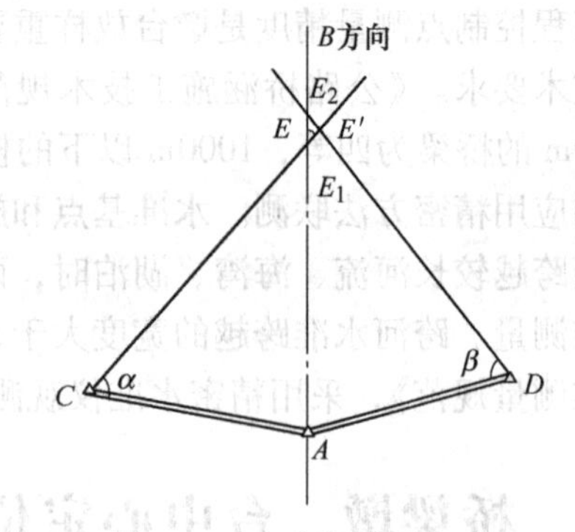

图 12-4　交会误差三角形

3. 光电测距法

目前一般采用全站仪进行直线桥梁墩、台定位，只要能在墩、台位置安置反射棱镜，便可采用光电测距法。

光电测距法是在桥轴线的起点或终点架设仪器，并照准另一个端点。在桥轴线方向上设置反光镜，并前后移动，直至测出的距离与设计距离相符，则该点即为要测设的墩、台中心位置。这种方法有效地控制了横向误差。为了减少移动反光镜的次数，当测出的距离与设计距离相差不多时，可用钢尺测出其差数，以定出墩、台中心的位置。在现行的设计文件中，一般给出了墩、台中心的直角坐标，这时可应用全站仪的坐标测设功能直接测设。测设时要测定气温、气压以进行气象改正。

12.3　桥梁墩、台纵横轴线测设

在墩、台定位之后，还需要测设墩、台的纵横轴线，作为墩、台细部放样的依据。所谓墩、台的纵轴线是指过墩、台中心与线路方向一致的轴线；墩、台的横轴线是指过墩、台中心与其纵轴线垂直（斜交桥则为与纵轴线垂直方向成斜交角度）的轴线。

直线桥上，各墩台的纵轴线方向一致，且与桥轴线重合，只需利用桥轴线两端的控制点来标志桥梁纵轴线方向，无需另行测设。墩、台的横轴线是过墩、台中心且与纵轴线垂直或与纵轴垂直方向成斜交角度的线。在测设横轴线时，在墩、台中心架设经纬仪，自桥轴线方向测设 90°角或 90°减去斜交角度，即为横轴线方向。

由于在施工过程中需要经常恢复纵、横轴线的位置，因此需要在基坑开挖线外 1 ~2m 处设置控制桩（即护桩）来定位纵、横轴线的位置。它也是施工过程中确定墩、台中心位置的依据，应注意保护。

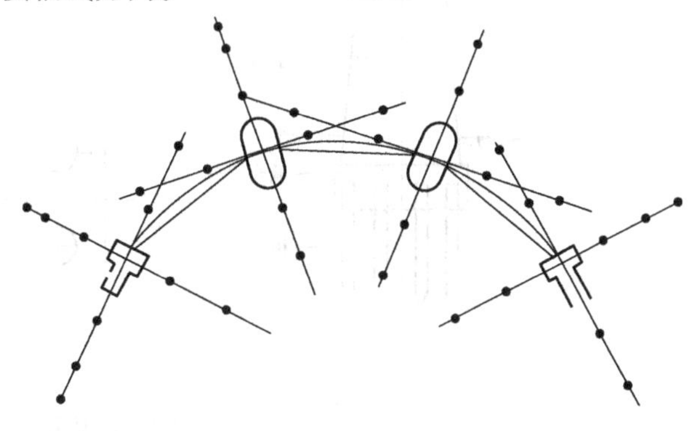

图 12-5　曲线桥梁墩、台轴线控制桩

测设曲线桥轴线时，若墩、台位于路线中线上，则墩、台的纵轴线为墩、台中心曲线的切线方向，横轴线与纵轴线垂直，如图 12-5 所示。

测设时，将经纬仪安置在墩台中心。自相邻的墩台中心方向测设 $\alpha/2$ 角（α 为相邻墩、台纵轴线的偏角），即得纵轴线方向，自纵轴线方向再测设 90°角，即得横轴线方向。若墩、台中心非位于路线中线上时，应先按上述方法测设中线上的切线方向和横轴线方向，然后根据设计资料给出的墩、台中心外移值，将测设的切线方向平移，即得墩、台中心纵轴线方向。

12.4　墩、台施工放样

桥梁墩、台的施工放样，就是在标定好的墩位中心和桥墩纵、横轴线的基础上，按照施工图上分阶段地将基础、墩（台）身、台帽或盖梁的尺寸放样到施工作业面上。

1. 基础施工放样

中小型桥梁基础通常采用明挖基础和桩基础。明挖基础的构造如图 12-6 所示。它是在墩、台位置处挖出一个基坑，根据已经测设出的墩中心位置，纵、横轴线及基坑的长度和宽度，测设出基坑的边界线。在开挖基坑时，如坑壁需要有一定的坡度，则应根据基坑深度及坑壁坡度测设出开挖边界线。

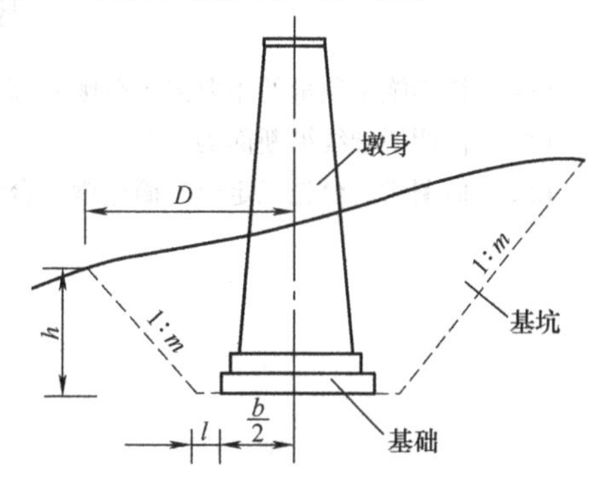

图 12-6　明挖基础的构造

边坡桩至墩、台轴线的距离 D 依下式计算

$$D=\frac{b}{2}+l+mh$$

式中　b——基础宽度；

l——预留工作宽度；

m——边坡系数；

h——基底距地表的深度。

桩基础构造如图 12-7a 所示，在基础下部打入一组基桩，再在桩上灌注钢筋混凝土承台，使桩和承台连成一体，然后在承台以上浇筑墩身。

基桩位置的放样如图 12-7b 所示，它以墩、台纵横轴线为坐标轴，按设计位置用直角坐标法测设逐桩桩位。

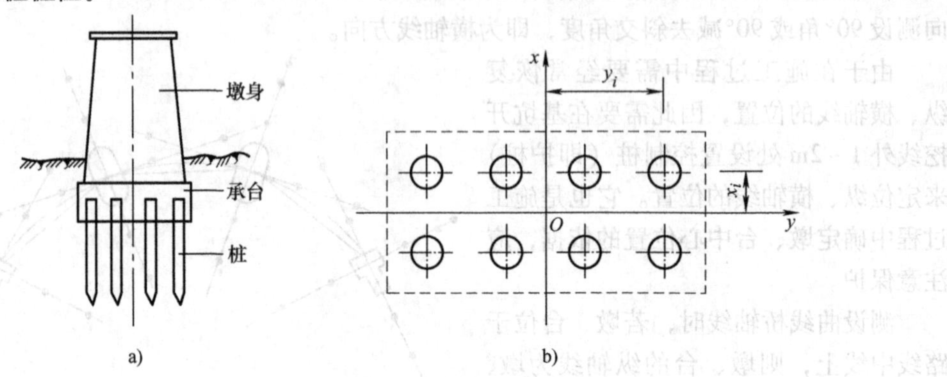

图 12-7　桩基础施工放样

2. 桥墩细部放样

墩细部放样主要依据轴线上的护桩测设出桥梁纵、横轴线，然后逐层投测桥墩中心和轴线，再根据轴线设立模板，浇筑混凝土。

3. 台帽与盖梁放样

墩、台施工完成后，再次恢复出墩中心及纵横轴线。在浇筑台帽或盖梁前，必须对桥墩的中线、高程及各部分尺寸进行复核，然后，安装台帽或盖梁模板、设置锚栓孔、绑扎钢筋骨架等，并准确地放出台帽或盖梁的中心线及拱座预留孔（拱桥）。浇筑台帽或盖梁至顶部时应埋入中心标及水准点各 12 个，中心标埋在桥中线上并与墩台中心呈对称位置。台帽或盖梁顶面水准点应从岸上水准点测定其高程，作为安装桥梁上部结构的依据。高程传递可采用悬挂钢尺的办法进行。

思考题与习题

12-1　桥梁施工测量的主要内容分哪几部分？

12-2　何谓桥轴线纵断面测量？

12-3　何谓墩、台施工定位？简述墩、台定位的常用方法。

第13章

公路隧道施工测量

本章重点

1. 隧道的控制测量方法。
2. 隧道施工测量方法。

13.1 概述

随着公路建设的发展，国力的增强，隧道工程在公路工程中所占的比重逐渐增加。隧道是公路工程的重要组成部分。按洞身长度，隧道可分为特长隧道、长隧道、中隧道和短隧道。例如，隧道长度在3000m以上的，属特长隧道；长度大于1000m小于等于3000m的，属长隧道；长度大于500m小于等于1000m的，属中隧道；长度小于等于500m的，属短隧道。在山区高速公路工程中，有的隧道工程在公路工程中所占的投资额已超过路基工程和桥梁工程的总和，呈现桥隧相连的景象，隧道工程变得越来越重要。

隧道施工不同于桥梁等其他构造物，它除了造价高、施工难度大以外，在施工测量上也有许多不同之处。例如，受天气影响小，一般全天24h隧道都可以施工；光线暗，湿度大，粉尘多，受有毒有害气体危害；大部分工程位于地下，工序多，施工测量干扰严重；危及测量安全的因素多，测量人员随时要为施工服务。

目前我国公路隧道施工多采用新奥法施工。除了常规测量项目，测量人员还须进行地表沉降观测，隧道拱顶下沉、围岩收敛等测量，并对测量结果进行分析，指导隧道施工。因此，公路隧道施工测量内容多于常规测量项目。

隧道施工控制网分为地面控制和地下控制两部分。地面控制部分要确定洞口的相对位置，并传递进洞方向；地下控制部分要确定掘进方向。一般隧道施工需要从两个相对洞口同时掘进，较长的隧道需要从竖向或侧向的通道开辟若干个工作面同时进行施工。隧道工程高昂的造价和现代快速掘进技术，要求使多向掘进在贯通面上不需作任何过多修正，这对施工控制测量的精度提出了较高的要求。提高施工控制测量的精度，除了对测量工具有较高的要求外，对测量手段同样有较高的要求。

隧道施工控制网的布设形式，取决于隧道的形状、施工方法以及地形状况等。地形简单处的直线隧道，通常只需敷设地表导线，足以控制隧道的贯通。较长的直线隧道，一般敷设单三角锁。曲线隧道通常采用中点多边形或环形三角锁作为控制网。布设隧道施工控制网时，应将洞口和井口的控制点作为三角点，或将隧道上每两个相邻的掘进口布设在三角形的同一条边上，以减少地下控制测量定向误差对贯通的影响。当三角网中三角形个数较多时，应有较多的多余观测值来增强图形的检核功能。

敷设隧道施工控制网，首先应对隧道所处位置和公路导线控制点有详细的了解，并仔细研究隧道的施工方案，实地勘察洞口、竖（斜）井、横洞位置，然后确定控制网的图形，实地选择三角点位置。控制网中三角形尽量布设成等边三角形，当条件困难时，也应使三角形的内角在30°~120°之间。三角点应布设在视线开阔、便于观测处。对不能布设三角点的洞口、竖（斜）井、横洞口处，应布设交会点，同时须有两个以上方向和三角点通视。为减少仪器视准轴误差变化的影响，各三角点之间的竖直角变化不宜过大；为避免折光的影响，视线在竖向上至少高出障碍物1.5m，在横向上至少偏离障碍物1.0m，同时要充分考虑到施工对测量的影响。

在隧道所有施工项目完成后，还要进行竣工测量。公路隧道竣工后，应在直线段每50m、曲线地段每20m及需要加测断面处测绘以路线中线为准的隧道实际净空，标出拱顶标高（高程）、起拱线宽度、行车道路面水平宽度。

公路隧道永久中线点，应在竣工测量后用混凝土埋设金属标志。直线上的永久中线点，每200~250m设置一个；曲线上应在缓和曲线的起终点各设一个；曲线中部，可根据通视条件适当增加。永久中线点设立后，应在隧道边墙上画出标志。

公路隧道洞内水准点每公里应埋设一个，短于1km的公路隧道，应至少设一个水准点，并应在隧道边墙上画出标志等。

13.2 地面控制测量

隧道的设计位置，一般在定测时已初步标定在地表面上。在施工之前先进行复测、检查并确认各洞口的中线控制桩。当隧道位于直线上时，两端洞口应各确定一个中线控制桩，以两桩连线作为隧道洞内的中线。当隧道位于曲线上时，应在两端洞口的切线上各确认两个控制桩，两桩间距应大于200m，以控制桩所形成的两条切线的交角和曲线要素为准，来测定洞内中线的位置。由于定测时测定的转向角、曲线要素的精度及直线控制桩方向的精度较低，满足不了隧道贯通精度的要求，所以施工之前要进行地面控制测量。地面控制测量的作用，是在隧道各开挖口之间建立一精密的控制网，以便根据它进行隧道的洞内控制测量或中线测量，保证隧道的准确贯通。

隧道施工测量，分洞外控制测量和洞内控制测量。隧道施工测量首先要建立洞外平面和高程控制网，每一开挖洞口附近都应设立平面控制点及水准点，这样将各开挖面联系起来，作为开挖放样的依据。随着坑道的向前掘进，必须将洞口控制桩坐标、方向及洞口水准点的高程传递到洞内，再用导线测量的方法建立洞内的平面控制，用水准测量方法建立高程控制。根据洞内控制点的坐标及高程，来指导开挖方向，并作为洞内衬砌及建筑物放样的数据。隧道贯通后，必然产生平面的及高程的贯通误差，此时需进行中线调整。设有竖井的隧道还需专门进行竖井测量。在隧道所有的施工项目完成后，要作竣工测量。在隧道施工过程中和竣工后要对隧道及有关建筑物进行沉陷和位移观测。

13.2.1 公路隧道洞外平面控制测量

隧道平面控制测量的主要任务，是测定各洞口控制点的平面位置，将设计方向导向地下，指引隧道开挖，并能按规定的精度进行贯通。

地面控制测量的主要内容是：对设计单位所交付的洞外中线方向以及长度和水准基点高程等进行复核；同时按测量设计的形式进行控制点布设。

为准确测定隧道各部位置和为隧道施工准备条件，应作好洞外平面控制测量，设置各开挖洞口的引测投点，以利施工时据以进行洞内控制测量。因此，平面控制网的选点工作，应结合隧道平面线形及洞口（包括辅助坑道口）的投点，结合地形地物，在确保精度的前提下，充分考虑观测条件、测站稳定程度。各测站应埋设混凝土金属标桩。

洞口投点的位置，应便于引测进洞，尽量避免施工干扰。各掘进洞口至少设一个投点，并尽量纳入控制网内，只有在条件不允许时，方可用插点形式与控制网联系。

当洞口位于曲线上时，应在曲线上或曲线附近增设一个投点，以利于拨角进洞；当洞口位于直线上时，也可于洞口前后各设一个测点，其间距不宜小于200m，以便沿隧道中线延伸直线进洞。

公路隧道洞外平面控制测量参考精度，见表13-1和表13-2。

表13-1 洞外平面控制测量参考精度（1）

测量方法	两开挖洞口间距离/km	测角中误差	最弱边边长相对中误差	起始边边长相对中误差	基线中误差
三角测量	4~6	2″	$\frac{1}{20000}$	$\frac{1}{30000}$	$\frac{1}{45000}$
	2~4	2″	$\frac{1}{15000}$	$\frac{1}{20000}$	$\frac{1}{30000}$
	1.5~2	2.5″	$\frac{1}{15000}$	$\frac{1}{20000}$	$\frac{1}{30000}$
	<1.5	4″	$\frac{1}{10000}$	$\frac{1}{15000}$	$\frac{1}{25000}$

注：表列精度按下列情况考虑：

1. 按洞口投点为三角网端点，且距洞口为200m。
2. 起始边至最弱边的三角形个数不多于7个。
3. 一组测量。

表13-2 洞外平面控制测量参考精度（2）

测量方法	两开挖洞口间距离/km		测角中误差	导线边最小长度/m		导线边长相对中误差	
	直线隧道	曲线隧道		直线隧道	曲线隧道	直线隧道	曲线隧道
导线测量	4~6	2.5~4	2″	500	150	$\frac{1}{5000}$	$\frac{1}{15000}$
	3~4	1.5~2.5	2.5″	400	150	$\frac{1}{3500}$	$\frac{1}{10000}$
	2~3	1.0~1.5	4.0″	300	150	$\frac{1}{3500}$	$\frac{1}{10000}$
	<2	<1.9	10.0″	200	150	$\frac{1}{2500}$	$\frac{1}{10000}$

注：表列精度按下列情况考虑：

1. 按洞口投点为导线网端点，且距洞口为150m。
2. 平曲线半径不小于350m。
3. 一组测量。

洞外平面控制测量方法：隧道洞外平面控制测量的主要任务是测定洞口控制点的平面位置，并同道路中线联系，以便根据洞口控制点位置，按设计方向和坡度对隧道进行掘进，使隧道以规定的精度贯通。根据隧道的分级和地形状况，洞外平面控制测量通常有中线法、精密导线法、三角锁法以及全球定位系统（GPS）法等。

1. 中线法

对于长度较短的直线隧道，可以采用中线法定线。中线法就是在隧道洞顶地面上用直接定线的方法，把隧道的中线每隔一定的距离用控制桩精确地标定在地面上，作为隧道施工引测进洞的依据。由于洞口两点不通视，需要在洞顶地面上反复校核中线控制桩是否精确地在路线中线上。通常采用正倒镜分中延长直线法从一端洞口的控制点向另一端洞口延长直线。一般直线隧道短于1000m，曲线隧道短于500m时，可采用中线作为控制。

对地形、地质条件简单的中、短隧道，采用敷设中线法作洞外平面控制测量时，必须遵守下列规定：

1）所用经纬仪、红外仪、全站仪应有良好性能。使用J_1级经纬仪时，经纬仪的两倍视轴差$2c$的绝对值应不大于30″，使用J_2级经纬仪时应不大于40″。超过上述限值时必须进行视轴校正。

2）对直线隧道，可直接在地表沿隧道中线用经纬仪正倒镜延伸直线法进行敷设。每个转点间距视测量仪器及地形而定，一般宜为200～1000m，且前后相邻导线长度之比不宜过大。以正倒镜法延伸直线钉转点桩时，应观测两次，两个分中点的横向差在每100m距离小于±5mm时，可用两个分中点的中点作为前方导线点的位置。

3）曲线隧道可用其切线及虚交点法的基线组成控制测量的导线，以联系两端洞口投点，导线偏角也采用两次正镜法敷设。

4）水平距离测量，宜优先考虑采用光电测距仪（如红外测距仪、全站仪），当采用经过检定的钢尺或2m横基尺时，应满足测距精度要求。

5）采用敷设中线法作平面控制测量，可与隧道洞顶轴线定测工作同时进行。但应按规定布设各开挖洞口应设置的洞口投点。

如图13-1所示，图中A、D为定测时路线的中线点（也是隧道洞口的控制桩），B、C为隧道洞顶的中线控制桩，可按如下方法进行测设。

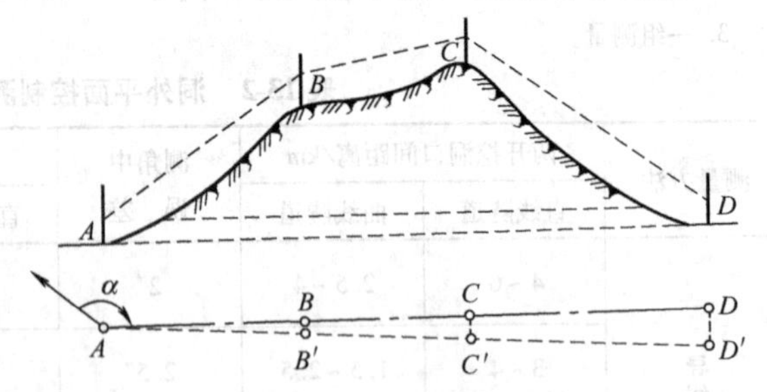

图13-1 中线法地面控制

在A点安置仪器（经纬仪或全站仪），根据概略方向在洞顶地面上定出B'点，搬仪器到B'点，采用正倒镜分中法延长直线AB'到C'点，同法继续延长该直线，直到另一洞口控制桩D点的近旁D'点。在延长直线的同时，用经纬仪视距法或全站仪测距法测定AB'、$B'C'$和$C'D'$的距离。此时D、D'两点必定不重合。量取D、D'两点的距离DD'。按比例关系计算出C点偏离中线的距离CC'

$$CC' = \frac{AC'}{AD'} \cdot DD' \tag{13-1}$$

在C'点沿垂直于$C'D'$的方向量取距离CC'定出C点，将仪器安置于C点，用正倒镜分中法，延长直线 DC 到 B 点，同法继续延长该直线，直到另一洞口控制桩 A 点的近旁得 A' 点，若 A' 点与 A 点重合（或在允许误差范围内），则测设完成。否则，用同样的方法进行第二次趋近，直至 B、C 等点精确位于 A、D 方向上为止。B、C 等点即可作为隧道掘进方向的定向点，A、B、C、D 的分段距离应用全站仪测定，测距的相对误差不应大于1/5000。

施工时，将仪器安置于隧道洞口控制桩 A 或 D 上，照准定向点 B 或 C，即可向洞内延伸直线。

2. 精密导线法

地面导线的测算方法与本书第8章的导线测量基本相同，但精度要求更高。所以，测角和量测边长均应采用较精密的仪器和方法，而且导线的布设须按隧道工程的要求来确定。直线隧道的导线应尽量沿两洞口连线的方向，布设成直伸形式，因直伸导线的量距误差主要影响隧道的长度，而对横向贯通误差影响较小。在曲线隧道测设中，当两端洞口附近为曲线时，则两端应沿其端点的切线布设导线点；中部为直线时，则中部应沿中线布设导线点；当整个隧道在曲线上时，应尽量沿两端洞口的连线布设导线点。导线应尽可能通过隧道两端洞口及各辅助坑道的进洞点，并使这些点成为主导线点。要求每个洞口有不少于三个能彼此联系的平面控制点，以利于检测和补测。必要时可将导线布设成主副导线闭合环，对副导线只测水平角而不测距。

导线法比较灵活、方便，对地形的适应性比较好，特别是在目前光电测距仪、全站仪已经普及的情况下，是隧道洞外平面控制测量优先考虑采用的方法。

精密导线应组成多边形闭合环。它可以是独立闭合导线，也可以与国家三角点相连。导线水平角的观测，应以总测回数的奇数测回和偶数测回，分别观测导线前进方向的左角和右角，以检查测角错误；将它们换算为左角或右角后再取平均值，可以提高测角精度。为了增加检核条件和提高测角精度评定的可行性，导线环的个数不宜太少，最少不应少于4个；每个环的边数不宜太多，一般以4~6条边为宜。

在进行导线边长丈量时，应尽量接近于测距仪的最佳测程，且边长不应短于300m；导线尽量以直伸形式布设，减少转折角的个数，以减弱边长误差和测角误差对隧道横向贯通误差的影响。

具体应遵守下列规定：

1）精密导线法采用的控制网由正副导线组成的若干导线环构成。主导线应沿两洞口连线方向敷设。每1~3个主导线边应与副导线联系。主导线边长视地形及测量仪器而定，一般不宜短于300m，相邻边长相差不宜过大，须测水平角及边长；副导线应按测角方便选定，一般只测水平角不测边长。洞口投点，应为主导线点，不宜另外联系。

2）主导线各边测距，应优先采用短程光电测距仪。主导线采用短程光电测距仪测量边长时，每边应往返测量一次，各照准一次，应取三个读数，其最大较差小于5mm时，取平均值。各边边长相对中误差不得大于设计值规定，一般以其精度最低值预计隧道贯通横向中误差。

3）主导线各边边长观测值，经各项改正后应归算到隧道平均标高处。环形导线网用简单平差法进行平差。导线桩位置以坐标法表示，导线起始坐标值及坐标方位角，一般宜与隧道两端路线联系，并便利贯通误差计算。实测的洞顶中线应以导线计算值为准进行核对，断链桩应置于控制测量范围以外的整数桩上。

4）在直线隧道中，导线应尽量沿两洞口连接的方向布设成直伸式，因为直伸式导线量距误差只影响隧道的长度，而对横向贯通误差影响很小。

5）在曲线隧道中，当两端洞口附近为曲线而中部为直线时，两端曲线部分可沿中线布设导线点；当整个隧道都在曲线上时，宜沿两端洞口的连接线布设导线点。如受地形、地物限制，可以离开中线或两洞口的连接线，但不宜离开过远。同时，曲线隧道的导线还应尽可能通过洞外曲线起讫点或交点桩，这样曲线交点上的总偏角可根据导线测量结果计算出来。据此，可将定测时所测得的总偏角加以修正，再用所求得的较精确的数值求算曲线元素，导线尽可能通过隧道两端洞口及辅助坑道口的进出洞点，使这些点能成为主导线点。若受条件限制，辅助坑道口的进洞点不便于直接联系为主导线点时，可作支导线点（即副导线点），这些点至少与两个主导线点联测，以保证精度。

6）为了提高导线测量的精度和增加校核条件，一般将导线布置成多边形闭合环。当丈量距离困难时，可布设成主副导线闭合环，副导线只测其转折角而不量距离。

洞外导线测量量距精度要求较高，一般为1/5000～1/10000。在山岭地区，要求采用红外仪或全站仪测角和测距，容易满足精度要求。

3. 三角锁法

对长隧道、曲线隧道及上、下行隧道的施工控制网，由于地形起伏多变，要求更高，故以布设三角锁为宜。测定三角锁的全部角度和若干条边长，或全部边长，使之成为三角网。三角网的点位精度比导线高，有利于控制隧道贯通的横向贯通误差，如图13-2所示。

布设三角锁时，先根据隧道平面图拟定三角网，然后实地选点，用三角测量的方法建立隧道施工控制网。

应用三角锁法布设隧道施工控制网时，一般考虑将控制网布置成沿路线同一方向延伸，隧道全长及各进洞点均包括在控制范围内，三角点应分布均匀，并考虑施工引测方便和使误差最小。基线不应离隧道轴线太远，否则将增加三角锁中三角形的个数，从而降低三角锁最远边推算的精度。

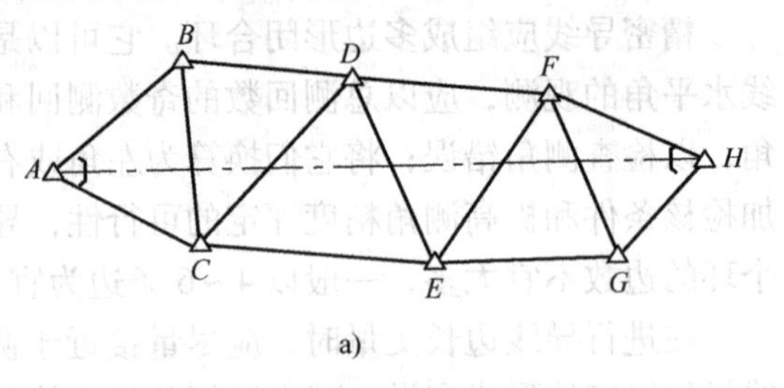

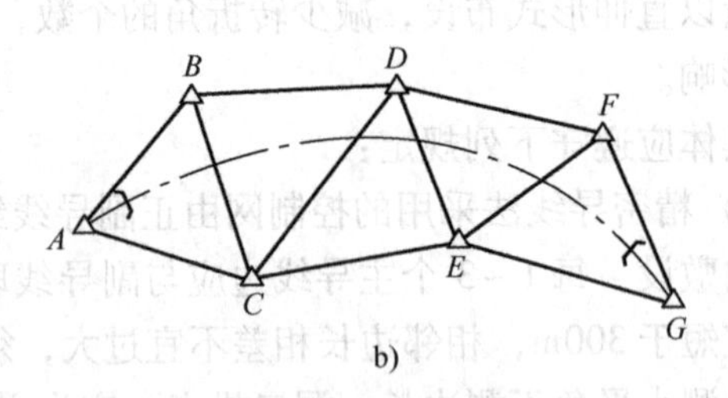

图13-2　三角锁地面控制

隧道三角锁的图形，取决于隧道中线的形状、施工方法及地形条件。直线隧道以单锁为主，三角点应尽量靠近中线，条件许可时，可利用隧道中线作为三角锁的一边，以减少测量误差对横向贯通的影响。曲线隧道三角锁以沿两端洞口的连线方向布设较为有利，较短的曲线隧道可布设成中点多边形锁，长的曲线隧道，包括一部分是直线、一部分是曲线的隧道，可布设成任意形式的三角形锁。

三角锁控制测量，必须重视三角网点位置的选择。布设时应配合地形及隧道平面线形，对布点位置要作周密的考虑，以保证达到以下各项要求：

1）三角锁宜沿两洞口连线方向敷设，邻近隧道中线一侧的三角锁各边，宜尽量垂直于贯通面，避免较大的曲折。当地形、气候或其他特殊情况不允许时，方可少许离开隧道方向布设。

2）三角锁的组成，以采用单三角形为主，近似等边三角形为佳。地形不许可时，也可采用任意三角形，但其传距角应尽量接近60°，不宜小于30°，特别困难情况下应不小于25°。为配合地形可部分采用大地四边形，以提高图形强度，为适应曲线形隧道，个别图形也可采用中点多边形。

3）组成三角锁的三角形个数以少为好，起始边至最弱边的三角形个数不宜超过6个，否则应增设起始边。全隧道三角形个数一般不宜超过12个。

4）三角锁一般宜在中部设置一条起始边（或基线网扩大边）。必要时可在较远处另设一条起始边以备检核。起始边长度不宜小于三角网最大边长的1/3。增列基线条件时，起始边应分设于锁的两端。

5）洞口投点（包括辅助坑道洞口），如因地形不允许定为三角点时，可采用插点形式与三角锁联系，且以简单三角形联系为佳。

6）三角点的位置，在确保精度的前提下应稳固，便于施测，且对邻近三角点有良好的通视条件，易于设立长期保存的标志。

4. 全球定位系统（GPS）法

用全球定位系统（GPS）的定位技术做隧道施工的地面平面控制时，只需要在洞口布设洞口控制点和定向点，除了洞口点及其定向点之间因需要通视而应作施工定向观测之外，洞口与另外洞口之间的点不需要通视，与国家控制点之间的联测也不需要通视。因此，地面控制点的布设灵活方便，且其定位精度目前已能超过常规的平面控制网，加上其他优点，GPS定位技术已在隧道施工测量的地面控制测量中被广泛应用。

13.2.2　隧道洞外地面高程控制测量

隧道洞外高程控制测量的任务是按照规定的精度，施测隧道洞口（包括隧道的进出口、竖井口、斜井口和坑道口等）附近水准点的高程，作为高程引测进洞的依据，保证按规定精度在高程方向正确贯通，并使隧道工程在高程方面按要求的精度正确修建。高程控制采用二、三、四、五等水准测量。当山势陡峻采用水准测量困难时，可采用光电测距仪三角高程的方法测定各洞口高程。多数隧道采用三、四等水准测量。

水准路线应选择在连接两端洞口最平坦和最短的地段，以达到设站少、观测快、精度高的要求。水准路线应尽量直接经过辅助坑道，以减少联测工作。每一洞口埋设的水准点应不少于两个，两个水准点间的高差，以能安置一次水准仪即可联测为宜。两端洞口之间的距离大于1km时，应在中间增设临时水准点，水准点间距以不大于1km为宜。而且，根据两洞口点间的高差和距离，可以确定隧道底面的设计坡度，并按设计坡度控制隧道底面开挖的高程。

当布设地面导线时，若使用光电测距仪，则采用三角高程测量较为方便。一般规定，当两开挖洞口之间的水准路线长度短于10km时，允许高差不符值$\Delta h \leqslant \pm 30\sqrt{L}$（mm）（$L$为单程路线长度，单位为km）。如高差不符值在限差以内，取其平均值作为测段之间的高差。

13.2.3　洞口掘进方向标定

洞外平面和高程控制测量完成以后，施工时，可按坐标反算的方法（洞口点的设计坐标和高程已知），求得洞内设计点和洞口附近控制点之间的距离、角度和高差关系（测设数据），根据这些测设数据，就可以采用极坐标法或其他方法，测设洞内设计点位，从而指导隧道施工。

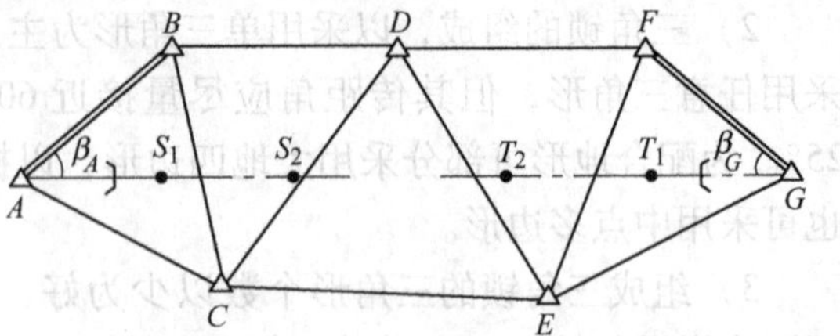

图 13-3　直线隧道掘进方向

（1）掘进方向测设数据的计算　以三角锁平面控制测量结果为例。

1）直线隧道。图 13-3 所示为一直线隧道，洞口控制桩 A、G 位于三角网的两端，各三角点的坐标已求得设为（x_i、y_i），S_1、S_2 为进 A 点洞口进洞后的第一、第二个里程桩，T_1、T_2 为进 G 点洞口进洞后的第一、第二个里程桩。为求得 A 点洞口隧道中线掘进方向及掘进后测设中线里程桩 S_1，需计算下列极坐标法测设数据

$$\left.\begin{aligned}\alpha_{AB} &= \arctan\frac{y_B - y_A}{x_B - x_A}\\ \alpha_{AG} &= \arctan\frac{y_G - y_A}{x_G - x_A}\\ \beta_A &= \alpha_{AG} - \alpha_{AB}\\ D_{AS_1} &= \sqrt{(x_{S_1} - x_A)^2 + (y_{S_1} - y_A)^2}\end{aligned}\right\} \tag{13-2}$$

对于 G 点洞口隧道中线掘进方向及掘进后测设中线里程桩 T_1，可做类似的计算。

以上角值应计算到秒，距离应计算到毫米。现场施工时，在实地安置仪器于 A 点，后视 B 点，拨水平角 β_A 即为 AG 进洞方向；同样置仪器于 G 点，后视 F 点，拨角（$360° - \beta_G$）即为 GA 进洞方向。

2）设有曲线段的隧道。对于中间设有曲线的隧道，应用三角网控制的曲线隧道，如图 13-4 所示，设各三角点的坐标已求得，路线中线转角点 C（又可称为 JD）的坐标和曲线半径 R 已由设计所指定。有了这些数据后，对于直线段可按前述方法进行。当掘进达到曲线段的里程后，可以按照测设道路圆曲线的方法指导隧道的掘进。

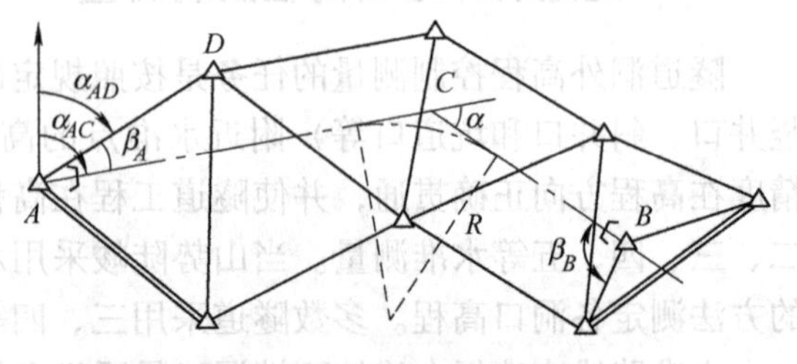

图 13-4　曲线隧道掘进方向

3）辅助巷道。对设有辅助巷道的隧道，如图 13-5 所示，为直线隧道上设一横向辅助巷道，其中 A、B 为正洞洞口控制桩，E、D 为横洞洞口控制桩，其坐标均已通过设计求出。进洞测设数据计算，主要是算出 ED 线与正洞中线的交角 β_1、E（或 D）点到正洞与横洞交点 C 的距离和 A 点到 C 点的距离。其计算方法如下：

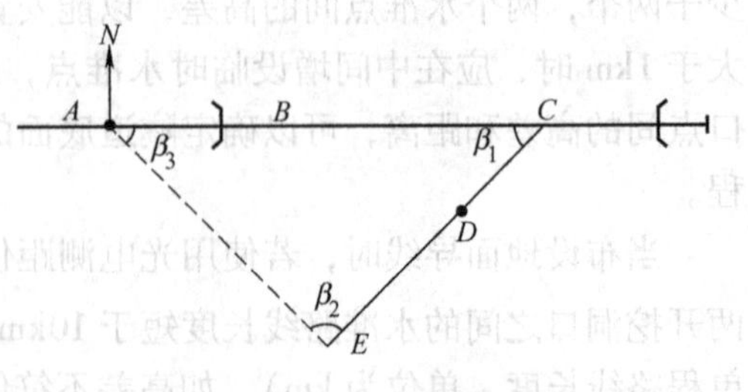

图 13-5　辅助巷道掘进方向

按坐标反算的方法分别求出 BA、DE、AE 之方位角 α_{BA}、α_{DE}、α_{AE} 及 AE 之距离 D_{AE} 后有

$$
\left.\begin{aligned}
\beta_1 &= \alpha_{BA} - \alpha_{DE} \\
\beta_2 &= \alpha_{ED} - \alpha_{EA} \\
\beta_3 &= \alpha_{AE} - \alpha_{AB} = \alpha_{AE} - \alpha_{BA} \pm 180^\circ
\end{aligned}\right\} \tag{13-3}
$$

在△ACE 中，已知三内角 β_1、β_2、β_3 和一边长 D_{AE}，则根据正弦定理得出

$$
\left.\begin{aligned}
D_{AC} &= \frac{D_{AE} \cdot \sin\beta_2}{\sin\beta_1} \\
D_{EC} &= \frac{D_{AE} \cdot \sin\beta_3}{\sin\beta_1}
\end{aligned}\right\} \tag{13-4}
$$

（2）洞口掘进方向的标定　隧道贯通的横向误差主要由测设隧道中线方向的精度所决定，而进洞时的初始方向尤为重要。因此，在隧道洞口，要埋设若干个固定点，将中线方向标定于地面上，作为开始掘进及以后洞内控制点连测的依据。如图 13-6 所示，用 1、2、3、4 桩标定掘进方向，再在洞口点 A 处沿与中线垂直方向上埋 5、6、7、8 桩。所有标定方向桩应采用混凝土桩或石桩，埋设在施工中不被破坏的地方，并测定 A 点至 2、3、6、7 等桩位的距离。这样，有了方向桩和相应数据，在施工过程中，可以随时检查或恢复进洞控制点的位置和进洞中线的方向和里程。有时在现场无法丈量距离，则可在各 45°方向再打下两对桩，成“米”字形控制，用四个方向线把进洞控制点的位置固定下来。

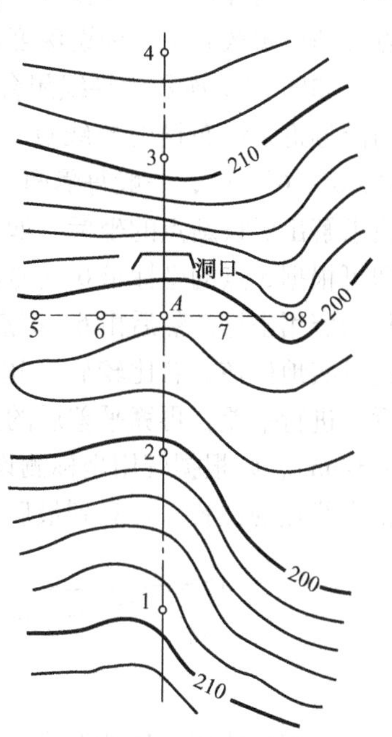

图 13-6　洞口控制点和掘进方向标定

13.3　隧道洞内测量

地面控制测量完成后，可利用控制点指导隧道开挖进洞。隧道开挖初期，洞内的施工是由进洞测量引进的临时中线点控制的。临时中线延伸一定距离后，需建立正式中线控制或导线控制，以控制隧道的延伸。同时测设固定水准点，建立与洞外统一的高程系统，作为隧道施工放样的依据，保证隧道在竖向正确贯通。以上平面控制测量和高程控制测量称为洞内控制测量。

13.3.1　洞内控制测量

由于隧道是带状的构造物，导线测量是洞内测量的首选形式。洞内导线测量是建立洞内平面控制的主要方法。将洞外建立的平面控制和高程控制传递到洞内，从而建立洞内控制点。然后利用这些洞内控制点，建立洞内导线点和水准点，对洞内的中线方向及洞内的高程进行标定，以便及时修正隧道中线的偏差，控制掘进方向，保证洞内建筑物的精度和隧道施工中多向掘进的贯通精度。

1. 洞内导线测量

洞内导线测量是建立洞内平面控制的主要形式。临时中线控制隧道开挖至一定的深度后，应立即建立正式中线，以满足控制隧道延伸的需要。正式中线点是通过导线点按极坐标法测设的，因此，隧道开挖至一定的距离后，导线测量必须及时跟上。洞内导线的起始点通

常都设在隧道洞口、平行坑道口、横洞或斜井口，它们的坐标在建立洞外平面控制时已确定。洞内导线点应尽可能沿路线中线布设。为了提高导线测量的精度，加强对新设导线点的校核，洞内导线可组成多边形闭合环或主副导线闭合环（副导线只测角、不量边）。主导线点应埋设永久基桩，埋设深度以不易被破坏和便于利用为原则。

如图 13-7 所示为导线闭合环形式。图中 0 为洞外平面控制点，1、2、3、4、5、6、…为沿隧道中线布设的导线点，其边长为 50 ~ 100m，在旁侧并列设立另一导线 1′、2′、3′、4′、5′、6′、…，一般每隔两三边闭合一次，形成导线环。每设一对新点，应首先根据观测值求解出所设新点的坐标。如由 5 点设立 6 点，由 5′点设立 6′点，在角度和边长观测以后，即可根据 5 点的坐标求 6 点的坐标，根据 5′点的坐标求 6′点的坐标，这种导线闭合前的坐标称为资用坐标。然后由 6、6′点的坐标反算两点间的距离，并与实地量测的距离作比较，以进行实地检核。若比较后未超限，即可根据这些点测设中线点或施工放样。等导线闭合以后，进行平差，再算平差后的坐标值。若平差后的坐标值与资用坐标值相差很小（一般在 2 ~ 3mm），则根据资用坐标测设的中线点可不再改动；若超限，则应按平差后的坐标值来改正中线点的位置。计算到最后一点坐标时，则取平均值作为最后结果。

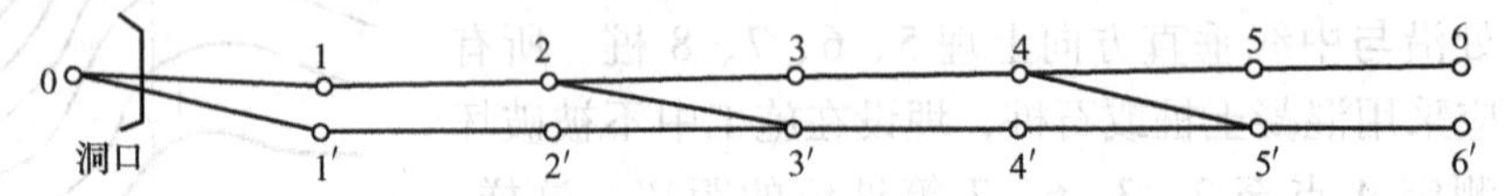

图 13-7　导线闭合环

主副导线闭合环的形式与导线闭合环基本相同，但主副导线埋设不同的标志。如图 13-8 所示为主副导线闭合环，图中主导线（以双线表示）传递坐标及方位角，副导线（以单线表示）只测角不量边，供角度闭合。此法具有上述闭合导线环的优点，即导线环经角度平差以后，可以提高导线端点的横向点位精度，并对水平角度测量做较好的检核，根据角度闭合差还可评定测角精度，同时减少了大量的量距工作。

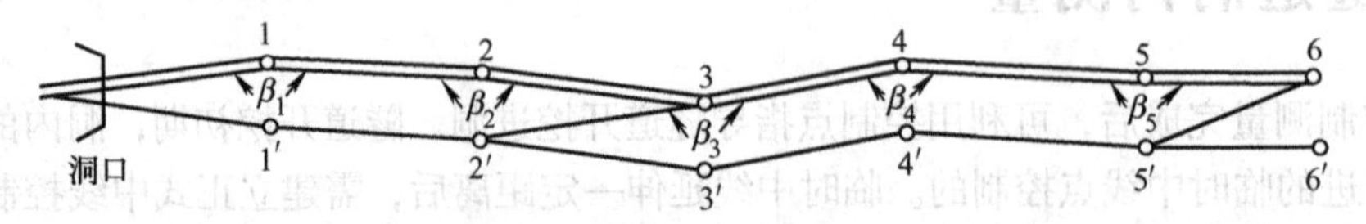

图 13-8　主副导线闭合环

角度闭合差分配后按改正的角度值计算主导线各点的坐标。最后按主导线点的坐标来测设中线点的位置。

2. 洞内水准测量

洞内水准测量的目的是在洞内建立一个与地面统一的高程系统，作为隧道施工放样的依据，保证隧道在竖向正确贯通。洞内水准测量一般以洞口水准点的高程作为起始依据，通过水平坑道、竖井或斜井等处将高程传递到地下，然后测定各水准点的高程。

洞内水准测量的方法与地面水准测量的方法相同，按三、四等水准测量方法进行。洞内水准路线，应由洞口高程控制点向洞内布设，一般与洞内导线的线路相同，导线点可以兼作水准点，结合洞内施工情况，测点间距以 200 ~ 500m 为宜。洞内水准测量需要注意两点：一是在隧道贯通之前，水准路线为支线，需要往返观测及多次观测进行校核；二是水准点的设置应与围岩级别相适应，四、五、六级围岩易变形，拱顶下沉较多，宜选在围岩级别高的地方，同级围岩，底板优于边墙、顶板。主要原因是施工爆破震动、机械振动、围岩收敛等影响水准点的稳定。顶板设置水准点时应谨慎。

洞内施工用的水准点，应根据洞外、洞内已设定的水准点，按施工需要加设。由于洞内通视条件差，仪器到水准点的距离不宜大于 50m，并用目估法使其相等。为使施工方便，在导坑内拱部、边墙施工地段宜每 100m 设立一个临时水准点，并定期复核。所有水准点均应定期复核，检测水准点是否因受施工爆破震动等因素而发生变化。

由于洞内工作场地小，施工干扰大和施工放样时要测定高程点的各点部位不同，需采用不同的方法来进行。

放样洞顶高程时，在洞底水准点上正立水准尺，以此为后视点，在洞顶倒立水准尺，以此为前视点，如图 13-9 所示（其他形式参考该类型），此时两点的高差仍为：$h=a-b$，但应注意：后视读数为正，前视读数为负，然后用常规计算方法，计算洞顶高程。

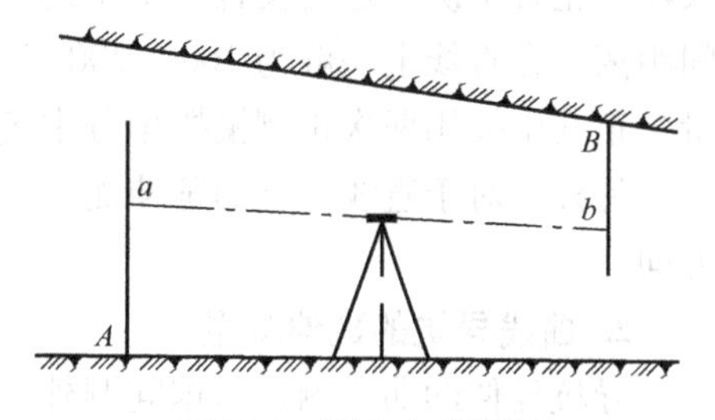

图 13-9　洞内水准测量

隧道在贯通以后，可在贯通面附近设立一个水准点，由两端洞口引进的水准路线都联测到此点上，这样此水准点便有两个高程数值，其差值就是实际的 高程贯通误差，若此误差在允许范围内，则以水准路线长度的倒数为权取两高程的加权平均值作为所设水准点的高程。据此，再调整洞内其他水准点的高程，作为最后成果。

13.3.2　隧道洞内的中线测量工作

隧道掘进一般采用临时中线来控制。设置在洞内的主要导线点，绝大多数不在贯通理论中线上。为便于日常施工放样，在一定区段内，需根据主导线点测设一定数量位于贯通理论中线上的中线点，作为施工放样的依据。测设中线点一般用坐标法、直角坐标法和极坐标法。需要注意的是，根据 JTJ 042—2009《公路隧道施工技术规范》规定，模板放样时，允许将设计的衬砌轮廓线扩大 5cm，确保衬砌不侵入隧道建筑限界。这样，开挖轮廓线相应扩大 5cm，同时，要考虑拱顶下沉预留的沉降量，以保证隧道的净空。拱顶下沉预留的沉降量是根据隧道拱顶下沉观测资料和围岩级别设计沉降量等因素，由隧道工程师等技术人员确定的，测量人员必须把上述尺寸计算在内。隧道中线极限贯通误差见表 13-3。

表 13-3　隧道中线极限贯通误差

类　别	两相向开挖洞口间长度/m	两端施工中线在贯通面上的极限误差/mm
横向	<3000	±150
	3000～6000	±200
	>6000	视仪器设备及现场情况另行规定，并需报有关部门核备
高程	不限	±70

由于洞内导线点和设计的中线里程桩坐标是已知的，用全站仪可以很方便直接在导线点上架设仪器，放出中线点。再通过中线点与开挖轮廓线等的关系，对隧道进行施工放样。

13.3.3　隧道洞内施工中线延伸测量

隧道掘进一般采用临时中线来控制，设立临时中线是为了在平面和高程上控制导坑断面的位置。故导坑内临时中线点间的距离较短，通常在直线上为10m，在曲线上为5m。

1. 直线导坑的延伸测量

直线导坑的延伸测量可采用串线法，此法是将指导开挖的临时中线点设在洞顶。施测时在中线方向上悬吊三条垂球线，以眼睛瞄准指导开挖方向。采用该法时，作为标定方向的两条垂球线的间距不宜短于5m。当直线导坑延伸长度超过30m时，应用经纬仪检核一次，并用仪器设置一个临时中线点，以后仍用上法目测指示掘进。

用经纬仪延伸法，当中线延伸到20m或30m时，应使用经纬仪定正前端临时中线点；仪器定正若干次，达到设置一个正式中线点的长度时，则需设正式中线点。正式中线点的点间距离，在直线上一般为100～200m，临时中线用正倒镜拨角分中定点，距离可用皮尺丈量，正式中线用两次正倒镜拨角分中定点，距离采用钢卷尺丈量。

另外，对于直线导坑的延伸测量，在有条件的情况下，可配合使用激光指向仪指导掘进方向。

2. 曲线导坑的延伸测量

导坑延伸的曲线测量原理同洞外曲线的测设基本相同，但导坑延伸的曲线测设方法有自己的特点，即由于洞内地域狭窄，施测时必须将曲线分段（一般为5m或10m），以缩短支距、减小偏角便于施测。下面介绍几种常用的方法：

（1）切线支距法　如图13-10所示，设圆曲线半径为R，分段曲线长为l，则分段弧长l所对的圆心角φ、切线长t、弦长c和分段弧长l终点的坐标（x、y）可按下式计算

$$\left.\begin{aligned} \varphi &= \frac{l}{R}\cdot\frac{180}{\pi} \\ t &= R\cdot\tan\frac{\varphi}{2} \\ c &= 2R\cdot\sin\frac{\varphi}{2} \\ x &= R\cdot\sin\varphi \\ y &= R\cdot(1-\cos\varphi) \end{aligned}\right\} \tag{13-5}$$

求出上述数据后，即可按如下方法进行测设：在图13-10中，由直线段掘进至B点（ZY点）后，继续按原方向（切线方向）掘进一段距离x，得到K点，再由K点作切线方向的垂线，并量支距y得1点（1点也可由K点及B点分别量支距y和弦长c交会得出）。由B点沿切线方向前量距离t，得P点。再量P点与1点的距离（应等于t），以检查1点的位置是否正确。若正确，则可用P、1两点的连线方向（即过1点的切线方向）指导向前继续掘进。当挖进距离x后，可用设置1点的方法得到2点。如此继续下去。设置出曲线上一个点后，可用偏角法复核，即将经纬仪置于B点，以零读数照准B点的切线方向，拨$\varphi/2$角量弦长c，准确定得1点；再置仪器于1点，正镜读数对零，后视B点，倒镜转动上盘，使读数为φ，即得1点与2点连线的方向，然后从1点量c准确定得2点。同法可得以后各点。

（2）后延弦线偏距法　如图13-11所示，设圆曲线半径为R，分段曲线长为l。则与l所对应的元素：分段弧长l所对应的圆心角φ、切线长t_1、弦长c和分段弧长l终点的坐标（x、y）均可按切线支距法求得。现场测设时，先用前述的切线支距法定出1点，再用钢尺

分别从 B 点及 1 点量弦长 c 及弦线偏距 d 交会出 $2'$ 点；以 $2'$ 点与 1 点的连线方向指导开挖，当挖足弦长 c 距离后，沿 $2'$、1 方向线由 1 点起向前量取弦 c，即可定出曲线上 2 点。同法测设以后各点。

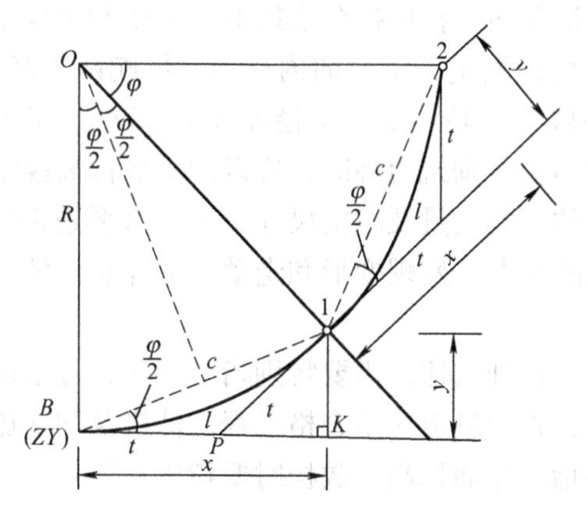

图 13-10　切线支距法

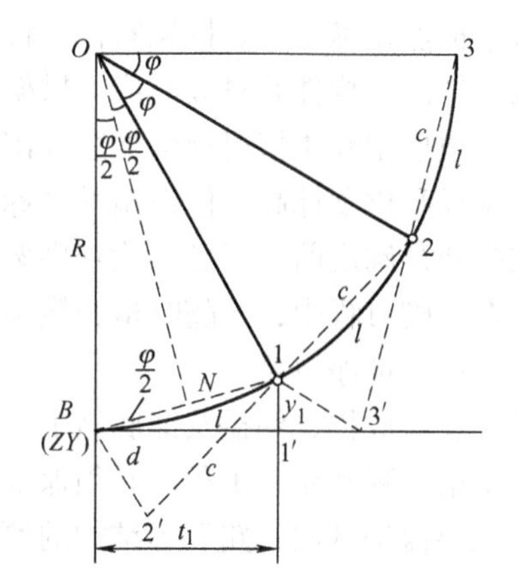

图 13-11　后延弦线偏距法

对于圆曲线，弦线偏距 d 按下式计算

$$d = \frac{c^2}{R} \tag{13-6}$$

式中　c——分段弧长 l 所对应的弦长；

R——圆曲线的半径。

（3）全站仪坐标法　坐标法在目前是主要的方法，方便准确，在对隧道超欠控制方面，较其他方法精度高。

13.3.4　隧道断面的量测

隧道开挖过程中，要求控制超挖、减少欠挖。测量人员必须及时测量断面尺寸，包括开挖测量断面尺寸和初衬断面尺寸，以指导施工。为使开挖断面能较好地符合设计断面，在每次掘进前，应根据中线和轨顶高程，在开挖断面上标出设计断面尺寸线。需要注意的是，模板放样时，允许将设计的衬砌轮廓线扩大 5cm，确保衬砌不侵入隧道建筑限界。同时，要考虑拱顶下沉预留的沉降量，以保证隧道的净空。测量人员必须把上述尺寸计算在内。全断面开挖的隧道在开挖成型后，应采用断面自动测绘仪或断面支距法测绘断面，以检查断面是否符合要求，确定超挖和欠挖工程数量。测量时按中线和外拱顶高程，从上至下每 0.5m（拱部和曲墙）和 1.0m（直墙）向左右量测支距。量支距时，应考虑到曲线隧道中心与线路中心的偏移值和施工预留宽度。仰拱断面测量，应由设计洞顶高程线每隔 0.5m（自中线向左右）向下量出开挖深度。

随着技术的进步，激光断面仪、免棱镜全站仪在隧道断面中的应用越来越广，仪器通过辐射测量极坐标的方式，能准确迅速地完成断面测量、放样等工作。

13.3.5　隧道衬砌位置控制

隧道衬砌，不论任何类型均不得侵入隧道建筑界限，否则隧道为不合格工程。因此各个部位的衬砌放样都必须在线路中线，在水平测量正确的基础上，使其位置正确，尺寸和标高符合设计要求，具体做法如下：

拱部衬砌是在安装好的拱架模型板上完成的，拱架的架立要求开挖断面符合净空要求及中线水平桩点正确无误。拱架制作是根据设计的拱架图，在放样台上按1:1的比例尺放出大样，按大样制作构件并拼装而成。拱架在受力后可能发生下沉及向内挤压，影响隧道净空。因此，必须根据地质情况预留加宽和沉降量，一般方法是将拱圈半径加大2~5cm，必要时提高起拱线和拱顶标高。但边墙基底标高应固定不变，砌筑边墙时，应以此不变标高控制。

在拱圈衬砌之前，还必须检查拱架和模型板的安装质量及净空尺寸、中线水平是否合乎要求。在衬砌过程中，应随时检查模型板及拱架的状态，发现变形和走动，应停止浇注。立即纠正，以保证净空要求。

衬砌边墙放样、仰拱及铺底施工放样在此不再详细叙述，需要特别指出的是，隧道施工不同于桥梁工程和路基工程，必须保证净空要求，否则隧道为不合格工程。仰拱及铺底施工放样，也要保证基层、路面等结构的厚度，不许抬高路面标高，放样时要特别注意。

13.4 竖井联系测量

在长隧道的施工中，为增加工作面，缩短工期，常采用竖井、斜井或平洞来增加施工开挖面。为改善运营通风或施工条件而竖向设置的坑道，称为竖井；按一定倾斜角度设置的坑道，称为斜井；水平设置的坑道，称为平洞。这些坑道也称辅助坑道。当隧道顶部覆盖层较薄，并且地质条件较好时，可采用竖井配合施工。不论何种形式，都要经由它们布设导线，构成一个洞内、外统一的高程系统，这种导线称为联系导线。联系导线属于支线性质，测角量边的精度直接影响隧道的贯通精度，必须多次精密测定，反复校核，确保无误。将地面控制网中的坐标和高程，通过竖井传递到地下，这些工作称竖井联系测量。

施工前，应根据洞外平面控制测量定出竖井中心位置和纵横中心线（十字线），并于每条线的两端各埋设两个混凝土永久桩，该桩距井筒周边不小于50m。在开挖过程中，竖井的垂度靠悬挂垂球的铅垂线来控制，开挖深度用钢尺丈量。当竖井挖掘到设计深度，并根据初步中线方向分别向两端掘进十多米后，就必须进行井上和井下的联系测量，把洞顶地面高程和地面控制网中的坐标传递到井下及洞内，指导井下隧道开挖。

13.4.1 竖井定向测量

竖井定向就是通过竖井将地面控制点的坐标和直线的方位角传递到地下，井口附近地面上导线点的坐标和边的方位角，将作为地下导线测量的起始数据。竖井定向的方法一般采用联系三角形法和陀螺经纬仪法。

1. 联系三角形法

在竖井中悬挂两根细钢丝，为了减小钢丝的振幅，需将挂在钢丝下边的垂球浸在液体中以获得阻尼。阻尼用的液体黏度要恰当，使得垂球不能滞留在某个位置，也不因为黏度小而振幅衰减缓慢。当钢丝静止时，钢丝上的各点平面坐标相同，据此推算地下控制点的坐标。

如图13-12a所示，A、B为地面控制点，其坐标是已知的，C、D为地下控制点。为求C、D两点的坐标，在竖井上方O_1、O_2处悬挂两条细钢丝，由于悬挂钢丝点O_1、O_2不能安置仪器，因此选定井上、井下的连接点 B 和 C，从而在井上、井下组成了以 O_1O_2 为公用边的三角形 $\triangle O_1O_2B$ 和 $\triangle O_1O_2C$。一般把这样的三角形称为连接三角形。图13-12b 所示的便是井上、井下连接三角形的平面投影。

当已知 A、B 两点的坐标时，即可推算出 AB 边的方位角，若再测出地面上 $\triangle O_1O_2B$ 中的 $\angle O_1BO_2=\alpha$ 和三边长 a、b、c 及连接角 $\angle ABO_1=\delta$，便可用三角形的边角关系和导线测量计算的方法，计算出 O_1、O_2 两点的平面坐标及其连线的方位角。同样在井下，根据已求得的 O_1、O_2 坐标及其连线方位角和测得井下 $\triangle O_1O_2C$ 中的 $\angle O_1CO_2=\alpha'$，及三边长 a、b'、c'，并在 C 点测出 $\angle O_2CD=\delta'$，即可求得井下控制点 C 及 D 的平面坐标及 CD 边的方位角。

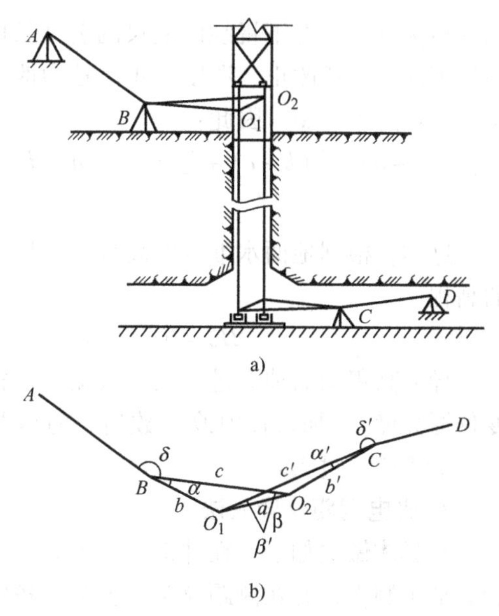

图13-12　竖井定向联系测量及连接

洞内导线取得起始点 C 的坐标及起始边 CD 边的方位角以后，即可向隧道开挖方向延伸，测设隧道中线点位。

为保证测量精度，在选择井上、井下 B 和 C 点时，应满足下列要求：

1）CD 和 AB 的长度应尽量大于20m。

2）点 B 与 C 应尽可能地在 O_1O_2 延长线上，即角度 β（$\angle BO_1O_2$）、α 及 β'（$\angle CO_1O_2$）、α' 不应大于2°，以构成最有利三角形，称为延伸三角形。

3）点 C 和 B 应适当地靠近较近的垂球线，使 $\frac{b}{a}$ 及 $\frac{b'}{a}$ 值都不超过1.5。

2. 陀螺经纬仪竖井定向

利用陀螺经纬仪可以直接在地面上测定某一方向的真方位角，同时可以利用该点的坐标计算子午线收敛角，计算该点到某一方向的坐标方位角，方便精确地为隧道中线定向。近年来陀螺经纬仪在自动化和高精度等方面有较大的发展，使陀螺经纬仪在竖井隧道自动测定方面有更大的应用。

13.4.2　高程联系测量（导入高程）

高程联系测量的任务是把地面的高程系统经竖井传递到井下高程的起始点，导入高程的方法有：钢尺导入法、钢丝导入法、测长器导入法及光电测距仪导入法。

1. 钢尺导入法

如图13-13 所示，在竖井地面洞口搭支撑架，将长钢尺悬挂在支撑架上并自由伸入洞内。钢尺下面悬挂一定质量的垂球，待钢尺稳定时，开始测量。假设在离洞口不远处的水准点 A 上立尺，在水准点和洞口之间架设水准仪，分别在水准尺和钢尺上读取中丝读数为 a、b；同时，在地下洞口和地下水准点 B 之间架设水准仪，在钢尺和水准尺上读数分别为 c、d。这时，地下水准点 B 与地面水准点 A 之间的高差为

$$h_{AB}=(a-b)+(c-d)=(a-d)-(b-c) \tag{13-7}$$

$(b-c)$为井上、井下视线间钢尺的名义长度，实际计算中一般须加上尺长改正、温度改正、拉力改正和钢尺自重改正等四项总和$\sum\Delta l$，因此：

$$h_{AB}=(a-d)-[(b-c)+\sum\Delta l]=(a-d)-(b-c)-\sum\Delta l \tag{13-8}$$

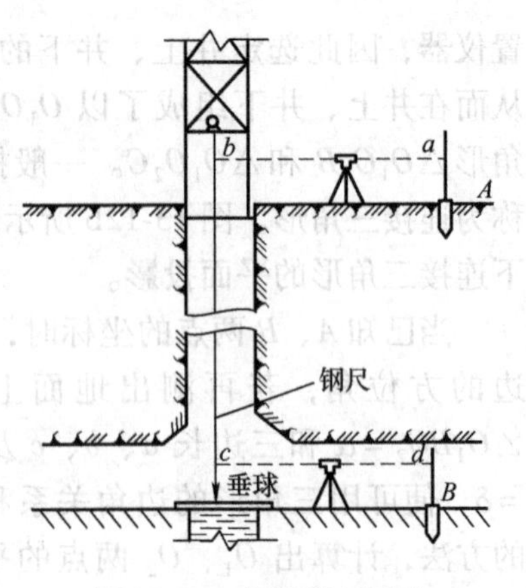

图 13-13　高程联系测量

这样，根据地面水准点的高程，可以计算地下水准点的高程

$$H_B=H_A+h_{AB}$$

导入高程均需独立进行两次（第二次需移动钢尺，改变仪器高度），加入各项改正数后，前后两次导入高程之差一般不应超过 5mm。

2. 光电测距仪导入法

其具体做法如下：在井口搭一支架，支架可根据光电测距仪主机及配套的经纬仪的外部轮廓加工制作，并在测距仪头上安装专备的直角棱镜，将测距仪安置于支架上，安置中心与井下反射镜的安置中心均应在原投点位置，观测时使测距头通过直角棱镜瞄准井底的反射棱镜测距，一般应观测 3～4 测回，每测回读数 3 次，限差应符合相关规范的要求。距离应加气象常数改正（但不需测竖直角倾斜改正），改正后的距离即为测距仪中心至井底反射棱镜的高差 D_h。然后用一台水准仪分别测出井上基点至测距仪中心的高差及井下基点至井下长射棱镜的高差，按式（13-9）计算，将井上基点的高程传递至井下基点，如图 13-14 所示。

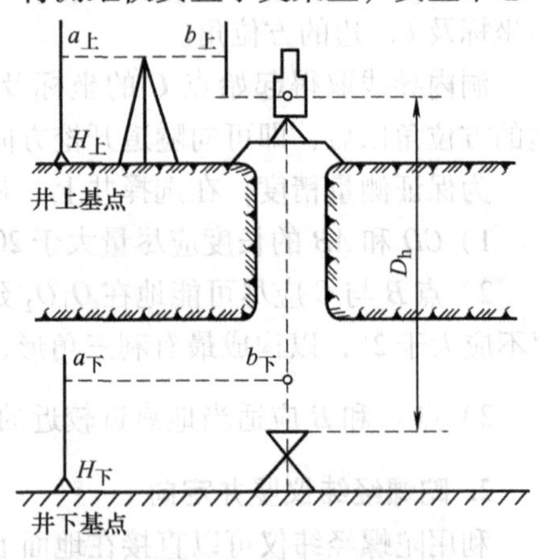

图 13-14　竖井高程传递至井下基点

$$H_下=H_上+a_上-b_上-D_h+b_下-a_下 \tag{13-9}$$

式中　$H_下$——井下基点高程；

$H_上$——已知井上基点高程；

$a_上$——井上用水准仪测量的后视读数；

$b_上$——井上用水准仪测量的前视读数；

$a_下$——井下用水准仪测量的后视读数；

$b_下$——井下用水准仪测量的前视读数；

D_h——测距仪中心至井底棱镜的距离。

13.5　隧道贯通的测量工作

在隧道施工中，往往采用两个或两个以上的相向或同向的掘进工作面分段掘进隧道，使其按设计的要求在预定的地点彼此接通，称为隧道贯通。由于施工中的各项测量工作都存在误差，从而使贯通产生偏差。贯通误差在隧道中线方向的投影长度称为纵向贯通误差；在横向即水平垂直于中线方向的投影长度称为横向误差；在高程方向上的投影长度称为高程误差。纵向误差只对贯通在距离上有影响；高程误差对坡度有影响；横向误差对隧道质量有影响，通常称该方向为重要方向。不同的工程对贯通误差有不同的要求。在为保证隧道施工在两个或多个开挖面的掘进中，施工中线在贯通面上的横向及高程能满足贯通精度要求，符合路面及纵断面的技术条件，必须进行控制测量及贯通误差的测定和调整。

公路隧道洞内两相向施工中线，在贯通面上的极限误差规定见表 13-4。控制测量精度以中误差衡量，最大误差（极限误差）规定为中误差的 2 倍。由测量误差引起在贯通面上产生贯通误差的影响值，应不大于表 13-4 中的规定。

表 13-4　贯通面上的极限误差

测量部位	横向中误差/mm		高程中误差/mm
	两开挖洞口间长度/m		
	<3000	3000～6000	
洞外	45	55	25
洞内	60	80	25
全部隧道	75	100	35

注：设有竖井的隧道，应视施测条件按误差分配原理，另行计算各测量部位对贯通面上的横向中误差，不适用本表规定。

隧道贯通后，应进行实际偏差的测定，以检查其是否超限，必要时还要做一些调整。贯通后的实际偏差常用中线延伸法和求坐标法测定。

13.5.1　中线延伸法

隧道贯通后把两个不同掘进面各自引测的地下中线延伸至贯通面，并各钉一临时桩，如图 13-15a 所示的 *A*、*B* 两点，丈量出 *A*、*B* 两点之间的距离，即为隧道的实际横向偏差。*A*、*B* 两临时桩的里程之差，即为隧道的实际纵向偏差。

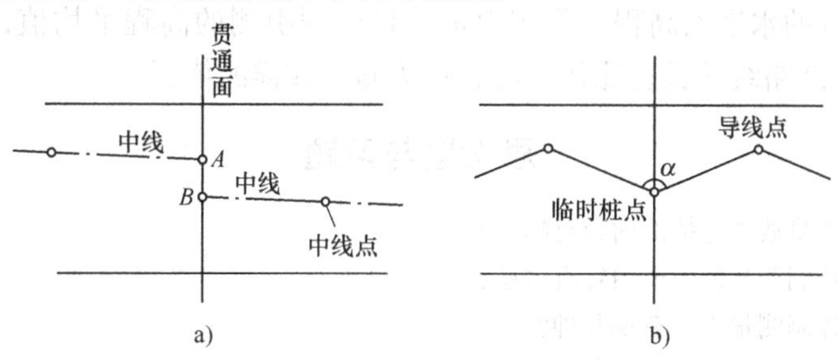

图 13-15　隧道贯通误差测量

13.5.2　求坐标法

隧道贯通后，两不同的掘进面共同设一临时桩点，由两个掘进面方向各自对该临时点进行测角、量边，如图 13-15b 所示。然后计算临时桩点的坐标。所得的闭合差分别投影至贯通面及其垂直的方向上，得出实际的横向和纵向贯通误差。

隧道贯通后的高程偏差，可按水准测量的方法，由水准路线两端向洞内实测，测定同一临时点或中线点的高程，所测得的高程差值即为实际的高程贯通误差。

公路隧道施工贯通误差的调整方法，直线段隧道，采用折线法调整中线；曲线段隧道，根据实际贯通误差，由曲线的两端向贯通面按比例调整中线；精密导线测量延伸中线时，贯通误差用坐标增量平差来调整。

公路隧道贯通后，施工中线及高程的实际贯通误差，应在尚未衬砌的100m地段内调整。该段的开挖及衬砌均应以调整后的中线及高程进行施工放样。隧道贯通后误差调整原则如下：

1）如果调整而产生的转角在5′以内，作为直线考虑；转角在5′~25′时，按顶点内移量考虑见图13-16和表13-5；转折角大于25′时，则应加设半径为4000m的曲线。

2）隧道调整地段位于圆曲线上，曲线的两端向贯通面按长度比例调整中线，如图13-16所示。

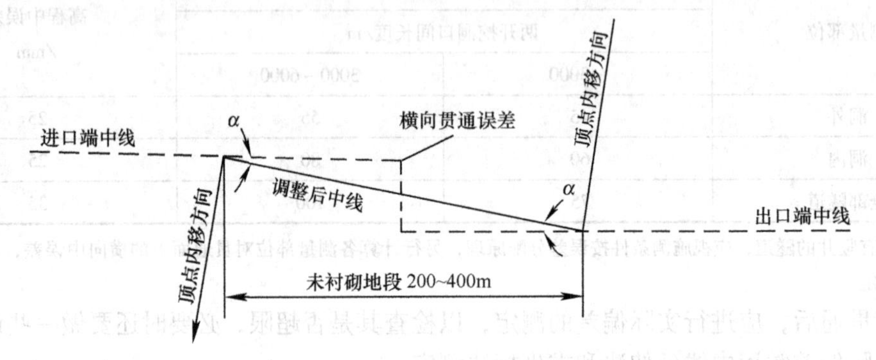

图13-16　折线法调整贯通误差

表13-5　贯通误差调整

转折角	内移量/mm	转折角	内移量/mm	转折角	内移量/mm
5′	1	15′	10	25′	26
10′	4	20′	17		

3）贯通点附近的水准点高程，采用由进出口分别引测的高程平均值，作为调整后的高程。其他各点按水准路线的长度比例分配，作为施工放样的依据。

思考题与习题

13-1　隧道施工测量放样包括的内容有哪些？

13-2　洞外地面控制测量的主要内容有哪些？

13-3　洞外平面控制测量方法有哪几种？

13-4　洞内施工测量的主要内容包括哪些方面？

13-5　竖井高程传递常用测量方法有哪些？

13-6　简述施工贯通误差测定方法。

13-7　什么是竖井联系测量？它包括哪些内容？

13-8　地下导线有几种形式？分别适用什么情况？

13-9　什么是贯通误差？包含哪些内容？如何进行测定？

第14章

管道施工测量

本章重点

1. 管道施工中管道中线桩的测设。
2. 纵断面图、横断面图的测绘。
3. 管道施工中管道中线的控制测量及管道坡度标高控制的方法。
4. 管道竣工图的测绘。

14.1 管道工程测量概述

随着城市化的发展，地下管道的种类及数量越来越多，管道是城乡建设中不可缺少的组成部分。常见的管道有：给水管道、排水管道、供暖管道、天然气管道、输油管道等。无论从管道的设计还是从管道的施工方面来讲，工程测量不但是必要而且是先行的。

管道工程测量的主要任务有两个，其一是为管道工程设计提供地形图和纵断面图；其二是按图样设计要求将管道平面、竖向准确位置敷设于地面及地下。管道施工测量的具体工作有以下几个方面。

1）收集资料。收集管道施工地段规划区域的1∶10 000～1∶1000的地形图；如果该地段原有管道存在则收集原有管道的平面图和断面图。

2）地形测量。实地测量管道规划线路带状地形图或对原有地形图进行修测，为确定管道中心线的位置提供依据。

3）规划定线。结合现场，在地形图上进行初步规划和确定管道中心线的位置。

4）管道中线测量。根据设计要求及在地形图上确定的管道中线位置，并在地面上定出管道中线的位置。

5）纵断面测量。测绘管道中线方向的地面高低起伏情况，给管道的设计提供依据。

6）横断面测量。测绘垂直于管道中线方向的地面高低起伏情况，以便确定土方工程量等。

7）管道施工测量。为管道施工提供准确的中线方向及标高。

8）管道竣工测量。管道竣工图的测绘。

14.2 管道中线测量及纵横断面测量

14.2.1 管道中线测量

管道中线测量就是将管道中心线的位置在所施工的地面上标定出来，即每隔一定距离用木桩标定中线位置。根据管道中线各木桩位置不同可分为主点桩和中桩。管道中线测设的精度要求见表14-1。

表14-1 管道中线测设的精度要求

测设内容	点位允许误差/mm	测角容许误差
厂房内部管线	7	±1.0′
厂区内地上和地下管道	30	±1.0′
厂区外架空管道	100	±1.0′
厂区外地下管道	200	±1.0′

1. 主点桩的测设

管道的起点、终点、转折点通常称为管道的主点，主点决定了管道中心线的起始位置及走向。在地面上把这些点的位置用木桩标定出来称为主点桩的测设。

主点的位置及管线走向是由设计而确定的，所以在主点测设时应根据管道总平面图来确定测设主点所需的依据及方法。

（1）根据控制点测设主点 当管道总平面图给出控制点和主点的位置及坐标时，则采用极坐标法或方向交会法测设主点桩。根据坐标反算出测设数据（夹角及距离），然后在实地按照极坐标法或方向交会法测设出主点的位置。如图14-1所示，4、5、6、7点是现场已有的导线点，B、C、D、E为拟测设的管线主点，在4点安置经纬仪，由测设数据d_{4B}、β_{4B}及以d_{4C}、β_{4C}根据极坐标法就可测设出B、C两点，在6、7点上安置经纬仪，由β_{6D}、β_{7D}按方向交会法就可测设出D点。同理，可测设出其余各点。测量各主点间距离，与设计值比较，以便检核。

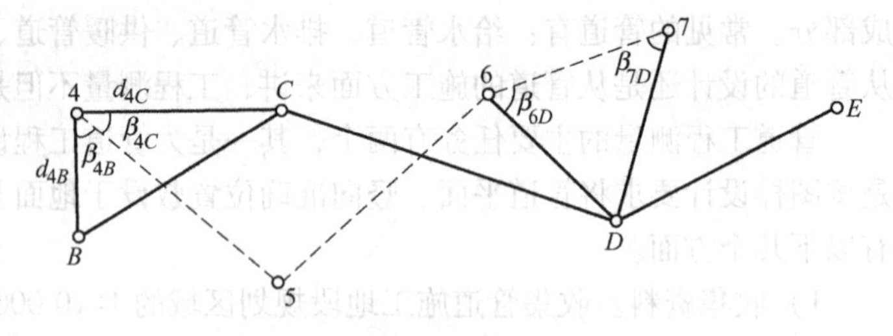

图14-1 根据控制点测设主点

（2）图解法 当总平面图没有给出控制点而是给出管道中心线主点与原有建筑物的位置关系时，可从图上直接量出测设数据，按直角坐标或距离交会法测设主点。如图14-2所示，Ⅰ、Ⅱ是原有管道的检查井位置，A、B、C是拟建管道的主点。欲在地面上测设出各主点，可根据比例尺在图上量测出测设数据S、a、b、c、d和e的距离。然后沿原管道Ⅰ、Ⅱ方向，从Ⅰ点量出S即得A点；用直角坐标法测设B点，用距离交会法测设C点，测设长度全是小于一整尺。检

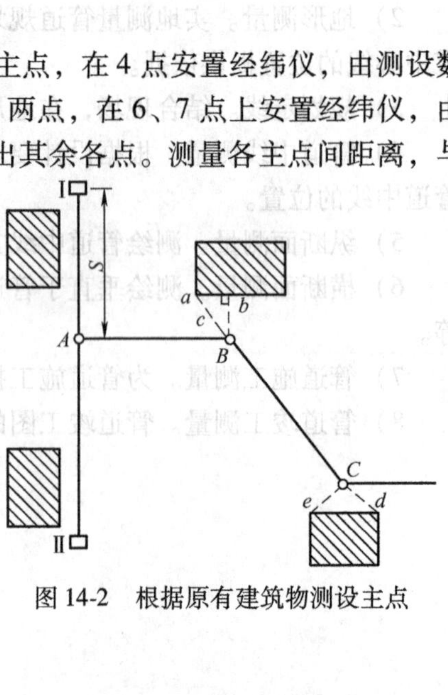

图14-2 根据原有建筑物测设主点

核无误后，用木桩标定点位，并做好点之记。

2. 转折角测量

转折角是管线转变方向时，转变后的方向与原有方向的延长线之间的夹角，也称为偏角，如图 14-3 所示。在管道施工中，对于中线方向发生改变处，管道的连接要采用特殊的方法，尤其对于铸铁管件都有一定规格的弯度连接，所以要在管线转折处，测出转折角值。

（1）直接测偏角　由于管线的转向不同，转折角有左偏角、右偏角之分，分别以 $\alpha_{左}$ 和 $\alpha_{右}$ 表示。测量时，可直接测出转折角，如图 14-3 所示，需测编号为 5 的点的转向角。将经纬仪安置于 5 点，盘左先照准原方向 4 点，并读数，然后倒转望远镜，即原方向的延长线，接着旋转仪器照准 6 点，并读数，两数之差即为转折角的最终值。

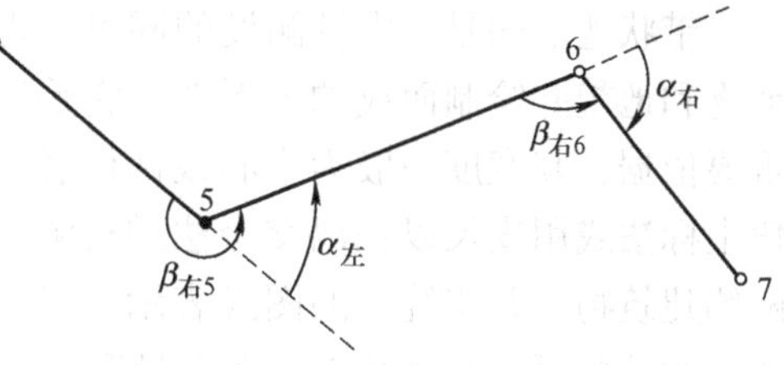

图 14-3　转折角测量

（2）测管线转折处右角　可用经纬仪按测回法直接观测线路的右角 $\beta_{右}$；由 $\beta_{右}$ 计算偏角。当 $\beta_{右}<180°$ 时，$\alpha_{右}=180°-\beta_{右}$；当 $\beta_{右}>180°$ 时，$\alpha_{左}=\beta_{右}-180°$，如图 14-3 中的 $\beta_{右6}$ 和 $\beta_{右5}$。管线转折角测量记录手簿见表 14-2。

表 14-2　管线转折角测量记录手簿

工程名称：××厂供水管道 日期：		天气：晴 仪器：DJ_6	测量员：××× 记录员：×××	
桩号	间距/m	转折角		备注
		左偏	右偏	
0+010			63°41′24″	
	40			
0+050		37°16′06″		
	40			
0+090			31°08′40″	
	40			

14.2.2　中桩测设

为了标定管线的中线位置，测定管线的长度和测绘纵、横断面图，从管道起点开始，沿管道中线方向根据地面变化情况在实地要设置整桩和加桩，这项工作称为中桩测设。从起点开始按规定某一整数（20~50m）设一桩，这个桩叫整桩。相邻整桩间的重要地物（如铁路、公路及原有管道等）以及穿越地面坡度变化处（高差大于 0.3m）要增设木桩，这些桩叫加桩。

为了便于计算，中桩自起点开始按里程注明桩号，“+”号前面的表示“km”；“+”号后面的三位数字分别表示百米、十米、米；并用红油漆书写在木桩测面，书写要整齐、美观，字面要朝向管线起始方向，书写后要检核。如整桩桩号为 0+080，即表示此桩离起点 80m，如加桩桩号为 0+087 即表示离起点 87m。因此，管线中线上的整桩和加桩都叫里程桩。管线里程桩和加桩草图如图 14-4 所示。

为了保证精度要求，测设中桩时，中线定线应采用经纬仪定线，中线量距采用检定后的钢尺丈量两次。在精度要求不高时，也可用目估定线、皮尺方法，但在丈量时，要尽量保持尺身的平直，量距相对误差不低于 1/2000。

中桩都是根据该桩到管线起点的距离来编定里程桩号的，管线不同，其起点也有不同规定。污水管道以下游出口处作为起点，给水管道以水源作为起点，煤气、热力管道以来气方向作为起点。

为了给设计和施工提供资料，中线定好后，应将中线展绘到带状地形图上。图上应反映出各主点的位置和桩号、各主点的点之记、管线与主要地物、地下管线交叉点的位置和桩号、各交点的坐标、转折角等。当没有带状地形图时，则需要测绘带状地形图。

14.2.3 带状地形图测绘

带状地形图是在中桩测设的同时，现场测定管线两侧带状地区的地物和地貌并绘制而成的地形图。它是绘制纵断面图和设计管线时的重要依据，其宽度一般为中心线两侧各 20m。测绘的方法主要是用直角坐标法或用皮尺以距离交会法进行测绘，若遇到建筑物，需测绘到两侧建筑物，并用统一的图式表示。当已有大比例尺地形图时，某些地物和地貌可以直接从地形图上量取，这样可减少外业的工作量。

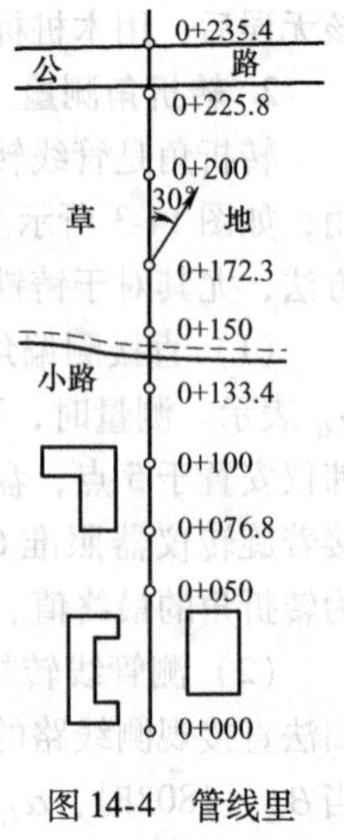

图 14-4 管线里程桩和加桩草图

14.2.4 管道纵断面测量

管道纵断面测量就是根据水准点的高程，用水准测量的方法测出中线上各桩的地面点的高程，然后根据里程桩号和测得的相应地面高程按一定比例绘制成纵断面图，用以表示管道中线方向地面高低起伏变化情况，为设计管道埋深、坡度及计算土方量提供重要依据。

1. 水准点的布置

水准点是管道水准测量的控制点，为了保证管道全线高程测量的精度，在纵断面水准测量之前，应先沿管线设立足够的水准点。一般要求沿管线方向，每 1 ~ 2 km 埋设一永久性水准点，每 300 ~ 500m 埋设 1 个临时性水准点，按四等水准测量的精度观测出各水准点的高程，作为纵断面测量和施工引测高程的依据。水准点应埋设在不受施工影响且使用方便和宜于保存的地方，或在沿线周围牢固建筑物的墙角或台阶上。

2. 纵断面水准测量

纵断面水准测量一般是以相邻两水准点为一测段，从一个水准点出发，逐点测量各中桩的高程，再附合到另一水准点上，以资校核。纵断面水准测量视线长度可适当放宽，一般采用中桩作为转点，但也可以另设。在两转点间的各桩，通称中间点，中间点的高程通常用视线高法求得，故中间只需一个读数（即中间视）。由于转点起传递高程的作用，所以转点上读数必须读至毫米，中间点读数只是为了计算本身高程，故读至厘米。

在量测过程中，应同时检查整桩、加桩是否恰当，里程桩号是否正确，若发现错误和遗漏需进行补测。

在测设主点时，为保证测设无误，应有检核条件，若无检核条件应重新丈量一次以保证测设精度。

图 14-5 所示是由一水准点 *BMA* 到 0 + 300 一段中桩纵断面水准测量示意图，其施测方法如下：

1）安置仪器于测站 1，后视水准点 *A*，读数为 1.823，前视 0 + 000，读数为 1.514。

2）安置仪器于测站 2，后视 0 + 000，读数为 1.774，前视 0 + 100，读数为 1.285，再将水准尺立于中间点 0 + 045，读数为 1.530。

3）安置仪器于测站 3，后视 0 + 100，读数为1.289，前视0 +200，读数为1.367，同法再读中间点 0 + 135 和 0 +164，分别读得1.02 和10.870。

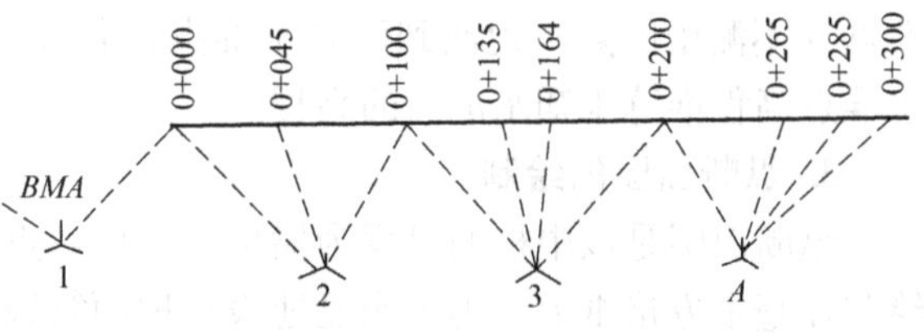

图 14-5 中桩纵断面水准测量

以后各站同上法进行，直到附合到另一个水准点上。为了完成一个测段纵断面水准测量，要根据观测数据进行如下计算。

1）高差闭合差计算。纵断面水准测量从一水准点附合到另一水准点上，其高差闭合差应小于允许值（无压管道允许值为 $\pm 5\sqrt{n}$，一般管道允许值为 $\pm 10\sqrt{n}$，其中 n 为测站数，计算结果单位为 mm），则成果合格。将闭合差反号平均分配到各站高差上，得各站改正高差，然后计算各前顶点高程。

2）每一测站上各项高程计算。视线高程 = 后视点高程 + 后视读数；中桩高程 = 视线高程 - 中视读数；转点高程 = 视线高程 - 前视读数。计算结果见表 14-3。

表 14-3 纵断面水准测量的记录计算手簿

测站	标号	水准尺读数/m			高差/m		改正后高差		视线高程/m	高程/m
		后视	前视	中视	+	−	+	−		
1	*BMA*	1.823								1046.800
					−3					
	0 +000		1.514		0.309		0.306			1047.106
2	0 +000	1.774			−4				1048.880	1047.106
	0 +100		1.285		0.489		0.485			1047.591
	0 +045			1.53						1047.350
3	0 +100	1.289				−4				1047.591
	0 +200		1.367			0.078		0.082	1048.880	1047.509
	0 +135			1.02						1047.860
	0 +164			0.87						1048.01
4	0 +200	0.363				−4			1047.872	1047.509
	0 +300		1.762			1.399		1.403		1046.106
	0 +265			1.47						1046.402
	0 +285			1.77						1046.102
5	0 +300	0.502				−4				1046.106
	BMB		1.858			1.356		1.360		
	Σ	5.751	7.786		0.798					1044.746
辅助计算	$h_{AB} = \sum a - \sum b = \sum h_i = -2.035$，$f_h = -2.035\text{m} - (-2.054)\ \text{m} = +0.019\text{m} = +19\text{mm}$ $f_{h允} = \pm 10\sqrt{5} = +22\text{mm} > 19\text{mm}$，合格									

当管线较短时，纵断面水准测量可与测量水准点的高程一起进行，由一已知水准点开始按上述方法测出各中桩的高程后，附合到另一个未知高程的水准点上，再从该未知高程的水

准点（不测中间点）返测到已知水准点，若往返闭合差在限差内，则由高差平均数和已知水准点高程推算未知水准点的高程。

3. 纵断面图的绘制

纵断面图是以中桩的里程为横坐标，以各点的地面高程为纵坐标进行绘制的，一般将其绘制在毫米方格纸上。为了明显地表示地面管线中线方向上的起伏变化，一般纵向比例尺较横向比例尺大10倍或20倍，如里程比例尺为1:500，则高程比例尺为1:50，具体绘制方法如图14-6所示。

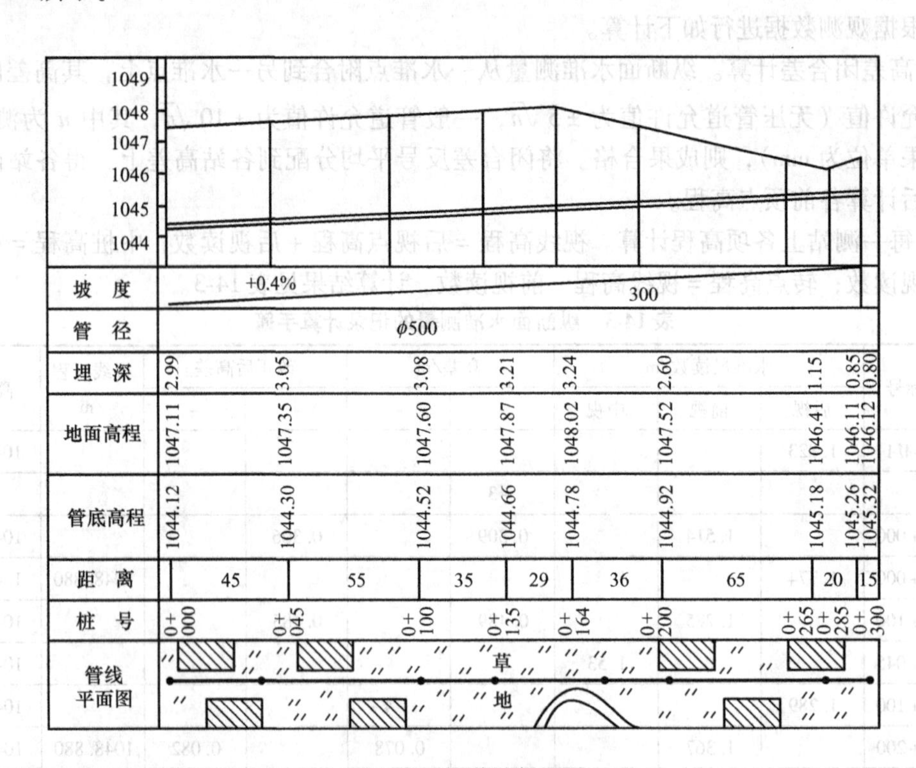

图14-6 管道纵断面图

1）在毫米方格纸上的合理位置绘出水平线（水平粗线），水平线以上绘制管道纵断面图，水平线以下各栏需注记设计、计算和实测的有关数据。

2）根据横向比例尺，在距离、桩号和管道平面图等栏内标出各中桩桩位，在距离栏内注明各相邻桩间距。根据带状地形图绘制管道平面图，在地面高程栏内填注各桩实测的高程，并凑整到厘米（排水管道技术设计的断面图上高程注记到毫米）。

3）在水平粗线上部，按纵向比例尺，根据各中桩的实测高程，在相应的垂线上定出各点位置，再用直线连接各相邻点，即得纵断面图。

4）根据设计坡度，在纵断面图上绘出管道的设计坡度线，在坡度栏内注明方向。

5）计算各中桩的管底高程：管道起点高程一般由设计线给定，管底高程则是根据管道起点高程、设计坡度及各桩的间距，逐点推算而来的。如0+000的管底设计给定的高程为1044.12m，管坡度为+0.4%，则0+100的底高程为1044.12m+0.4%×100m=1044.12m+0.4m=1044.52m。

6）计算各中桩点管道埋深，即地面高程减去管底高程。

除上述基本内容外，还需把本管线与相临管线相接处、交叉处以及与之交叉的地下构筑物等在图中绘出。

14.2.5　管道横断面测量

横断面图是用来表示垂直于管线方向上一定距离内的地面起伏变化情况，是施工时确定开挖边界线和土方估算的依据。在各中桩处，测出垂直于中线的方向的各特征点到中桩的平距和高差，根据这些测量数据所绘的断面图就是管道横断面图。

横断面图的施测宽度一般是由管道埋深和管道直径来确定的。一般要求每侧为 15 ~ 30 m。施测时，用十字定向架定出横断面图方向（见图 14-7），用木桩或测钎插入地面作为地面特征点标志。各特征点的高程测量一般与纵断面水准测量同时进行，这些点通常当做中间点进行测量。现以图 14-5 中测站点 2 为例，说明 0 + 100 横断面水准测量的方法。

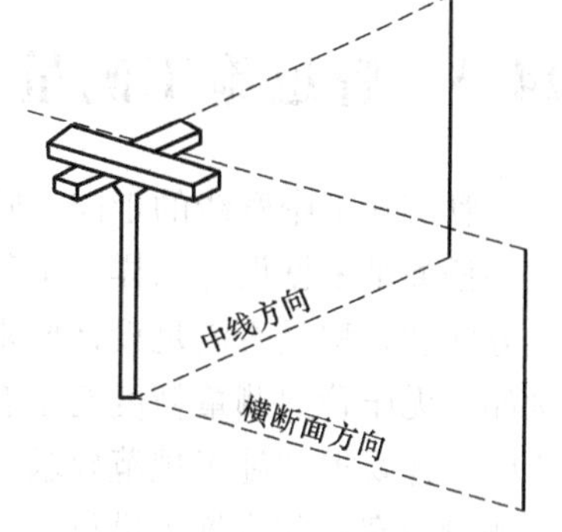

图 14-7　十字定向架

水准仪安置在测站点 2 上，后视 0 + 000，读数 1.980，前视 0 + 100，读数 1.488，此时仪器视线高程为 1049.086：再逐点测出 0 + 100 的距离，记入表 14-4 中，表中左 2 表示此点在管道中线左侧，距中线 2m。仪器视线高减去各点中视，即得各特征点高程。

表 14-4　横断面水准测量手簿

测站	桩号	水准尺读数/m			视线高程/m	高程/m	备注
		后视	前视	中视			
2	0 + 000	1.980	1.488		1049.086	1047.106	
	0 + 100					1047.598	
	左 2			1.026		1048.06	
	左 2.8			1.656		1047.43	
	左 15			1.826		1047.26	
	左 20			2.036		1047.05	
	右 1.8			1.476		1047.61	
	右 2.4			0.926		1048.16	
	右 20			1.546		1047.54	

绘制横断面图时均以各中桩为坐标原点，以水平距离为横坐标，以各特征点里程为纵坐标，将各地面特征点绘在毫米方格纸上。为了便于计算横断面面积、确定开挖边界线，纵、横坐标比例尺要求一致，通常用 1∶100 或 1∶200。

绘制时，先在毫米方格纸上，由下而上以一定间隔定出断面的中心位置，并注明相应的桩号和高程，然后根据记录的水平距离和高

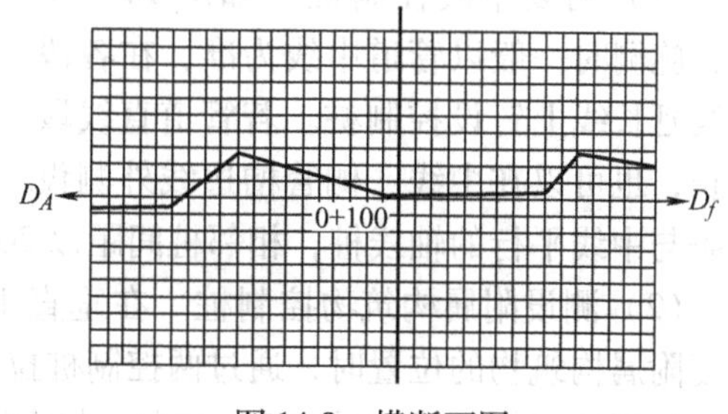

图 14-8　横断面图

差，按规定的比例尺绘出地面上各特征点的位置，再用直线连接相邻点，即绘出横断面图，如图 14-8 所示。

由于管道横断面图一般精度要求不高，为了方便起见，可利用大比例尺地形图绘制。如果管线两侧地势平缓且管槽开挖不宽，则横断面测量可以不必进行，计算土方量时，视中桩高程与横断面上地面高程一致。

14.3 管道施工测量工作内容

管道施工中管线的走向、管底高程可根据测量所设的标志确定。所以，管道施工测量的主要任务是依据设计图样、工程进度的要求，为施工测设各种标志，使施工人员随时掌握中线方向和高程是否满足设计要求。管道施工测量的精度要求取决于工程的性质和施工方法。例如，无压管道测量精度高于有压管道，不开槽施工测量精度高于开槽施工精度。测设精度要以设计要求和施工规范要求为准。管道施工时，中线和高程均以测量标志为依据，因此施工测量应密切配合施工进行。

14.3.1 施工前的准备工作

1. 熟悉图样和现场情况

管道施工前必须对施工现场各主点桩、中桩的位置进行检查。管道施工测量人员在施工前要认真熟悉设计图样，了解设计意图和对测量的精度要求，掌握管道中线位置、各种附属构筑物的位置和数量等，并找出有关测设数据及相互关系，认真检查，以防出错。

在现场勘察时，要复核管道总平面图与实地情况是否一致；在图上找出有关测设数据及相互关系是否和实地一致。另外还应做好现有地下管线的复查工作，以免施工时造成不必要的损失。

2. 恢复中线并测设施工控制桩

管道施工开挖之前，要对所测设的主点桩 、中桩进行检查，将位置变动的、丢失的桩重新恢复，同时应把管线附属构筑物及支线位置定下来。

由于管道中线上的桩在施工中会被挖掉，为了施工中控制中线和其他附属构筑物的位置，应将施工控制桩设在不受施工干扰、易于保存和引测方便的地方。施工控制桩分为中线控制桩和附属构筑物控制桩两种。

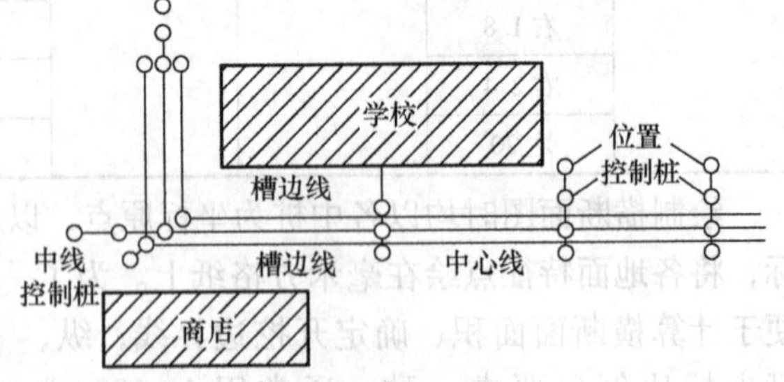

图 14-9 测设中线、附属构筑物控制桩

(1) 测设中线控制桩 如图 14-9 所示，施测时一般以管道中线为准，在各段中线延长线上钉设控制桩。若管道直线段较长，也可以在中线一侧管槽边线外测设一条与中线平行的轴线桩，相邻桩间距以 20m 为宜，作为恢复控制中线的依据。

(2) 测设附属构筑物控制桩 在垂直于中线的方向上钉两个控制桩，如图 14-9 所示。恢复附属构筑物的位置时，通过两控制桩拉小线，则小线与中线的交点就是构筑物的中心位置。控制桩要钉在槽口外 0.5m 左右，与中线距离取整米数，以便使用。

(3) 加密临时水准点 为了统一施工高程，方便在施工过程中引测，应根据原有水准点，将临时水准点加密到每间隔 100 ~ 150m 一个，这样不经过转点就可测定线路上任一点的高程。

14.3.2 施工中的测量工作

1. 槽口放线

由于土体的类别不同造成土体的稳定性不同，所以在管道开挖时常需放线以防止塌方。管道施工中槽口测量的任务是根据设计要求的埋深和土层情况、管径大小等因素放坡计算出开槽宽度，并在地面上定出槽边线的位置，作为开槽依据。

当横断面比较平坦时，如图 14-10a 所示，槽口宽度按下式计算

$$D_{左} = D_{右} = \frac{b}{2} + mh$$

当槽断面倾斜较大时，中线两侧槽口宽度就不一致，应分别按下式计算或用图解法示出，如图 14-10b 所示。

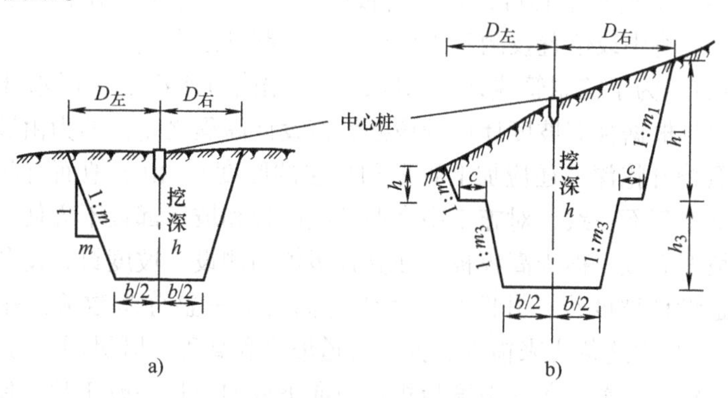

图 14-10 槽口放线

$$D_{左} = \frac{b}{2} + mh + m_3h_3 + c \tag{14-1}$$

$$D_{右} = \frac{b}{2} + m_1h_1 + m_3h_3 + c \tag{14-2}$$

式中 m——放坡系数，随土质、挖深不同而不同。

【例 14-1】 已知某管道工程的施工场地地面高程为 225.000 m，管道沟底的设计高程为 222.000m，管道沟底宽为 1.3m，土质为黄土其放坡系数 $m = 0.10$，试确定管沟的上口宽度为多少米?

【解】 挖深 $h = 225.000\text{m} - 222.000\text{m} = 3\text{m}$

所需放坡的宽度 $B = hm = 3\text{m} \times 0.10 = 0.3\text{m}$

$$D_{左} = D_{右} = \frac{b}{2} + B = \frac{1.3}{2}\text{m} + 0.3\text{m} = 0.95\text{m}$$

2. 坡度控制标志的测设

管道施工的关键是中线方向和坡度的控制，对于无压污水管道坡度尤为重要，如果实际施工的坡度不满足设计要求有可能形成污水倒流。所以，管道施工的测量工作主要是控制管道的中线和高程位置。因此，在开槽前应设置控制管道中线和高程位置的施工测量标志，以

便按设计要求进行施工，一般常采用龙门板法和平行轴腰桩法。

(1) 龙门板法　龙门板由坡度板和高程板组成，具体施测方法如下。

1) 埋设坡度板及投测中心钉。坡度板是控制管道中线和构筑物位置的常用方法，一般均跨槽埋设，如图 14-11a 所示。坡度板应根据工程进度要求及时埋设，当槽深在 2.5 m 以内时，应于开槽前在槽口上每隔 10 ~ 20m 埋设一块坡度板；如遇检查井、支线等构筑物时，应加设坡度板。当槽深在 2.5m 以上时，应待挖槽距底 2m 左右时再在槽内埋设坡度板，如图 14-11b 所示。坡度板要埋设牢固，板面要保持水平。

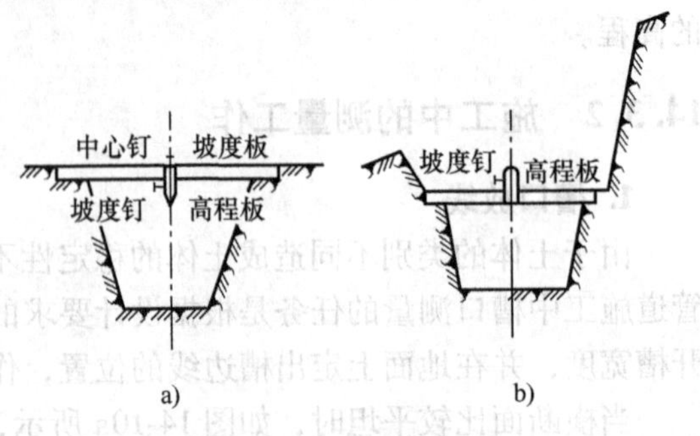

图 14-11　坡度控制标志

坡度板埋设后，以中线控制桩为准，用经纬仪将管道中线投测到坡度板上，并用小钉标定其位置，如图 14-11a 所示中心钉，各龙门板中心钉的连线就标明了管道的中线方向。在中线钉上挂垂球，可将中线位置投测到管槽内，以控制管道中线。

2) 测设坡度钉。为了控制管线开槽深度，应根据附近水准点，用水准仪测出坡度板板顶高程。板顶高程与根据管道坡度计算的该处管道设计高程之差，即为由坡度板板顶往下开挖的深度（实际管槽开挖深度还应加上管壁和垫层的厚度）。由于地面有起伏，因此各坡度板板顶向下开挖深度都不一致，对施工中掌握管底高程和坡度都很不方便。为此，需在坡度板中线一侧设置坡度立板，称为高程板，在高程板侧面测设一坡度钉，使各高程板上坡度钉的边线平行于管道设计坡度线，并距离槽底设计高程为一整分米数 C，称为下返数，如图 14-12 所示。施工时利用这条线来检查和控制管道坡度和高程，既灵活又方便。

为了求得坡度钉的位置，每一坡度板板顶应向下或向上量一改正数，使下返数为预先确定的一个整数 C。

改正数

$$\delta = C - (H_{板顶} - H_{管底}) \tag{14-3}$$

式中　$H_{板顶}$——坡度板高程；

$H_{管底}$——管道设计高程。

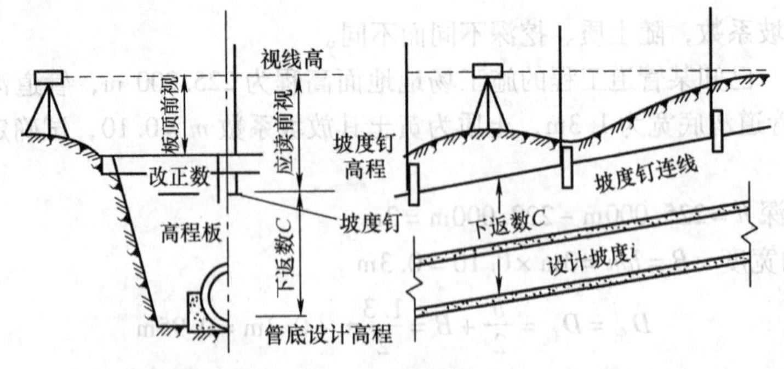

图 14-12　测设坡度钉

测设坡度钉的方法有“应读前视”法、高差改正数法、平行轴腰桩法等。

“应读前视法”的测设步骤如下：

① 安置水准仪，读取后视水准点的读数，得出视线高。

② 选定下返数，计算出坡度钉的“应读前视”（尺子立在坡度钉上时的前视读数）

应读前视 = 视线高 - 管底设计高程 + 下返数

为了不妨碍工作及使用方便，下返数一般选在 1.50 ~ 2.00m 之间，表 14-5 中选用 1.90m；管底的设计高程可从纵断面图中查出，或用已知设计高程及坡度、距离推算得到。

③ 在坡度板板顶上立尺，读出板顶前视读数，计算出该坡度钉的改正数。

改正数 = 板顶前视-应读前视

当改正数为“ + ”时，表示由板顶向上量钉；当改正数为“ - ”时，表示由板顶向下量钉。

④ 钉好坡度钉后，在坡度钉上立尺用水准仪读取前视读数，与应读前视读数之差在 ±2 mm内合格。

⑤ 钉好第一块坡度板的坡度钉后，即可根据管理设计坡度及坡度板间的距离，推算第二块、第三块、…坡度板上的应读前视，如此可依次测设各板上的坡度钉，如图 14-12 所示。

表 14-5 “应读前视法”坡度钉测设手簿

坡度钉测设手簿

工程名称：× × 厂污水管道　　天气：＿＿＿＿　　观测者：＿＿

仪器型号：$DS_{3\text{-}08}$　　日期：＿＿＿＿　　记录员：＿＿

测量（桩）号	后视读数	视线高	前视读数	高程	管底设计高程	下返数	应读前视	改正数		备注
								+	-	
BMA	1.643	59.675		58.032	$i = +3‰$					
0 +200.0			1.908	57.767	55.831	1.900	1.944		0.036	
0 +210.0			2.105	57.570	55.861		1.914	0.191		
0 +220.0			1.838	57.837	55.891		1.884		0.046	
0 +230.0			1.688	57.987	55.921		1.854		0.166	
0 +240.0			1.566	58.109	55.951		1.824		0.258	
0 +250.0			1.526	58.149	55.981		1.794		0.268	
0 +260.0			1.489	58.186	56.011	1.900	1.764		0.257	
BMB			1.529	58.146						
校核	已知 *BMB* 高程为 58.145，闭合差为 +1mm，合格									

以表 14-6 为例来说明高差改正数法测设坡度钉的方法，先用水准仪测出各坡度板高程，填入表 14-6 中第七栏内，再用第二栏数据和设计坡度计算各坡度板处管底设计高程，列入第四栏，如 0 +000 管底设计高程为 32.800m，设计坡度 $i = +4‰$，0 +000 到 0 +010 距离为 10m，则 0 +000 的管底设计高程为

$$32.800\text{m} + 4‰ \times 10\text{m} = 32.800\text{m} + 0.040\text{m} = 32.840\text{m}$$

同法可以计算出其他各处管底设计高程，第五栏根据现场情况选定的下返数，例如下返数选用 1.800 m，填入第五栏。第六栏是各板坡度钉下高程，它等于管底高程加上下返数，如 0 + 100 坡度钉高程为

$$32.800\text{m} + 1.800\text{m} = 34.600\text{m}$$

其余类推。第八栏为坡度钉高程减去坡度板高程，即为坡度钉需要的改正数为 34.600m -

34.677m = -0.077m。

当改正数为“+”时，表示自板顶向上改正；改正数为“-”时，表示自板顶向下改正，其余类推。

表 14-6 坡度钉测设手簿

板号	距离/m	设计坡度	管底设计高程/m	坡度钉下返数/m	坡度钉下高程/m	坡度板高程/m	改正数/m
1	2	3	4	5	6	7	8=6-7
0+000	0	+4‰	32.800	1.800	34.600	34.677	-0.077
0+010	10		32.840		34.640	34.692	-0.052
0+020	20		32.880		34.680	34.684	-0.004
0+030	30		32.920		34.720	34.601	+0.119
0+040	40		32.960		34.760	34.631	+0.129
0+050	50		33.000		34.800	34.644	+0.156
0+060	60		33.040		34.840	34.664	+0.176

完成以上的计算后，用小钢卷尺分别从每个坡度板板顶向下（或向上）量取对应的改正数，在高程板侧面钉上小钉，即为坡度钉。各坡度钉的连线就是一条与管道设计坡度平行，相距为下返数（1.8 m）的坡度线。坡度钉是管道施工中控制管道坡度的基本标志，必须准确可靠。为此，测设应注意以下各点：

① 为防止观测和计算中的错误，每测一段后应附合到另一个水准点上进行校核。

② 施工中交通频繁，容易碰动龙门板，尤其雨后龙门板还可能有下沉，因此要定期检查。

③ 在测设坡度钉时，除对本工段校测外，还要联测已建成的管道或已测好的坡度钉，以便互相衔接。

④ 管道穿越地面起伏较大的地段时，应分段选取合适的下返数。在变换下返数处要测设两个高程板，钉两个坡度钉，如图 14-13 所示。

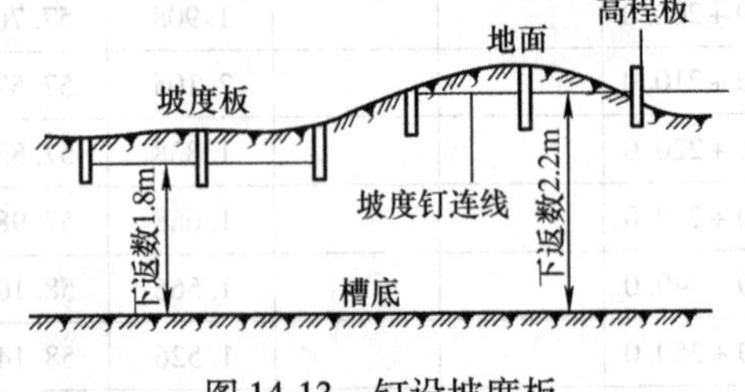

图 14-13 钉设坡度板

⑤ 为了在施工中掌握高程，在每块坡度板上都应标示高程牌或注明下返数，高程牌的形式见表 14-7。

表 14-7 高程牌

0+030 高程牌	
管底设计高程/m	32.923
坡度钉高程/m	34.720
坡度钉到管底设计高度/m	1.800
坡度钉到基础面距离/m	1.850
坡度钉到槽底距离/m	2.030

（2）平行轴腰桩法　对于管径较小、坡度又较大、精度要求比较低的管道，施工测量时，常用平行轴腰桩法来测设控制标志，以控制管道的中线和坡度。其步骤如下：

① 测设平行轴线桩。在开工前，先在中线一侧或两侧定一排平行轴线桩，桩位应落在管槽边线之外，如图 14-14 所示，平行轴线桩与管道中心相距 a，各桩间距以 20m 为宜，各检查井位置也应相应地在平行轴线上设桩。

② 钉腰桩。为了准确地控制管道路线和过程，在槽坡上（距槽底约 1m）再钉一排与平行轴线相对的平行轴线桩，使其与管道中线的间距为 b，这排桩称为腰桩，如图 14-15 所示。

③ 引测腰桩高程。腰桩法施工和测量工作都比较麻烦，且下返数不一，容易出错，为此施测时往往先确定到管底的下返数（整数），在每个腰桩上沿垂直方向量该下返数与腰桩下返数 h 之差的位置，打一木桩，并以小钉标志点位，此时各小钉的连线与设计坡度线平行，并且钉的高程与管道高程相差为一常数，从小钉检查下返数比较方便。

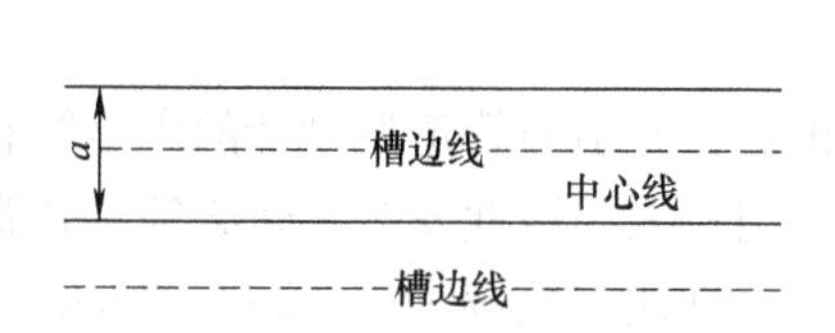

图 14-14　测设平行轴线桩

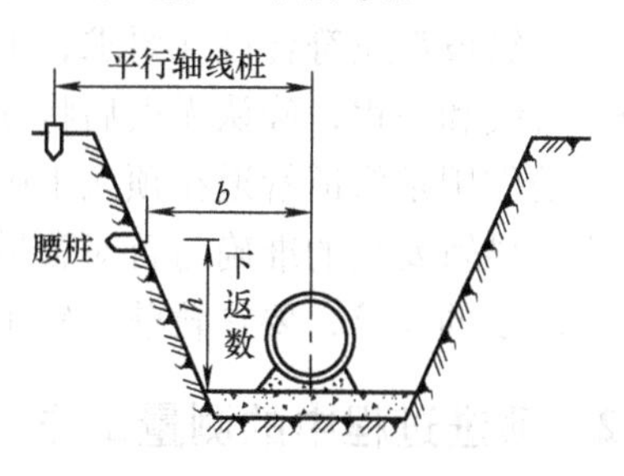

图 14-15　钉腰桩

14.4　顶管施工测量

在地下管道敷设工程中，常常遇到管线穿越铁路、公路、河流和重要建筑物，为了保证正常的运输和避免施工中大量的拆迁工作，往往不宜用开槽法施工，而采用顶管施工的方法。

采用顶管施工法时，应在管线两端先挖工作坑，在工作坑内安装导轨，将管材放在预定管线方向的导轨上，用千斤顶将管材沿管线顶进土中，然后将管内土方挖出，即成管道。顶管施工比开槽施工复杂，精度要求高，所以，在这项技术设计时常采用 1∶200 或 1∶500 的平面图为设计依据，这种图的测区面积一般不大，测绘时应注意：

1）测图与管线施工时所用的坐标与高程应统一。

2）管道中线与顶管的始点、终点位置以及前后管道位置应在图上精确绘出。

3）管道穿越处地面上的重要建筑物的位置、基础埋深、路面结构、原有地下管道埋深、电杆和大树等位置都应给出。

在顶管施工中测量的主要任务是掌握好管道的中线方向、高程和坡度。

14.4.1　准备工作

1. 中线桩的测设

中线桩是工作坑放线和测量管道中心线的依据。投测时应按照设计图样上管线的要求，在工作坑前后钉立两个桩，称为中线控制桩，如图 14-16 所示，然后确定开挖边界。开挖到设计高程后，用经纬仪中线引到工作坑的前、后臂并钉上木桩（在桩上钉一中心钉），此桩称为顶管中线桩，用来标定管中心线。中线桩要钉牢，需妥善保护以免碰动或丢失。

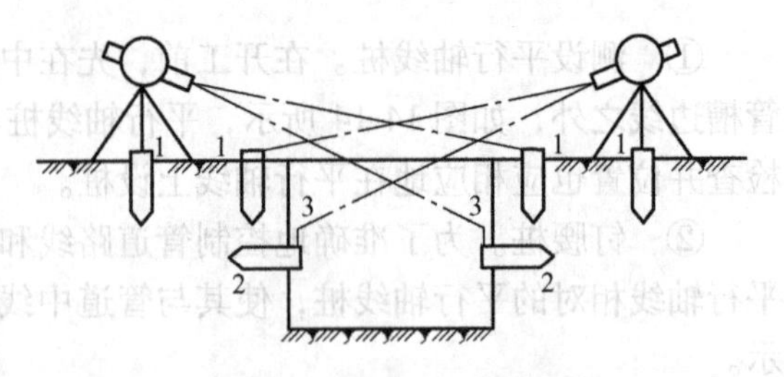

图 14-16 测设中线控制桩

1—中线控制桩 2—顶管中线桩 3—中心钉

2. 水准点的设置

为了控制管道按设计高程和坡度顶进，需在工作坑内设置临时水准点。一般要求两个，以便相互检核。为应用方便，设置时应使临时水准点的高程与顶管起点管底设计高程相一致。

3. 导轨的安装

导轨有铁轨和木轨两种，目前多采用铁轨。导轨一般安装在垫木或混凝土垫层上，垫层面的高程及纵坡都应符合设计要求，根据导轨的宽度安装导轨，根据顶管中线桩和临时水准点检查中心线和高程，确认无误后将导轨固定。

导轨的作用是保证管道在顶入土中之前的位置正确，并引导管道按设计的中心线和坡度顶入土中。导轨安装的准确与否对管道的顶进质量影响较大，因此安装导轨必须符合管道中心高程、坡度的要求，要在轨前、轨中、轨尾检查。允许偏差范围为：-2～+3mm。

14.4.2 顶进过程中的测量工作

1. 中线测量

如图 14-17 所示，在中心钉连线（中心线）上挂两个垂球，在管前横放一个带有刻度的中心尺，尺长略小于或等于管径，使它恰好能平放在管内，中心尺的分划中央为零向两端增加。使小线与两根垂线相切，将后端固定并延长小线通过顶管前端的中心尺。若小线与中心尺零刻划重合说明管位无偏差，若小线偏离中心线若干毫米，即产生若干毫米的偏差。

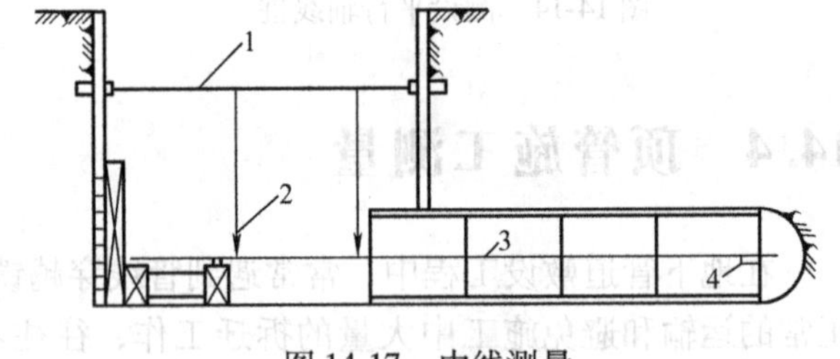

图 14-17 中线测量

1—中心线 2—垂球 3—小线 4—中心尺

2. 高程测量

如图 14-18 所示，水准仪安置在工作坑内，以临时水准点为后视，以顶管内待测点为前视，使用一根小于管径的标尺，即可求得待测点的高程。将测得的高程与此点管底设计高程相比较，其差值即为高程偏差。

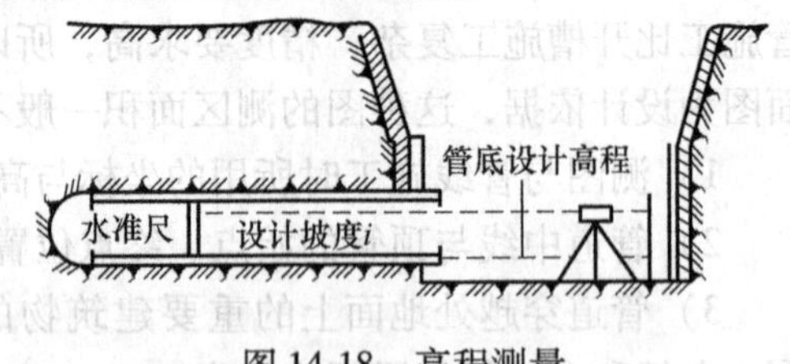

图 14-18 高程测量

为保证施工质量，一般要求每顶进 0.5m 需进行一次中线和高程测量，如果在限差之内，可继续顶进，若发现偏差超限，则需进行修正。

根据施工规范要求：中线允许偏差为 ±20mm；高程允许偏差为 ±10mm。例如 +4‰的坡度，每顶进 0.5m，管道应升高 2 mm，用水准仪检查时，该处的水准尺读数就应比未顶进前的读数少 2mm。

表 14-8 是顶管施工测量的记录格式。它记录了顶进过程中的中线和高程偏差情况，是评定施工质量的重要依据。表 14-8 中高程偏差和中线偏差均未超过限差。

表14-8　顶管施工测量手簿

设计高程（管内壁）	桩号	中心偏差/m	水准点后视读数	待测点应有读数	待测点实际读数	高程偏差/m	备注
1	2	3	4	5	6	7	8
44.564	0+360.0	0.000	0.692	0.692	0.692	0.000	水准点高程为44.564m $i=+4‰$
44.566	0+360.0	右0.003	0.747	0.745	0.746	-0.001	
44.568	0+361.0	左0.002	0.694	0.690	0.692	-0.002	
44.570	0+361.5	右0.001	0.704	0.698	0.699	+0.001	
44.572	0+362.0	左0.003	0.786	0.778	0.779	-0.001	
44.572	0+362.5	左0.002	0.705	0.695	0.696	-0.001	
44.576	0+363.0	右0.001	0.713	0.701	0.700	+0.001	
⋮	⋮	⋮	⋮	⋮	⋮	⋮	
44.644	0+380.0	右0.002	0.785	0.705	0.706	-0.001	

短距离顶管施工（小于50m）可按上述方法进行测设。当距离较长时，需分段施工，可以100m设一个工作坑，采用对向顶管施工方法，在贯通时，管道错口不得超过30mm。

上述的测量方法精度低，且所需的时间长，影响顶进速度。近年来已有采用激光导向仪进行导向，使机械顶管方向测量和偏差校正实现了自动化，如图14-19所示。首先将激光水准仪或激光经纬仪安置在工作坑内管道中线上，通过调整使激光束符合顶管轴向方向和设计

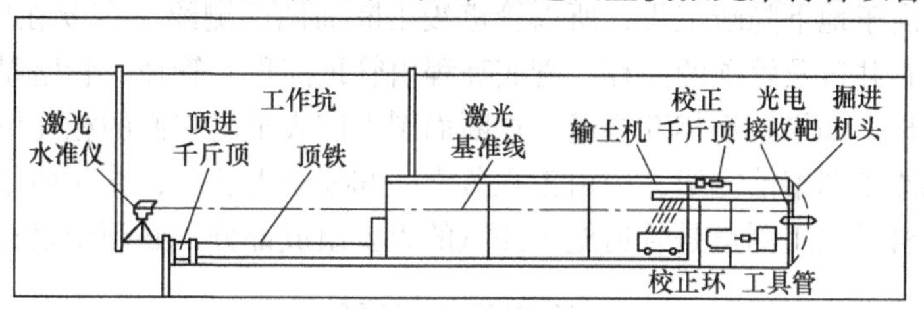

图14-19　激光导向仪

坡度，以此作为导向的基准线。然后调整装在掘进头上的光电接收靶和自动控制装置，使激光束与接收靶中心重合。当掘进方向出现偏差时，则光电接收靶接收到偏差信号，并通过液压纠偏装置自动调整机头方向，使机头沿着激光束方向继续前进。

在引人注目的西气东输、南水北调、黄河穿越、长江穿越工程中，可以看到新兴的掘进机——盾构机，如图14-20所示。随着高新技术的发展，遥控控制技术、激光制导技术、陀螺仪定位系统已普遍应用于盾构机中。盾构机的直径从1.8~16m，所以盾构机不仅可应用于隧道工程，而且应用可于市政地下管道工程。

图14-20　盾构机

14.5 管道竣工测量

为了如实地反映管道工程施工成果，在工程竣工后，应及时整理竣工资料并编绘竣工图。竣工图是管道竣工后进行管理、维修、改建、扩建的可靠依据，它的作用主要有以下几点：

1）评定管道工程施工质量是否符合设计要求。

2）竣工图注有管道运行中的各种附属设备，这对于管道投入使用后的管理和维护工作提供了重要依据。

3）对管道进行维修时，从竣工图上可以找到维修的目标，方便维修工作。

4）在管道工程改建、扩建时，利用竣工图能够清楚地查找原有构筑物的平面位置和高程等资料，这为改建、扩建的管道设计和后续施工提供了很大的方便。

管道竣工测量的主要内容是编绘竣工平面图和竣工断面图。管道竣工平面图全面反映了管道及其附属构筑物施工后的平面位置，如管道的主点及重要构筑物的坐标、各转折点的相互关系、管道及其构筑物与重要地物的平面位置关系及竣工后管道所在地段的地形情况等。管道竣工平面图一般利用原有施工控制网进行测绘，若不能满足精度要求，应重新布设控制网再进行测绘。当已有实测的平面图时，可以利用已测定的永久性的建筑物来测绘管道及其构筑物的平面位置。

由于管道多属于地下隐蔽工程，所以管道竣工断面图的测绘一定要在回填土之前进行。用水准仪测出检查井口及管顶的高程，管底高程由管顶高程、管径、管壁厚度计算求得，井间距离用钢尺量出。如果管道相互穿越，在断面图上应表示出它们的相互位置且注明尺寸。

竣工资料和竣工图编绘完毕，应由工程负责人和编绘人签字，交付使用单位存档保管。

综上所述，管道竣工测量是管道施工测量的重要组成部分，必须予以充分重视。

思考题与习题

14-1　管线测量包括哪些内容？

14-2　如何进行管线中线测量？

14-3　如何测绘管线纵、横断面图？

14-4　什么情况下使用顶管施工？

14-5　如何测设顶管施工中线？

第15章

GNSS 测 量

本章重点

1. GPS 定位系统的组成。
2. GPS 的基本操作。

15.1 概述

GNSS 的全称是全球导航卫星系统（Global Navigation Satellite System），它是泛指所有的卫星导航系统，包括全球的、区域的和增强的，如美国的 GPS 定位系统、俄罗斯的 GLONASS 定位系统、欧洲的 GALILEO 定位系统、中国的北斗卫星导航系统（COMPASS），以及相关的增强系统，如美国的 WAAS（广域增强系统）、欧洲的 EGNOS（欧洲静地导航重叠系统）和日本的 MSAS（多功能运输卫星增强系统）等，还涵盖在建和以后要建设的其他卫星导航系统。国际 GNSS 是个多系统、多层面、多模式的复杂组合系统。为更全面精准地实现点位的定位，且不单独依赖 GPS 定位系统的导航能力，现大多测量仪器不仅带有 GPS 定位系统，还会带有 GLONASS 等系统，因此用 GPS 定位系统来统称已不合适，GNSS 则更准确些。GNSS 的建立分两步实施：第一步是建立一个综合利用美国的 GPS 定位系统和俄罗斯的 GLONASS 定位系统的第一代全球导航卫星系统（当时称为 GNSS-1，即后来建成的 EGNOS）；第二步是建立一个完全独立于美国的 GPS 定位系统和俄罗斯的 GLONASS 定位系统之外的第二代全球导航卫星系统，即正在建设中的 GALILEO 定位系统。

发射入轨能正常工作的 GPS 卫星的集合称为 GPS 卫星星座。GPS 卫星星座的空间部分是由 24 颗 GPS 工作卫星所组成。这些 GPS 工作卫星共同组成了 GPS 卫星星座，其中 21 颗为可用于导航的卫星，3 颗为活动的备用卫星。这 24 颗卫星分布在 6 个倾角为 55°的轨道上绕地球运行。卫星的运行周期约为 11 小时 58 分钟。每颗卫星可覆盖全球 38% 的面积，卫星分布可保证在地球上任意地点、任意时刻，在高度 15°以上的天空能同时观测到 4 颗以上的卫星，如图 15-1 所示。每颗 GPS 工作卫星都发出用于导航定位的信号，GPS 用户正是利用这些信号来进行工作的。现在研制中的新型 GPS—3 卫星星座包括 32 颗卫星，将取代现有的由 24 颗卫星组成的星座。

GLONASS 项目是俄罗斯在 1976 年启动的项目，GLONASS 星座由 27 颗工作星和 3 颗备份星组成，所以 GLONASS 星座共由 30 颗卫星组成。27 颗星均匀地分布在 3 个近圆形的轨道平面上，这三个轨道平面两两相隔 120°，每个轨道面有 8 颗卫星，同平面内的卫星之间相隔 45°，轨道高度 2.36 万 km，运行周期 11 小时 15 分，轨道倾角 56°。该系统由卫星星座、地面监测控制站和用户设备三部分组成。地面控制部分全部都位于前苏联领土境内，地面控制中心和时间标准位于莫斯科，遥测和跟踪站位于圣彼得堡、Ternopol、Eniseisk 和共青城。

图 15-1 GPS 卫星星座

GALILEO 卫星导航计划是由欧共体发起，并与欧洲空间局一起合作开发的卫星导航系统计划。GALILEO 卫星导航计划将由非军方控制管理，在提供高质量民用的同时，也保证它在许多敏感领域运用的延续性。GALILEO 系统能够与美国的 GPS 定位系统、俄罗斯的 GLONASS 定位系统相互合作，提供高精度、高可靠性的全球定位服务。该计划被视为美国 GPS 定位系统的潜在竞争对手。30 颗中轨道卫星（MEO）组成 GALILEO 的空间卫星星座。卫星均匀地分布在高度约 23616km 的 3 个轨道面上，每个轨道上有 10 颗，其中包括一颗备用卫星，轨道倾角为 56°，卫星绕地球一周约 14 小时 22 分，这样的布设可以满足全球无缝隙导航定位。卫星的设计寿命为 20 年，每颗卫星都将搭载导航载荷和一台搜救转发器。卫星发射采用一箭多星的发射方式，每次发射可以把 5 颗或 6 颗卫星同时送入轨道。

北斗卫星导航系统［BeiDou（COMPASS）Navigation Satellite System］是中国正在实施的自主发展、独立运行的全球卫星导航系统。北斗卫星导航系统由空间段、地面段和用户段三部分组成，空间段包括 5 颗静止轨道卫星和 30 颗非静止轨道卫星，地面段包括主控站、注入站和监测站等若干个地面站，用户段包括北斗用户终端以及与其他卫星导航系统兼容的终端，计划 2020 年左右，建成覆盖全球的北斗卫星导航系统。北斗卫星导航系统致力于向全球用户提供高质量的定位、导航和授时服务，包括开放服务和授权服务两种方式。开放服务是向全球免费提供定位、测速和授时服务，定位精度 10m，测速精度 0.2m/s，授时精度 10ns。授权服务是为有高精度、高可靠卫星导航需求的用户，提供定位、测速、授时和通信服务以及系统完好性信息。

15.2 GPS 测量

GPS 定位系统（Global Positioning System）是 1973 年由美国国防部历经 20 年，耗资 300 亿美元，于 1993 年成功建立的一套高精度卫星导航和定位系统。GPS 利用卫星发射的无线电信号进行导航定位，具有全球性、全天候、高精度、快速实时的三维导航、定位、测速和授时功能，以及具有良好的保密性和抗干扰性。它的始建初衷主要是为了满足美国军方的需要，但随着社会的发展，加之人们对 GPS 认识的越来越全面，更多的领域都开始使用这项全新的技术。特别是最近的几年，GPS 在工程建设上得到了前所未有的发展，这主要依赖于 GPS 定位系统可以向全球任何用户全天候地连续提供高精度的三维坐标、三维速度和时间信息等技术参数。GPS 定位系统由空间卫星群、地面监控系统和用户接收系统三大部分组成，其工作原理主要是借助空间卫星群采用距离交会法进行定位。在 GPS 测量中通常采用两类坐标系统，一类是在空间固定的坐标系统，另一类是与地球体相固联的坐标系统（地固坐标系统），如 WGS-84 世界大地坐标系和 1980 年西安大地坐标系。用户使用 GPS 测的坐标是空间三维坐标，这类坐标不能用于指导施工，所以还需要用GPS自带的数据处理软件进行坐标转换，才能最终得到用户想要的坐标系下的点位坐标。

与常规的测量方法比较，GPS测量具有以下几个方面的优点：

1）测站之间无需通视。

2）定位精度高。一般双频GPS接收机基线解精度为$5mm+1\times10^{-6}d$（d为基线长度），而一般全站仪的标称精度为$5mm+5\times10^{-6}d$，GPS测量精度与全站仪相当，但随着距离的增长，GPS测量优越性更加突出。

3）观测时间短。采用GPS布设控制网时每个测站上的观测时间一般为30～40min，采用快速静态定位方法，观测时间更短。

4）操作简便。GPS测量的自动化程度很高。目前GPS接收机已趋小型化和操作傻瓜化，观测人员只需将天线对中、整平、量取天线高、打开电源即可进行自动观测，利用数据处理软件对数据进行处理即求得测点三维坐标，而其他观测工作（如卫星的捕获、跟踪观测等）均由仪器自动完成。

5）全天候作业。GPS观测可在任何地点，任何时间连续地进行，一般不受天气状况的影响。

15.2.1 GPS定位系统的组成

全球定位系统主要由GPS空间卫星部分、地面监控部分和用户设备部分三部分组成。

1. 地面监控部分

对于导航定位来说，GPS卫星是一动态已知点。星的位置是依据卫星发射的星历（描述卫星运动及其轨道的参数）算得的。每颗GPS卫星所播发的星历，是由地面监控系统提供的。卫星上的各种设备是否正常工作，以及卫星是否一直沿着预定轨道运行，都要由地面设备进行监测和控制。地面监控系统另一重要作用是保持各颗卫星处于同一时间标准（GPS时间系统）。这就需要地面站监测各颗卫星的时间，求出钟差，然后由地面注入站发给卫星，卫星再由导航电文发给用户设备。GPS工作卫星的地面监控系统包括一个主控站、三个注入站和五个监测站。

（1）主控站　主控站有一个，设在美国本土科罗拉多、斯平士的联合空间执行中心CSOC。它除了协调管理地面监控系统外，还负责监测站的观测资料联合处理，推算卫星星历、卫星钟差和大气修正参数，并将这些数据编制成导航电文送到注入站。另外，它还可以调整偏离轨道的卫星，使之沿预定轨道运行或启用备用卫星。

（2）监测站　现有5个地面站均具有监测站的功能，除了主控站外，其他四个分别位于夏威夷、阿松森群岛、迭哥伽西亚、卡瓦加兰。监测站的作用是接收卫星信号，监测卫星的工作状态。

（3）注入站　注入站的作用是将主控站计算出的卫星星历和卫星钟的改正数等信息注入卫星中去。注入站现有3个，分别设在印度洋的迭哥伽西亚、南大西洋阿松森群岛和南太平洋的卡瓦加兰。注入站的主要设备包括一台直径为3.6m的天线，一台C波段发射机和一台计算机。

2. 用户设备部分

用户设备是指用户GPS信号接收机，其任务是能够捕获到按一定卫星高度截止角所选择的待测卫星的信号，并跟踪这些卫星的运行，对所接收到的GPS信号进行变换、放大和处理，以便测量出GPS信号从卫星到接收机天线的传播时间，解译出GPS卫星所发送的导航电文，实时地计算出测站的三维位置，甚至三维速度和时间。

静态定位中，GPS信号接收机在捕获和跟踪GPS卫星的过程中固定不变。GPS信号接收机高精度地测量GPS信号的传播时间，利用GPS卫星在轨的已知位置，解算出GPS信号接收机天线所在位置的三维坐标。动态定位则是用GPS信号接收机测定一个运动物体的运行轨迹。GPS信号接收机所位于的运动物体叫做载体（如航行中的船舰，空中的飞机，行走的车辆等）。载体上的GPS信号接收机天线在跟踪GPS卫星的过程中相对地球而运动，GPS信号接收机用GPS信号实时地测得运动载体的状态参数（瞬间三维位置和三维速度）。

GPS信号接收机硬件和机内软件以及GPS数据的后处理软件包，构成完整的GPS用户设备。GPS信号接收机的结构分为天线单元和接收单元两大部分。对于测地型GPS信号接收机来说，两个单元一般分成两个独立的部件，观测时将天线单元安置在测站上，接收单元置于测站附近的适当地方，用电缆线将两者连接成一个整机。也有的将天线单元和接收单元制作成一个整体，观测时将其安置在测站点上。

GPS信号接收机一般用蓄电池做电源，同时采用机内机外两种直流电源。设置机内电池的目的在于更换外电池时不中断连续观测。在用机外电池的过程中，机内电池自动充电。关机后，机内电池为RAM存储器供电，以防止丢失数据。

近几年，国内引进了许多种类型的GPS测地型接收机。各种类型的GPS测地型接收机用于精密相对定位时，其双频接收机精度可达$5\text{mm}+1\times10^{-6}d$，单频接收机在一定距离内精度可达$10\text{mm}+2\times10^{-6}d$。用于差分定位其精度可达亚米级至厘米级。目前，各种类型的GPS信号接收机体积越来越小，重量越来越轻，便于野外观测。GPS和GLONASS兼容的全球导航定位系统接收机已经问世。

15.2.2 坐标转换

为了计算出测区内WGS-84坐标系与测区坐标系的坐标转换参数，至少要有两个及以上的GPS控制网点与测区坐标系的已知控制网点重合。坐标转换计算通常有GPS附带的数据软件完成。

15.2.3 GPS定位系统

GPS定位系统包括基准站、流动站、无线电通信链接三部分，其原理是在已有精确地心坐标的点上安放GPS信号接收机（称为基准站），利用已知的地心坐标和星历计算GPS观测值的校正值，并通过无线电通信设备（称为数据链）将校正值发送给运动中的GPS信号接收机（称为流动站）。流动站利用校正值对自己的GPS观测值进行修正，以消除误差，从而提高实时定位精度。

现以徕卡公司出产的GS15为例，介绍GPS的构造及使用方法。GS15的基准站和流动站的组件在外形上并无区别，硬件构造如图15-2所示。

基准站及移动站设备安装完毕，如图15-3和图15-4所示。基准站的设备需要电缆连接。

仪器可以通过Windows设备上的网页浏览器来操作仪器中的网络服务器程序进行预编程序。在这种方式下，按下开/关按钮并保持2s便可开机，而关机时按下开/关按钮并保持2 s

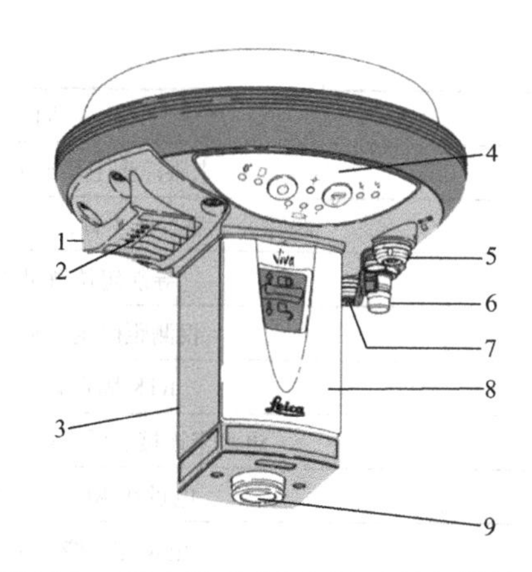

图15-2　GS15的基准站和流动站硬件构造

1—RTK设备仓，包含端口P3　2—RTK设备LED　3—电池仓2　4—LED，开/关键和功能键
5—LENIO端口P1，包含USB端口　6—QN一连接头，用于外接UHF或数字便携式电话天线
7—LENIO端口P2　8—电池仓1，包含SD卡插槽　9—机械参考面（MRP）

即可。电源指示灯发出稳定的绿光，说明接收机处于开机状态。仪器内置蓝牙端口，用于连接外业控制手簿。使用过程中LED灯状态解析见表15-1。

图15-3　基准站主机及手簿

图15-4　移动站主机及手簿

表15-1　LED灯状态解析

指示灯	状态	说　明
蓝牙LED	绿色	蓝牙处于数据模式且已准备好连接
	紫色	蓝牙正在连接
	蓝色	蓝牙已连接
存储LED	关闭	未插入SD卡或未开机
	绿色	SD卡已插入，但未开始记录原始数据
	闪烁绿色	正在记录原始数据
	闪烁黄色	正在记录原始数据，但内存只剩10%
	闪烁红色	正在记录原始数据，但内存只剩5%
	红色	SD卡已满，没有原始数据记录
	快速闪烁红色	未插入SD卡，但已设置记录原始数据

（续）

指示灯	状态	说　明
定位 LED	关闭	未跟踪到卫星或未开机
	闪烁黄色	跟踪的卫星少于4颗，无可用定位信息。
	黄色	导航定位解可用
	闪烁绿色	仅测距码定位解可用
	绿色	RTK 固定解可用
电源 LED	关闭	电池未连接、没有电量或未开机
	绿色	电量在40% ~100%
	黄色	电量在20% ~40%
	红色	电量在5% ~20%
	快速闪烁红色	电量<5%
RTK 流动站 LED	关闭	处于 RTK 基站模式或者 GS10/GS15 未开机
	绿色	处于流动站模式。通信设备接口现在没有接收 RTK 数据
	闪烁绿色 G	处于流动站模式。通信设备接口正在接收 RTK 数据
RTK 基站 LED	关闭	处于 RTK 流动站模式或者 GS10/GS15 未开机
	绿色	处于 RTK 基站模式。当前没有 RTK 数据被传送到通信设备的 RX/TX 接口
	闪烁绿色	处于 RTK 基站模式。数据正被传送到通信设备的 RX/TX 接口

开机键及功能键功能见表15-2。

表15-2　开机键及功能键功能

按键	功　能
功能键	<1s。基准站和流动站之间切换
	3s。基站模式下，使用下一个可用位置解，更新当前存储的 RTK 基站位置坐标。流动站模式无反应
	5s。流动站模式下，将会连接已配置好的 RTK 基站（GSM 拨号）或 Ntrip 服务器。基站模式无反应
	流动站模式，且未进行拨号或 Ntrip 设置，则无反应
功能键 开关键	<1s。基准站和流动站之间切换
	3s。基站模式下，使用下一个可用位置解，更新当前存储的 RTK 基站位置坐标。流动站模式无反应
	5s。流动站模式下，将会连接已配置好的 RTK 基站（GSM 拨号）或 Ntrip 服务器。基站模式无反应
	流动站模式，且未进行拨号或 Ntrip 设置，则无反应

15.2.4　GPS 基本操作

静态测量一般分无手簿测量和有手簿测量两种情况。两种情况下需要进行内业设置和外业观测操作，其中内业设置一般仅需设置一次即可，以后每次作业无需更改。

在内业设置阶段主要进行卫星跟踪设置（星座、截止角、采样率等)、原始数据记录设置（记录位置)、蓝牙连接设置（仅第一次需要配置，以后开机自动连接)。手簿实为掌上计算机，可以实现与移动站主机的无线数据通信，如与PC机连接，可以实现手簿与PC机间的文件传输操作。有手簿时数据可选记录在手簿，无手簿时数据只能记录在主机且是测量开始于开机之后。现许多公司已开发手机软件，来代替手簿实现简单的操作，极为方便。

以静态观测有手簿为例，要在流动站的模式设置。

1. 内业设置

打开主机和手簿，在手簿主菜单选择仪器，如图15-5所示。选择连接仪器，如图15-6所示。

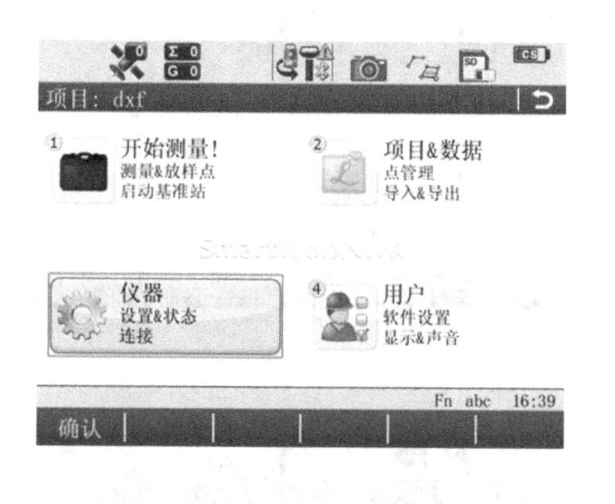

图15-5 GPS开机界面

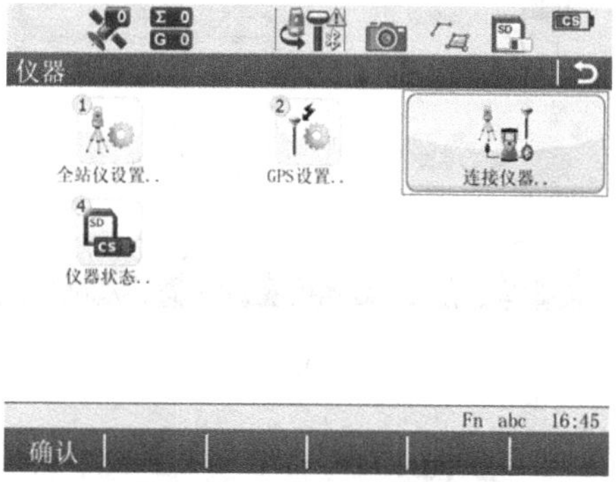

图15-6 GPS连接仪器图

蓝牙连接设置过程，先选择GPS连接，如图15-7所示。再选择使用蓝牙，单击“搜寻”按钮，从蓝牙设备列表中选择正确的仪器，等待蓝牙连接，连接过程中手簿将设置上传至仪器。单击“确认”按钮退到主菜单。以后每次开机蓝牙自动连接，无需再进行设置。

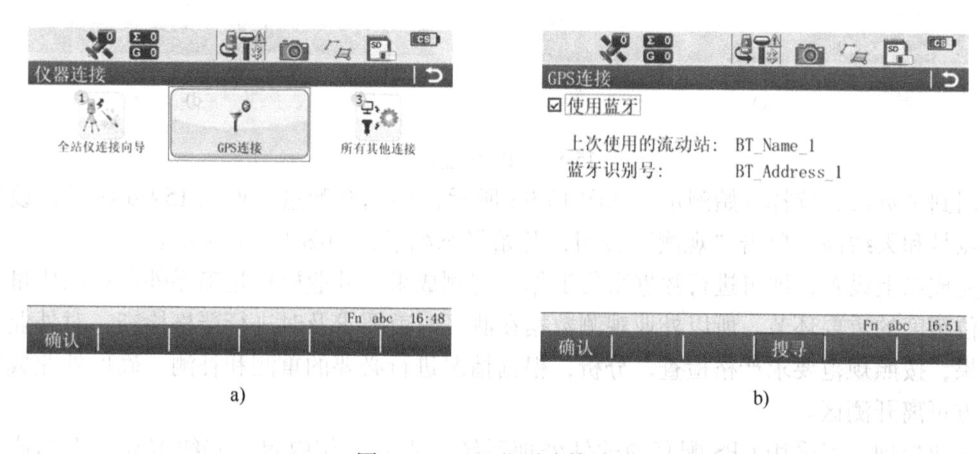

a) b)

图15-7 GPS蓝牙连接设置

2. 外业观测操作

外业安置好仪器于测量点，严格对中、整平。将仪器卫星高度角设置成大于15°，以保证接收到足够的卫星数量。打开仪机，蓝牙自动连接成功后，主菜单选择“项目 & 数据”，如图15-8a所示。选择外业项目，如图15-8b所示。设置名称、描述、创建者和设备，如图15-8c所示，可以根据自己的需要将项目存储于SD卡、CF卡、内存或USB。换页到坐标系统界面，选择坐标系统为：WGS 1984，设置完毕后，单击“保存”按钮，如图15-8d所示。内业所有设置完毕。

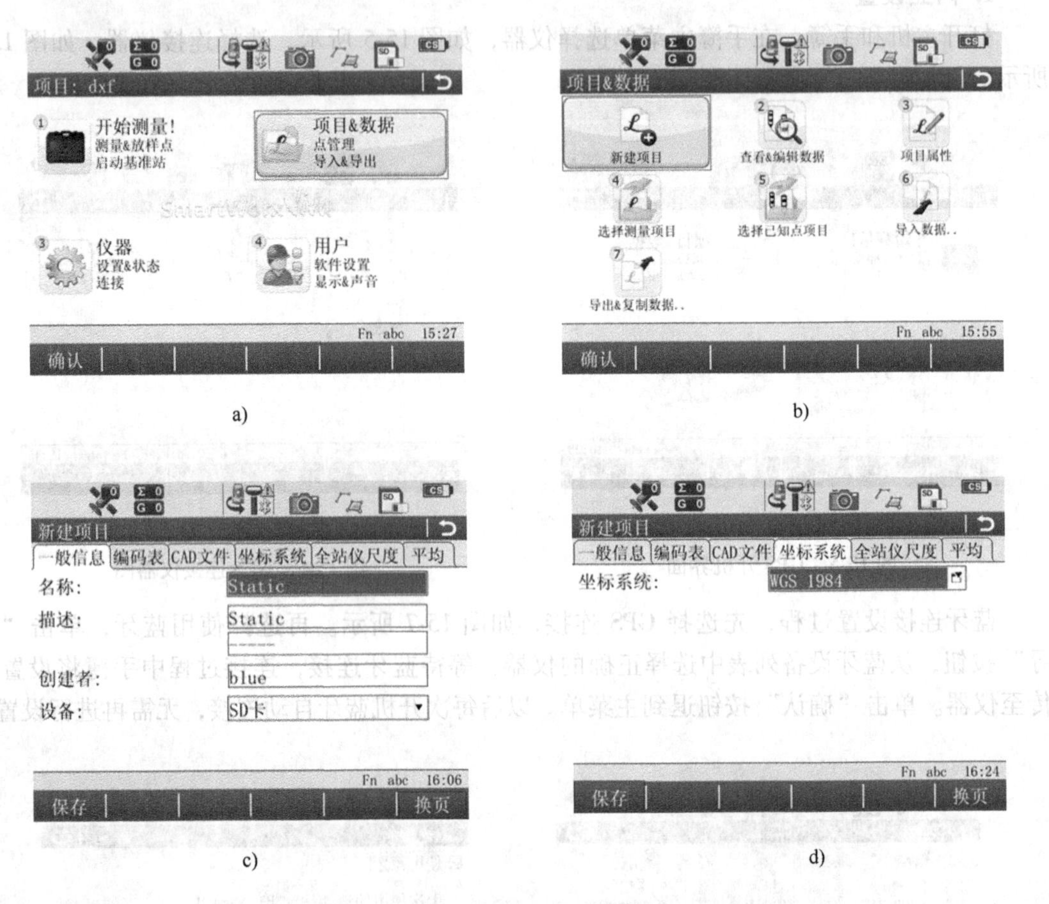

图15-8　GPS内业设置图

回到主页面，选择开始测量，如图15-9a所示，再选择测量，如图15-9b所示，设置正确的点号和天线高，单击“观测”按钮，开始静态测量，如图15-9c所示。

完成以上设置，即可进行数据采集工作。观测成果的外业检核是确保外业观测质量和实现定位精度的重要环节。所以外业观测数据在测区时就要求及时进行严格检查，对外业预处理成果，按照规范要求严格检查、分析，根据情况进行必要的重测和补测。确保外业成果无误后方可离开测区。

内业处理一般采用GPS配套的软件处理系统，主要工作内容有基线解算、观测成果检核及GPS网平差，内业数据处理完毕后应编制GPS测量技术报告并提交有关资料。

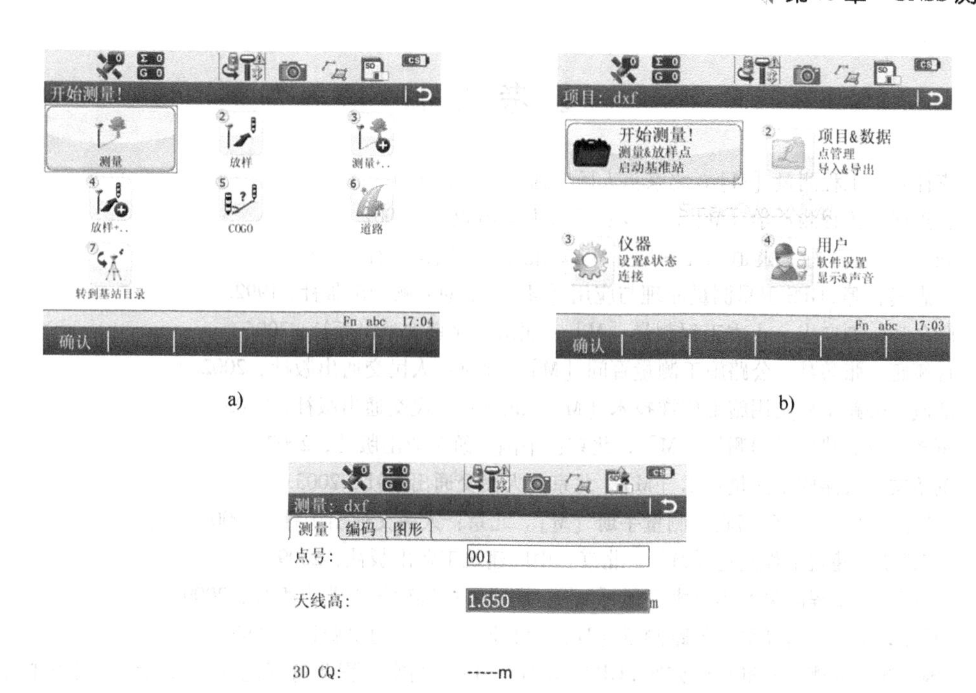

a)　　b)

c)

图 15-9　GPS 外业设置图

思考题与习题

15-1　简述目前 GNSS 包含的卫星系统种类有哪些?

15-2　简述 GPS 的基本功能。

15-3　GPS 工作系统由哪几部分组成?

参 考 文 献

[1] 李仕东．工程测量［M］．北京：人民交通出版社，2011.
[2] 张正禄，工程测量学［M］．武汉：武汉大学出版社，2002.
[3] 张项铎，张正禄．隧道工程测量［M］．北京：测绘出版社，1998.
[4] 周忠谟，等．GPS 卫星测量原理与应用［M］．北京：测绘出版社，1992.
[5] 陈久强，刘文生．土木工程测量［M］．北京：北京大学出版社，2006．
[6] 许娅娅，张碧琴．公路施工测量百问［M］．北京：人民交通出版社，2002.
[7] 潘威．公路工程实用施工放样技术［M］．北京：人民交通出版社，2003.
[8] 覃辉，等．建筑工程测量［M］．北京：中国建筑工业出版社，2007.
[9] 刘培文．公路施工测量技术［M］．北京：人民交通出版社，2003.
[10] 聂让，许金良．公路施工测量手册［M］．北京：人民交通出版社，2000.
[11] 苗景荣．建筑工程测量［M］．北京：中国建筑工业出版社，2009.
[12] 张国辉．工程测量实用技术手册［M］．北京：中国建筑工业出版社，2009.
[13] 聂让．全站仪与高等级公路测量［M］．北京：人民交通出版社，1997.
[14] 国家测绘局测绘标准化研究所．GB/T 15314—1994 精密工程测量规范［S］．北京：中国标准出版社，1995.
[15] 中国有色金属工业西安勘察设计研究院，等．GB 50026—2007 工程测量规范［S］．北京：中国计划出版社，2008.
[16] 交通部第一公路勘察设计院．JTG C10—2007 公路勘测规范［S］．北京：人民交通出版社，2007.
[17] 交通部第一公路勘察设计院．JTG D20—2006 公路路线设计规范［S］．北京：人民交通出版社，2006.